零基础学

Adobe XD 产品设计

林富荣 ◎ 编著

人民邮电出版社

北京

图书在版编目（CIP）数据

零基础学Adobe XD产品设计 / 林富荣编著. -- 北京：
人民邮电出版社，2020.5
ISBN 978-7-115-52955-8

Ⅰ. ①零… Ⅱ. ①林… Ⅲ. ①网页制作工具 Ⅳ.
①TP393.092.2

中国版本图书馆CIP数据核字(2019)第290137号

内 容 提 要

本书通过图文并茂的方式，借助实际操作讲解 Adobe XD 软件的使用技巧，简洁明了，通俗易懂。

本书共 10 章，内容由浅入深，首先简述基本概念，然后讲解使用技巧，最后讲解各种场合的实际操作。本书具体涵盖了简述 Adobe XD 软件、入口页功能及延伸技巧、菜单功能使用技巧、视图栏工作区功能使用技巧、基础工具栏功能使用技巧、美化栏功能使用技巧、原型交互基础功能使用技巧、留言本系统项目全流程图解案例、企业网站全流程图解案例、Adobe XD 设计案例、插件大全、常用词汇和快捷键等内容。

本书附赠在线教学视频、案例效果源文件和同步 PPT 课件，读者可以扫描资源与支持页或封底的二维码获取。

本书适合学习 Adobe XD 软件的新手阅读，有一定经验的老用户也可以通过本书学到 Adobe XD 软件的新增功能、高级功能和插件等使用技巧，适合业务相关的产品经理、设计师阅读，也可作为社会培训、企业员工培训及各大、中专院校相关专业的教学参考用书。

- ◆ 编　　著　林富荣
  责任编辑　张丹阳
  责任印制　马振武

- ◆ 人民邮电出版社出版发行　　北京市丰台区成寿寺路 11 号
  邮编　100164　电子邮件　315@ptpress.com.cn
  网址　https://www.ptpress.com.cn
  北京天宇星印刷厂印刷

- ◆ 开本：700×1000　1/16
  印张：15　　　　　　　　2020 年 5 月第 1 版
  字数：343 千字　　　　　2025 年 1 月北京第 9 次印刷

定价：59.00 元

读者服务热线：(010)81055410　印装质量热线：(010)81055316
反盗版热线：(010)81055315
广告经营许可证：京东市监广登字 20170147 号

Adobe XD软件是为设计师设计的一款软件，它可以用来进行移动应用和网页的设计与原型制作。本书讲述使用Adobe XD软件进行设计的方法、工具和过程。

- 方法：完成设计视图和交互视图各项任务的设计方法。
- 工具：为方法的运用提供的自动或半自动的软件支撑环境，如设计素材和插件。
- 过程：为获得高质量的设计所需要完成的一系列任务的步骤。

本书介绍了实际项目的全流程,包括流程图、原型界面图、交互图、图标设计、高保真软件界面图、交付开发、测试和验收、上线。通过学习使用Adobe XD软件，读者可以做出图标、名片、简历、路线图、产品网站页面、预订酒店页面等。读者使用Adobe XD这一款软件可以做出多款软件才能实现的效果，因此既提高了工作效率，又减少了学习成本。

■ 本书特色

本书内容丰富，涉及Adobe XD软件产品设计全流程讲解。通过学习本书，读者将掌握产品原型设计和交互设计的基本内容。

● 夯实基础知识

笔者基于在学校学习的软件工程和项目管理等科目及互联网行业和金融设计行业的从业经验，整理出产品经理和设计师必备的学习内容。掌握这些知识后，读者便能规划出移动端和PC端的软件产品，还可以制作出简历、路线图、名片、产品界面等效果图，从而带领团队开发出优秀的软件产品。

● 与互联网产品接轨

本书将介绍大量实际操作时用到的软件工具和常用方法，这些工具和方法是专门为互联网产品的相关设计人员准备的。产品经理和互联网产品设计师的工作充满了变化，但万变不离其宗。只要读者对互联网产品感兴趣，熟悉Adobe XD软件的使用工具和方法，逐渐培养出互联网产品思维，就能够成为一名符合时代要求的设计师。

● 提供广阔视野

一本书无法描述所有细节和思维，Adobe XD软件的基础知识和实操只是第一步。本书在介绍产品设计的内容之余，还涉及流程图、原型界面图、交互图、图标设计、高保真软件界面图、交付开发、测试和验收、上线等内容。读者可以通过这些内容了解XD软件在项目中能够完成什么工作，了解团队其他成员的工作内容，便于进一步学习和沟通交流。

- 关注综合能力

产品经理和设计师不仅要懂技术、懂业务和懂设计，还要懂拒绝。懂技术，能够把软件产品做得流畅、底层可拓展性高；懂业务，能够把技术能力转为企业的赢利能力，在为企业做好软件产品的基础上取得收益；懂设计，能够把用户体验做到极致，使用户用得舒适，自愿消费；懂拒绝，能够拒绝不合理的产品功能和设计。产品经理和设计师要能够站在不同的角度看待软件产品，做到对所有用户公平、公开、公正。

■ 本书面向的读者群体

交互设计师；

界面设计师；

用户体验设计师；

（软件）产品经理；

需求分析师；

前端工程师；

开发工程师；

测试工程师；

运维工程师；

运营人员；

企业管理人员、产品总监和业务人员；

项目经理；

互联网风险投资人员；

互联网爱好者；

相关培训机构的老师和学生。

■ 勘误与联系方式

互联网是一个变化很快的行业，希望本书能够帮助读者应对互联网软件快速变化的设计需求，快速学习和解决使用问题，并学会实际操作，提高理论和实操水平。

无论是编写人员还是出版人员，都为本书的出版做出了贡献，为了全面提升本书的品质，如果您发现了本书的不足，欢迎指正，联系邮件地址为189394@qq.com。

■ 鸣谢

本书已经是我出版的第三本书了。在此，特别感谢人民邮电出版社的编辑老师以及支持我的读者朋友。也希望自己能够继续坚持，写出更多好书。

作者

2020年4月

资源与支持
RESOURCES AND SUPPORT

本书由"数艺设"出品，"数艺设"社区平台（www.shuyishe.com）为您提供后续服务。

■ 配套资源

书中所有案例效果源文件
同步PPT课件
同步在线教学视频

■ 资源获取请扫码

"数艺设"社区平台，为艺术设计从业者提供专业的教育产品。

■ 与我们联系

我们的联系邮箱是 szys@ptpress.com.cn。如果您对本书有任何疑问或建议，请您发邮件给我们，并请在邮件标题中注明本书书名及ISBN，以便我们更高效地做出反馈。

如果您有兴趣出版图书、录制教学课程，或者参与技术审校等工作，可以发邮件给我们；有意出版图书的作者也可以到"数艺设"社区平台在线投稿（直接访问 www.shuyishe.com 即可）。如果学校、培训机构或企业想批量购买本书或"数艺设"出版的其他图书，也可以发邮件联系我们。

如果您在网上发现针对"数艺设"出品图书的各种形式的盗版行为，包括对图书全部或部分内容的非授权传播，请您将怀疑有侵权行为的链接通过邮件发给我们。您的这一举动是对作者权益的保护，也是我们持续为您提供有价值的内容的动力之源。

■ 关于"数艺设"

人民邮电出版社有限公司旗下品牌"数艺设"，专注于专业艺术设计类图书出版，为艺术设计从业者提供专业的图书、U书、课程等教育产品。出版领域涉及平面、三维、影视、摄影与后期等数字艺术门类，字体设计、品牌设计、色彩设计等设计理论与应用门类，UI设计、电商设计、新媒体设计、游戏设计、交互设计、原型设计等互联网设计门类，环艺设计手绘、插画设计手绘、工业设计手绘等设计手绘门类。更多服务请访问"数艺设"社区平台www.shuyishe.com。我们将提供及时、准确、专业的学习服务。

目录
CONTENTS

第 **1** 章

简述Adobe XD软件

Adobe XD 软件是一款专为设计师打造的用于原型设计、界面设计和交互设计的软件，它能够设计任何用户体验界面、创建原型和共享文档。从计算机端网站和手机端移动应用程序设计到语音交互等，Adobe XD 软件都能全面覆盖和实现。

Adobe XD软件目前非常适合在互联网行业工作的人员使用，如设计师、产品经理、运营管理等。设计师可以用它来做高保真设计图，产品经理可以做原型设计，运营管理人员可以做流程图。由此可见，Adobe XD 软件确实能够为企业、社会创造价值，从而节省时间和人力成本。

知识要点

熟悉Adobe XD软件的概念和特色

熟悉软件项目的流程，以及该软件能够为项目实现的内容

熟悉安装Adobe XD官方软件的过程

1.1.1 Adobe XD软件来源

2016年以前，Adobe XD软件被称为Project Comet，2016年才改名为Adobe XD。据说初创时，Project Comet被计划设计为Photoshop的照片编辑插件，没有想到后来竟然变成了优秀的网页与移动应用的UX设计工具软件。

1.1.2 共同协作

Adobe XD软件功能结合了原型设计、界面设计和交互设计。过去，产品经理需要使用Photoshop、Visio、Axure等软件才能完成图片美化、流程图设计及原型设计。现在，产品经理仅仅使用XD软件就能实现这些功能，并且还可以直接共享给设计师使用，使设计师、产品经理和运营管理员能共同使用和编辑修改同一个文件。

产品设计的完整流程是：产品经理先绘制出流程图和基本原型；交互设计师可以继续使用产品经理的XD源文件，在交互视图做出交互；UI设计师可以直接在产品经理和交互设计师的XD源文件上设计出图标并整合视觉效果，让界面更加适合用户体验，并且XD还提供了一些模板供设计师参考；最终将产品经理、交互设计师、UI设计师共同确认过的XD源文件交到开发工程师手中进入开发流程。

这样会使软件产品规划和软件成品基本相同，而且如果软件设计项目中的所有人员能统一使用XD软件工作，那么沟通将更加到位，资源共享和协作将更加便捷。

1.1.3 未来发展方向

Adobe XD软件是一个基于矢量的工具软件，拥有点线框、视觉设计、交互设计、原型设计视图、预览和共享的功能，而且功能和功能之间很容易切换。

未来Adobe XD软件会推动企业在用户体验设计方面的发展，给设计师提供更好的数字体验平台，设计师们也能给企业创造更多价值。

1. 如何体现出体验设计

什么是用户体验呢？就是用户在使用商品或产品的过程中，对商品或产品的一种主观感觉。

通俗地说，用户去商店准备购买一件衣服，如果用户不穿在身上，是体验不出衣服的效果的，因为用户不知道是否适合自己的风格。只有用户亲身穿上衣服，才能感受到是否适合，这就是用户体验。

同理，企业要做一款适合自己的移动应用程序，在没有做出移动应用程序前，如果有界面设计和原型设计可直观地体验，那么决策者就可以优先体验出真实的软件是否适合自己的企业，从而判断是否要大量投入资金和人员研发该软件项目。

目前来说，Adobe XD软件可以帮助设计师将想法和界面设计图形图像制作同步，即"想+做=实现梦想"，从而解决软件用户体验的问题。由此可见，用户体验设计是可以达到与预先体验实体软件产品一样的效果的。

2. 统一使用软件是否有优势

在软件项目中，如果各环节人员都使用XD软件，那么可以减少在设计过程中遇到的阻碍，尤其是在沟通方面。当产品经理、设计师、运营经理、开发等人员沟通时，使用XD软件可以提高沟通效率。

就像现在企业统一用的办公软件都是Office系列一样，员工沟通的方式是传递Word、Excel文件，接收到文件的员工可以轻松查看到里面的内容。同理，如果企业的项目人员都统一使用XD软件，他们在软件中看到的原型设计视图和交互视图等同于最后开发工程师开发出来的应用软件的功能和界面，那么就能保证当时规划的软件和实际开发出来的软件大体相同。这就能避免规划设计了小船的软件，开发了轮船的软件；或者规划设计了轮船的软件，开发了小船的软件。

项目人员统一使用同一款软件，是需要时间过渡和磨合的，相信未来一些中小企业可以优先实施成功。

3. 未来的改进

目前，XD软件的功能已经足够使用，但是在使用Adobe XD软件的过程中，偶尔会出现白屏、闪退的现象，笔者使用的16.0.2.8版本已经优化解决了这些错误。未来除了功能上的改进，还需要改进软件死机的问题。

1.2 特色

Adobe XD软件有如下的四大特色。
- 体验设计；
- 界面设计、创建原型、共享文档；
- 插件支持；
- Adobe公司官方改进。

1.2.1 体验设计

Adobe XD软件与Photoshop、After Effects和Sketch软件有相似的界面，设计师如果学习过这些软件，那么就可以快速学会Adobe XD软件。它们的功能都是即拖即用，就是将圆形、矩形和正方形等图形拖动到艺术板上即可使用，快速直观。

设计师如果想修改设计图的内容，可以选择重新设计，也可以选择在原有的基础上改造设计。

设计师可以在原型中使用语音功能，使原型更加具有感染力、用户更易懂、工作更加高效。

设计界面可以自动调整元素大小，使内容适应不同的屏幕（包括手机屏幕和计算机屏幕）。

制作动画的软件Flash和AE都需要有时间轴，才能有动画。而XD软件无需时间轴，在交互视图模式下就可以在设计画板之间创建动画。

设计师使用XD软件规划出来的原型设计、交互设计和界面设计，均可以让管理人员、业务人员优先体验到未来自己公司做出来的软件是怎样的，然后提前规划运营模式。相当于开发完成前，项目以外的人员就可以体验到项目完成后的效果。

1.2.2 界面设计、创建原型、共享文档

设计师只需单击"Design Prototype"选项，即可从设计视图模式切换到交互视图模式，或者从交互视图模式切换到设计视图模式。

在设计视图模式下，设计师可以做原型设计、界面设计和撰写文档。

在交互视图模式下，设计师可以看到在设计视图模式下做的设计，然后在画板之间拖动线条，就可以让两个及以上的艺术板进行交互。如果设计师做交互时需要更改内容，那么必须切换回"设计视图模式"。

设计师可以使用手机软件与计算机同步，实时查看所做的设计图。在计算机上设计，在手机上查看效果，非常方便快捷。

设计师可随时随地地将设计文件保存在云文档，并与项目团队共享，甚至可以离线编辑文档。

设计师也可以将整个交互一边操作一边录制视频，然后输出*.mp4视频文件，如图1-1所示。用户浏览视频，就像在真实的App上操作，可以提前预览软件成品的呈现效果。

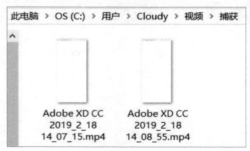

图1-1

1.2.3 插件支持

1. 插件的作用

我们使用的智能手机，如果不安装插件，就只有打电话和发短信的功能。只有安装了插件，才能购物、查看新闻、社交沟通，可见插件是多么有用。

同样，XD软件也有插件，这些插件大部分是由其他企业的开发人员开发的。如果你有兴趣开

发插件，也可在XD软件开发人员社区学习，然后开发一款好用的插件给XD软件的设计师们使用。

XD软件正处于一个萌芽阶段，以后它的功能会越来越完善，底层会越来越稳固，使用它的产品经理和设计师会越来越多，插件会越来越出色并且更简单易用。

设计师可以使用XD软件的插件，进一步提升XD软件的体验。例如 Slack、Jira、Microsoft Teams 和其他更多插件程序。

设计师使用插件，通常是为了提升工作效率和用户体验。那么此时，XD软件最大的优势是什么呢？

设计师可以在XD软件中直接使用所有已安装的附加插件，如图1-2所示，这能解决大部分的问题。

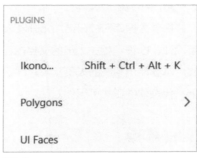

图1-2

2. 插件的种类

官方将插件分为3类：插件（Plugins）、获取用户界面套件（UI Kits）和App第三方应用接口类插件（App Intergrations）。

Plugins类插件：设计师可以直接应用到设计图上。

UI Kits类插件：设计师可以使用整套设计界面，组合成自己想要的界面。

App Intergrations类插件：设计师需要安装第三方的应用程序集成软件，这样XD软件就可以与其他第三方应用程序互动，以此互补不足。

1.2.4 Adobe 公司官方改进

XD 软件是Adobe Creative Cloud 的一部分，它集成了许多设计师熟悉和喜欢的 Adobe 应用程序，如 Photoshop、Illustrator 和 After Effects等，使得XD软件可以与其他应用程序互动。

XD软件能够在 Mac 和 Windows系统中使用，设计师无须担心切换平台无法设计。 XD软件能为设计师提供出色的性能，为企业工作并创造价值。设计师和企业都可以通过简单的安装部署、轻松的管理和便捷的沟通协作功能，完成日常工作，进而输出高质量的原型设计、交互设计和界面设计。

目前90%的设计师都使用Adobe系列软件做设计。由于XD软件是Adobe旗下的一款免费软件，所以日后XD软件能够与其他Adobe软件互补不足，形成一个设计界生态链。

如果设计师追求极致的设计，就可以使用Adobe系列的多款软件，做出完美的设计，同时也保证各软件制作出来的图形图像能互相兼容，可供同系列的其他软件进行编辑和优化。

1.3.1 开发App软件的8个步骤（瀑布式）

① 规划：规划出业务流程图，并将业务流程图转换为系统流程图、系统功能说明等，这一步由产品经理完成。

② 交互设计：按照流程图、功能说明制作人机交互的App交互界面（点线框交互图）。

③ UI设计：将原型和交互图的界面做成UI设计图（高保真设计图）。

④ App开发：按UI设计图、交互图和流程图编码。

⑤ 开发：开发架构和底层，并提供数据库和接口给App开发人员。

⑥ 测试：按产品经理、交互设计、UI设计相关人员的文档内容分别进行测试。

⑦ 验收：项目组人员和上线后需要使用系统的人员验收软件。

⑧ 上线：程序上传至服务器，代表软件正式可运作。

1.3.2 Adobe XD软件的作用

Adobe XD软件虽然没有Visio绘制流程图那么好用，但也是可以绘制出流程图的。所以说，XD软件也能够满足产品经理和业务人员的使用需求。

1. 插件

安装Polygons插件后，可使用快捷键创建三角形、多边形、星形、五角星、菱形等，用于绘制流程图，如图1-3和图1-4所示。

图1-3

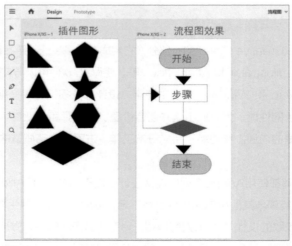

图1-4

2. 交互

XD软件使用Prototype交互视图模式时，交互设计师就可以在多个设计图之间快速做交互，如图1-5所示。

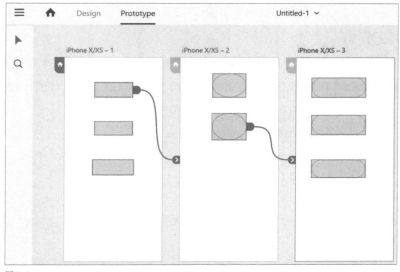

图1-5

3. 设计

在设计上，XD软件可以做图标、高保真的软件设计，最终将设计图应用在实际的软件系统上。图标设计如图1-6所示。

图1-6

4. 代码生成

在App开发上，XD软件是不可以编写代码的，所以App开发人员暂时用不上此软件。未来可能会有一款插件，能一键将XD软件设计图生成iOS系统代码和Android系统代码。

5. 测试

测试人员可以按照XD软件的交互图和流程图，在开发完成的软件上测试。

6. 提升工作效率

XD软件可以帮助产品经理、交互设计师、UI设计师快速地工作。如果一台计算机需要打开多款软件工作，那么计算机可能会运作得很慢或死机。试着只使用1～2款软件，可能会有不错的效果。

如果产品经理、交互设计师、UI设计师统一使用XD软件输出文档和文件，受益人可能就是开发人员，开发人员不再需要打开Word文档、Visio流程图、Axure原型图、*.Psd设计图、开发软件等一系列文件。此时，后续开发人员只需要打开XD软件和开发软件就足够完成工作了。最后，企业开发周期缩短，项目上线时间变快了，获得的利润自然也多了。

1.4 Adobe XD软件的安装

Adobe XD软件安装步骤分为3步：系统要求、准备材料、安装过程。

1.4.1 系统要求

想要安装和使用 Adobe XD，用户的操作系统需要为 Windows 10（64 位）【版本 1703
（内部版本 10.0.15063）或更高版本】或 macOS 10.12 及其更高版本，如图1-7所示。

Microsoft Windows
版本 1803 (OS 内部版本 17134.523)

图1-7

1.4.2 准备材料

01 进入Adobe 官方网站，下载XD安装程序文件。在Adobe官方网站中单击"下载"按钮，即可下
载，如图1-8所示。

图1-8

02 下载成功后，可见获取到的XD安装文件，如图1-9所示。

XD_Set-Up.exe

文件大小：约1.99MB (2,088,688 字节)
图1-9

1.4.3 安装过程

下面详细介绍如何安装Adobe XD软件，跟随以下5个步骤即可成功安装。

01 双击安装：双击"XD_Set_Up. exe"文件即可安装XD软件，安装的过程中会显示进度条，如图1-10所示。

进度从0到100%，约需要2分钟。具体完成安装时间根据用户与XD CC服务器的网络情况而定。

02 安装后：安装完成后，可见"XD CC"栏目里显示"打开"按钮，如图1-11所示。

提示

如果安装速度很慢，建议检查网络。

图1-10

图1-11

03 加载数据：单击"打开"按钮后，由于是首次打开，界面可能显示白屏，需要时间加载数据内容，此时请不要关闭窗口，如图1-12所示。

04 加载完成：稍等数秒后，Adobe XD软件已经成功加载，如图1-13所示。

05 享受使用：此时已经成功安装Adobe XD软件，下面就可以尽情地学习和使用软件了。

图1-12

图1-13

◆章小结

本章简单介绍了Adobe XD软件及其安装方法。想要学习Adobe XD软件，安装软件是第一步，请按步骤完成安装。

第 **2** 章

入口页功能使用技巧

在正式使用Adobe XD软件前，必须进到入口界面，因此读者必须懂得尺寸详细介绍（Home）、附加功能说明（Add-ons）、从本地计算机导入文件（Your Computer）的功能和使用方法。本章将为读者详细讲解入口界面功能使用技巧，并在最后使用案例分析，目的是要读者实际操作以至学懂。

初学者必须熟悉Adobe XD软件的入口界面功能，至少要懂得如何创建一个iPhone X/XS、iPad页面，这样设计的工作才能正式开始。

知识要点

了解各种尺寸

学会插件的安装、查看、删除和使用

从本地计算机导入文件

软件安装完成后，双击桌面上的"$_{d}$"图标，进到入口界面。入口界面的功能包括Home、Add-ons、Your Computer，如图2-1所示。

图2-1

尺寸详细介绍（Home）

在Home功能页面里，用户可以开始一个新的设计，创建的设计界面尺寸包括iPhone设备、iPad设备、Web设备、自定义设计图尺寸。

详细尺寸如下所示。

iPhone XR/XS Max (414 × 896) ✓ iPhone X/XS (375 × 812) iPhone 6/7/8 Plus (414 ×736) iPhone 6/7/8 (375 × 667) iPhone 5/SE (320 × 568) Android Mobile (360 × 640)	手机设备的尺寸包括iPhone XR/XS Max、iPhone X/XS、iPhone 6/7/8 Plus、iPhone 6/7/8、iPhone 5/SE、Android Mobile
✓ iPad (768 × 1024) iPad Pro 10.5in (834 × 1112) iPad Pro 11in (834 × 1194) iPad Pro 12.9in (1024 × 1366) Android Tablet (768 × 1024) Surface Pro 3 (1440 × 960) Surface Pro 4/5/6 (1368 × 912)	平板设备的尺寸包括iPad、iPad Pro 10.5in、iPad Pro 11in、iPad Pro 12.9in、Android Tablet、Surface Pro 3、Surface Pro 4/5/6
Web 1280 (1280 × 800) Web 1366 (1366 × 768) ✓ Web 1920 (1920 × 1080)	网站的尺寸包括Web 1280、Web 1366、Web 1920
Custom Size W 888 H 666	自定义页面的宽度和高度数值

如果选择"iPhone XR/XS Max（414 × 896）"尺寸，那么主界面艺术板就会显示为选择的尺寸，如图2-2所示。

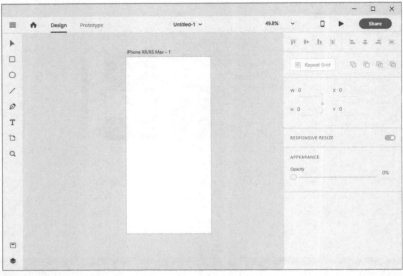

图2-2

2.2 附加功能说明（Add-ons）

Add-ons中可以安装并应用Plugins类、UI Kits类和App Intergrations类插件，如图2-3所示。

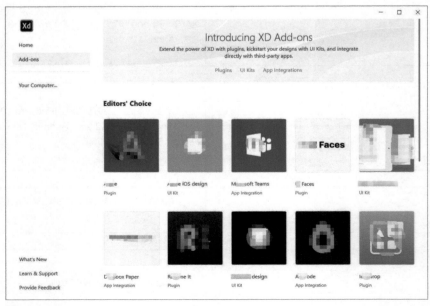

图2-3

2.2.1 Plugins类插件

1. 安装插件

`01` 找到Plugins：找到"Plugins"选项，如图2-4所示。

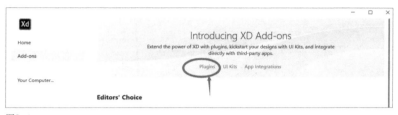

图2-4

`02` 选择插件：单击"Add-ons"→"Plugins"选项，会显示所有的插件"ALL Plugins "，需要安装的插件如图2-5所示。

`03` 安装插件：单击"Install"按钮，程序会自动安装该插件，如图2-6所示。

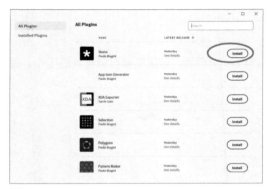

图2-5

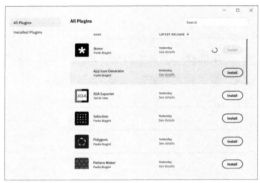

图2-6

2. 查看已安装插件

插件安装完成后，将显示在已安装插件"Installed Plugins"栏里，如图2-7所示。

3. 删除插件

准备删除：单击"…"按钮，弹出下拉菜单，再单击"Uninstall"按钮，如图2-8所示。

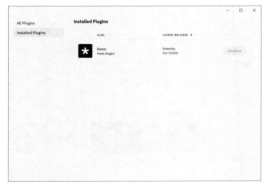

图2-7

图2-8

删除：需要再次确认是否删除该插件，单击"Uninstall"按钮后，会真正删除该插件，如图2-9所示。

删除后：删除插件后，"Installed Plugins"栏目里已经无法查看刚刚删除的插件了，如图2-10所示。

图2-9

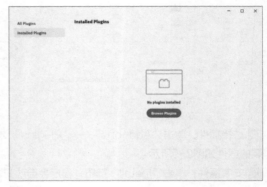
图2-10

4. 使用插件

使用插件：进入主页面，单击" ≡ "→"Plugins"选项后，可见所有已经安装的插件。目前仅安装了Ikono插件，如图2-11所示。

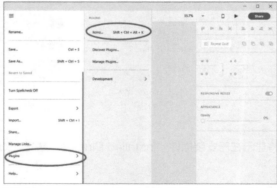
图2-11

2.2.2 UI Kits类插件

1. 下载插件

Web wireframes插件属于UI Kits类插件，找到该插件，如图2-12所示。

2. 使用插件

单击右上角的" "按钮，程序会自动下载并打开插件内容，使用下载的模板内容能快速将框架组合成想要的界面设计，Web

图2-12

wireframes插件的UI界面模板如图2-13所示。

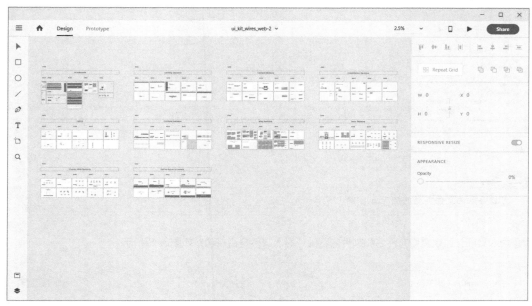

图2-13

2.3 从本地计算机导入文件（Your Computer）

以下是从本地计算机导入文件的步骤。

01 找到选项：找到"Your Computer"选项，单击该选项即可导入文件，如图2-14所示。

图2-14

02 打开对话框：单击"Your Computer"选项后，会弹出"打开"对话框，如图2-15所示。

03 选择并导入：选择需要导入的"Cloudylin.xd"文件，并单击"打开"按钮，即可导入文件，如图2-16所示。

图2-15

图2-16

04 导入验证：可以查看文件名和文件内容验证导入文件是否成功，如图2-17所示。

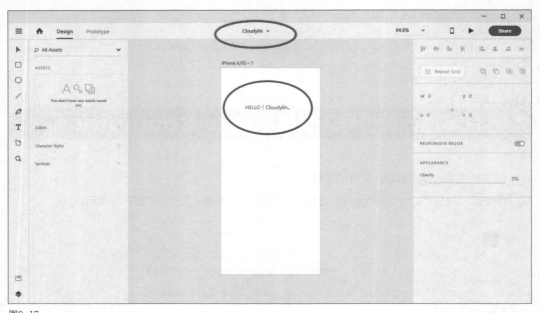

图2-17

2.4 知识点案例

知识要点

以下案例需要用到本章尺寸详细介绍、附加功能说明、从本地计算机导入文件的知识点。学懂本章知识，读者就可以创建一个设计视图，在设计视图下摸索软件的各种功能，读者可以先尝试做一个简单的设计，哪怕是画一个小圆圈或小矩形，再由浅向深学习，很快就可以成为设计高手。

下面教大家创建iPhone X/XS尺寸的视图，4个步骤即可成功创建。

01 找入口：找到软件的入口快捷方式，如图2-18所示。

图2-18

02 进入：双击"Adobe XD CC"快捷方式后，进入到软件入口界面，如图2-19所示。

03 图标：鼠标指针放在iPhone X/XS "📱"的图标上，会显示黑色"■"的图标，如图2-20所示。

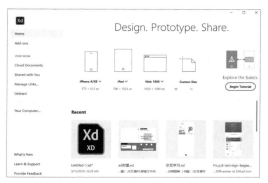

图2-19

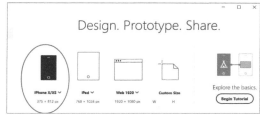

图2-20

04 创建：单击"iPhone X/XS"选项，iPhone X/XS尺寸的视图创建成功，如图2-21所示。

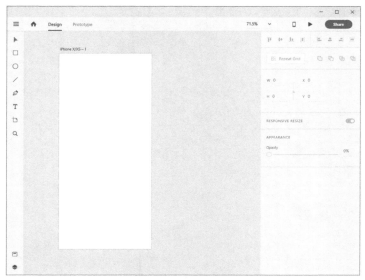

图2-21

◆章小结

本章主要教大家创建iPhone X/XS尺寸的视图，4个步骤即可成功创建。请大家按照步骤进行实际操作，真正学会创建视图。

第**3**章

菜单功能使用技巧

　　本章将为读者详细讲解菜单的使用技巧，并在最后将重点内容整理为案例，教会读者实际操作菜单功能。

　　学会新建、打开、保存的菜单基础功能后，才能够将设计图保存好，下次还可以在原设计上继续编辑设计内容。

知识要点

熟悉菜单的12个功能及使用技巧
学会文件的打开、保存和重命名

菜单"≡"的功能包括：新建、打开、打开最近文件、获取用户界面设计组件包、重命名、保存、另存为、导出、导入、共享、插件、帮助等，如图3-1所示。

XD软件窗口主界面如图3-2所示。

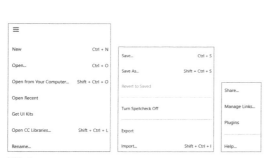

图3-1

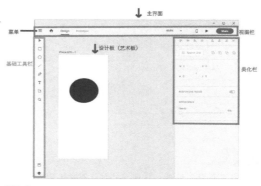

图3-2

菜单的功能主要是执行新建、打开文件、重命名、保存、导出、导入、共享、插件和帮助命令，这些命令是软件的基础功能。

视图栏的功能主要是设计视图和原型交互视图，让设计者可以快速切换视图，包括文件名显示、缩放视图、手机预览、计算机预览和共享等常用功能。

基础工具栏主要包含选择、矩形、椭圆、多边形、直线、钢笔、文本、艺术板、缩放、设计图所有资源和图层等工具，这些工具是XD软件设计的主要基础工具。

设计板的功能主要用于展现设计的成品效果。设计师绘制的图美不美，就看设计板的内容美不美。

美化栏的功能主要包括竖线布局设计、横线布局设计、重复网格、图形大小和位置设置区域、响应式调整大小区域、文字美化、外观美化区域和渐变色技巧，这些功能可以使设计板的内容色调和排版效果更加符合用户需求。

3.1 新建（New）

新建设计画板：在主页面中按Ctrl + N组合键，会弹出对话框，如图3-3所示。

新建成功：新建设计画板成功后，原有的画板"Untitled-1"仍然为打开状态，新的画板"Untitled-2"也为打开状态。这就意味着新的设计图和旧的设计图同时存在，如图3-4所示。

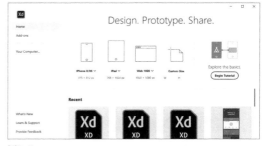

图3-3

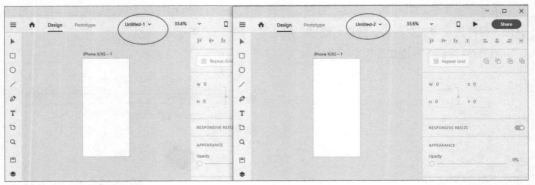

图3-4

提示

注意区分文件名，否则设计时可能会改错文件内容。

3.2 打开（Open和Open from Your Computer）

"Open"就是打开，"Open from Your Computer"就是从你的计算机打开。在主界面按Ctrl + O或Shift + Ctrl + O组合键，会弹出"打开"对话框，如图3-5所示，用户可以选择打开扩展名为xd、psd、sketch、ai的源文件。

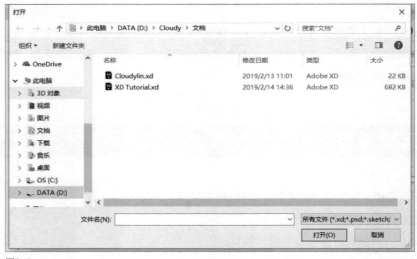

图3-5

选择"Cloudylin.xd"文件，单击"打开"按钮后，XD程序仍然会保持原先的文件为打开状态，新打开的文件在另一个新的窗体上也为打开状态。从文件名上可以看出哪一个文件是新打开的，如图3-6所示，"Untitled-1"文件为原有打开文件，"Cloudylin"文件为新打开的文件。

图3-6

3.3 打开最近文件（Open Recent）

在主界面上，当鼠标指针悬停在"≡"下拉列表中的"Open Recent"选项上时，会显示所有最近编辑过的文件，该功能可以快速打开上一次和最近设计的文件，如图3-7所示。

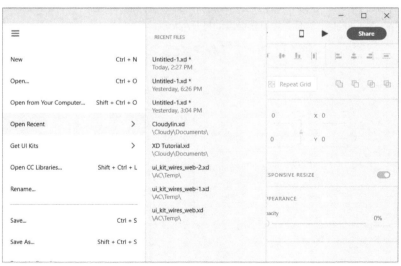

图3-7

单击打开最近编辑过的"Cloudylin.xd"文件后，打开"Cloudylin.xd"文件，新窗体显示"Cloudylin.xd"文件的设计内容，如图3-8所示。

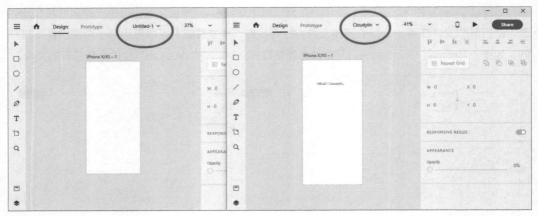

图3-8

3.4 获取用户界面套件（ Get UI Kits ）

在主界面上，鼠标指针悬停在"Get UI Kits"选项上，页面会显示推荐的用户界面套件（UI Kits）网站。官方推荐了5个网站，如图3-9所示。

● 用户单击"Apple iOS"选项，浏览器会自动打开苹果官方网站。
● 用户单击"Google Materinal"选项，浏览器会自动打开Materinal网站。
● 用户单击"Microsoft Windows"选项，浏览器会自动打开微软官方网站。
● 用户单击"Wireframes"选项，浏览器会自动打开Adobe官方插件网站。
● 用户单击"More UI Kits"选项，浏览器会自动打开Adobe XD网站。

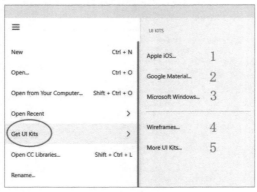

图3-9

Microsoft Windows套件下载完成后，打开它们，如图3-10所示。套件一般包括了菜单栏、导航栏、选择栏、多媒体栏、外壳程序框架、滚动栏、状态和信息、文本框、对话框、弹出按钮、收藏栏目、基本输入框等。

下载UI套件后，利用组件可以更加快速地设计出原型和交互设计，包括移动端和计算机端的设计。事实证明，套件确实能帮助设计师提高工作效率，更快地规划和设计软件项目。

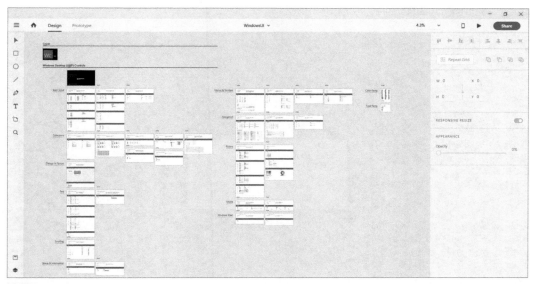

图3-10

3.5 重命名（Rename）

"Rename"就是将文件重命名。

执行"≡"→"Rename"选项，就可以修改文件名，如图3-11所示。

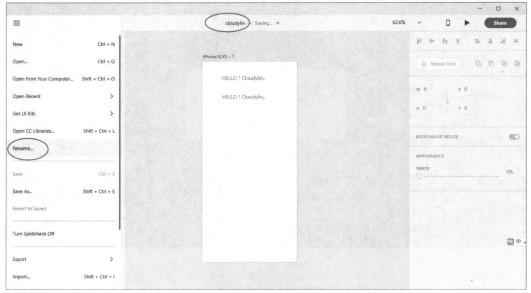

图3-11

单击"Rename"选项，弹出"Rename your document"对话框，在对话框中修改名称之后，将显示修改后的文件名，如图3-12所示。

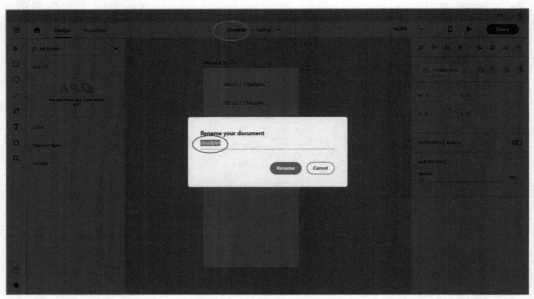

图3-12

将文件名修改为"Cloudylin2019"，如图3-13所示。然后单击"Rename"按钮，文件名重命名的操作就完成了。修改后的效果如图3-14所示。

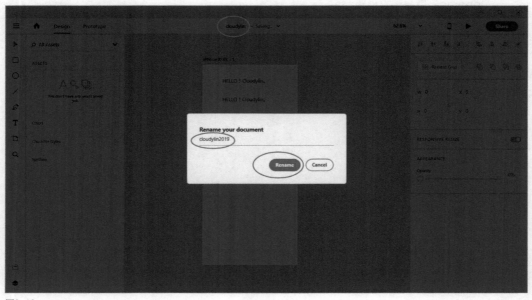

图3-13

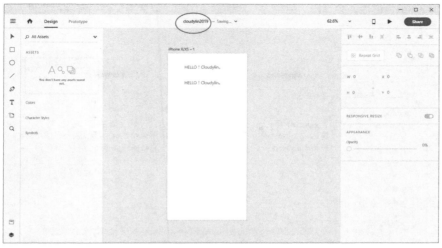

图3-14

3.6 保存（Save）

按Ctrl+S组合键，保存当前文件。一般会有两种情况：第一，新建文件后，该文件从未保存过，用户不可以直接保存；第二，直接打开*.xd源文件，文件编辑后可以直接保存。

情况一

新建文件后，通常文件名后面有"Edited"字样，表示该文件已编辑但未保存，如图3-15所示。

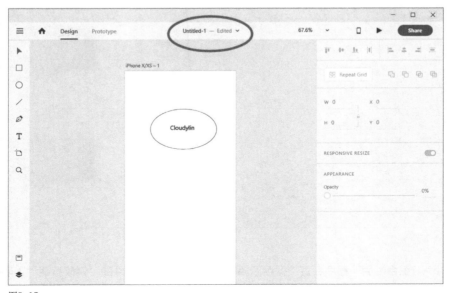

图3-15

按Ctrl+S组合键后，会弹出"另存为"对话框，用户可以变更文件名并保存文件，如图3-16所示。

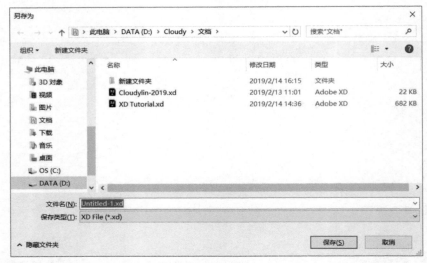

图3-16

情况二

直接双击源文件打开，文件编辑后可以直接保存，图3-17所示为成功打开了 "Cloudylin-2019.xd" 源文件。

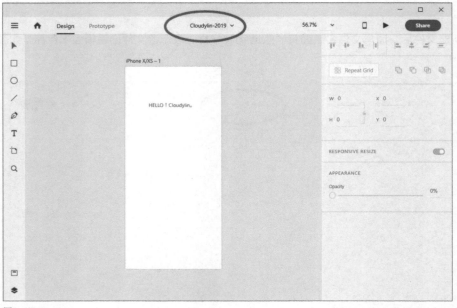

图3-17

按Ctrl+S组合键后，程序会直接保存编辑过的设计文件，从文件的"修改日期"上明显可以看出文件已经成功保存，如图3-18所示。

保存前：修改日期为 2019/2/13 11:01，如图 3-18 所示。

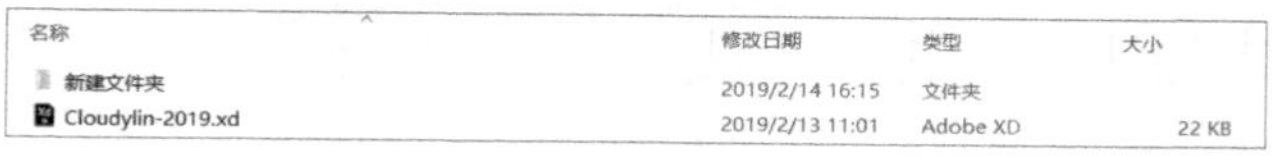

名称	修改日期	类型	大小
新建文件夹	2019/2/14 16:15	文件夹	
Cloudylin-2019.xd	2019/2/13 11:01	Adobe XD	22 KB

图3-18

保存后：修改日期为 2019/2/15 11:41，如图 3-19 所示。

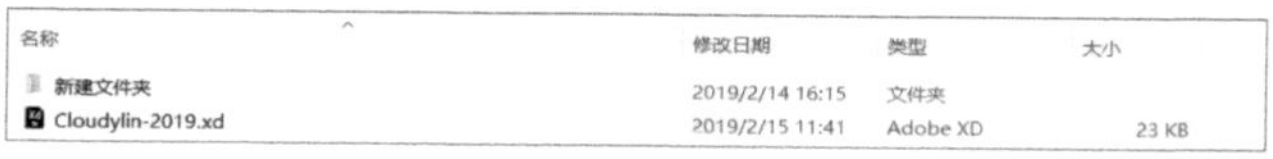

名称	修改日期	类型	大小
新建文件夹	2019/2/14 16:15	文件夹	
Cloudylin-2019.xd	2019/2/15 11:41	Adobe XD	23 KB

图3-19

3.7 另存为（Save As）

"Save As"表示另存为。按Shift + Ctrl+S组合键，弹出"另存为"对话框，可以变更文件名并保存文件，也可以变更保存路径。

适合使用另存为功能的场合

如果从移动硬盘上直接打开xd源文件修改，而后续需要经常修改此文件，那么建议修改完成后，另存为文件到本地计算机里，便于日后在本地计算机上修改。

打开另存为对话框：按Shift + Ctrl + S组合键，弹出"Name your document"对话框，单击" Your Computer... "按钮，弹出"另存为"对话框，如图3-20所示。

另存为：将文件名改为"Cloudylin-2019（另存为）.xd"，单击"保存"按钮，完成另存为操作，如图3-21所示。

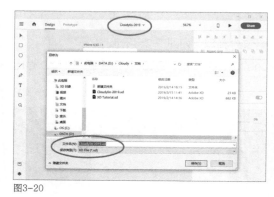

图3-20

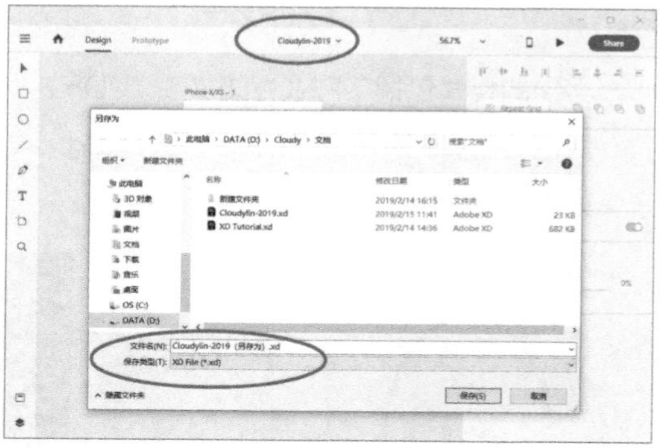

图3-21

验证另存为：另存为成功后，文件会变成名为"Cloudylin-2019（另存为）.xd"的源文件，如图3-22所示。

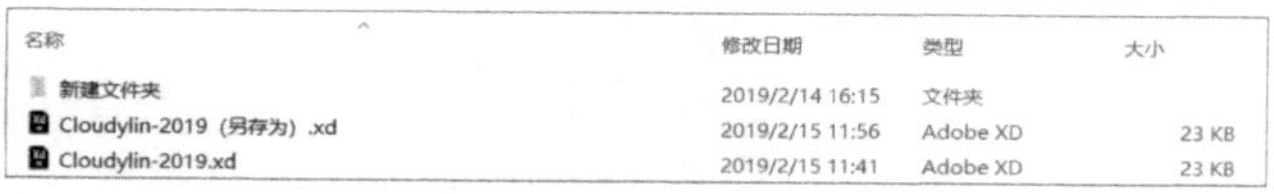

名称	修改日期	类型	大小
新建文件夹	2019/2/14 16:15	文件夹	
Cloudylin-2019（另存为）.xd	2019/2/15 11:56	Adobe XD	23 KB
Cloudylin-2019.xd	2019/2/15 11:41	Adobe XD	23 KB

图3-22

3.8 导出（Export）

"Export"表示导出的意思。常见导出方式有3种：选择导出（Selected）、所有艺术板内容导出（All Artboards…）、导出至AE软件做特效（After Effects…）。

下面详细地为大家讲解这3种导出方式的操作步骤。

3.8.1 所选内容（Selected）

"Selected"表示选择导出。

选中：单击艺术板中的"HELLO!Cloudylin。"文本内容，即选中文本框，如图3-23所示。

设置：按Ctrl + E组合键后，弹出"Export Assets"对话框，用户可以选择导出的格式、用途、设计分辨率和文件夹位置，如图3-24所示。

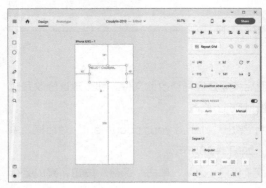

图3-23   图3-24

细节说明

导出的格式包括了PNG、SVG、PDF、JPG等文件类型，如图3-25所示。

导出：选择Format为PNG，选择Export为Design，再单击"Export"按钮，就可以导出了，如图3-26所示。

图3-25   图3-26

验证导出：选择的内容导出成功后，会生成一个"HELLO！Cloudylin。.png"文件（文件生成的格式类型是由用户选择决定的），如图3-27所示。

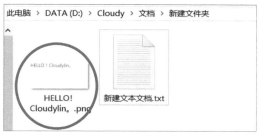

图3-27

3.8.2 导出所有艺术板资料（All Artboards）

"All Artboards"表示将所有艺术板资料导出。

对话框：单击"All Artboards"按钮，弹出"Export Assets"对话框，可以选择导出的格式、用途、设计分辨率和文件夹位置，如图3-28所示。

导出内容：选择Format为PNG，选择Export为Desigin，然后单击"Export All Artboards"按钮，便可导出所有艺术板资料，如图3-29所示。

图3-28

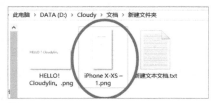

图3-29

3.8.3 导出到AE软件做后期（After Effects）

"After Effects"表示使用AE软件做特效。

选中：单击选中艺术板"Hello!Cloudylin。"和"ABCDEFG"的文本内容，如图3-30所示。

导出到AE软件：按Ctrl + Alt + F组合键后，以上文本内容将被导出到AE软件中，如图3-31所示。

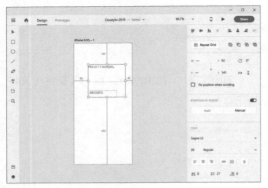

图3-30

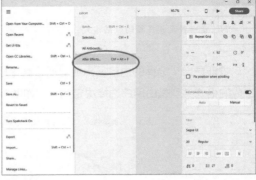

图3-31

成功导出到AE软件：若AE软件的界面图显示了XD文件的内容"Hello!Cloudylin。"和"ABCDEFG"，则证明选中的内容成功导出到AE软件，如图3-32所示。

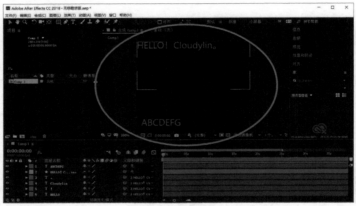

图3-32

3.9 导入（Import）

"Import"表示导入文件。按Shift + Ctrl +I组合键，弹出"打开"对话框，用户可以选择要导入的文件"1.png"，如图3-33所示。

图3-33

> **提示**
>
> 导入的文件类型包括*.jpg、*.jpeg、*.gif、*.png、*.tiff、*.svg、*.txt、*.bmp、*.Psd、*.ai。可见，XD软件能兼容很多软件。

选择导入"1.png"图片成功后，在艺术板上即可显示"1.png"图片内容，如图3-34所示。

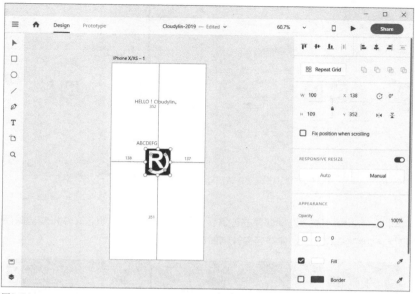

图3-34

3.10 共享（Share）

"Share"是共享的意思。Share功能里一共包括了如下5个功能。

共享文档。

共享供审查。

共享给开发人员。

管理共享的链接内容。

录制视频。

用户目前可以免费上传一个设计视图文件和一个原型设计文件。如果需要上传更多文件，那么就必须付费才能使用。

3.10.1 共享文档（Share Document）

共享文档功能的作用：共享文档是将*.xd的源文件保存在云服务器上，这样设计师在异地也可以直接从云服务器上下载和使用该源文件，还能随时随地修改设计视图和交互视图的内容。

下面是共享文档的3个步骤。

01 Share Document功能：单击"Share"按钮，弹出下拉菜单，单击"Share Document"选项，如图3-35所示。

02 Save As功能：单击"Save As"按钮，会弹出"保存"对话框，如图3-36所示。

图3-35

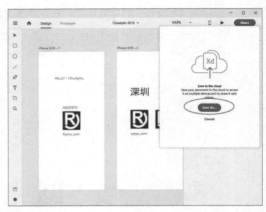

图3-36

03 Name your document功能:选择保存的位置后,单击"Save"按钮,文件将成功保存在云服务器和本地计算机上,如图3-37所示。保存后设计师即可在异地使用。

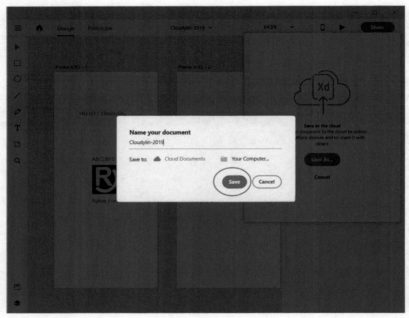

图3-37

3.10.2 共享供审查(Share for Review)

共享供审查功能的目的:将设计视图的图形图像上传到Adobe服务器后,该设计视图不能再被编辑,只供其他用户审查或评论。

下面是共享供审查的6个步骤。

01 Share for Review功能:单击"Share"→"Share for Review"选项,如图3-38所示。

02 下拉框内容:可以设置"共享供审查"的权限:1.所有人可以查看链接;2.只有被邀请的人可以查看,如图3-39所示。

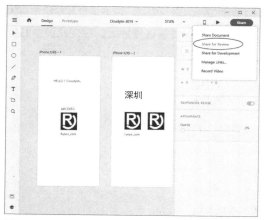

图3-38

图3-39

03 找到Create Link功能：在弹出的界面中找到"Create Link"按钮，如图3-40所示。

图3-40

04 上传：单击"Create Link"按钮，系统将自动上传并创建链接，如图3-41所示。

05 按扭改变：上传和创建成功后，可以看到"Create Link"按钮已经变为"Update"和"New Link"按钮，如图3-42所示。

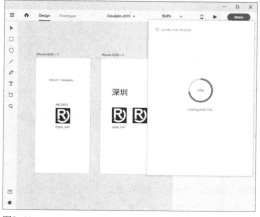

图3-41

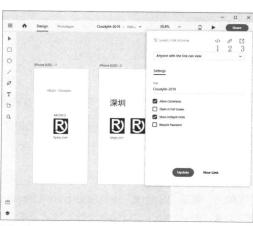

图3-42

06 验证共享是否成功，可以先检查设计内容是不是要共享的设计内容，确认后再把地址共享给审查人员。设计师共享给审查人员的方式目前有3种：复制嵌入代码、复制链接地址、在浏览器中打开链接。

共享方式1：

按钮"⟨⟩"，就是Copy Embed code（复制嵌入代码），如图3-43所示。

```
<iframe width="375" height="908" src="https://xd.adobe.com/embed/
abca6c6d-5584-4b9b-5ba0-3395459478f5-ddfb/" frameborder="0"
allowfullscreen></iframe>
```

图3-43

共享方式2：

按钮"⌗"，就是Copy Link（复制链接地址），如图3-44所示。

```
https://xd.adobe.com/view/abca6c6d-5584-4b9b-5ba0-3395459478f5-ddfb/
```

图3-44

共享方式3：

按钮"↗"，就是Open in Browser（在浏览器中打开链接）。

浏览器中显示的内容如图3-45所示，审查人员只能查看设计图和评论，无法编辑。

图3-45

3.10.3 共享给开发人员（Share for Development）

共享给开发人员是为了将设计视图的图形图像上传到Adobe服务器，让开发人员知道设计的规范，包括设计视图的颜色、尺寸大小、字符样式、字体的信息等。

下面是共享给开发人员的6个步骤。

01 单击：单击"Share"→"Share for Development"选项，如图3-46所示。

02 设置：设计图输出可以设置为网页格式、IOS格式、Android格式中的一种，如图3-47所示。

图3-46

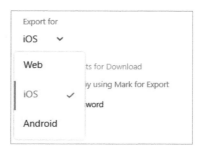

图3-47

03 找到Create Link功能：在弹出的页面中找到"Create Link"按钮，如图3-48所示。

04 上传：单击"Create Link"按钮后，程序将自动上传并创建链接，如图3-49所示。

05 按钮改变：上传和创建成功后，可以看到原先的"Create Link"按钮已经变为"Update"和"New Link"按钮，如图3-50所示。

图3-48

图3-49

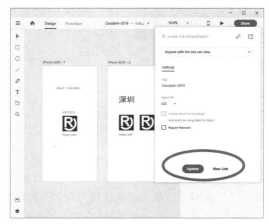

图3-50

06 打开链接：在浏览器中打开链接地址后，开发人员可以查看到设计图和设置的规范信息内容，包括屏幕详细信息、颜色、字符样式，如图3-51所示。

图3-51

3.10.4 管理共享的链接内容（Manage Links）

　　管理共享的链接内容是为了便于设计师管理共享的原型设计视图、交互视图和设计规范的内容。

下面是管理共享的链接内容的3个步骤。

01 单击：单击"Share"→"Manage Links"选项，如图3-52所示。

02 显示已发布：在浏览器上单击打开"已发布"的所有内容，如图3-53所示。

图3-52

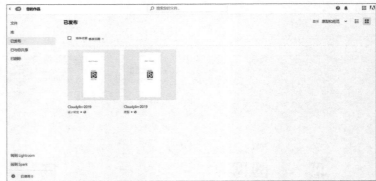

图3-53

03 管理链接：鼠标滑过设计图，用户就可以看见"⋯"按钮，单击"⋯"按钮，显示"复制链接"和"永久删除"选项，如图3-54所示。用户单击"复制链接"可以将链接共享给同事，同事就可以看到该文件的内容；用户单击"永久删除"可以永久删除文件内容，删除后自己和其他人均不可见。

图3-54

3.10.5 录制视频（Record Video）

录制视频是为了方便设计师用语音和视频的方式讲解设计图的规范和要点内容。同时，也便于设计师和客户或需求方异地沟通。

下面是录制视频的6个步骤。

01 "Record Video"功能：找到"Share"→"Record Video"选项，如图3-55所示。

02 预览：单击"Record Video"选项，弹出预览设计视图的对话框，如图3-56所示。

图3-55

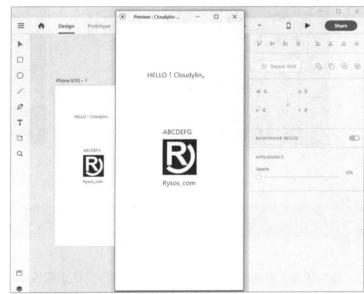

图3-56

03 录制对话框：按 Windows+G"组合键，弹出录制的对话框，如图3-57所示。

04 录制功能：单击"Record from now"按钮后，便可以开始录制视频。视频录制过程中会显示录制的时间、停止录制、声音开关等功能信息，如图3-58所示。

图3-57

图3-58

05 保存：单击"●"按钮后，系统将停止录制并自动保存该视频，视频通常被保存在C盘的视频文件夹里，如图3-59所示。

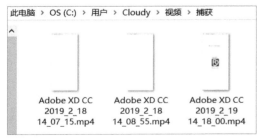

图3-59

06 查看录制效果：用户可双击"*.mp4文件来预览录制的视频效果，如图3-60所示。

图3-60

3.11 插件（Plugins）

插件包括了已成功安装的插件（PIUGINS）、发现插件（Disover Plugins）、管理插件（Manage Plugins）、开发（Development），如图3-61所示。

图3-61

3.11.1 已安装的插件

设计师可以随时使用已安装的插件，方便快捷。

下面是使用UI Faces插件的5个步骤。

01 圆圈：在设计视图下，拖一个圆圈到艺术板中，如图3-62所示。

02 选中：单击选中圆圈，如图3-63所示。接着单击"PLUGINS"→"UI Faces"选项，如图3-64所示。

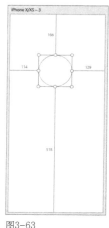

图3-62　　　　　　　图3-63　　　　　　　图3-64

03 插件功能：单击"UI Faces"选项，显示"UI Faces"对话框，如图3-65所示。

04 生成头像：单击"Apply Faces"按钮后，系统将根据选项内容，自动生成与用户设置匹配的随机头像，如图3-66所示。

05 确认生成：单击"OK"按钮后，圆圈里就会随机显示头像，如图3-67所示，这表示成功生成头像。

图3-65　　　　　　　　　　　　　　　图3-66　　　　　　　　　　　图3-67

3.11.2 发现插件（Discover Plugins）

下面是查看安装了多少个插件的2个步骤。

`01` 找到选项：在插件模块找到"Discover Plugins"选项，如图3-68所示。

`02` 显示：单击"Discover Plugins"后会弹出对话框，上面会显示所有的插件，如图3-69所示。

图3-69左栏：用户可以选择查看所有的插件或已经安装的插件。

图3-69右栏：所有的插件包括了未安装的插件和已安装的插件。单击"Install"按钮，程序会自动安装插件。安装完成后，按钮变为灰色，显示为"Installed"。

图3-68

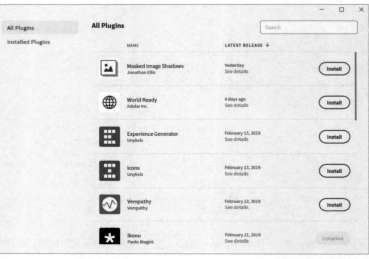

图3-69

3.11.3 管理插件（Manage Plugins）

下面是管理插件的6个步骤。

`01` 已安装插件：在软件窗口中，单击"≡"→"Plugins"→"Manage Plugins"选项后，会弹出窗口显示已经安装好的插件，可以通过插件后面的下拉菜单选择隐藏/开启、删除插件，如图3-70所示。

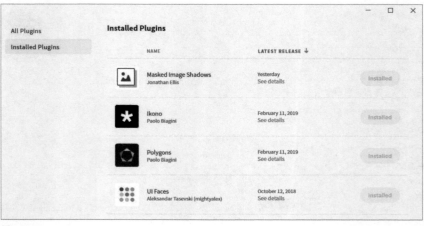

图3-70

显示可用插件：当插件为"开启"状态时，设计师可以直接使用插件的功能，如图3-71所示。

图3-71

有的插件可以直接按快捷键使用，有的插件则需要按步骤指示或选择内容后才能使用。

03 隐藏插件：如果设计师安装了过多的插件，又不想将插件删除，就可以将插件隐藏。那么，如何"隐藏"插件呢？单击想要隐藏的插件后方的"···"按钮，会弹出下拉菜单，如图3-72所示。

04 Disable隐藏：单击"Disable"选项后，隐藏插件成功，隐藏后的插件显示为灰色状态，如图3-73所示。

图3-72

图3-73

05 验证隐藏：在可用插件里将不会显示隐藏成功的插件，设计师也无法使用隐藏的插件。将"Masked Image Shadows"插件隐藏后，如图3-74所示，设计师就无法使用该插件了。

06 批量隐藏：目前为止，XD软件尚未有批量隐藏插件的功能。如果设计师安装了很多的插件，就需要逐个地隐藏很少使用的插件，或者逐个地删除不经常使用的插件。

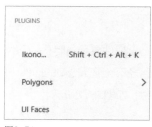

图3-74

3.11.4 开发（Development）

开发包括4个功能：重新加载插件（Reload Plugins）、开发人员控制台（Developer Console）、显示开发文件夹（Show Develop Folder）、创建插件（Create a Plugin），如图3-75所示。

图3-75

1. 重新加载插件（Reload Plugins）

按Shift + Ctrl + R组合键或单击"≡"→"Plugins"→"Development"→"Reload Plugins"选项后，界面不会有任何变化，但程序会自动重新加载插件，加载后的插件会显示在图3-76所示画红圈的位置。

安装的插件没有加载出来时，如果设计师不想重新启动软件，那么就可以使用重新加载插件功能，把插件加载出来。

2. 开发人员控制台（Developer Console）

显示插件路径：单击"≡"→"Plugins"→"Development"→"Developer Console"选项后，会显示已经加载的插件路径，如图3-77所示。

图3-76

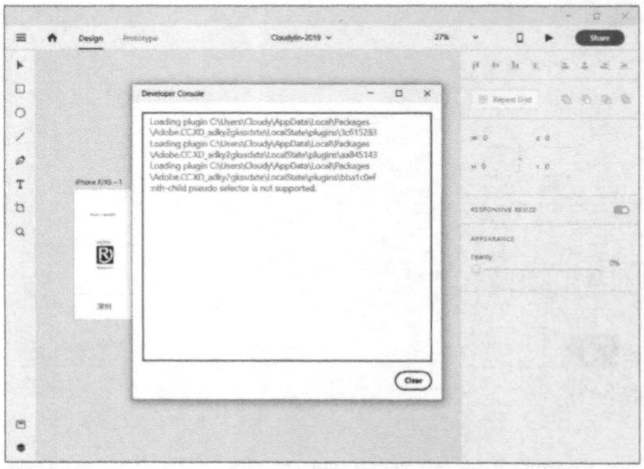

图3-77

插件显示说明："Developer Console"路径不会显示隐藏的插件，只显示可以使用的插件，如图3-78所示。

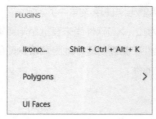

图3-78

3. 显示开发文件夹（Show Develop Folder）

单击"≡"→"Plugins"→"Development"→"Show Develop Folder"选项，打开本地计算机的开发文件夹，通常为图3-79所示的地址。

图3-79

4. 创建插件（Create a Plugin）

01 弹出网站地址：单击"≡"→"Plugins"→"Development"→"Create a Plugin"选项，会在浏览器中打开一个网站，如图3-80所示。

02 输入插件名称：单击"Create plugin"按钮，输入插件名称创建一个插件，假设输入插件名称为"Cloudylin"，如图3-81所示。

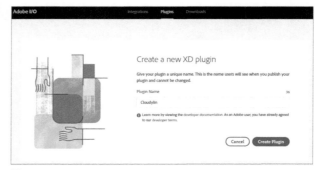

图3-80

图3-81

03 创建插件成功：单击"Create Plugin"按钮后，插件创建成功，如图3-82所示。

> **提示**
>
> 通过创建插件的功能，读者就可以自行设计 XD 软件的插件，然后提供给其他设计师安装和使用。

图3-82

3.12 帮助（Help）

帮助包括11个功能：新增功能（What's New）、学习和支持（Learn & Support）、提供反馈（Provide Feedback）、发布说明（Release Notes）、XD帮助（XD Help）、XD教程（XD Tutorial）、关于XD（About XD）、升级XD（付费）（Upgrade XD）、管理我的账户（Manage My Account）、注销（Sign Out）、更新（Updates），如图3-83所示。

资源获取验证码：91063

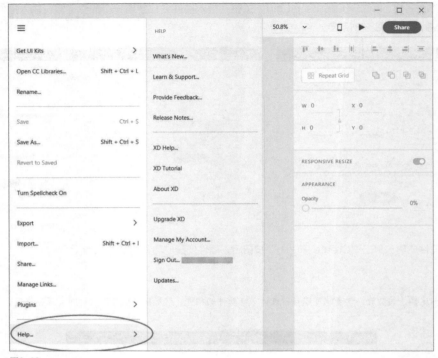

图3-83

3.12.1 新增功能（What's New）

单击"☰"→"Help"→"What's New"选项后，浏览器会打开Adobe官方网站的新增功能页面，如图3-84所示。

从网页内容能够了解XD软件的新增功能，如果适合使用，那么设计师就可以将XD软件升级为新版本，升级后就能够体验和使用新增功能。

图3-84

3.12.2 学习和支持（Learn & Support）与XD帮助（XD Help）

单击"☰"→"Help"→"Learn&Support"或"☰"→"Help"→"XD Help"选项后，浏览器会打开学习和支持网页页面，设计师可以在线学习基本知识、扩展技能的教程和用户指南，如图3-85所示。

图3-85

3.12.3 提供反馈（Provide Feedback）

单击"≡"→"Help"→"Provide Feedback"选项后，浏览器会打开反馈网页页面，设计师能够通过该页面反馈相关问题给 Adobe XD 软件官方，如图3-86所示。

图3-86

3.12.4 发布说明（Release Notes）

单击"≡"→"Help"→"Release Notes"选项后，浏览器会打开版本发布说明网页页面，设计师可以了解到新增功能、已知问题、系统要求、在线资源、客户支持、许可协议等内容，如图3-87所示。

图3-87

3.12.5 XD教程（XD Tutorial）

单击"≡"→"Help"→"XD Tutorial"选项后，XD软件会自动打开一个教程模板。设计师可以先学习教程模板，然后再自己进行设计，如图3-88所示。

图3-88

3.12.6 关于XD（About XD）

单击"≡"→"Help"→ "About XD"
选项后，会弹出说明框，显示XD软件的版本
号以及所有XD软件项目相关人员的姓名，如图
3-89所示。

图3-89

3.12.7 升级XD（Upgrade XD）

单击"≡"→"Help"→"Upgrade XD"选项后，弹出XD软件升级的官方网站页面。
升级Creative cloud的人群分为：个人、商业和校内人员。

设计师上传设计视图和原型交互视图到XD服务器，只允许免费上传1个文件。但是，付费"升
级XD"后，设计师就可以上传多个文件到XD服务器。因此升级后的XD软件更适合企业使用。

3.12.8 管理我的账户（Manage My Account）

单击"≡"→"Help"→"Manage My
Account"选项后，弹出账户的网站页面，显示
了"个人资料"和"我的计划"等内容，如图
3-90所示。

图3-90

3.12.9 注销（Sign Out）

单击"≡"→"Help"→"Sign Out"
选项后，弹出注销账号的对话框，如图3-91所
示。注销后，将退出XD账号。

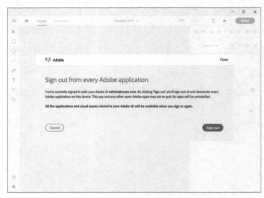

图3-91

3.12.10 更新（Updates）

单击"≡"→"Help"→"Updates"选项后，弹出更新软件的功能页面，设计师可以在其中更新、安装、打开Adobe Creative Cloud系列的应用程序，如图3-92所示。

图3-92

3.13 知识点案例

知识要点

以下案例需要用到本章打开、打开最近文件、另存为、重命名等功能。为了更好地学懂本章知识，读者可以下载一个文件，简单修改文件内容后，再另存为到本地计算机。日后源文件增多，读者可以将设计文件分类。

下面教大家打开最近文件，然后另存为在本地计算机，并再次重命名。

01 进入XD软件：双击计算机桌面上的"Adobe XD CC.exe"快捷方式，进入图3-93所示的界面。

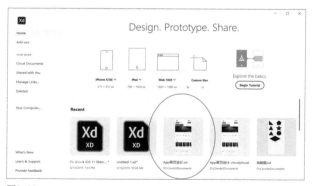

图3-93

提示

运用"3.3 打开最近文件（Open Recent）"一节中讲到的方法，可在"RECENT FILES"中看到"App首页设计.xd"文件。

02 打开最近文件：在"RECENT FILES"中单击"App首页设计.xd"文件，XD软件就会打开该文件，打开成功后可以看见文件的设计内容，如图3-94所示。

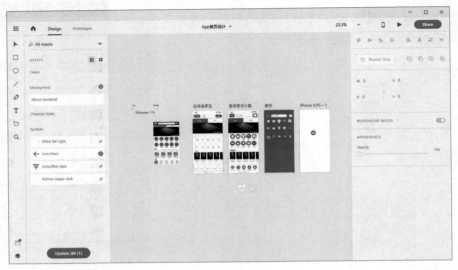

图3-94

提示

打开源文件后，读者可以简单学习如何修改文字内容和移动设计。

03 找到另存为选项：找到"≡"→"Save As"选项，如图3-95所示。

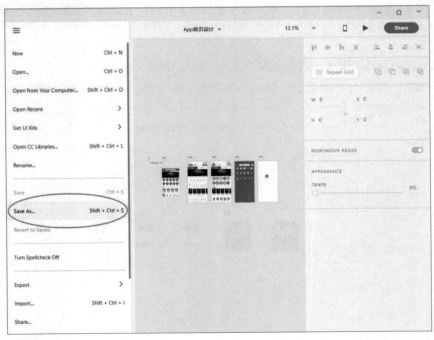

图3-95

04 单击另存为选项：按Shift + Ctrl +S组合键或单击"Save As"选项，会弹出"Name your document"对话框，如图3-96所示。

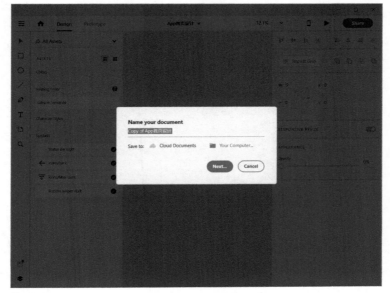

图3-96

提示

如果两个文件名相同，那么新的文件会覆盖旧的文件。

05 选择另存为位置：单击"Next…"按钮，弹出"另存为"对话框，如图3-97所示。

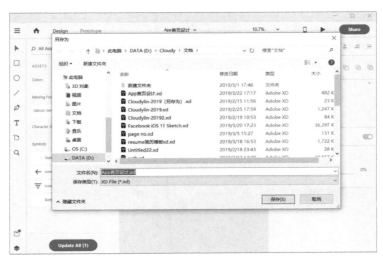

图3-97

提示

可以按需要重复执行04、05操作，重新选择另存为的路径。

06 另存为的文件名：将文件命名为"App首页设计20190405"，如图3-98所示。

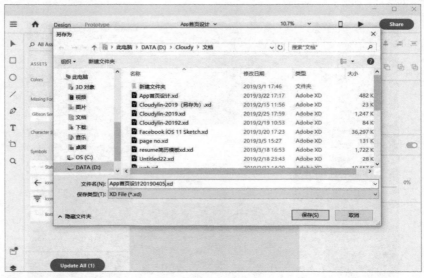

图3-98

07 另存为成功：单击"保存"按钮，可见文件名已经变为"App首页设计20190405"，说明另存为成功，如图3-99所示。

图3-99

提示

建议验证文件另存为是否成功。因为笔者以前遇到过在其他设计软件上保存文件没有任何问题，但是保存的文件却无法打开的情况。

08 再次重命名：单击文件标题右侧的"✓"按钮，弹出"Rename your document"对话框，如图 3-100和图3-101所示。

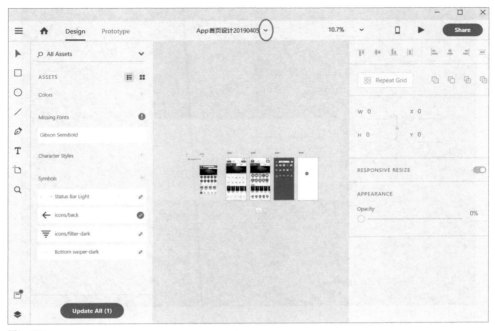

图3-100

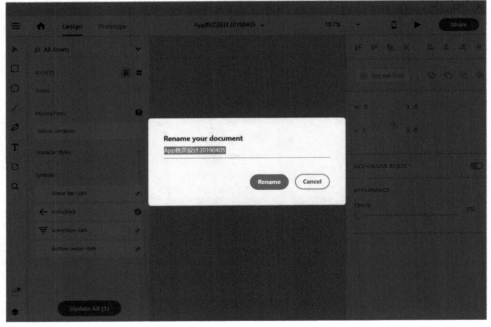

图3-101

09 再次重命名：将文件名改为"App首页设计-cloudylin"，如图3-102所示。

10 重命名成功：单击"Rename"按钮，重命名成功，如图3-103所示。

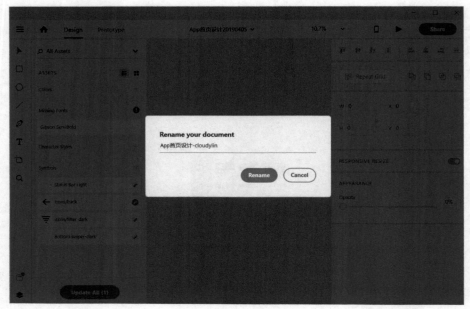
图3-102

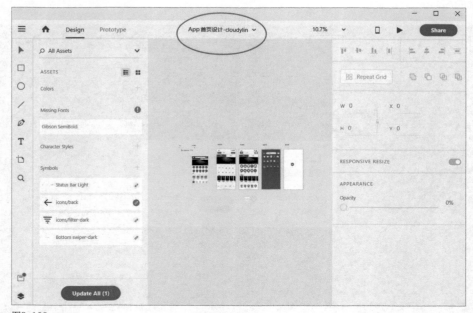
图3-103

◆章小结

　　本章讲解了菜单功能新建、打开、打开最近文件、获取用户界面设计组件包、重命名、保持、另存为、导出、导入、分享、插件、帮助的使用技巧。请读者多多练习实际操作，真正学会菜单功能使用技巧。

第 **4** 章

视图栏工作区功能使用技巧

视图栏是整个XD软件的核心，它的最主要的模式是设计视图和原型交互视图，所有的功能都是基于这两种视图模式设计。

视图栏总共9个功能，包括菜单、主页、设计视图、原型交互视图、文件名显示、缩放视图、手机预览、计算机预览、共享。菜单"≡"功能详情请参见第3章，主页"♠"功能详情请参见第2章。

本章将为读者详细讲解视图栏的使用技巧，并将重点内容整理为案例，教读者实际操作。

在学会设计视图和原型交互视图的相互切换后，读者可以在手机和计算机上预览，以达到将设计和交互优化到极致的效果，做出简洁明了的优秀设计。

知识要点

熟悉、掌握和运用视图栏的9个功能

学会打开一个源文件，将设计视图切换至原型交互视图，并在计算机上预览效果视图栏位于XD软件的上方，如图4-1所示。

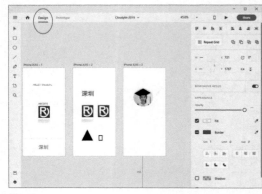

图4-1

4.1 设计视图（Design）

进入设计视图模式后，用户可以在艺术板上任意绘制设计图形。

打开"*.XD"文件后，通常默认在"设计视图"模式下，如图4-2所示。

图4-2

4.2 原型交互视图（Prototype）

设计师不可以在原型交互视图下设计图形图像，只能将已经有的设计视图用于做原型交互。原型交互视图下，设计师可以拖出线条连接两个艺术板页面、艺术板页面中的某个功能，或是艺术板页面与某个功能，从而形成交互，如图4-3所示。

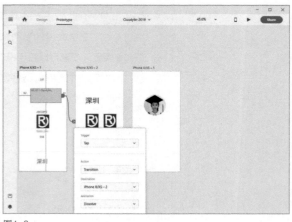

图4-3

4.3 文件名显示（Edit）

文件名显示就是显示的文件名称，即设计师当前设计的图形图像名称，如图4-4所示。

图4-4

文件状态通常有以下3种。

第1种：仅打开文件，未作任何操作。

第2种：已编辑，但未保存。

第3种：已编辑，已保存。

第1种和第3种情况将不显示标记，如图4-5所示。

图4-5

第2种情况会显示"Edited"，即已编辑的标记，如图4-6所示。

图4-6

4.4 缩放视图（Zoom）

　　缩放视图就是缩小和放大设计视图。缩放的比例目前有25%、50%、100%、150%、200%、300%、400%、Zoom In、Zoom Out、Zoom to Selection、Zoom to Fit All，如图4-7所示。

图4-7

1. Zoom In使用前和使用后的效果

打开名为"iPhone背景图"的xd文件后，显示缩放比例为38.5%，效果如图4-8所示。

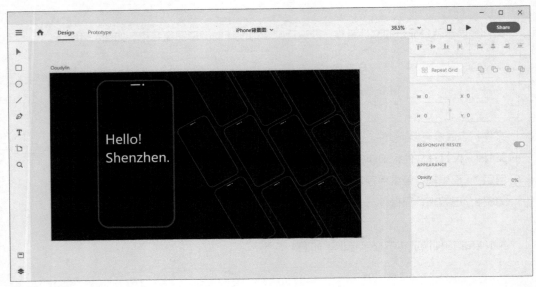

图4-8

单击"Zoom In"选项后，缩放比例由38.5%自动放大至50%，如图4-9所示。

图4-9

2. Zoom Out使用前和使用后的效果

打开名为"iPhone背景图"的xd文件后，显示缩放比例为38.5%，如图4-10所示。

图4-10

单击"Zoom Out"选项后，缩放比例由38.5%自动缩小至33%，如图4-11所示。

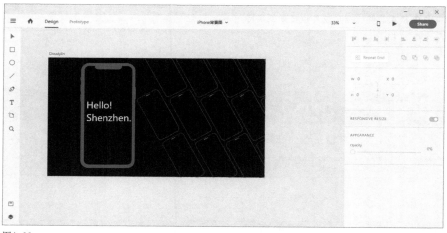

图4-11

4.5 手机预览（Mobile Preview）

目前应用商店无法下载XD官方软件，所以暂时无法使用官方软件在手机上预览。

iOS系统的手机和计算机连接后，会显示iOS设备已经连接，如图4-12所示。

图4-12

4.6 计算机预览（Desktop Preview）

在软件界面的右上角找到计算机预览按钮"▶"，如图4-13所示。

单击"▶"按钮，便可在计算机上预览设计视图或交互视图，如图4-14所示。

提示

在计算机上预览能够让项目成员快速看到实际设计效果。

图4-13

图4-14

4.7 共享（Share）

共享功能与3.10节内容一致，详细内容请参见 3.10节对于共享功能的讲解。在菜单功能和视图栏都有共享的功能，由此可见，共享功能非常重要。

4.8 知识点案例

知识要点

以下案例需要用到设计视图、原型交互视图、文件名显示、计算机预览等功能。学懂本章知识后，一个人便可以完成设计和原型交互，并且人机交互效果更佳。设计完成后，用户可在计算机或手机上预览，达到所见即所得的效果，提升用户体验。

下面请大家跟随下列步骤完成一系列操作：打开一个源文件，将设计视图切换至原型交互视图，然后在计算机上预览效果。

01 打开源文件：双击计算机上的"heart.xd"文件，如图4-15所示。

| heart.xd | 2019/4/13 17:46 | Adobe XD | 160 KB |

图4-15

02 进入设计视图：单击"Design"选项进入设计视图，如图4-16所示。

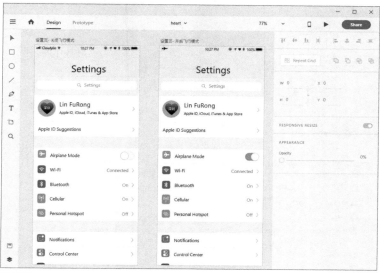

图4-16

提示

在设计视图下是不可以做交互的，需要切换为原型交互视图才可以。

03 切换至原型交互视图：单击"Prototype"选项，切换到原型交互视图，如图4-17所示。

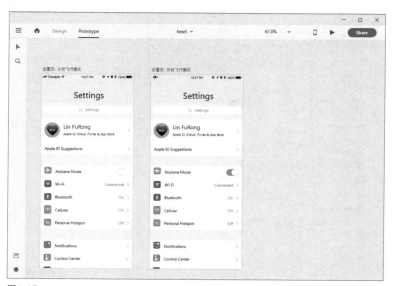

图4-17

提示

在原型交互视图下是不可以做设计的，需要切换为设计视图才可以。

04 预览：单击"▶"按钮，弹出预览对话框，如图4-18所示。

图4-18

05 预览下一个艺术板：按键盘上的"→"键，预览图会切换至下一个设计图，如图4-19所示。

图4-19

◆章小结

本章知识点包括打开一个源文件、将设计视图切换至原型交互视图，以及在计算机上预览效果。通过案例实操，读者可以学会使用视图栏工作区的功能。

第 **5** 章

基础工具栏功能及延伸技巧

基础工具栏是设计视图的核心，所有的界面设计和原型设计都是依靠基础工具栏的功能完成的。

基础工具栏包括10个功能：选择、矩形、椭圆、直线、钢笔、文本、艺术板、放大、资源以及图层。

本章将为读者详细讲解基础工具栏功能的使用技巧及其他几个相关功能的使用技巧，最后将重点内容整理为案例，教会读者实际操作基础工具栏功能。

学会选择、矩形、椭圆、直线、钢笔、文本等功能后，读者就可以做出基本的原型设计。

知识要点

熟悉、掌握和运用基础工具栏的10个功能

下拉功能的运用

断开圆形和矩形功能的运用

将截图放入圆形里的运用

基础工具栏位于XD软件的左边。

▶	选择（Select）：选择艺术板上的任意内容，选择后可以移动内容。	
□	矩形（Rectangle）：创建矩形或正方形。	
○	椭圆（Ellipse）：创建圆形或椭圆形。	
／	直线（Line）：绘制出直线。	
✐	钢笔（Pen）：绘制出弯曲的线，也可绘制出直线。	
T	文本（Text）：绘制出文字、字母、数字和符号。	
⌐	艺术板（Artboard）：创建艺术板，用于制作设计和交互。	
Q	放大（Zoom）：放大艺术板，便于更好地调整细节。	
▭	资源（Assets）：便于更快找到艺术板的信息内容。	
❖	图层（Layers）：更快地找到艺术板的图片、图形和文字位置。	

5.1 选择（Select）

用选择功能选择设计视图或交互视图里面的内容后，用户可以移动内容到任意位置。

下面详细讲解选择工具的使用方法。

01 使用选择工具：单击灰色的 "▶" 工具后，"▶" 会变成蓝色，这表示已经可以使用选择工具了。

02 指针经过：鼠标指针经过 "ABCDEFG" 内容时，显示蓝色框，如图5-1所示。

03 单击：单击 "ABCDEFG" 内容，显示带有8个小圆点的蓝色框。此时，设计师可以将已选中的蓝色框内容拖动到任意位置，如图5-2所示。

04 双击：双击 "ABCDEFG" 内容，可以编辑内容，如图5-3所示。

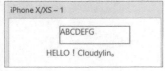

图5-1

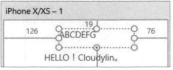

图5-2

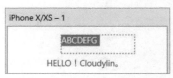

图5-3

5.2 矩形（Rectangle）

矩形是拖拉式使用的工具，选择矩形工具后，用户可以直接在设计视图中拖出矩形。

下面详细讲解矩形工具的使用方法。

01 使用矩形工具：单击"□"工具，"□"会变成蓝色，这表示可以使用矩形工具了。在艺术板中按住鼠标左键拖出矩形，然后再松开鼠标左键即可完成矩形的绘制，如图5-4所示。

02 将矩形的角拖成圆角：鼠标左键按往"◉"即可拖出圆角，松开即可就完成圆角的绘制，如图5-5所示。

03 将矩形的图片素材拖成圆角：鼠标左键按往"◉"即可拖出圆角，如图5-6所示。通过这个功能，用户可以方便地用软件做出椭圆或圆形图像。

图5-4

图5-5

图5-6

5.3 椭圆（Ellipse）

椭圆是拖拉式使用的工具，选择椭圆工具后，用户可以在设计视图中拖出圆形和椭圆形。

下面详细讲解椭圆工具的使用方法。

01 绘制圆形：单击"○"工具，"○"会变成蓝色，在艺术板中按住鼠标左键拖出圆形，然后再松开鼠标左键就完成了圆形的绘制，如图5-7所示。

02 绘制椭圆形：单击"○"按钮，"○"会变成蓝色，在艺术板中按住鼠标左键拖出椭圆形，然后再松开鼠标左键就完成了椭圆形的绘制，如图5-8所示。

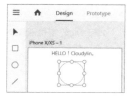
图5-7

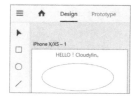
图5-8

5.4 直线（Line）

直线是拖拉式使用的工具，选择直线工具后，用户可以直接在设计视图中拖出直线。

下面详细讲解直线工具的使用方法。

01 绘制直线：单击" ∕ "工具，" ∕ "会变成蓝色，在艺术板中按住鼠标左键拖出直线，然后再松开鼠标左键就完成了直线的绘制，如图5-9所示。

02 组合三角形：拖出三条直线，组合成三角形，如图5-10所示。

图5-9

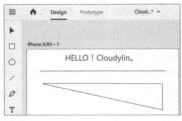

图5-10

5.5 钢笔（Pen）

钢笔是拖拉式使用的工具，选择钢笔工具后，用户可以直接在设计视图中使用钢笔工具绘制直线、曲线。

下面详细讲解钢笔工具的使用方法。

01 使用钢笔：单击" ∅ "工具，" ∅ "会变成蓝色，在艺术板中按住鼠标左键拖出直线，松开鼠标左键，找到第2个点，再按住鼠标左键调整曲线的位置，如图5-11所示。

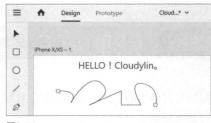

图5-11

02 修改：用鼠标左键按住线条头部或尾部的小圆点，就可以进入修改状态，如图5-12所示。

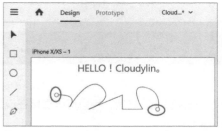

图5-12

03 显示全部节点：双击线条，显示图形绘制过程的全部节点，如图5-13所示。

04 单击选中：单击第3个小圆点，拖动它就可以调整它的位置，如图5-14所示。

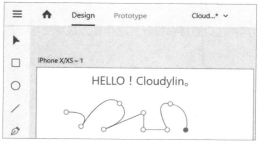
图5-13

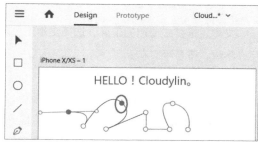
图5-14

05 双击选中：双击第3个小圆点，出现一条切线，可以调整该切线来调整第3个小圆点的曲线形状，如图5-15所示。

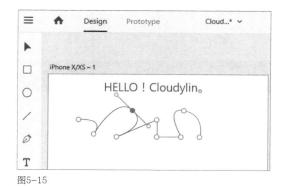
图5-15

06 调整效果：调整第3个小圆点后，第2个至第4个小圆点之间的图形也发生了改变，如图5-16和图5-17所示。

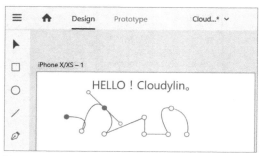
图5-16

图5-17

5.6 文本（Text）

　　文本是拖拉式使用的工具，选择文本工具后，用户可以直接在设计视图中输入任意文字、数字、字母、符号等文本。

　　下面详细讲解文本工具的使用方法。

　　单击"T"文本工具，"T"会变成蓝色，在艺术板中按住鼠标左键拖出文本框，松开鼠标左键后即可输入文本。第1行为英文字母"HELLO! Cloudylin。"，第2行为中文文字"深圳市"，第3行为数字"123456789"，如图5-18所示。

图5-18

> **提示**
>
> 拖出文本框后，再在文本框内输入文本；
> 换行可以按"Enter"键；
> 双击文本框，就可以修改文本内容。

5.7 艺术板（Artboard）

　　艺术板也叫设计板、画板，选择艺术板工具后，用户可以直接新增一个设计视图。通常需要制作多个设计视图或交互时，必须使用多个艺术板。

　　下面详细讲解艺术板工具的使用方法。

`01` 使用艺术板：单击"⬠"艺术板工具，"⬠"会变成蓝色，如图5-19所示。

`02` 新增艺术板：在第1个艺术板范围内单击，XD软件会自动生成第2个艺术板，如图5-20所示。

图5-19

图5-20

> **提示**
>
> 有两个或两个以上的艺术板时才可以做交互设计。

5.8 放大（Zoom）

　　放大就是将艺术板放大，尤其在设计细节时，用户只有放大查看、编辑细节，才能将设计图优化到极致。

　　下面对比一下放大工具的使用效果。

01 放大前的效果图：单击"🔍"工具，"🔍"会变成蓝色，当前比例为33%，如图5-21所示。

02 放大后的效果图：单击艺术板的任意位置，艺术板会自动放大，放大后比例为50%，如图5-22所示。

图5-21

图5-22

5.9 资源（Assets）

　　资源包括了颜色、字符样式、符号标记、链接标记，如图5-23所示。

　　下面详细讲解资源的使用方法。

01 使用工具前的界面如图5-24所示。

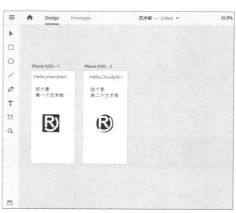

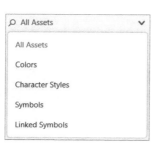

图5-23

图5-24

01 单击按钮：单击"□"工具，"□"工具会变成蓝色，同时显示设计图所有数据，如图5-25所示。

02 选中内容：单击"这个是第一个艺术板"文本框，文本框会显示为选中状态，如图5-26所示。

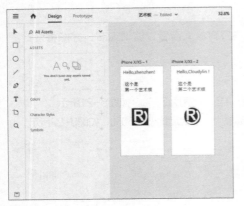

图5-25

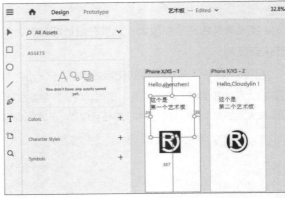

图5-26

> **提示**
>
> Assets 功能相当于 Photoshop 软件的图层功能。

03 添加内容：单击，Colors选项右侧的"＋"，将文本的颜色添加到"Assets"颜色层，如图5-27所示。

04 查看内容：添加成功后，"Colors"下方的颜色显示为"#1900FF"，如图5-28所示。

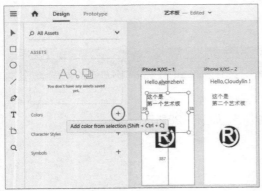

图5-27

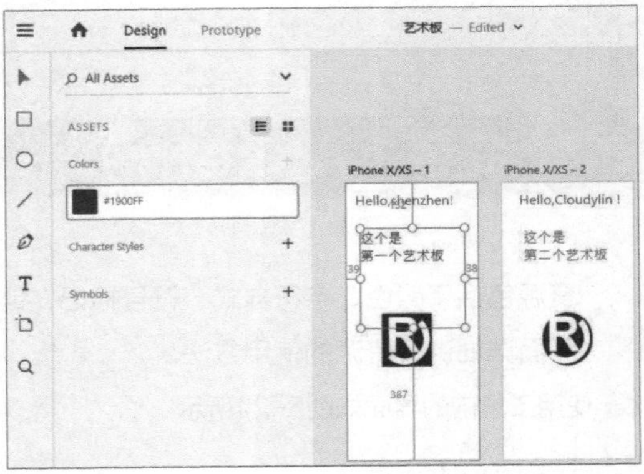

图5-28

> **提示**
>
> 学会 Assets 里面的功能后，用户就能轻松获取到文本颜色。

5.10 图层（Layers）

图层就是艺术板的内容。艺术板里的设计图由文字和图形组成，图层可以分辨出设计图的文字和图形哪一个在上面、哪一个在下面。通过图层，用户就能够在成百上千的素材中快速找到需要修改的内容。

下面详细讲解图层功能的使用方法。

01 使用图层：单击"⬙"工具，"⬙"会变成蓝色，图层"ARTBOARDS"下有2个艺术板，分别为iPhone X/XS -2和iPhone X/XS -1，如图5-29所示。

图5-29

02 查看iPhone X/XS-1的详细信息：双击"iPhone X/XS-1"选项，显示艺术板"iPhone X/XS-1"的详细图层内容，包括2个文本和1个图片内容，如图5-30所示。

03 查看iPhone X/XS-2的详细信息：双击"iPhone X/XS-2"选项，显示艺术板"iPhone X/XS-2"的详细图层内容，包括2个文本和1个图片内容，如图5-31所示。

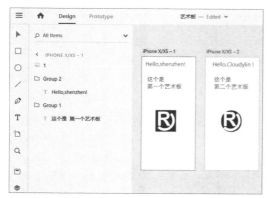

图5-30

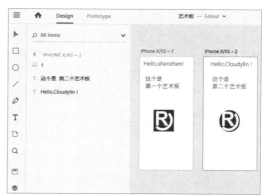

图5-31

5.11 下拉功能

用户看完了一个页面的内容后，可以用下拉功能看见更多页面的内容。

下面详细讲解下拉功能的使用。

01 创建：创建一个艺术板，导入两张图片放在底部，如图5-32所示。

02 双击：双击艺术板，艺术板会显示边框，如图5-33所示。

图5-32

图5-33

03 拉长艺术板：将鼠标指针放在边框最下面的蓝点"●"上悬停，然后按住鼠标左键将艺术板拉长。拉长艺术板后，可见艺术板最左边有个蓝色按钮"▤"，如图5-34所示。

04 预览下拉效果：单击"▶"预览按钮后，可以下拉页面预览，如图5-35和图5-36所示。

05 完成：下拉功能的使用技巧学习完成。

图5-34

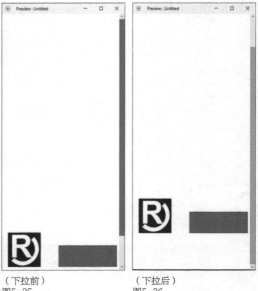

（下拉前）
图5-35

（下拉后）
图5-36

提示

艺术板最左边的按钮▤控制页面开始下拉的位置。

5.12 断开圆形和矩形功能

其他原型设计软件很少有可以断开圆形和矩形路径的功能，所以XD软件这个断开路径功能对设计来说是很有新意的。

下面详细讲解断开路径的技巧。

1. 断开圆形技巧

01 绘制圆形：单击"○"工具，"○"会变成蓝色，在艺术板中按住鼠标左键拖出圆形，然后再松开就完成了圆形的绘制，如图5-37所示。

02 双击：使用选择工具双击圆形，顶部会显示路径功能，如图5-38所示。

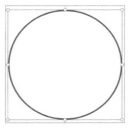 

图5-37　　　　　　　　　图5-38

03 断开：按Alt+Delete组合键，圆形会断开，如图5-39所示。

04 变形：在图5-38所示的情形下按"Delete"键，圆形会直接变为其他图形，如图5-40所示。

 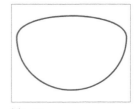

图5-39　　　　　　　　　图5-40

2. 断开矩形技巧

01 绘制矩形：使用"□"工具，在艺术板中拖出一个矩形，如图5-41所示。

02 双击：双击矩形，4个角会显示圆点。其中，左上角圆点为蓝色实心圆点，如图5-42所示。

图5-41　　　　　　　　　图5-42

03 断开：按Alt+Delete组合键，矩形会断开，如图5-43所示。

04 变形：在图5-43所示情形下，按"Delete"键，矩形会直接变为三角形，如图5-44所示。

图5-43　　　　　　　　　图5-44

5.13 将截图放入圆形里

下面详细讲解将截图放入圆形里的技巧。

01 绘制圆形：使用“○”工具在艺术板中拖出一个圆形，如图5-45所示。

02 截图：按Ctrl +X组合键，成功截图放进剪贴板，如图5-46所示。

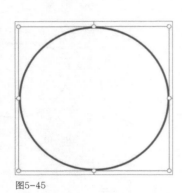

图5-45

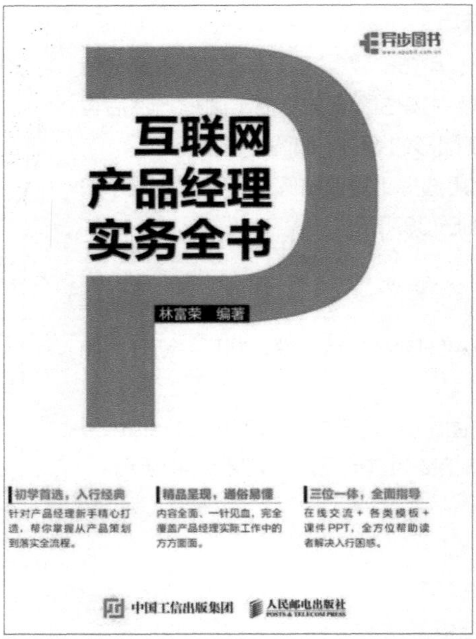

图5-46

03 粘贴：用鼠标右键单击圆形，可见Paste Appearance（粘贴）功能选项，如图5-47所示。

04 粘贴到圆形：单击“Paste Appearance”选项或按Ctrl + Alt + V组合键，截图会自动置入圆形里，如图5-48所示。

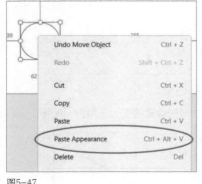

图5-47

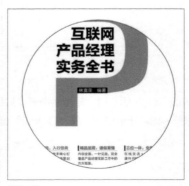

图5-48

以下案例需要用到本章选择、矩形、椭圆、文本、图层的功能。学懂本章知识后，读者可以做简单的设计图和原型图。

需要注意的是，每个企业的设计色调都有一个标准，员工做设计时不能随便使用颜色，必须使用颜色卡里的颜色。

下面教大家绘制颜色卡，包括创建艺术板、矩形、文本、圆形等，并将颜色添加到颜色图层，查找哪些内容用了此颜色。

01 创建艺术板：创建一个尺寸为815mm×625mm的空白艺术板，如图5-49所示。

02 创建矩形：单击"□"工具，"□"会变成蓝色，在艺术板中按住鼠标左键拖出矩形，然后再松开即可完成矩形绘制。合计创建10个矩形，并为每个矩形配上颜色，如图5-50所示。

图5-49

图5-50

03 创建文本：单击"T"工具，"T"会变成蓝色，按住鼠标左键在艺术板上拖出文本框，然后再松开即可输入文本，如图5-51所示。

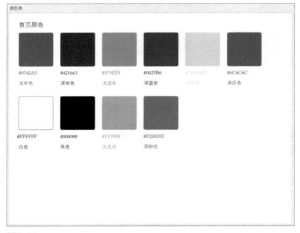

图5-51

04 创建圆形：单击"○"工具，"○"会变成蓝色，按住鼠标左键在艺术板中拖出圆形，然后再松开即可完成圆形绘制。合计创建6个圆形，并为每个圆形配上颜色，如图5-52所示。

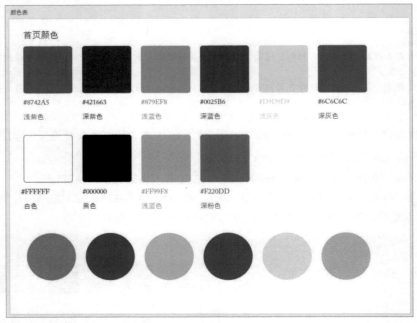

图5-52

05 创建文本：单击"T"工具，"T"会变成蓝色，按住鼠标左键在艺术板中拖出文本框，然后再松开即可输入文本。创建多个文本，如图5-53所示。

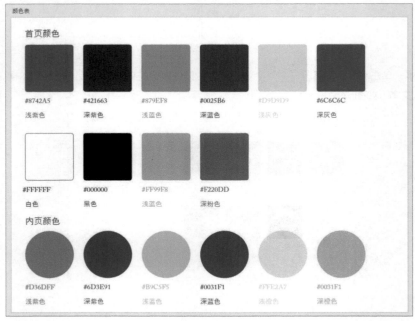

图5-53

06 选择Assets功能：按Shift+Ctrl +Y组合键，显示Assets所有内容，如图5-54所示。

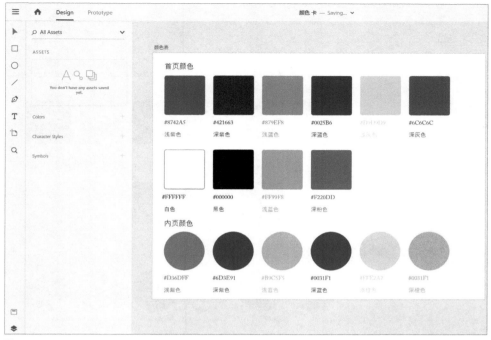

图5-54

07 添加到图层：单击"浅紫色"矩形，显示选中该矩形，如图5-55所示。

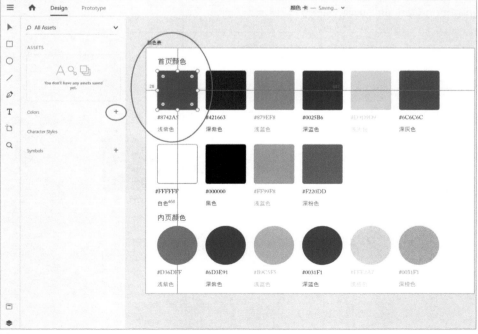

图5-55

08 添加颜色：按Shift + Ctrl + C组合键或单击 "Colors" 选项右侧的 " + "，颜色添加成功到Assets中，显示 "#8742A5" 选项，如图5-56所示。

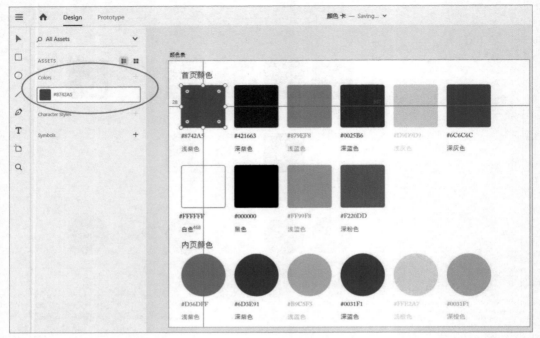

图5-56

09 查找颜色为#8742A5的内容：用鼠标右键单击 "#8742A5" 选项，弹出下拉菜单，找到 "Highlight on Canvas" 选项，如图5-57所示。

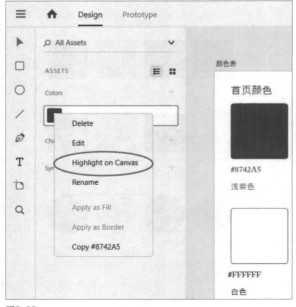

图5-57

10 查找颜色为#8742A5的内容：单击"Highlight on Canvas"选项，显示所有使用"#8742A5"颜色的内容，如图5-58所示。

图5-58

11 完成：颜色卡制作完成，如图5-59所示。

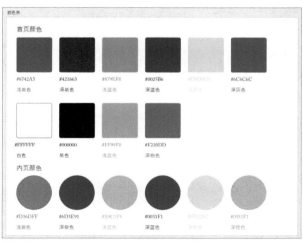

图5-59

◆章小结

　　本章讲解了基础工具栏的选择、矩形、椭圆、直线、港币、文本、艺术板、放大功能、设计图所有的数据、图层等功能的使用技巧。请读者多加练习，真正学会基础工具栏功能使用技巧，熟悉下拉功能、断开原型和矩形功能、将截图放入圆形里功能的运用。

第 **6** 章

美化栏功能使用技巧

美化栏具有将设计视图美化的功能，它能使界面设计和原型设计更漂亮、更吸引眼球。

美化栏的7个功能包括竖线布局设计、横线布局设计、重复网格、图形大小和位置设置、响应式调整大小、文字美化以及外观美化。

本章将为读者详细讲解美化栏7个功能的使用技巧，最后将重点内容整理为案例，教读者实际使用美化栏功能。

学懂美化栏的功能后，读者就可以做出更加漂亮的设计图。

知识要点

熟悉、掌握和运用美化栏的7个功能

学会渐变色使用技巧

美化栏位于XD软件的右栏，如图6-1和图6-2所示。

文字的美化栏	图形的美化栏

图6-1 图6-2

6.1 竖线布局设计

竖线布局设计指的是可以将文字的内容或图形置顶、垂直居中或置底。

使用竖线布局设计：单击图形"R"，再分别单击"₮ ₦ ₷"按钮，即可切换排列的效果，如图6-3至图6-5所示。

置顶 ₮	垂直居中 ₦	置底 ₷

图6-3 图6-4 图6-5

6.2 横线布局设计

横线布局设计指的是可以将文字的内容或图形左对齐、水平居中成右对齐。

使用横线布局设计：单击图形"**R**"，再分别单击"▐▬ ▲ ▬ ▬"按钮，即可切换排列的效果，如图6-6至图6-8所示。

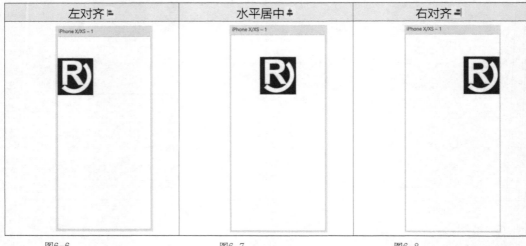

左对齐 ▐▬	水平居中 ▲	右对齐 ▬▌

图6-6   图6-7   图6-8

6.3 重复网格（Repeat Grid）

重复网格指的是可以向下和向右拖出与文字内容或图形一模一样的网格。

`01` 找到重复网格：按钮"Repeat Grid"的位置如图6-9所示。

`02` 使用重复网格：单击"Repeat Grid"按钮后，可以向下和向右拖出重复网格，如图6-10所示。

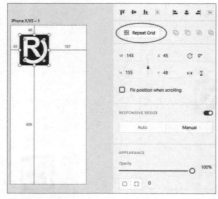

图6-9

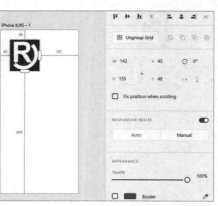

图6-10

03 确认重复网格的两种方法：第一，拖出重复网格后，查看是否自动显示整个图形；第二，拖出重复网格后，查看是否仅显示已经拖出的网格图形，如图6-11所示。

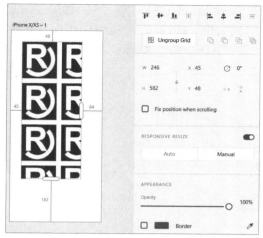

图6-11

04 方法一的操作：单击"Ungroup Grid"按钮后，自动显示完整图形，如图6-12所示。

05 方法二的操作：单击艺术板"iPhone X/XS -1"旁边的灰色部分，仅显示已经拖出的网格图形，如图6-13所示。

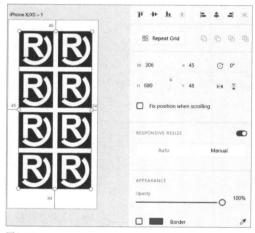

图6-12   图6-13

6.4 图形大小和位置设置

图形大小指的是宽度W和高度H。

位置设置指的是图形与艺术板的X和Y的距离。X指的是离艺术板左边的距离，Y指的是离艺术板顶部的距离，如图6-14所示。

图6-14

01 显示位置：单击图形"R"，选中图片，显示图形的位置X为99、Y为71，如图6-15所示。

02 改变宽度，高度不变：小锁为打开状态，将宽度W由"100"改为"200"，高度H为"109"不改变，此时图形的宽度已变宽，如图6-16和图6-17所示。

图6-15

图6-16

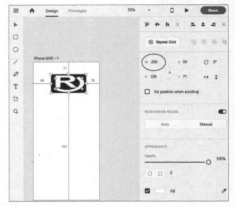

图6-17

03 改变宽度，高度自动变化：小锁为关闭状态，将宽度W由"100"改为"200"时，高度H由"109"自动变为"218"，此时图形的高度H会自动跟随宽度W调整，如图6-18和图6-19所示。

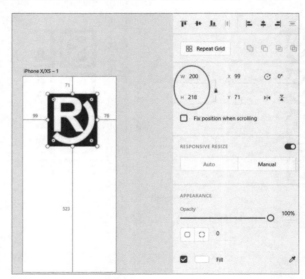

图6-18   图6-19

6.5 响应式调整大小（RESPONSIVE RESIZE）

响应式调整大小常用于各种屏幕尺寸自动适应，让内容可以自动适应各种屏幕。

响应式调整大小的功能界面如图6-20所示。

图6-21所示是两个同样大小的图形，在手机屏幕上看到是一样大的。

图6-22所示是把屏幕拉宽后，开启响应式调整大小功能的图不发生变化，未开启响应式调整大小功能的图随着屏幕变宽而变大。

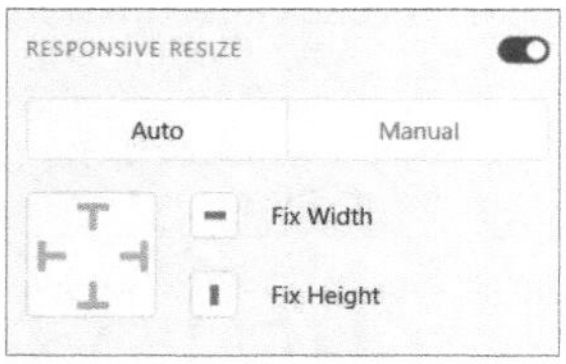

图6-20

图6-21

图6-22

6.6 文字美化（Text）

文字美化包括改变文字的字体、大小、格式、位置、空间等，如图6-23所示。

图6-23

01 改变字体：要将字体由"Segoe UI"改为字体"Bradley Hand ITC"，先单击"Segoe UI"右侧的下拉按钮，弹出包含所有字体的下拉列表框，然后找到字体"Bradley Hand ITC"并单击，文字的字体就会改变，如图6-24和图6-25所示。

图6-24

图6-25

02 对齐：单击文字"HELLO!Cloudylin"后，再分别单击"⊑ ⊑ ⊒"按钮，此时"HELLO!Cloudylin"文字会分别在框内向左对齐、居中对齐、向右对齐，如图6-26至图6-28所示。

图6-26 图6-27 图6-28

03 效果：单击文字"HELLO!Cloudylin"后，再分别单击"⊟ ▦ ⊻"按钮，效果如图6-29至图6-31所示。

图6-29 图6-30 图6-31

04 调整宽度：单击文字"HELLO!Cloudylin"，将"⨍"数值从0调整为300之后，文字的字间距变宽了，效果如图6-32和图6-33所示。

图6-32

图6-33

05 调高度：单击文字"HELLO!Cloudylin"，将"⫶"数值从67调整为200，此时文字行间距变大了，效果如图6-34和图6-35所示。

图6-34

图6-35

06 改变段落空间：单击文字"HELLO!Cloudylin"，将"⫶"数值从0调整为30，此时段落空间变大了，效果如图6-36和图6-37所示。

图6-36

图6-37

6.7 外观美化（APPEARANCE）

6.7.1 外观美化基础

外观美化就是美化设计的内容，使内容更加生动，如图6-38所示。

图6-38

01 调整不透明度：单击"Opacity"（不透明度）右侧的"100%"，显示数值"100"，输入数值"50"并按"Enter"键，此时文字的不透明度从100%变为50%，如图6-39和图6-40所示。

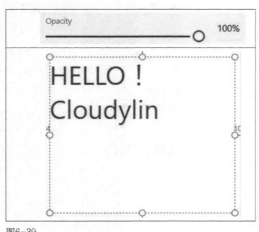

图6-39

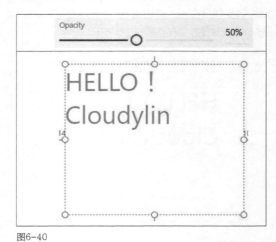

图6-40

02 调整字内颜色：单击"Fill"（填充）按钮，弹出颜色板，将填充颜色从蓝色调为黄色，文字颜色则从蓝色变为了黄色，如图6-41和图6-42所示。

图6-41

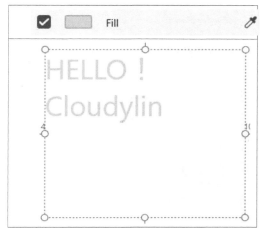

图6-42

03 调整文字边框颜色：单击"Border"（边框）按钮，弹出颜色板，将边框颜色调为灰色，并勾选左侧复选框，文字变为有边框且边框为灰色，如图6-43和图6-44所示。

图6-43

图6-44

04 增加阴影：勾选"Shadow"前面的复选框，文字从没有阴影变为有阴影。

x表示xPosition，即x轴位置，数值越大就越往右。

y表示yPosition，即y轴位置，数值越大就越往下。

B表示Blur，即模糊度，数值越大就越模糊。

调整前和调整后的效果如图6-45至图6-47所示。

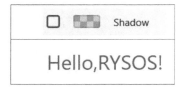

图6-45

图6-46

图6-47

05 背景模糊（Background Blur）：设置量、亮度、不透明度的参数。

量（Amount）：控制模糊的程度。

亮度（Brightness）：控制模糊蒙版的亮度。

不透明度（Opacity）：控制模糊蒙版的不透明度。

调整界面和效果如图6-48至图6-50所示。

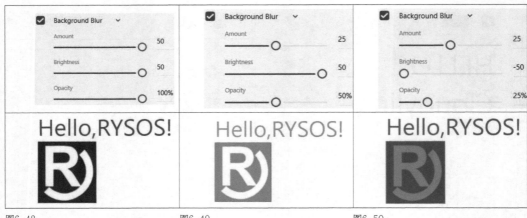

图6-48　　　　　　　　　　　　　图6-49　　　　　　　　　　　　　图6-50

06 目标模糊（Object Blur）：单击"Object Blur"选项右侧的" ∨ "按钮，在弹出的下拉菜单中选择
"Object Blur"选项，将"Amount"的值从0变为4，从4再变为10，目标图片会越来越模糊，效果如图
6-51至图6-53所示。

图6-51　　　　　　　　　　　　　图6-52　　　　　　　　　　　　　图6-53

6.7.2　渐变色技巧

渐变色包括线性渐变（Linear Gradient）和径向渐变（Radial Gradient），如图6-54所示。

图6-54

01 线性渐变：单击填充色"Fill "按钮，在弹出的颜色板左上角选择"Linear Gradient"选项，然后左
边选择渐变颜色为"红色"，右边选择渐变颜色为"黄色"。实际图形的渐变色上面为红色，下面为黄
色，如图6-55所示。

图6-55

02 径向渐变：单击填充色"Fill"按钮，在弹出颜色板左上角选择"Radial Gradient"选项，然后左边选择渐变颜色为"红色"，右边选择渐变颜色为"黄色"。实际图形的渐变色中心点为红色，外面为黄色，如图6-56所示。

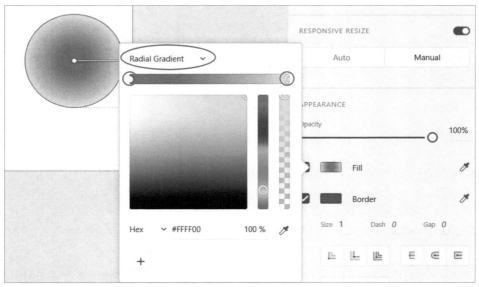

图6-56

提示

渐变功能能使两个颜色平稳过渡，常用在 UI、图标、海报、插画、字体设计中。

6.8 知识点案例

知识要点

以下案例需要用到竖线布局设计、横线布局设计、重复网格、图形大小和位置设置、文字美化、外观美化、渐变色等功能。学懂本章知识后，读者就可以正式开始美化界面了。读者可以先下载本书提供的源文件，试着修改源文件里面的文字和图片。

每个设计图的颜色、风格和排版都各具特色，没有固定的要求，只要看上去舒服，用户使用起来方便，就成功了。

下面教大家为艺术板设置渐变背景色并添加文字效果。

01 创建艺术板：创建一个尺寸为375mm×812mm的空白艺术板，如图6-57所示。

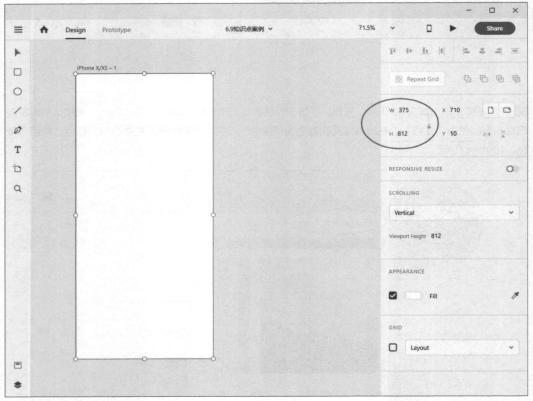

图6-57

02 将艺术板改为红色：单击"Fill"按钮，弹出颜色板，选择"红色"，颜色值显示为"#E01818"，如图6-58所示。

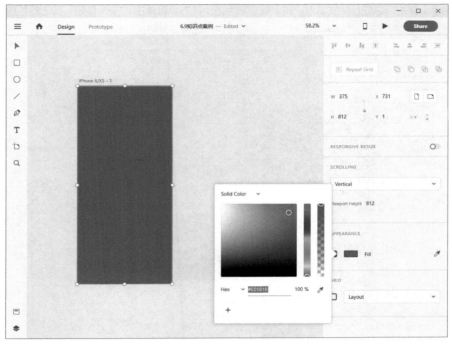

图6-58

03 创建文字：单击"T"工具，"T"会变成蓝色，在艺术板中按住鼠标左键拖出文本框，然后再松开即可输入文本，输入内容为"您好！"，如图6-59所示。

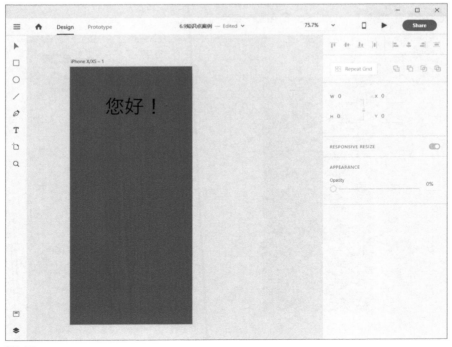

图6-59

04 设置颜色：单击"您好！"文本框，文本框显示为选中状态，再单击"Fill"按钮，弹出颜色板，找到白色并单击，颜色值显示为"#FFFFFF"。文字的颜色从黑色变为白色，如图6-60所示。

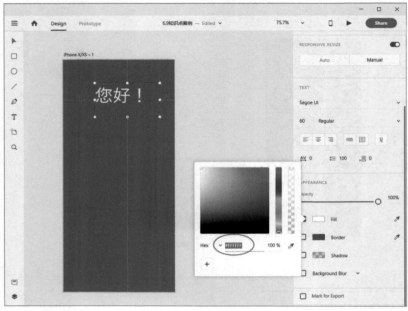

图6-60

05 使用重复网格再拖出5个"您好！"：单击"Repeat Grid"按钮或按Ctrl+R组合键，文本"您好！"会显示出重复网格的框，鼠标指针停留在"▬▬▬"白色按钮上时，按钮会变成绿色，按住鼠标左键，向下拖曳出5个"您好！"，如图6-61和图6-62所示。

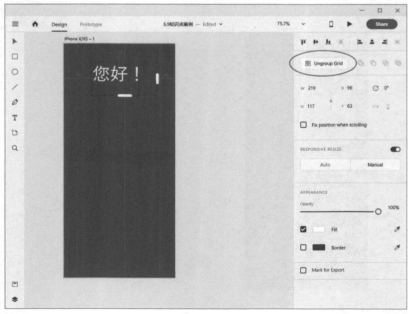

图6-61

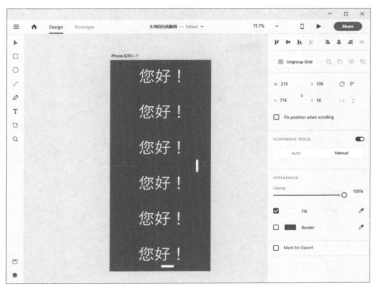

图6-62

06 设置背景色线性渐变色为"红色"和"黄色"：单击选中"红色"背景图后，再单击"Fill"按钮，弹出颜色板，在颜色板左上角选择"Linear Gradient"选项，将填充颜色设为"红色"和"黄色"，背景颜色就变为"红色"到"黄色"的渐变，如图6-63所示。

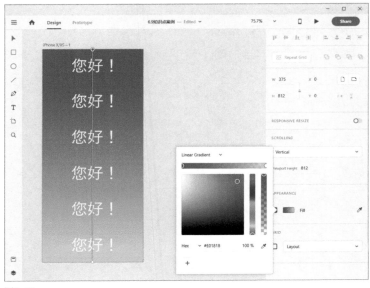

图6-63

◆章小结

本章讲解了美化栏功能的竖线布局设计、横线布局设计、重复网络、图形大小和位置设置区域、响应式调整大小区域、文字美化、外观美化区域、渐变色的使用技巧。请读者多多练习实际操作，真正学会美化栏功能使用技巧，使设计图更加的美观。

第 **7** 章

原型交互基础功能使用技巧

原型交互是最好的用户体验方式，也是业务人员与技术人员最好的沟通方式。原型交互可以展示出很多艺术板与艺术板之间的过渡效果，学懂本章知识后，读者便可以自己做出完整的交互设计。

知识要点

熟悉选项的过渡效果

熟悉掌握交互生成

熟悉预览交互

熟悉删除交互链接

熟悉弹出对话框的交互

原型交互的功能包括触发（Trigger）、动作（Action）、目标（Destination）、动画（Animation）、缓动方式（Easing）、持续时间（Duration）、保留滚动位置（Preserve Scroll Position），如图7-1所示。

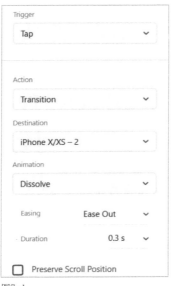

图7-1

7.1.1 触发（Trigger）的选项

触发（Trigger）的选项包括：单击（Tap）、拖移（Drag）、语音（Voice），如图7-2所示。

图7-2

触发（Triggr）案例

制作交互时，若将触发（Trigger）设置为单击（Tap），则单击黄色圆圈就能切换到蓝色圆圈；将触发（Trigger）设置为拖动（Drag），则拖动黄色圆圈就能切换到蓝色圆圈；若将触发（Trigger）设置为语音（Voice），则用语音触发黄色圆圈就能切换到蓝色圆圈。设置为Tap之后，效果如图7-3所示。

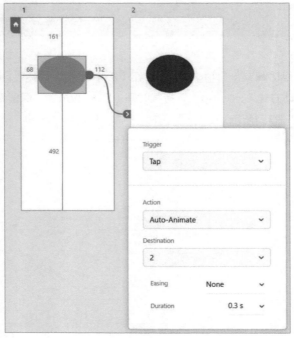

图7-3

7.1.2 动作（Action）的选项

动作（Action）的选项包括：过渡（Transition）、自动动画（Auto-Animate）、叠加（Overlay）、语音播放（Speech Playback）、上一个艺术板（Previous Artboard），如图7-4所示。

图7-4

动作（Action）案例

制作交互时，若将动作（Action）设置为过渡（Transition），则单击黄色圆圈切换到蓝色圆圈时会有过渡效果；若将动作（Action）设置为自动动画（Auto-Animate），则单击黄色圆圈切换到蓝色圆圈时会有自动动画过渡效果。若将动作（Action）设置为叠加（Overlay），则单击黄色圆圈切换到蓝色圆圈时会有叠加过渡效果。若将动作（Action）设置为语音播放（Speech Playback），则单击黄色圆圈切换到蓝色圆圈时会有语音播放过渡效果。若将动作（Action）设置为上一个艺术板（Previous Artboard），则单击黄色圆圈时会切换到上一个艺术板效果，如图7-5所示。

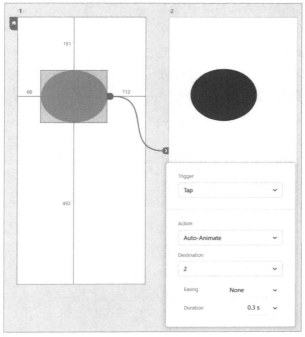

图7-5

7.1.3 动画（Animation）的选项

动画（Animation）的选项包括：溶解（Dissolve）、左滑（Slide Left）、右滑（Slide Right）、上滑（Slide Up）、下滑（Slide Down）、向左推出（Push Left）、向右推出（Push Right），如图7-6所示。

图7-6

动画（Animation）案例

制作交互时，若将动画（Animation）设置为溶解（Dissolve），则单击黄色圆圈切换到蓝色圆圈时会有溶解动画效果；若将动画（Animation）设置为左滑（Slide Left），则单击黄色圆圈切换到蓝色圆圈时会有向左滑动的动画效果；若将动画（Animation）设置为右滑（Slide Right），则单击黄色圆圈切换到蓝色圆圈时会有向右滑动的动画效果；若将动画（Animation）设置为上滑（Slide Up），则单击黄色圆圈切换到蓝色圆圈时会有向上滑动的动画效果，若将动画（Animation）设置为下滑（Slide Down），则单击黄色圆圈切换到蓝色圆圈时会有向下滑动的动画效果；若将动画（Animation）设置为向左推出（Push Left），则单击黄色圆圈切换到蓝色圆圈时会有向左推出的动画效果；若将动画（Animation）设置为向右推出（Push Right），则单击黄色圆圈切换到蓝色圆圈时会有向右推出的动画效果，如图7-7所示。

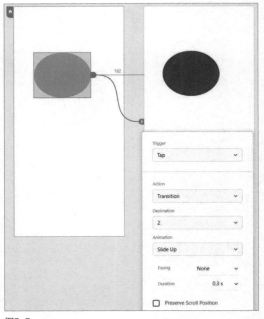

图7-7

7.1.4 缓动（Easing）的选项

缓动（Easing）的选项包括：慢速结束（Ease Out）、慢速开始（Ease In）、慢速开始和结束（Ease In-Out）、快速打开（Snap）、快速关闭（Wind Up）和弹跳（Bounce），如图7-8所示。

图7-8

缓动（Easing）案例

制作交互时，若将缓动（Easing）设置为慢速结束（Ease Out），则单击黄色圆圈切换到蓝色圆圈时会有慢速结束的过渡效果；若将缓动（Easing）设置为慢速开始（Ease In），则单击黄色圆圈切换到蓝色圆圈时会有慢速开始的过渡效果。若将缓动（Easing）设置为慢速开始和结束（Ease In-Out），则单击黄色圆圈切换到蓝色圆圈时会有慢速开始和结束的过渡效果；若将缓动（Easing）设置为快速打开（Snap），则单击黄色圆圈切换到蓝色圆圈时会有快速打开的过渡效果；若将缓动（Easing）设置为快速关闭（Wind Up），则单击黄色圆圈切换到蓝色圆圈时会有快速关闭的过渡效果；若将缓动（Easing）设置为弹跳（Bounce），则单击黄色圆圈切换到蓝色圆圈时会有弹跳的过渡效果，如图7-9所示。

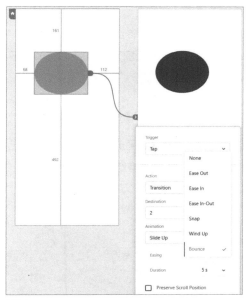

图7-9

7.2 原型交互案例

一个完整的App系统至少有100个页面,100个页面间左穿右插地连接着线条,并且连接的线条数量通常超过页面的总数量,这意味着做交互的人思维必须清晰。

下面讲解交互生成案例、预览交互案例、删除交互链接案例、弹出对话框的交互案例,希望读者能够真正学会交互。

单击"Prototype"选项,进入交互视图模式。在原型交互视图"Prototype"下有3个页面,如图7-10所示。

图7-10

现在要将这3个页面做成如下要求的交互。

单击"页面1"左边的图，"页面1"就跳转至"页面2"；单击"页面1"右边的图，"页面1"就跳转至"页面3"；单击"页面2"和"页面3"里的返回首页按钮，页面跳转回"页面1"。

下面将一步一步地讲解交互生成的过程。

7.2.1 交互生成案例

本小节讲解交互的完成过程，教读者怎么在图形与图形、艺术板和艺术板之间做出交互。

01 选中内容：按Ctrl+A组合键选中所有内容，所有选中的内容都会被蓝色覆盖，这些内容每个都可以用于交互，如图7-11所示。

图7-11

02 找出箭头：单击页面1的左图，可见左图显示了一个小箭头"▶"，如图7-12所示。

03 拖出连接线：在小箭头处按住鼠标左键拖出连接线，如图7-13所示。

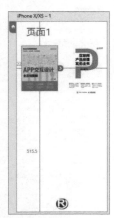 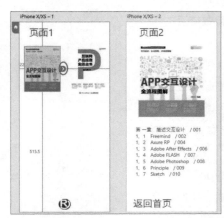

图7-12   图7-13

提示

单击选中内容后，就会出现"▶"小箭头按钮。图形、图片和文字都可以拖出连接线。

04 特效设置：将连接线拖动至页面2边框处，松开鼠标左键，弹出交互设置面板，使用系统默认设置即可，如图7-14所示。

05 交互制作完成：单击艺术板旁边的灰色区域，即确认交互线条，如图7-15所示。

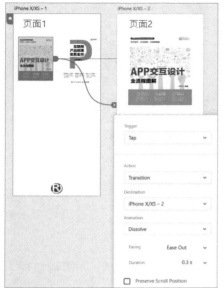

图7-14   图7-15

06 验证交互：按Ctrl+A组合键，可以看到交互链接成功。交互功能实现了单击页面1左图自动跳转到页面2的效果，如图7-16所示。

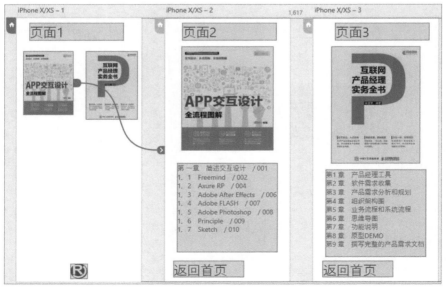

图7-16

07 全部交互制作：按照上述的过程，把页面1右图连接线拖动至页面3边框，将页面2的"返回首页"连接线 拖动至页面1边框，将页面3的"返回首页"连接线 拖动至页面1边框，如图7-17所示。

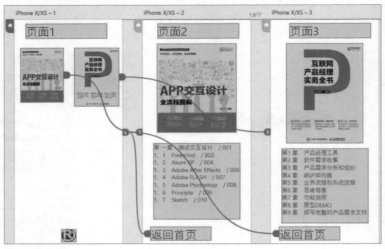

图7-17

08 验证全部交互：单击页面1左边的图，页面1就跳转至页面2；单击页面1右边的图，页面1就跳转至页面3；单击页面2和页面3里的"返回首页"按钮，页面就跳转回页面1。

7.2.2 预览交互案例

本小节讲解预览交互的过程。预览也是一种验证交互生成是否正确的方法。

01 预览：交互设计完成后，单击右上方的" ▶ "按钮，即可预览原型交互， 如图7-18所示。

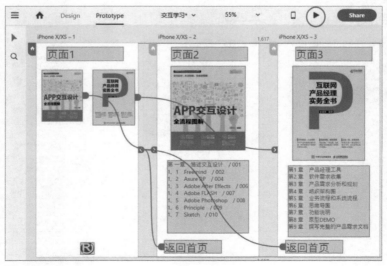

图7-18

02 预览效果：页面1、页面2和页面3之间的相互跳转，就像在手机上操作App应用一样，如图7-19至图7-21所示。

图7-19

图7-20

图7-21

7.2.3 删除交互链接案例

本小节讲解删除交互链接。做错的交互就需要删除，然后重新再做。那么，如何删除交互的链接线呢？下面的操作将讲解删除交互链接线。

01 全选：按Ctrl+A组合键选中所有内容，所有选中的内容都将被蓝色覆盖，同时也会显示已经做出的交互线条，如图7-22所示。

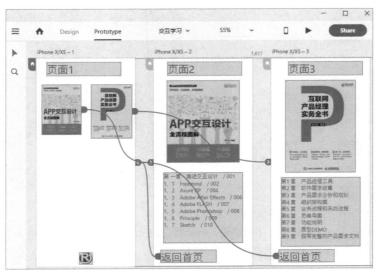
图7-22

02 找到蓝点：找到交互的蓝点，即画小红圈的地方，如图7-23所示。

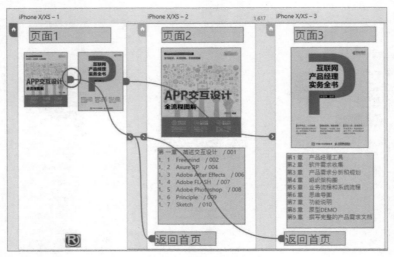

图7-23

03 交互设置：单击"▶"按钮，弹出交互设置面板，可见目标"Destination"显示为"iPhone X/XS -2"，表示交互页面为"iPhone X/XS -2"，如图7-24所示。

图7-24

04 取消设置：单击"Destination"下拉菜单，将目标"Destination"的值"iPhone X/XS -2"调整为"None"，即可取消链接交互，如图7-25所示。

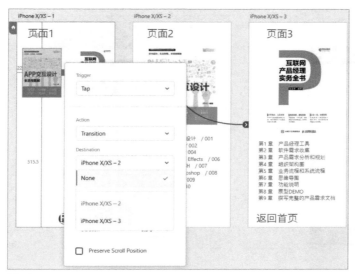

图7-25

05 删除成功：取消链接成功，页面1左图已经没有了链接至页面2的线条，如图7-26所示。

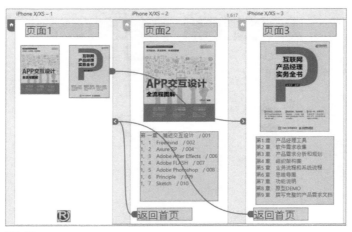

图7-26

7.2.4 弹出对话框的交互案例

本小节讲解弹出对话框的交互方法。弹出对话框就是在一个界面上显示一个对话框。如何制作出弹出对话框的交互呢？下面详细讲解单击"删除"按钮弹出对话框的交互。

01 创建内容：创建两个艺术板，一个命名为"弹出框交互1"，另一个命名为"弹出框交互2"，然后做出以下的内容，如图7-27所示。

02 交互效果设置：在"Prototype"交互视图模式下，将"弹出框交互1"里的"删除"按钮拖出线条链接到"弹出框交互2"，并设置交互效果"Trigger"为"Tap"、"Action"为"Overlay"、"Destination"为"弹出框交互2"、"Animation"为"Slide Up"、"Easing"为"None"、"Duration"为"0.3s"，如图7-28所示。

图7-27

图7-28

03 预览效果：设置完成后，单击"▶"预览按钮，进入预览模式，如图7-29所示。

04 删除：单击"删除"按钮后，会在原界面上弹出设置的对话框，交互的效果如图7-30所示。

图7-29   图7-30

◆章小结

本章完成了交互生成、预览交互、删除交互链接、弹出对话框的交互教学。

界面和界面之间的所有元素都可以创造出交互，交互做得越好，用户体验效果就越好。

第 **8** 章

留言本系统项目
全流程图解案例

通过前面的学习，相信读者已经对Adobe
XD软件的基础功能有所了解。下面的实际操作
能让读者达到学以致用的目的。

Adobe XD软件在整个软件项目中可以绘制
流程图、原型界面图、交互图、图标和高保真软
件UI界面图，分享文档给开发工程师、测试工程
师和项目验收的人员。

留言本系统是一个比较简单的程序，采用留
言本系统做案例，非常适合读者了解整个软件项目
流程以及哪些环节可以使用Adobe XD软件完成。

当整个软件项目的团队人员都使用Adobe
XD软件时，整个留言本系统软件项目的全流程
会是怎样的呢？本章将为您详细讲解。

知识要点

熟悉软件项目的整个流程
掌握使用Adobe XD软件绘制流程图
掌握使用Adobe XD软件绘制原型界面
掌握使用Adobe XD软件绘制交互图
掌握使用Adobe XD软件绘制图标
掌握使用Adobe XD软件绘制高保真软件UI界面

通常产品经理会与管理层或需求方即进行业务上的沟通，确认需求功能。

最后整理出的需求功能如下。

- 用户能够发布留言，无需实名。
- 发布后，用户自己和其他用户均可以查看到留言。
- 开发人员可以对已发布留言进行管理，变更用户发布的内容信息。

需求整理完成后，产品经理可以使用Adobe XD软件绘制流程图。

8.1.1 业务流程图

业务流程图说明如图8-1所示。

- 用户A发布留言：即用户可以在系统上发布留言。
- 所有用户可以查看留言：即其他用户均可以查看发布者发布的留言。
- 管理员可以修改留言的信息：即管理员无需通过后台管理，便可以从数据库或程序代码里面快速地修改留言的信息内容。

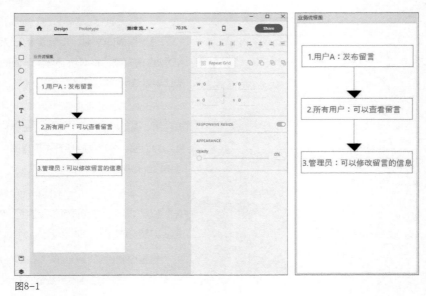

图8-1

业务上的沟通：为了高效地做出系统和避免后续变更主流程，产品经理需要就业务流程图再次与管理层和需求方确认。

8.1.2 发布留言系统流程图

首先，在无需考虑各种判断条件的情况下，产品经理整理出发布留言的系统流程图，如图8-2所示。

图8-2

发布留言系统流程图的说明如下。

● 输入"姓名"。
● 输入"邮箱"。
● 输入"留言内容"。
● 单击"提交"按钮。
● 发布留言完成。

其次,产品经理将发布留言的系统流程图细化,增加各种判断条件的细节。

系统流程图绘制出来后怎么增加细节呢?产品经理应该反复考虑输入各种数据后会出现怎样的情况,没有输入数据时会出现怎样的情况。这样思考后,结合系统流程图,细节就可以很快规划出来。

姓名和邮箱都不是必填项,用户可以不填写内容,系统都会按照规划的要求输入或默认对应的内容,如图8-3所示。

留言内容是必填项,如果没有填写则提示用户填写,直至用户输入留言内容,才允许用户提交发布留言。

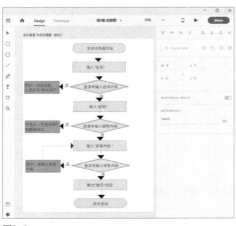

图8-3

优化后的系统流程图的详细说明如下。

● 输入"姓名"。

判断用户是否输入了姓名，如果没有输入姓名则系统自动默认显示"匿名用户"；如果已输入姓名，则按用户输入的姓名内容显示。

● 输入"邮箱"。

判断用户是否输入邮箱，如果没有输入邮箱，则不显示邮箱；如果已输入了邮箱，则按用户输入的邮箱内容显示。

● 输入"留言内容"。

判断用户是否输入留言内容，如果没有输入留言内容，则提示用户"请输入留言内容"；如果已输入留言内容，则用户可以提交留言。

● 单击"提交"按钮，系统会保存用户的姓名、邮箱、留言的信息内容。

● 发布留言完成，用户可以查看到自己的留言和其他用户的留言，即留言为所有人可见。

8.1.3 查看已发布留言系统流程图

查看已发布留言分为单条留言的系统流程和多条留言的系统流程。单条留言是不需要分页显示的，多条留言需要分页显示。

1. 查看已发布留言（单条留言的系统流程图）

查看用户已发布的单条留言时，留言显示的内容包括姓名、邮箱地址、日期和时间、留言内容的信息，如图8-4所示。

图8-4

单条留言显示的内容说明如下。

● 显示"姓名"。

● 显示"邮箱地址"（单击"姓名"按钮链接至邮箱地址）。

● 显示"日期和时间"（发布留言成功的日期和时间，即发布者单击"提交"按钮的时间）。

● 显示"留言内容"。

2. 查看已发布留言（多条留言的系统流程图）

查看已发布的多条留言时，每一条留言显示的内容包括姓名、邮箱地址、日期和时间、留言内容的信息，如图8-5所示。每一页只能显示3条留言，当超过3条留言时，需要手动翻页。

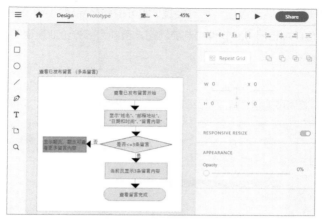

图8-5

多条留言显示的内容说明如下。

● 显示"姓名""邮箱地址""日期和时间""留言内容"（每一条留言应有的信息）。
● 判断留言数量是否小于等于3条，是则不显示分页；否则显示分页（留言数量大于3条），分页可以查看更多留言内容。
● 查看多条留言完成。

8.1.4 管理留言系统流程图

开发者可以从程序里面控制每页显示的留言数量，还可以从数据库里面直接修改用户姓名、邮箱、留言内容，如图8-6所示。这样开发人员前期就无需开发后台，可以让程序更快地上线运营。在留言本系统运营的过程中，再开发后台管理功能，后续就可让运营人员在后台管理留言本系统。也就是说，前期（无后台系统）先让程序员协助管理，后期（有后台系统）运营人员自己管理。

图8-6

产品经理A与管理层确认流程后，产品经理B即可按照产品经理A的流程图和说明规划出原型。产品经理B可以使用Adobe XD软件绘制流程图。目前大部分企业是使用Axure或Adobe XD软件绘制原型界面图。

1. 单条留言原型图

根据8.1节的流程图和说明内容，产品经理B规划出单条留言的原型，如图8-7所示。

图8-7

单条留言原型的说明如下。

● 姓名指的是调用数据库的姓名未输入姓名时显示为"匿名用户"。
● 邮箱为链接的地址，用户单击﹛姓名﹜，则可以给该邮箱发送邮件。
● 日期和时间指的是调用用户提交留言的日期和时间，如：2019-02-28 5:31:45 AM。
● 内容指的是调用用户输入的留言内容。

2. 多条留言原型图

根据8.1节的流程图和说明内容，产品经理B规划出多条留言的原型，如图8-8所示。

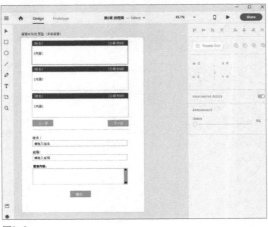

图8-8

多条留言原型的说明如下。

● 显示"姓名""邮箱地址""日期和时间""留言内容"（每一条留言应有的信息）。
● 留言数量小于等于3条，则不显示分页。
● 留言数量大于3条，则显示分页，通过分页功能可以查看更多留言内容。
● 如果留言数量为7条，用户在第1页，则显示"下一页"；用户在第2页，则显示"上一页"和"下一页"；用户在第3页，则显示"上一页"。

产品经理B与产品经理A确认原型图后，就可以将原型和说明交付给交互设计师做交互。

8.3 交互图

交互设计师通过8.1节和8.2节的流程图、原型界面图和文档内容，便可以规划出交互图。

从0条留言到7条留言的图，就可以组成整个留言本系统的交互。0条留言的图、1条留言的图、3条留言的图、4条留言的图、7条或以上留言的图就是整个留言本系统的交互，也就是使用5个图即可组成整个留言本系统交互。

交互设计师可以在Adobe XD软件中，直接使用产品经理的原型界面图做出交互。

1. 0条留言的图

有0条留言时，显示"暂无留言"，如图8-9所示。

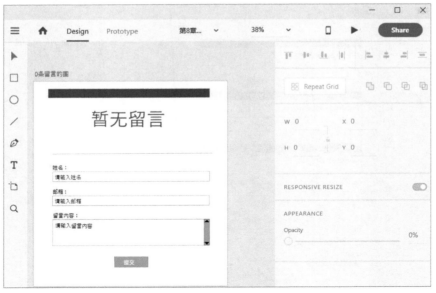

图8-9

2. 1条留言的图

有1条留言时，显示1条留言，不显示分页，如图8-10所示。

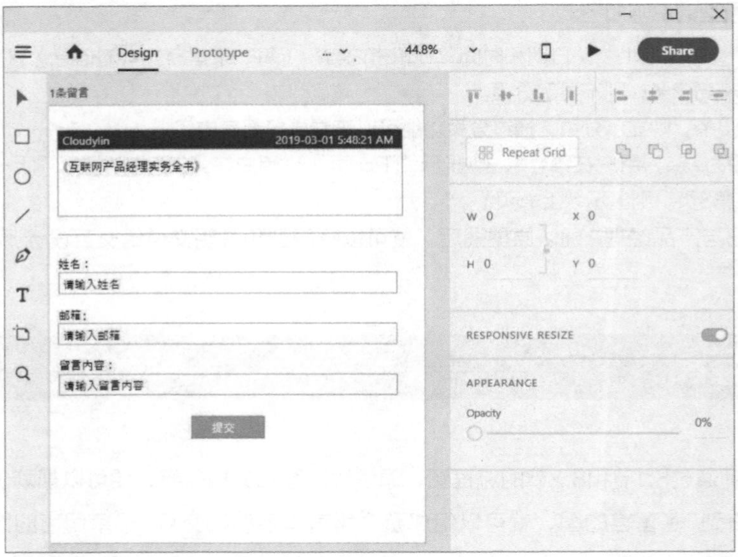

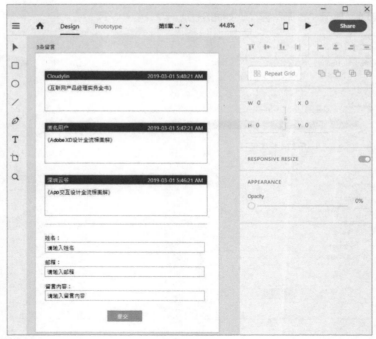

图8-10

3. 3条留言的图

有3条留言时，显示3条留言，不显示分页，如图8-11所示。

图8-11

4. 4条留言的图

有4条留言时，第1页显示3条留言，并显示"下一页"按钮，如图8-12所示。

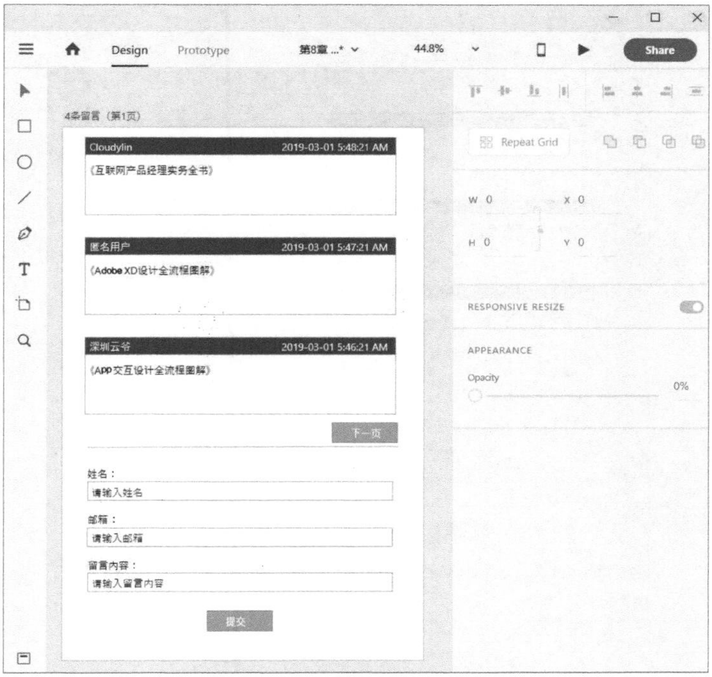

图8-12

第2页显示1条留言，并显示"上一页"按钮，如图8-13所示。

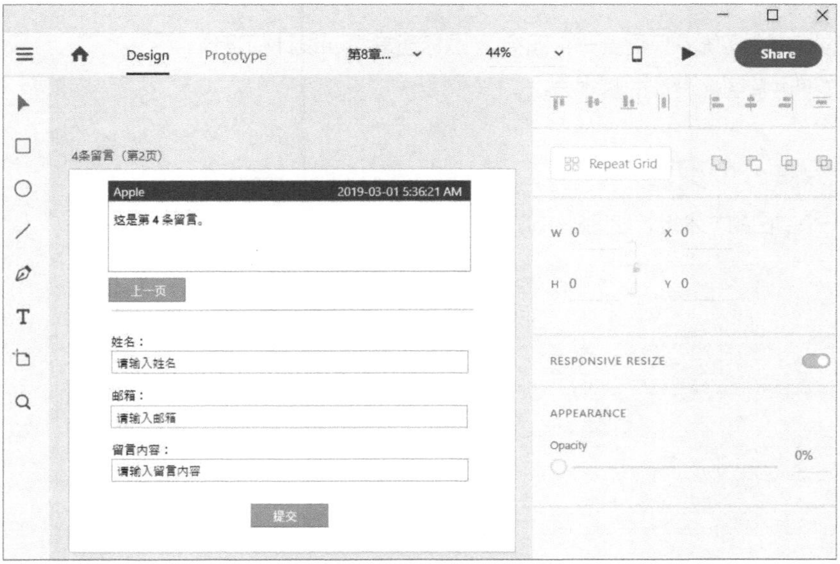

图8-13

5. 7条或以上留言的图

有7条留言时，在第2页显示3条留言，并显示"上一页"和"下一页"按钮，如图8-14所示。

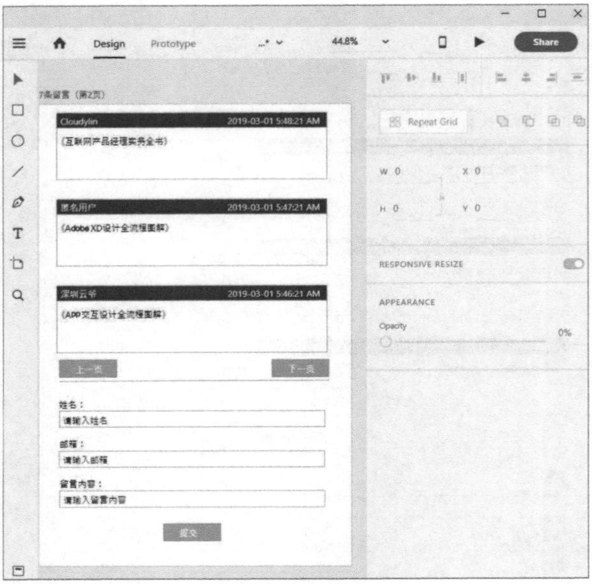

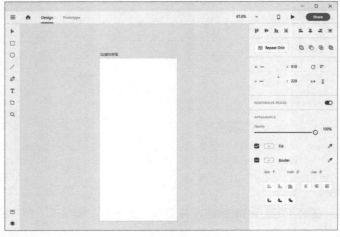

图8-14

8.4 图标设计

本章的留言本系统，只需要一个图标。图标通常由UI设计师设计。

下面详细讲解图标设计的基本方法。

8.4.1 新建一个页面

新建一个空白的艺术板，如图8-15所示。

图8-15

8.4.2 创建素材

设计师应该都有一个自己的设计素材库，每次重新设计或寻找灵感时，就无需在网络上慢慢搜索，可以在素材库里快速搜索，应对急着上线的项目。

在艺术板中输入文本大写R和小写y，如图8-16所示。

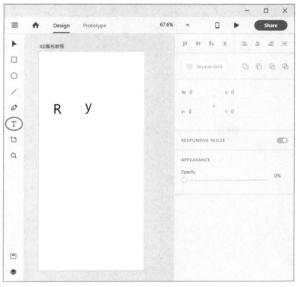

图8-16

8.4.3 创建图形

将大写R和小写y组成一个图标，如图8-17所示。

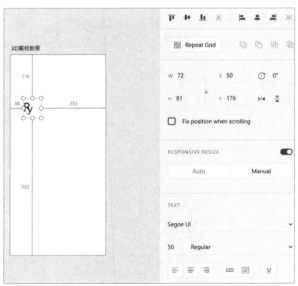

图8-17

8.4.4 创建蓝色圆形

创建蓝色圆形，将宽度W和高度H设为"100"，"Fill"设为蓝色，"Border"设为白色，如图8-18所示。

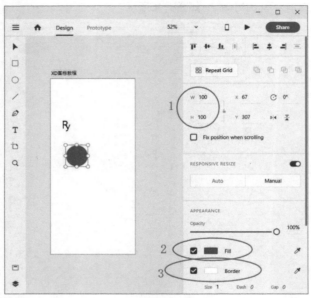

图8-18

8.4.5 组合图形和素材

将组合的文字复制出来，并拖动到蓝色圆形里面，如图8-19所示。

调整圆中组合文字的大小和颜色，并将组合文字的颜色改为白色，如图8-20所示。

图8-19

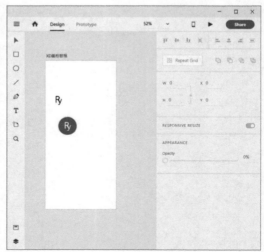

图8-20

8.4.6 将组合变为组

若不将多个素材组合为组，那么导出文件时就可能失去一部分内容。将其变为组，即可导出完整的图形。

选中需要导出的内容，然后在右键菜单中单击"Group"选项或按Ctrl+G组合键就可以变为组，如图8-21所示。

图8-21

8.4.7 导出为Web格式图标

首先选中需要导出的图标内容，然后单击"≡"→"导出（Export）"→"Selected"选项或按Ctrl+E组合键，如图8-22所示。

图8-22

选择导出为Web格式，分别导出1x的PNG和JPG、2x的PNG和JPG格式的文件。这些文件可以给网站前端工程师应用。

单击"Export"按钮即可导出，如图8-23和图8-24所示。

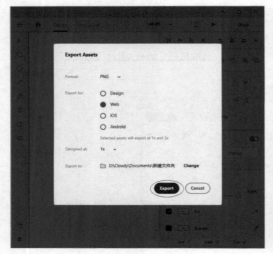
图8-23

图8-24

8.4.8 查看导出文件

导出文件成功，图标设计工作完成。XD软件的源文件的设计师自己部门保留，1x和2x大小的jpg和png文件交给前端工程师，如图8-25所示。

图8-25

8.5 高保真软件界面图

UI设计师将原型界面美化后，原型会更加漂亮，如图8-26所示。

图8-26

8.6 交付开发

产品经理需要将流程图、原型界面图、交互图、图标、高保真软件界面图交付给开发负责人。开发分为前端开发和程序开发，前端开发主要是将设计图转化为网页代码，程序开发主要是编写实现功能、流程、架构和安全性的程序代码。

8.6.1 前端开发

前端工程师将高保真的设计图转换为HTML+CSS网页代码，打开程序后的界面如图8-27所示。

图8-27

8.6.2 程序开发

开发工程师将HTML+CSS植入程序代码和数据库，使用PHP+TXT开发留言本系统程序代码。

1. 留言信息的数据

用户留言的信息内容保存在txt数据库文件里，如图8-28所示。

20190228032048.txt	2019/2/28 11:20	文本文档	1 KB
20190228032533.txt	2019/2/28 11:25	文本文档	1 KB
20190228032638.txt	2019/2/28 12:12	文本文档	1 KB
20190228033610.txt	2019/2/28 11:36	文本文档	1 KB
20190228033613.txt	2019/2/28 11:36	文本文档	1 KB
20190228033642.txt	2019/2/28 11:36	文本文档	1 KB
20190228033647.txt	2019/2/28 11:36	文本文档	1 KB

图8-28

2. 详细的数据内容

打开txt数据库文件，可见用户的用户名、邮箱地址、发布的日期和时间、留言内容。

用户输入姓名、邮箱地址和留言后，txt数据库文件内容如图8-29所示。

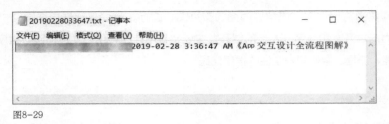

图8-29

用户未输入姓名、邮箱地址和留言时，txt数据库文件内容如图8-30所示。

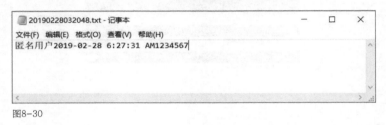

图8-30

3. 程序的翻页代码

程序可以控制翻页，如图8-31所示。

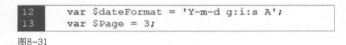

图8-31

从流程图、原型界面图、交互图大家可以了解到，目前程序设置超过3条就需要有翻页功能。未来开发工程师可以从程序上修改数据变更每一页显示的留言数量。

8.7 测试和验收

测试的内容包括流程图、原型界面图、交互图、图标设计、高保真软件界面图。测试工程师需要测试程序是否已经包括了需要的功能和内容。

如果产品经理、设计师、开发工程师都使用Adobe XD软件，那么测试人员想要查看项目中的文档就需要安装和学会使用Adobe XD软件。

测试时，开发部门会搭建好测试服务器，将测试的网站地址发给相关的人员进行测试，如图8-32所示。

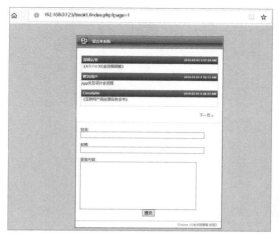

图8-32

8.8 上线

经业务人员和测试人员确认后，运维工程师即可将程序代码上传到互联网服务器，所有人员即可使用网站地址浏览留言本系统，如图8-33所示。

图8-33

◆章小结

Adobe XD软件在整个留言本系统项目中可以绘制流程图、原型界面图、交互图、图标和高保真软件UI界面图，分享文档给开发工程师、测试工程师和项目验收的人员。案例学习完成后，请各位读者实际操作Adobe XD软件掌握它在软件项目中能够实现的内容和流程。

第 **9** 章

企业网站全流程
图解案例

　　本章将为读者详细讲解设计企业网站的
技巧。

　　读者学懂设计企业网站，未来无论是就
业，还是创业，都很有用。企业网站是体现企业
实力水平的重要指标之一，做出的企业网站越漂
亮，越容易增加用户量。

知识要点

熟悉设计企业网站的"首页"页面
熟悉设计企业网站的"关于我们"页面
熟悉设计企业网站的"产品中心"页面
熟悉设计企业网站的"新闻"页面
熟悉设计企业网站的"联系我们"页面
熟悉交互制作

9.1 设计视图案例

企业网站的作用是让用户知道企业是做什么的、有什么产品、企业的相关新闻、怎么联系到企业等。

所以，企业网站的内容包括首页、关于、产品中心、新闻、联系。下面在Adobe XD软件设计视图下设计这5项内容，完成一个企业网站的设计。

9.1.1 首页

01 导入网站图标后，使用"□"矩形工具和"T"文本工具做出网站标题栏，如图9-1所示。

图9-1

02 导入网站图片素材后，使用"○"椭圆工具和"T"文本工具，做出网站的Banner（横幅广告）和内容，如图9-2所示。

图9-2

03 导入二维码图片素材后，使用"T"文本工具做出网站的底部，如图9-3所示。

图9-3

04 整个网站的首页设计效果如图9-4所示。

图9-4

9.1.2 关于

01 复制"首页"页面的顶部和底部，并调整顶部的"首页"按钮和"关于"按钮的颜色，如图9-5所示。

图9-5

02 导入banner图片素材，使用"□"矩形工具和"T"文本工具做出"关于"页面的内容，如图9-6所示。

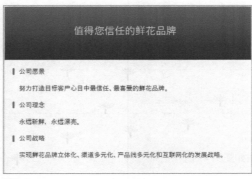

图9-6

03 "关于"页面的设计效果如图9-7所示。

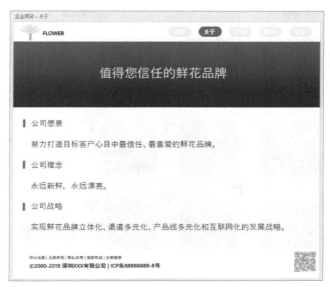

图9-7

9.1.3 产品

01 复制"首页"页面的顶部和底部，并将标题栏的"首页"和"产品"按钮调换颜色，如图9-8所示。

图9-8

02 导入图片素材，使用"T"工具做出"产品"负面的内容，如图9-9所示。

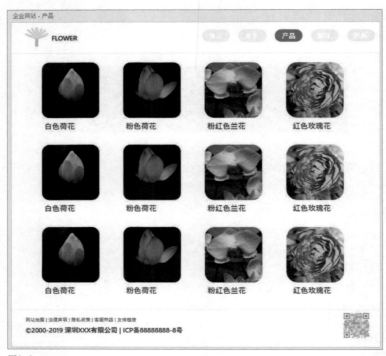

图9-9

9.1.4 新闻

导入图片素材，使用"□"矩形工具和"т"文本工具做出"新闻"页面的内容，如图9-10所示。

图9-10

9.1.5 联系

导入图片素材，使用"□"矩形工具和"T"文本工具做出"联系"页面的内容，如图9-11所示。

图9-11

9.2 交互视图案例

将首页顶部的栏目功能链接到"关于""产品""新闻""联系"页面，如图9-12所示。

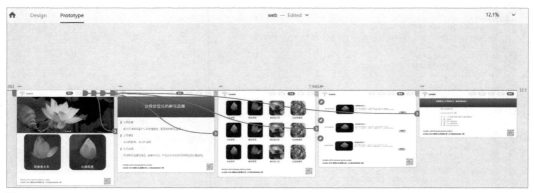

图9-12

使用"▶"预览功能验证交互是否存在问题。分别单击"关于""产品""新闻""联系"按钮，若页面跳转正确则交互正确，如图9-13所示。

图9-13

9.3 转化为HTML+CSS案例

Web Export插件可以将设计和交互转化为HTML+CSS前端程序代码，如图9-14所示。

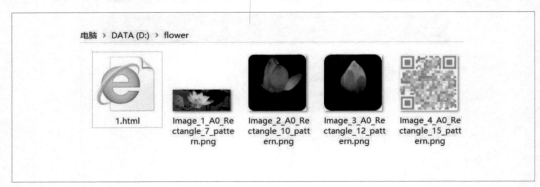

图9-14

图9-15所示为插件转化的HTML+CSS前端程序代码。

```
1.html    ×
程式碼  分割  設計  即時                          標題: flower

     1   <!DOCTYPE html>
     2   <html>
     3   <head>
     4   <meta charset="utf-8"/>
     5   <meta http-equiv="X-UA-Compatible" content="IE=edge"/>
     6   <title>flower</title>
     7   <style id="applicationStylesheet" type="text/css">
     8       body {
     9           margin: 0;
    10           padding: 0;
    11       }
    12       :root {
    13           --web-view-ids: _____;
    14       }
    15       #_____ * {
    16           margin: 0;
    17           padding: 0;
    18       }
    19       #_____ {
    20           position: absolute;
    21           box-sizing: border-box;
    22           background: #E5E5E5;
    23           width: 1920px;
    24           height: 1927px;
    25           background-color: rgba(255,255,255,1);
    26           overflow: hidden;
    27           margin: 0;
    28           padding: 0;
    29           opacity: 1;
    30           --web-view-name: 企业网站 - 首页;
           --web-view-id:
```

图9-15

双击HTML文件就可以在本地计算机上打开设计的网站。若将HTML文件和相关文件上传到服务器，那么全世界用户就可以使用域名查看该公司的网站，如图9-16所示。

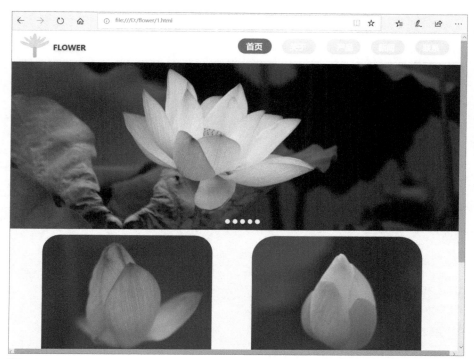

图9-16

◆章小结

　　本章完成了制作企业网站的教学。案例学习完成后，请各位读者自行设计一个企业网站。无论是自己创业，还是为企业创造价值，企业网站都有一定的作用，希望读者好好学习如何制作企业网站。

第 **10** 章

Adobe XD设计案例

Adobe XD软件除了做网页的设计和交互之外，还可以用来设计智能手表应用软件、平板电脑应用软件、手机应用软件等。

本章通过10个案例详细讲解设计过程，具体包括手表天气设计案例、钢琴图标设计案例、路线图设计案例、名片设计案例、简历设计案例、App电商首页设计案例、App即时通信页面设计案例、商品展示网站页面设计案例、个人中心页面设计案例和平板电脑预订酒店页面设计案例。

所有设计案例的结构层次都是通过多个素材和图形组合呈现出来的，多个图层组合在一起，形成富有设计感的设计图。矩形、椭圆、文本图层之间都有层次结构，读者可以规划哪个在顶部、哪个在底部，从而将这些内容更好地融合成一个完整漂亮的设计图。

手表天气设计案例、钢琴图标设计案例、路线图设计案例、名片设计案例适合初学者，读者只要跟着步骤操作就可以完成案例。

简历设计案例、App电商首页设计案例、App即时通信页面设计案例、商品展示网站页面设计案例、个人中心页面设计案例、平板电脑预订酒店页面设计案例难度有所提高，读者需要熟悉基础的操作，进一步熟练使用图层和素材后，才能跟着步骤完成漂亮的设计。

知识要点

熟悉矩形工具的使用（详细操作可参见5.2节）。
熟悉文本工具的使用（详细操作可参见5.6节）。
熟悉椭工具的使用（详细操作可参见5.3节）。
熟悉填充颜色的使用（详细操作可参见6.7节）。

手表应用程序越来越火，很多企业都有做手表应用程序的需求。学会做手表应用的设计，读者可以提高自己的就业竞争力。

使用Adobe XD 软件做出的手表天气设计效果如图10-1所示。

图10-1

手表天气是常见的应用程序，也是比较经典的应用程序。本案例使用矩形工具、文本工具、椭圆工具和填充颜色工具，来完成手表天气的界面设计。

01 创建艺术板：使用"🗅"艺术板工具创建一个艺术板，将W值和H值分别设置为"440" 和"520"，取消勾选"Fill"按钮之前的复选框，如图10-2所示。

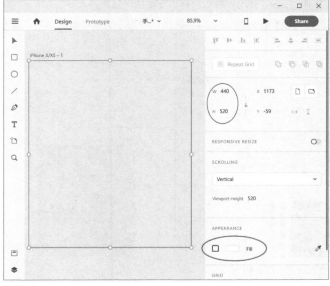

图10-2

02 命名艺术板：双击标题"iPhone X/XS - 1"，将艺术板的名称改为"天气"，如图10-3和图10-4所示。

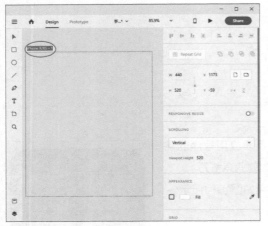

图10-3

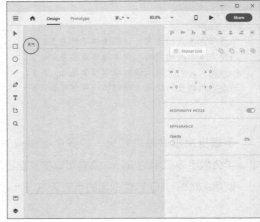

图10-4

03 创建矩形：使用"□"矩形工具创建一个矩形，如图10-5所示。

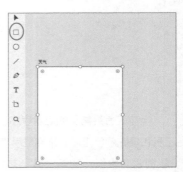

图10-5

04 设置颜色：单击"Fill"按钮，弹出颜色板，将填充颜色设置为"#5045AC"，如图10-6所示。

05 设置矩形：在矩形里用鼠标左键按住"⊙"按钮，将矩形的直角拖至圆角，松开鼠标即完成，如图10-7所示。

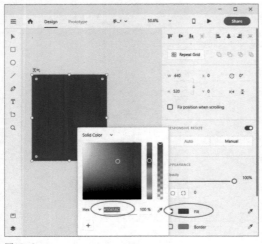

图10-6

图10-7

06 复制粘贴：单击选中此矩形，按Ctrl+C组合键复制，再按Ctrl+V组合键4次，粘贴出4个同样的矩形，如图10-8所示。

图10-8

07 设置小矩形：将复制出来的4个矩形的W值和H值分别设置为"182"和"163"，如图10-9所示。

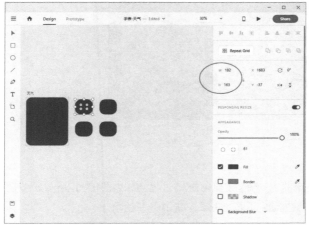

图10-9

08 设置小矩形颜色：将复制出来的4个矩形填充颜色分别设置为"#7C93FA""#F97EAF""#EA886C""#FFD348"，并选中4个小矩形，按住鼠标左键拖动4个矩形到"天气"艺术板里面，松开鼠标左键即完成，如图10-10所示。

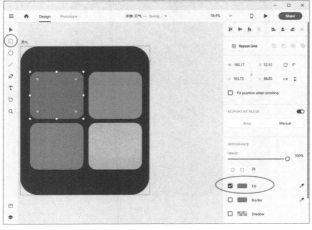

图10-10

09 输入文本：使用"T"文本工具创建多个文本框，输入"<"、"返回"、"10:27"、"10:27 AM"、"晴"、"28℃"、"深圳"等文本内容，完成后的效果如图10-11所示。

图10-11

10 创建底部图形：使用"○"椭圆工具创建7个小圆点，如图10-12所示。选中所有圆点，按住鼠标左键拖动到页面的底部，如图10-13所示。

图10-12

图10-13

11 设置图形颜色：将第4个小圆点的颜色设置为白色，颜色值为"#FFFFFF"，其余小圆点的颜色设置为黑色，颜色值为"#050505"，如图10-14所示。

图10-14

12 完成：手表天气应用程序设计的界面制作完成，最终效果如图10-15所示。

图10-15

10.2 钢琴图标设计案例

桌面由图标组成，漂亮的图标使桌面更加美观，且易懂易用。有的图标我们一看就知道是哪个企业的LOGO，也证明了图标可以变为品牌，能够为企业带来品牌效应。

使用Adobe XD 软件设计制作的钢琴图标效果如图10-16所示。

图10-16

本案例使用矩形工具、文本工具、椭圆工具和渐变色功能，完成了整个钢琴图标的设计。请读者跟着以下的操作步骤，完成钢琴图标的设计制作。

01 创建艺术板：使用"□"艺术板工具创建一个艺术板，W值和H值分别设为"330"和"279"，如图10-17所示。

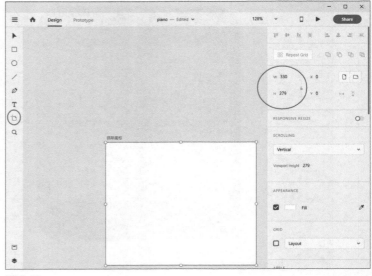

图10-17

02 创建矩形：使用"□"矩形工具创建一个矩形，W值和H值分别设为"200"和"200"，如图10-18所示。

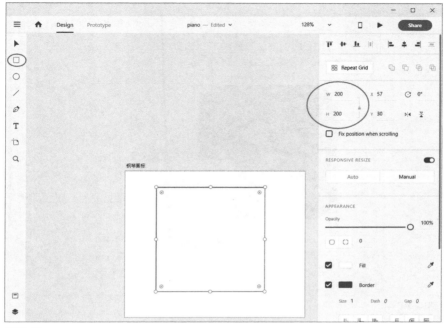

图10-18

03 设置矩形：在矩形里用鼠标左键按住"⊙"按钮，将矩形的直角拖至圆角，松开鼠标即完成，如图10-19所示。

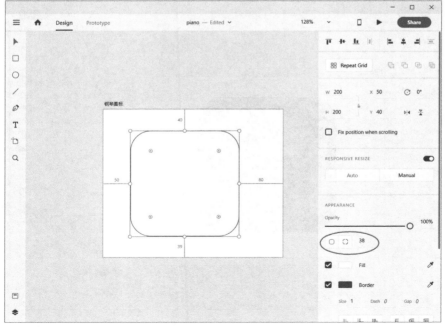

图10-19

04 设置颜色：单击"Fill"按钮，弹出颜色板，将填充颜色值设置为"#39393B"，如图10-20所示。

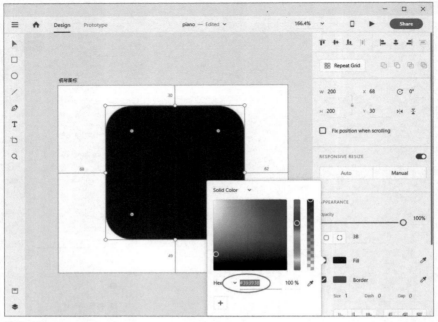

图10-20

05 创建第2个矩形：使用"□"矩形工具创建第2个矩形，将W值和H值分别设为"25"和"110"。在矩形里用鼠标左键按住"◉"按钮，将矩形的直角拖至圆角，松开鼠标即完成。单击"Fill"按钮，弹出颜色板，将填充颜色设置为灰色"#C6C6C6"，如图10-21所示。

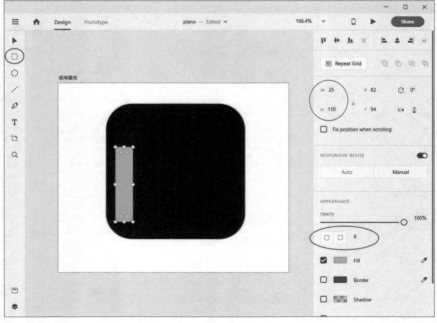

图10-21

06 复制第2个矩形：按Ctrl+C组合键复制，再按Ctrl+V组合键粘贴，复制出5个灰色的矩形，如图10-22所示。

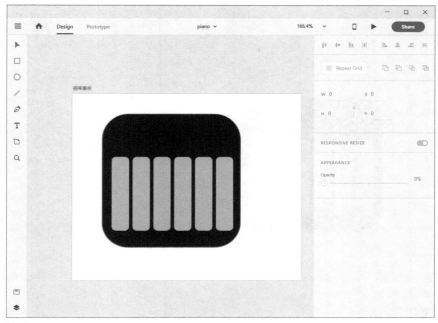

图10-22

07 创建白色矩形：使用"□"矩形工具创建一个矩形，将W值和H值分别设为"25"和"99"，将填充颜色设置为白色"#FFFFFF"，如图10-23所示。

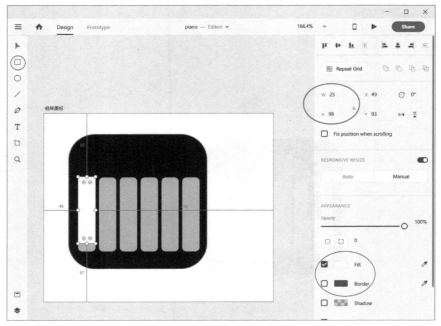

图10-23

08 复制白色矩形：按Ctrl+C组合键复制，再按Ctrl+V组合键粘贴，复制出5个白色的矩形，如图10-24所示。

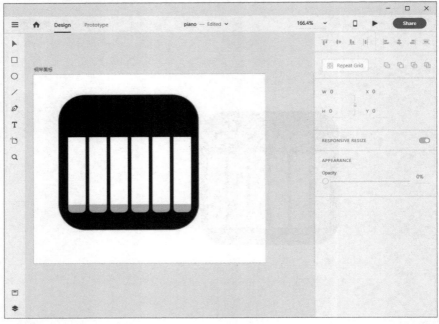

图10-24

09 创建黑色矩形：使用"□"矩形工具创建一个矩形，将W值和H值分别设为"18"和"55"，将填充颜色设置为黑色"#000000"，如图10-25所示。

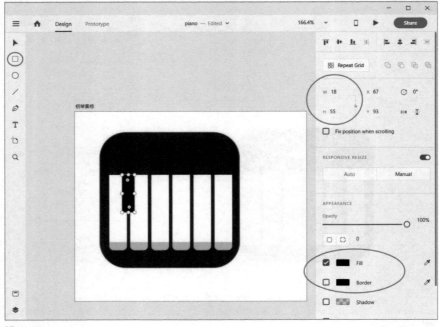

图10-25

10 复制黑色矩形：按Ctrl+C组合键复制，再按Ctrl+V组合键粘贴，复制出4个黑色的矩形，如图10-26所示。

图10-26

11 创建黑色圆角矩形：使用"□"矩形工具创建一个矩形，W值和H值分别设为"18"和"15.5"。在矩形里用鼠标左键按住"⊙"按钮，将矩形的直角拖至圆角，松开鼠标即完成。单击"Fill"按钮，弹出颜色板，将填充颜色设置为黑色"#000000"，如图10-27所示。

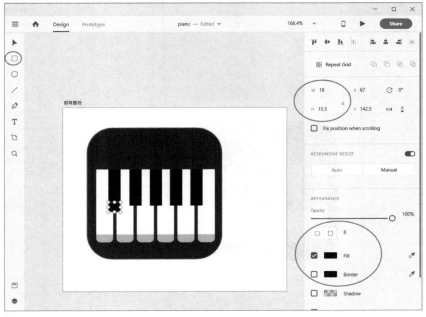

图10-27

12 复制黑色圆角矩形：按Ctrl+C组合键复制，再按Ctrl+V组合键粘贴，复制出4个黑色的圆角矩形，如图10-28所示。

图10-28

13 选中矩形：单击选中一个W值和H值分别为"18"和"55"的矩形，如图10-29所示。

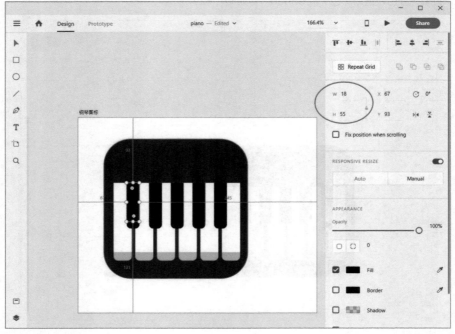

图10-29

14 设置光感效果：单击"Fill"按钮，弹出颜色板。单击"Solid Color"下拉菜单，选择"Linear Gradient"选项，将背景颜色设为"#676767"，调整渐变色为"灰色"和"黑色"，如图10-30所示。

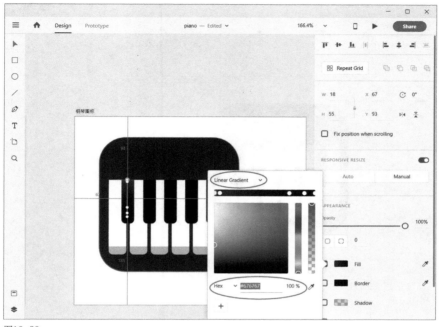

图10-30

15 光感效果预览：光感效果设置完成后，效果如图10-31所示。

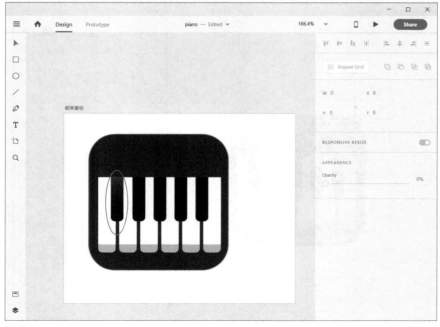

图10-31

16 复制光感效果：按Ctrl+C组合键复制，再按Ctrl+V组合键粘贴，复制出4个有黑色光感效果的矩形，如图10-32所示。

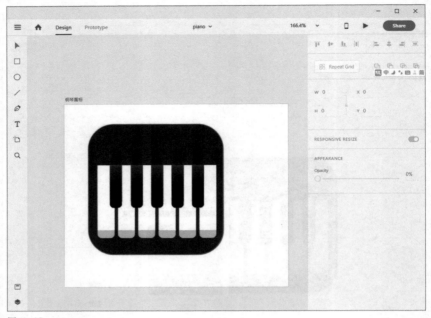

图10-32

17 创建3个矩形：使用"□"矩形工具创建3个矩形，将W值和H值分别设为"73"和"7"，将填充颜色设置为黑色"#000000"。在矩形里按住"◎"按钮，将矩形的直角拖至圆角，松开鼠标即完成，如图10-33所示。

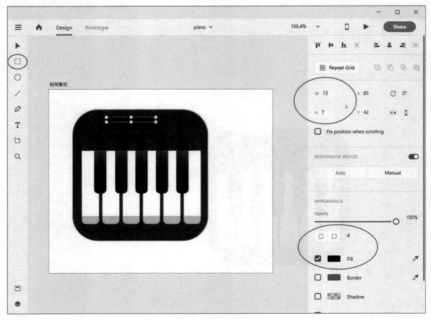

图10-33

18 创建红框圆形：使用"○"椭圆工具创建一个圆形，将W值和H值分别设为"12"和"12"，填充颜色设为白色"#FFFFFF"，边框颜色设为红色"#FF0A44"，如图10-34所示。

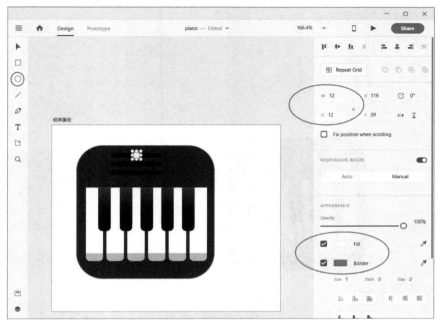

图10-34

19 创建绿框圆形：使用"○"椭圆工具创建一个圆形，将W值和H值分别设为"12"和"12"，填充颜色设为白色"#FFFFFF"，边框颜色设为绿色"#00A336"，如图10-35所示。

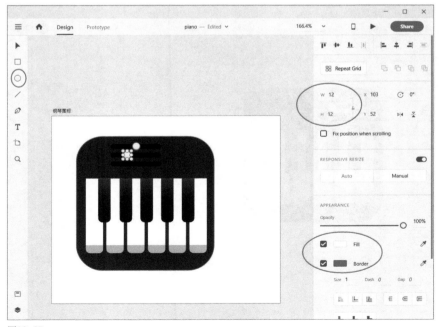

图10-35

20 创建蓝框圆形：使用"○"椭圆工具创建一个圆形，将W值和H值分别设为"12"和"12"，填充颜色设为白色"#FFFFFF"，边框颜色设为蓝色"#4A1CE9"，如图10-36所示。

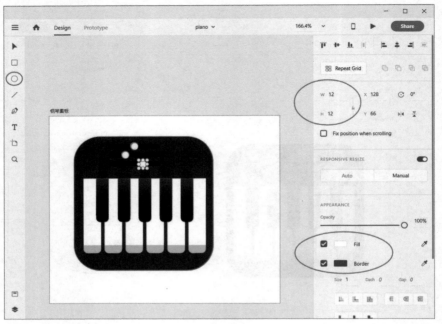

图10-36

21 创建文字：使用"T"文本工具创建4个文本框，各文本框输入的内容分别为"音效""高低音""立体声""音量"，如图10-37所示。

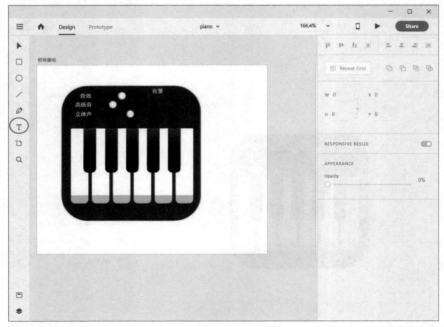

图10-37

22 创建灰色圆形：使用"○"椭圆工具创建一个圆形，将W值和H值分别设为"45"和"45"，填充颜色设为灰色"#E6E6E6"，如图10-38所示。

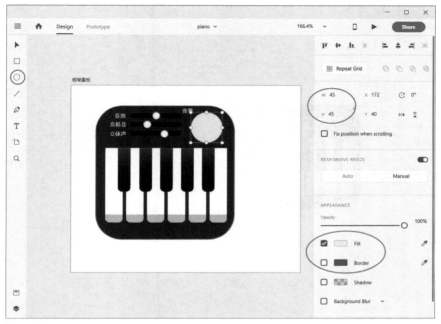

图10-38

23 创建灰框圆形：使用"○"椭圆工具创建一个圆形，将W值和H值分别设为"35"和"35"，填充颜色设为白色"#FFFFFF"，边框颜色设为深灰色"#707070"，如图10-39所示。

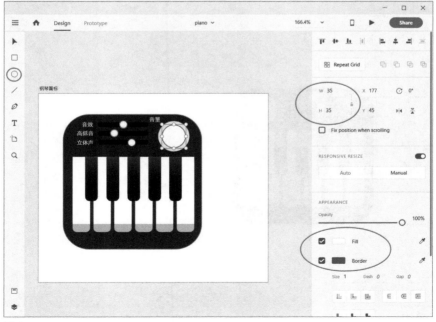

图10-39

24 创建蓝色圆形：使用"○"椭圆工具创建一个圆形，将W值和H值分别设为"7"和"7"，填充颜色设为蓝色"#4B6FFF"，如图10-40所示。

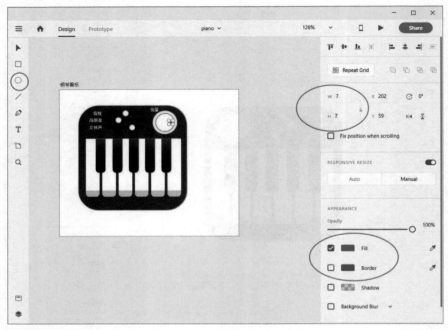

图10-40

25 完成：钢琴图标制作完成，最终效果如图10-41所示。

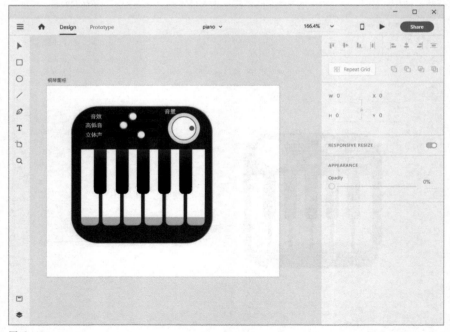

图10-41

知识要点

熟悉矩形工具的使用（详细操作可参见 5.2 节）。

熟悉文本工具的使用（详细操作可参见 5.6 节）。

熟悉椭圆工具的使用（详细操作可参见 5.3 节）。

熟悉直线工具的使用（详细操作可参见 5.4 节）。

　　路线图包含许多矩形、椭圆、直线和文字。通过制作路线图，读者可以多次运用各种工具，熟悉工具的使用。

　　使用Adobe XD 软件设计制作的地铁路线图如图10-42所示。

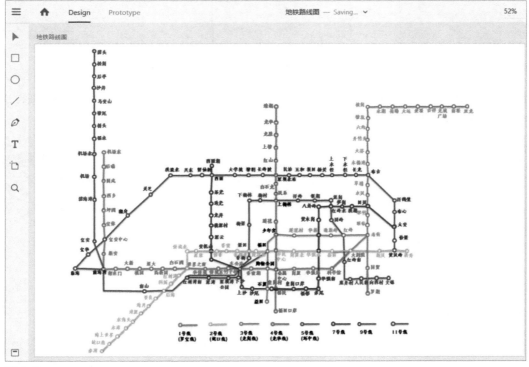

图10-42

　　路线图数据为虚拟数据，仅供参考。

01 创建紫蓝色圆形：使用"○"圆形工具，在艺术板中按住鼠标左键拖出圆形，松开鼠标就能完成圆形的绘制。将W值和H值分别设为"24"和"24"，填充颜色设为紫蓝色"#9646FF"，边框颜色设为紫蓝色"#9646FF"，如图10-43所示。

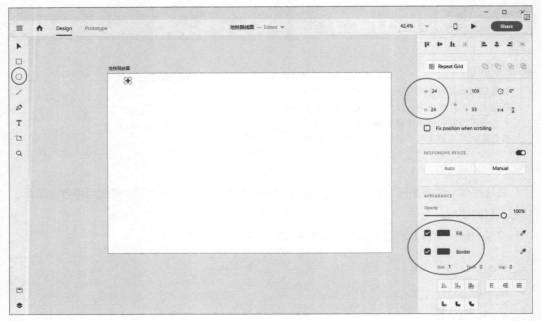

图10-43

02 复制紫蓝色圆形：单击选中已经创建的圆形，按Ctrl+C组合键复制，再按Ctrl+V组合键粘贴，复制出两个紫蓝色的圆形。将3个圆形垂直于水平线放置，如图10-44所示。

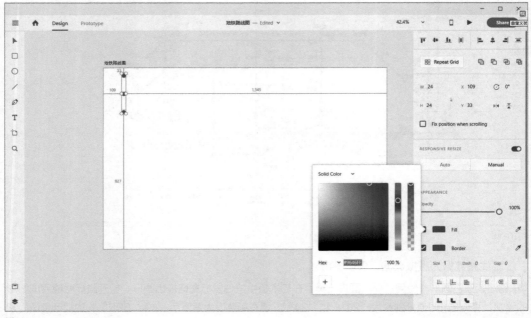

图10-44

03 创建白色圆形：使用"○"圆形工具，在艺术板中按住鼠标左键拖出圆形，松开鼠标就可完成圆形绘制。将W值和H值分别设为"18"和"18"，填充颜色设为白色"#FFFFFF"，边框颜色也设为白色"#FFFFFF"。将白色圆形放在紫蓝色圆形里，如图10-45和图10-46所示。

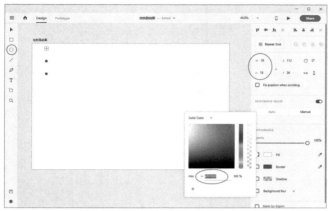
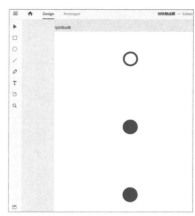

图10-45   图10-46

04 复制白色圆形：单击选中已经创建好的白色圆形，按Ctrl+C组合键复制，再按Ctrl+V组合键粘贴，复制出两个白色的圆形。将3个白色圆形分别放置在紫蓝色圆形里，如图10-47和图10-48所示。

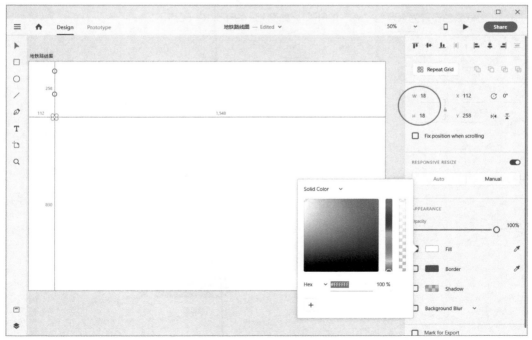

图10-47

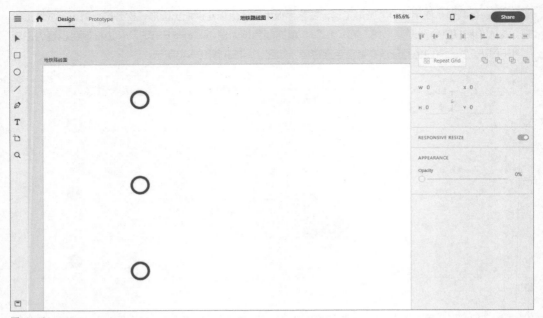

图10-48

05 创建紫蓝色直线：使用"／"直线工具创建两条直线，将3个圆形连起来，并将直线Size设置为"3"，边框颜色设置为紫蓝色"#9646FF"，如图10-49和图10-50所示。

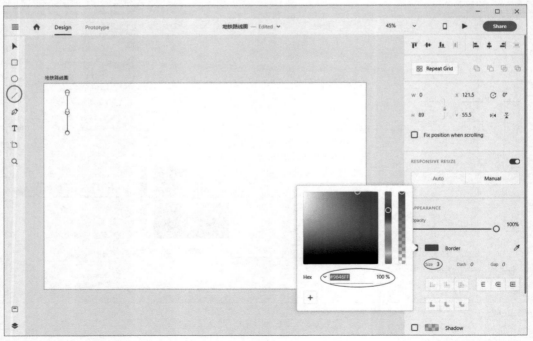

图10-49

图10-50

06 创建文字：使用" T "文本工具创建3个文本框，文本框输入的内容分别为"罗湖" "福田" "南山"，并将文本分别放在3个圆形右边，文字颜为紫蓝色如图10-51和图10-52所示。

图10-51

图10-52

07 创建整个路线图：通过步骤01至步骤05的方法技巧，即可创建出不同颜色的圆形和直线。再将几百个地铁站点连起来，便可以形成地铁路线图，如图10-53所示。

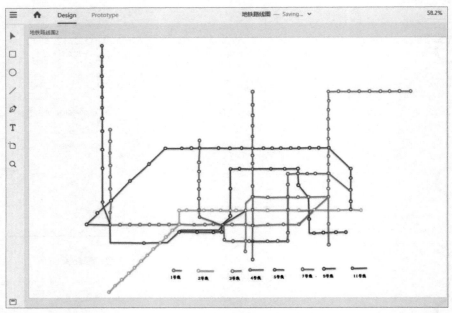

图10-53

08 创建整个路线图文本：使用步骤06的方法，即可创建出多个文本框，输入几百个地铁站点名，完成整个地铁路线图的设计，如图10-54所示。

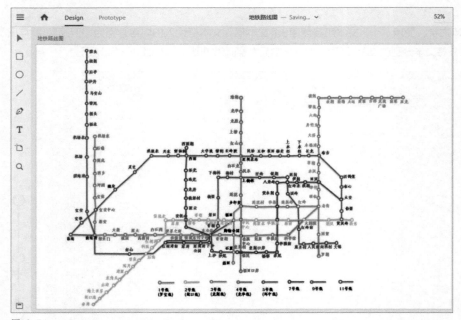

图10-54

本案例学习完成后，读者可以练习制作完整的汽车路线图、地铁路线图、项目路线图等。

知识要点

> 熟悉矩形工具的使用（详细操作可参见5.2节）。
> 熟悉文本工具的使用（详细操作可参见5.6节）。
> 熟悉椭圆工具的使用（详细操作可参见5.3节）。
> 熟悉透明度的设置（详细操作可参见6.7节）。

名片设计会运用到矩形、圆形和文字工具，以及透明度功能。通过名片的设计制作，读者可以学习制作一张属于自己的名片或属于企业的名片。

使用Adobe XD 软件设计制作的名片效果如图10-55和图10-56所示。

图10-55

图10-56

名片里的数据为虚拟数据，仅供参考。

01 创建艺术板：将艺术板设置为名片的大小，通常为900mm×500mm或900mm×540mm，如图10-57所示。

02 导入：按Shift + Ctrl + I组合键，从硬盘的相应位置导入图标，如图10-58所示。

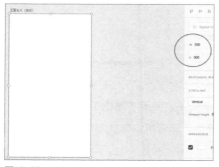

图10-57

图10-58

03 导入成功：导入图标后如图10-59所示。

04 创建文本：使用"T"文字工具创建两个文本框，第1个文本框输入的内容为"深圳市XXX设计有限公司"，第2个文本框输入的内容为"专注于用户体验的设计企业"，如图10-60所示。

图10-59

图10-60

05 美化设置：使用"○"椭圆工具绘制多个圆形，并对圆形的透明度和颜色进行设置，如图10-61所示。

提示

纯文字的名片略显单调，可以设计底图效果，使名片更漂亮。

图10-61

06 绘制矩形：使用"□"矩形工具在顶部和底部绘制矩形，然后对矩形边框的颜色进行设置，如图10-62所示。

提示

如果觉得效果单调，可以在名片的顶部和底部加入颜色条。

图10-62

图10-63

名片正面的绘制基础教程结束了，该案例主要使用了基础工具栏中的矩形、圆形、文本、艺术板工具，如图10-63所示。案例学习完成后，读者可以尝试制作一张自己的名片。

熟悉矩形工具的使用（详细操作可参见 5.2 节）。
熟悉文本工具的使用（详细操作可参见 5.6 节）。
熟悉椭圆工具的使用（详细操作可参见 5.3 节）。
熟悉填充颜色工具（详细操作可参见 6.7 节）。
熟悉直线工具的使用（详细操作可参见 5.4 节）。

简历设计会运用到矩形、文本、圆形、直线，以及填充颜色。使用Adobe XD 软件设计制作的简历如图10-64所示。

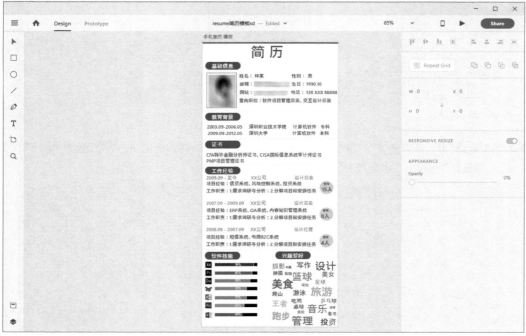

图10-64

简历数据为虚拟数据，仅供参考。

一份有创意的简历，不仅能吸引企业老板和人力资源的注意，还能提高面试的成功率。简历制作比较容易，仅使用几个简单的工具，再调整文本的颜色和大小即可。

下面请读者跟着步骤操作，完成简历的设计。

01 创建艺术板：使用"□"艺术板工具创建一个艺术板，将W值和H值分别设为"375" 和"812"，如图10-65所示。

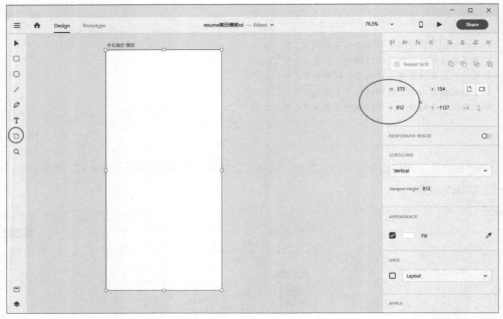

图10-65

02 创建顶部矩形：使用"□"矩形工具创建一个矩形放在顶部，将W值和H值分别设置为"375" 和"4"，填充颜色值设为"#1468B9"，如图10-66所示。

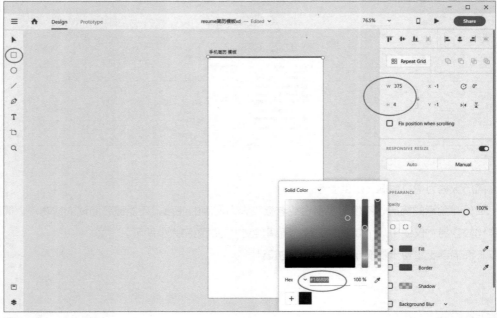

图10-66

03 创建圆角矩形：使用"□"矩形工具创建6个矩形，将W值和H值分别设置为"100"和"24"，将矩形圆角的值设置为"14"，填充颜色设置为白色"#FFFFFF"，如图10-67所示。

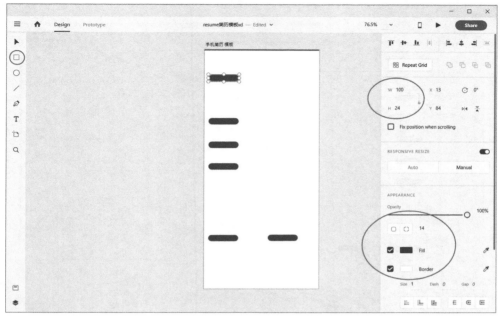

图10-67

04 创建标题：使用"T"文本工具创建一个文本框，输入的内容为"简历"，将字体大小设置为"40"，填充颜色设置为蓝色"#2C5AC5"，如图10-68所示。

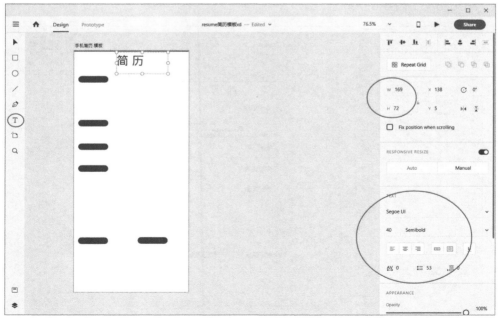

图10-68

05 创建小标题：使用"T"文本工具创建6个文本框，将6个文本框分别放在6个蓝色矩形里。在文本框中分别输入文字"基础信息""教育背景""证书""工作经验""软件技能""兴趣爱好"，字体大小设置为"15"，填充颜色设置为白色"#FFFFFF"，如图10-69所示。

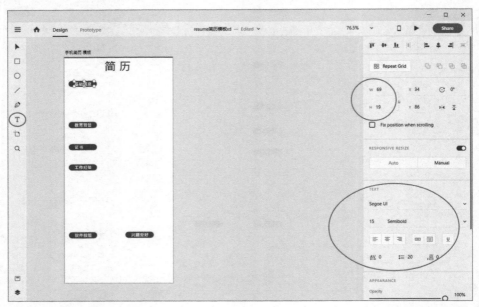

图10-69

06 创建正文：使用"T"文本工具创建14个文本框，将文本框放在"基础信息"下方，字体大小设置为"13"，"："及其左侧的文字填充颜色设置为蓝色"#2C5AC5"，"："右侧的文字背景颜色设置为灰色"#676767"，如图10-70所示。

图10-70

07 创建正文：使用"T"文本工具创建两个文本框，将文本框放在"教育背景"下方，字体大小设置为"13"，文字填充颜色设置为灰色"#676767"，如图10-71所示。

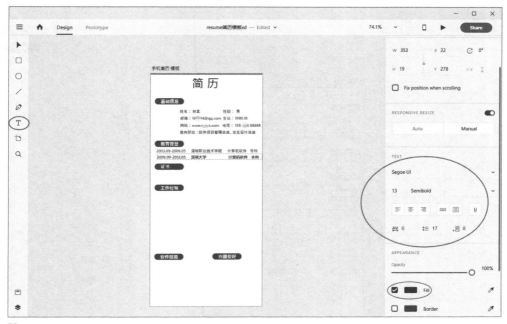

图10-71

08 创建正文：使用"T"文本工具创建一个文本框，将文本框放在"证书"下方，字体大小设置为"13"，文字填充颜色设置为灰色"#676767"，如图10-72所示。

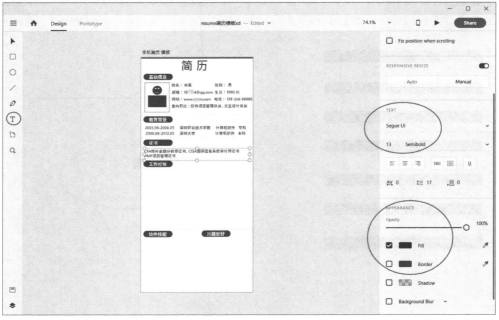

图10-72

09 创建正文：使用"T"文本工具创建9个文本框，将文本框放在"工作经验"下方，字体大小设置为"13"，将每段第1行文字设置为蓝色"#7696E1"，后两行文字设为灰色"#676767"，如图10-73所示。

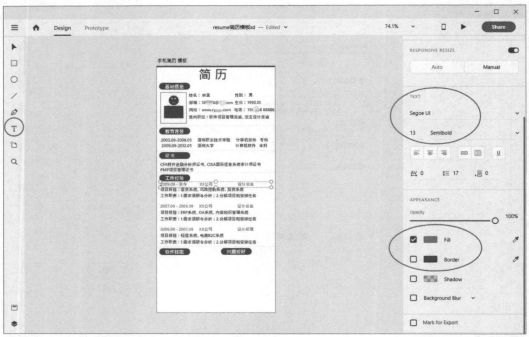

图10-73

10 创建黑色矩形：使用"□"矩形工具创建7个矩形，并设置填充颜色为黑色"#000000"，设置边框颜色为白色"#FFFFFF"，如图10-74所示。

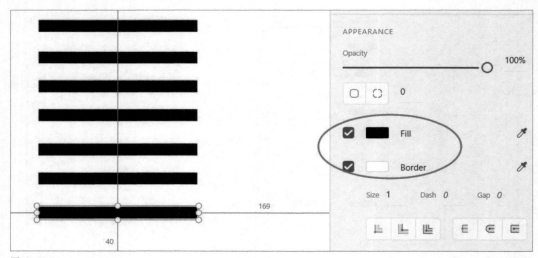

图10-74

11 颜色设置：使用"□"矩形工具创建7个矩形，并将填充颜色分别设置为紫色"#5A406B"、蓝色"#2677FF"、绿色"#0FD336"、橙色"#F38517"、浅绿色"#34C723"、湖蓝色"#23C7AC"和深蓝色"#236AC7"，7个矩形的边框颜色设为白色"#FFFFFF"，放置在黑色矩形里面，做成进度条，如图10-75所示。

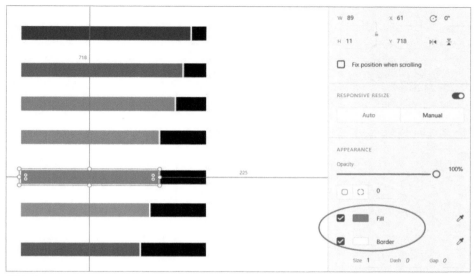

图10-75

12 导入素材：按Shift + Ctrl + I组合键从硬盘其他位置导入图标，如图10-76所示。

图10-76

13 导入成功：将导入的图标放在每一个进度条前面，如图10-77所示。

14 创建文本：使用"T"文本工具，在彩色的矩形上分别创建一个文本，输入文字百分比，如图10-78所示。

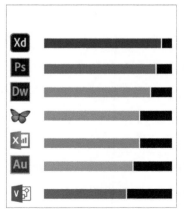

图10-77

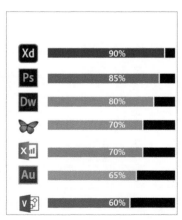

图10-78

15 组合：将设计好的"软件技能"模块的内容放入简历模板中，如图10-79所示。

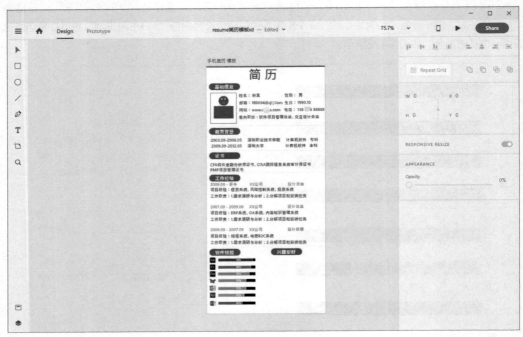

图10-79

16 创建圆形：使用" ○ "椭圆工具创建一个圆形，将W值和H值分别设为"40"和"40"，填充颜色设置为灰蓝色"#C3D5FE"，边框颜色设置为白色"#FFFFFF"，如图10-80所示。

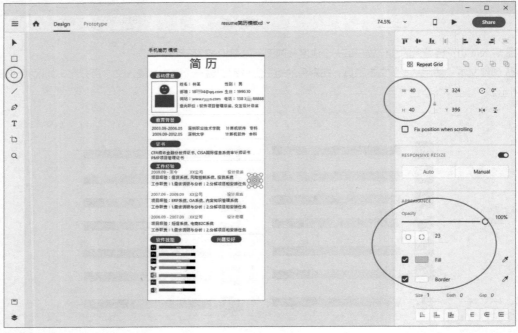

图10-80

17 创建文字：使用"T"文本工具创建一个文本框，文本框输入的内容为"管理15人"，设置文本颜色为灰色"#676767"，如图10-81所示。

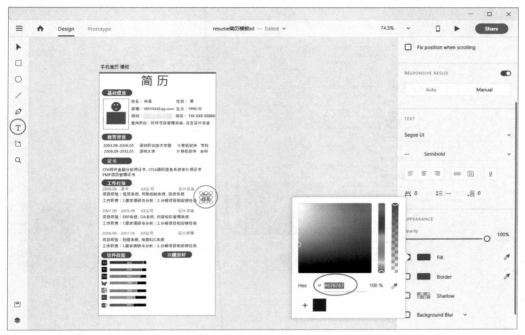

图10-81

18 按照步骤16和步骤17的方法，做出另外的两个圆形和文本，如图10-82所示。

图10-82

19 创建文字：使用"T"文本工具创建多个文本框，文本框中分别输入"摄影""写作""设计""美食"等内容，调整文字的大小和文字的背景颜色，即可完成兴趣爱好的设计，如图10-83所示。

20 找到素材：在计算机里找到需要导入的素材，按Ctrl+A组合键选中全部素材，再按Ctrl+C组合键复制素材，如图10-84所示。

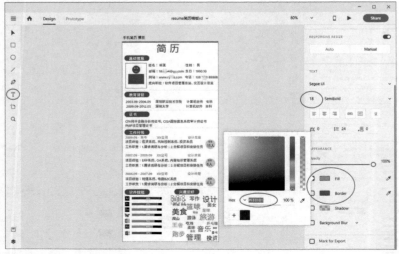

图10-83

图10-84

21 导入素材：在XD软件窗口里，按Ctrl+V组合键就可以粘贴所有内容到设计图里，单击选中图片并按住鼠标左键，即可拖动图片到指定的位置，松开鼠标左键即完成，如图10-85所示。

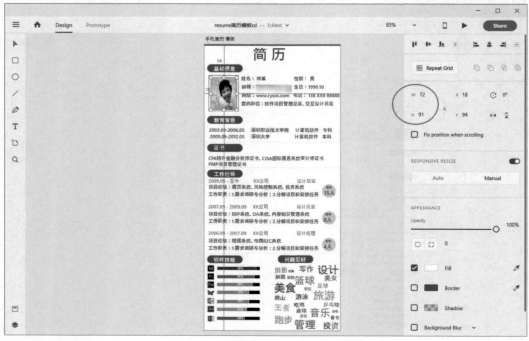

图10-85

10.6 App电商首页设计案例

知识要点

熟悉矩形工具的使用（详细操作可参见 5.2 节）。
熟悉文本工具的使用（详细操作可参见 5.6 节）。
熟悉椭圆工具的使用（详细操作可参见 5.3 节）。
熟悉透明度的设置（详细操作可参见 6.7 节）。
懂得原型设计图和高保真 UI 设计图的区别。

App 首页设计的流程如下。

● 产品经理：规划App 原型设计，也称低保真原型。
● UI 设计师：按照原型设计，输出高质量的设计图，称为高保真设计图。
● 开发：开发人员按照产品经理原型的功能和逻辑及UI 设计师的设计图编写程序代码。

主要关注点有以下几点。

● 产品经理规划的低保真原型关注点在于流程、逻辑和功能。
● UI 设计师规划的高保真设计图关注点在于图标设计、界面布局、色彩搭配。
● 为了避免用户基于低保真原型跟你讲界面设计、色彩搭配，基于高保真设计图跟你讲流程、逻辑和功能
的情况出现，你在让用户阅读原型时，请说明需要用户提出哪方面的意见。

低保真原型给谁看？

低保真原型一般是给公司内部人员看的，如UI 设计师、开发工程师、测试人员。其目的是让
UI 设计师将设计图转化为高保真设计图，让开发工程师开始底层规划，让测试人员开始测试建模
等。

一些小企业没有UI 设计师，它们就会直接用低保真原型输出实际系统。例如系统的后台，很
多企业的后台系统都是直接用低保真原型输出实际系统的。

高保真设计图给谁看？

高保真设计图一般是给内部管理层和外部人员看的，如内部领导、开发工程师、风险投资机
构。其目的是让内部领导先预览实际风格和效果，从而得到领导的项目支持，使之提供人员和资
源；让开发工程师进行开发，将高保真设计图与程序代码直接拼合，变成实际的软件系统；让风
投机构看高保真设计图，通过漂亮的UI 设计提升融资成功的概率。

使用Adobe XD 软件设计制作的App 原型设计图和App 高保真设计图的页面如图10-86
所示。

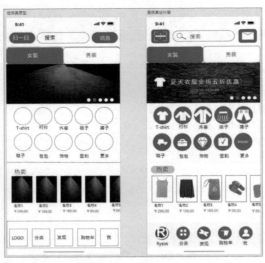

图10-86

10.6.1 App原型设计图解技巧

产品经理使用的基础工具包括选择工具、矩形工具、椭圆工具、直线工具、文本工具。

01 制作顶部：用手机截图后，可以直接使用顶部的时间、网络情况、Wi-Fi、电池信息等，如图10-87所示。

02 绘制搜索栏：使用" □ "矩形工具绘制出5个矩形，再使用" T "文本工具输入文本内容，如图10-88所示。

图10-87

图10-88

03 绘制Banner：导入一张图片后，使用 " ○ "椭圆工具绘制圆形，将W值和H值分别设置为"12"和"12"，绘制出广告栏，第二个圆形填充颜色设为蓝色"#665EFF"，其他圆形填充颜色设置为白色"#FFFFFF"，如图10-89所示。

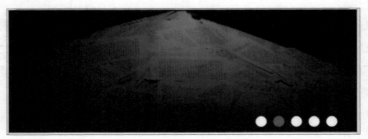

图10-89

04 绘制分类栏：使用" ○ "椭圆工具和" T "文本工具，将圆形的W值和H值分别设为"60"和"60"，绘制出分类栏，如图10-90所示。

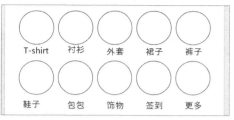

图10-90

05 绘制热卖栏：导入5张素材图片，同时使用"T"文本工具创建5个文本框，并输入相应的文字，如图10-91所示。

图10-91

06 绘制底部：使用"□"矩形工具创建5个矩形，将矩形的W值和H值分别设置为"60"和"60"；使用"T"文本工具创建5个文本框，文字的大小为"15"，文本框中分别输入"LOGO""分类""发现""购物车""我"，如图10-92所示。

图10-92

07 完成：将顶部、搜索栏、Banner、分类栏、热卖栏、底部的原型设计图组合起来，就是一个完整的点线框原型设计图，如图10-93所示。

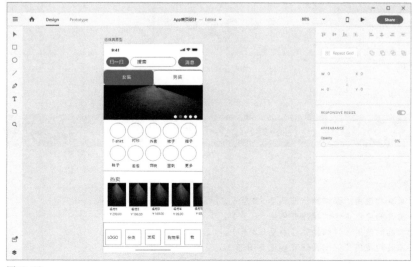

图10-93

10.6.2 App高保真UI设计图解技巧

01 设计输出图标：在低保真原型中找出需要做的图标后，设计师便
开始设计图标，如图10-94所示。

图10-94

02 输出高保真设计图：将图标放入原型设计图里，并调整界面布局和页面配色，整理出高保真设计图，
效果如图10-95所示。

图10-95

10.7 App即时通信页面设计案例

知识要点

熟悉矩形工具的使用（详细操作可参见5.2节）。
熟悉文本工具的使用（详细操作可参见5.6节）。
熟悉椭圆工具的使用（详细操作可参见5.3节）。
熟悉图层工具的使用（详细操作可参见5.10节）。

即时通信是企业员工每天都会使用的软件工具，它能够实时发送和接收文字、图片、声音和文档等内容。

学会本案例后，读者就可以设计不同类型的即时通信软件的各种页面。进入企业后，也可以为企业改进即时通信软件的用户体验、设计风格和设计功能。

使用Adobe XD 软件设计制作的App 即时通信页面如图10-96所示。

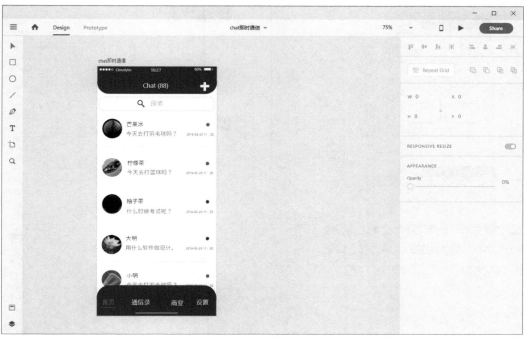

图10-96

01 创建艺术板：使用"⏢"工具创建一个艺术板，命名为"chat即时通信"，将W值和H值分别设为"375"和"812"，填充颜色为白色，如图10-97所示。

图10-97

181

02 创建矩形：使用"□"矩形工具创建两个矩形，一个放在顶部，另一个放在底部，将填充颜色值设置为"#4C2C74"，如图10-98所示。

03 创建圆角矩形：使用"□"矩形工具创建两个矩形，一个放在顶部靠下，另一个放在底部靠上，将填充颜色值设置为"#4C2C74"，将4个角拖至圆角或输入圆角值为"42"，如图10-99所示。

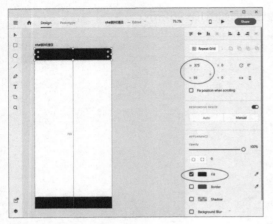

图10-98

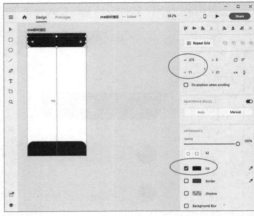

图10-99

04 创建文本：使用"T"文本工具创建8个文本框，输入相应的文字内容，如图10-100所示。

图10-100

05 绘制加号：使用"□"矩形工具创建两个白色矩形，将它们相交做出一个"+"图标，如图10-101所示。

图10-101

06 绘制电池：使用"□"矩形工具创建3个矩形，做一个电池的图标，如图10-102所示。

07 创建圆形：使用"○"椭圆工具创建5个边框为白色的圆形，将前4个圆形填充颜色设置为白色"#FFFFFF"，第5个圆形填充颜色设置为灰色"#7c7c7c"，如图10-103所示。

图10-102

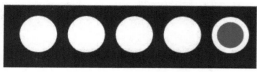

图10-103

08 拖动圆形：单击选中5个小圆形，按住鼠标左键拖动至界面图的左上角，用于显示信号强弱，如图10-104所示。

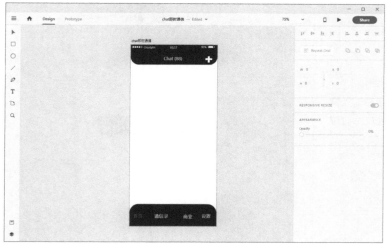

图10-104

09 制作搜索栏：使用"□"矩形工具、"○"椭圆工具、"T"文本工具制作搜索栏，如图10-105所示。

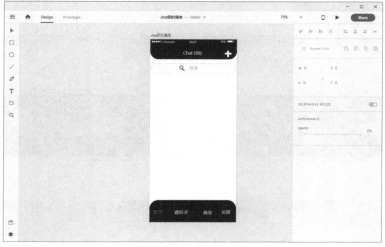

图10-105

10 导入素材：使用"Import"导入功能导入5张图片作为头像，将图片拖动至界面左边，并垂直排列，如图10-106所示。

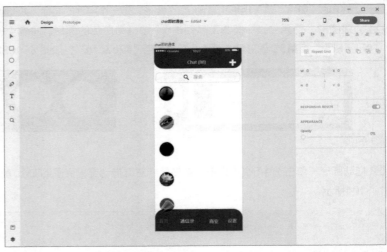

图10-106

11 创建文本：使用"T"文本工具在头像后输入文本内容，如图10-107所示。

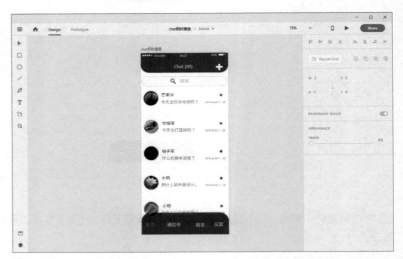

图10-107

12 调整图层：使用"◈"图层工具调整图层位置，调整前如图10-108所示，调整后如图10-109所示。

图10-108

图10-109

13 完成：使用"□"矩形工具和"○"椭圆工具美化界面并调整文字的大小。App即时通信页面设计完成，如图10-110所示。

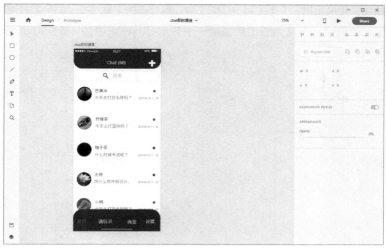

图10-110

10.8 商品展示网站页面设计案例

知识要点

熟悉矩形工具的使用（详细操作可参见5.2节）。
熟悉文本工具的使用（详细操作可参见5.6节）。
熟悉椭圆工具的使用（详细操作可参见5.3节）。
熟悉直线工具的使用（详细操作可参见5.4节）。

商品展示网站页面可以做成电商网站、摄影网站、设计图欣赏网站等。设计师学会设计制作商品展示网站后，就可以做出很多不同类型的网站，为不同的企业服务。

使用Adobe XD 软件设计制作的商品展示网站页面如图10-111所示。

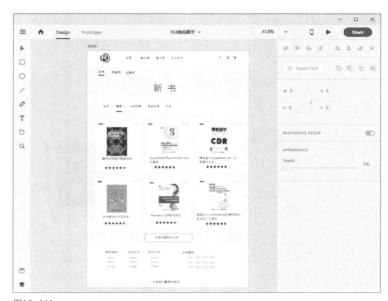

图10-111

本案例只使用了矩形工具、文本工具、椭圆工具、素材图片，就完成了整个图片网站页面设计。

01 创建艺术板：使用"□"艺术板工具创建一个艺术板，将W值和H值分别设为"1080" 和"1625"，如图10-112所示。

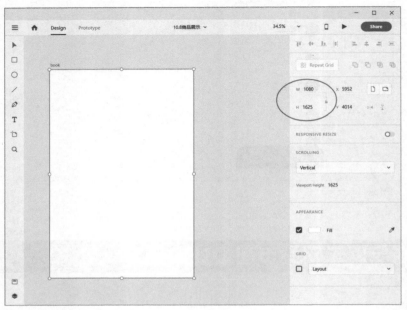

图10-112

02 颜色设置：单击"Fill"按钮，弹出颜色板，将填充颜色值设置为"#F7F7F7"，如图10-113所示。

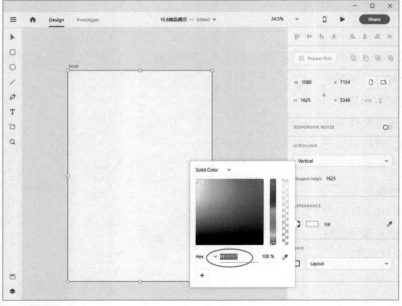

图10-113

03 创建顶部和底部矩形：使用"□"矩形工具创建一个白色矩形放在顶部，将W值和H值分别设为"1080"和"114"；再创建一个白色矩形放在底部，将W值和H值分别设为"1080"和"295"，如图10-114所示。

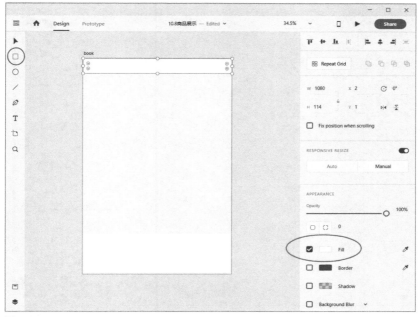

图10-114

04 创建圆角矩形：使用"□"矩形工具创建一个矩形放在艺术板中上部，将W值和H值分别设为"988"和"89"，将矩形圆角的值设为"50"，填充颜色设为白色"#FFFFFF"，如图10-115所示。

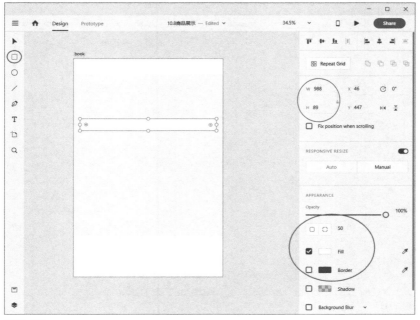

图10-115

05 创建小圆角矩形：使用"□"矩形工具创建一个矩形放在中下部，将W值和H值分别设为"320"和"56"，将矩形圆角的值设为"18"，边框颜色设为红色"#FF0000"，填充颜色设为白色"#FFFFFF"，如图10-116所示。

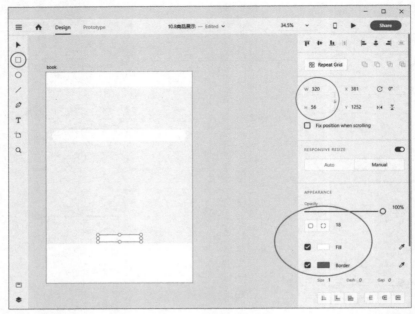

图10-116

06 创建矩形：使用"□"矩形工具创建一个矩形放在中间偏左位置，将W值和H值分别设为"300"和"350"，填充颜色设为白色"#FFFFFF"，如图10-117所示。

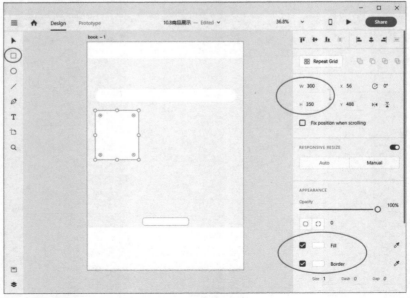

图10-117

07 复制矩形：按Ctrl+C组合键复制中间的矩形，按Ctrl+V组合键粘贴，复制出5个白色的矩形，如图10-118所示。

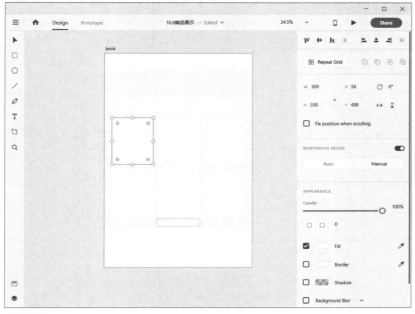

图10-118

08 创建文字1：使用" T "文本工具，在第1行创建4个文本框，分别输入文本"首页""实体书""电子书""关于我们"，使用" ∕ "直线工具，绘制一条直线，放在底部白色矩形下方，用于美化界面，如图10-119所示。

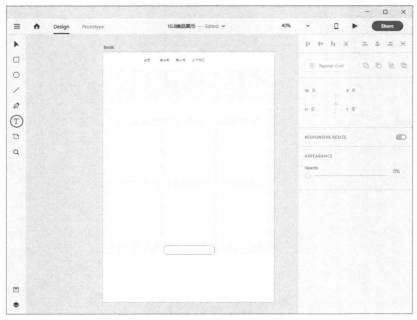

图10-119

09 创建文字2：使用"T"文本工具在第2行创建3个文本框，分别输入文本 "新书" "热销书" "促销书"，如图10-120所示。

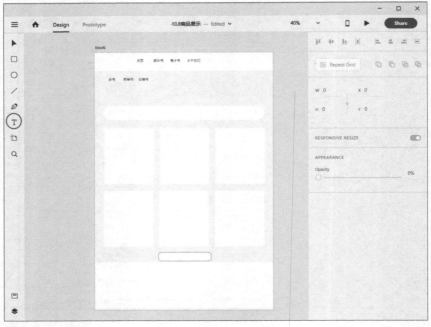

图10-120

10 创建文字3：使用"T"文本工具在第3行创建1个文本框，输入内容为"新书"，字号较大，如图10-121所示。

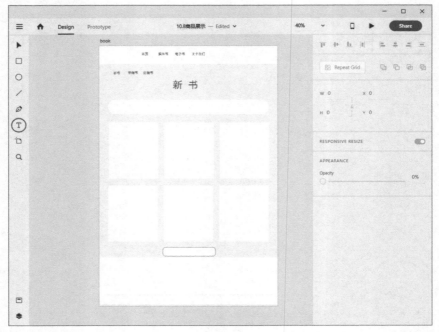

图10-121

11 创建文字4：使用"T"文本工具在第4行创建5个文本框，分别输入文本"排序："、"销量"、"出版时间"、"评论数量"、"价格"，如图10-122所示。

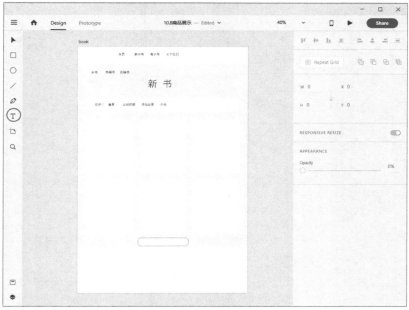

图10-122

12 创建文字5：使用"T"文本工具创建3个文本框，分别输入文本"竞技游戏设计实战指南"、"Axure RP8.0产品原型设计与制作实战"、"零基础学CorelDRAW X6（全视频教学版）"，如图10-123所示。

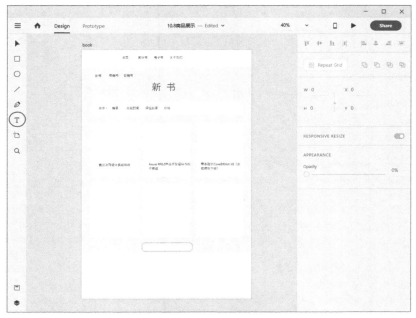

图10-123

13 创建文字6：继续使用"T"文本工具创建3个文本框，分别输入文本"字体设计的手工定制""Illustrator CS6标准教程""创意UI——Photoshop玩转移动UI新媒体广告设计"，如图10-124所示。

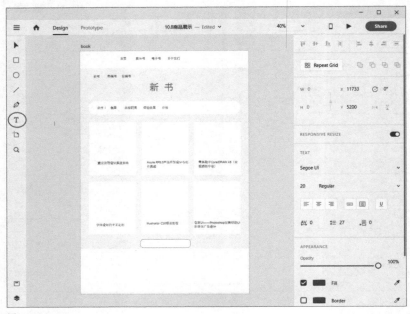

图10-124

14 创建文字7：使用"T"文本工具在图书下面的圆角矩形中创建1个文本框，输入文本"单击加载更多内容"，并设置为红色如图10-125所示。

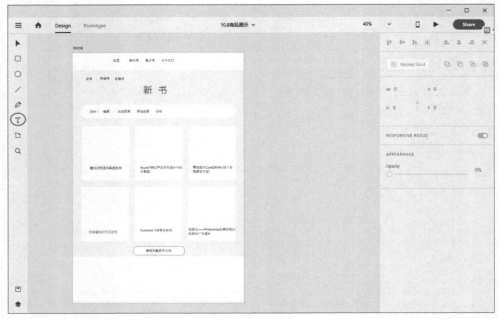

图10-125

15 创建文字8：使用"**T**"文本工具创建多个文本框，文本框输入的内容分别为"购物指南""配送方式""支付方式""注册流程""自提货物""货到付款""购物流程""海外配送""在线支付""常见问题""配送服务""公司转账""一个推荐好图书的网站"等，如图10-126所示。

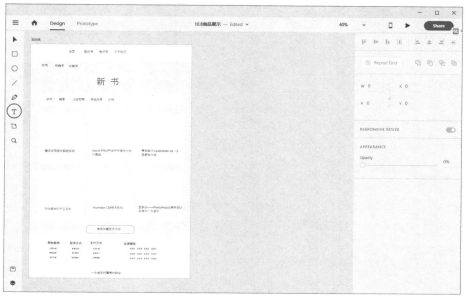

图10-126

16 美化内容：使用"**∕**"直线工具创建两条直线，将其放在文字下面，将W值和H值分别设为"39"和"0"，边框颜色设置为蓝色"#17489C"，"新书"和"销量"的文字填充颜色设置为蓝色"#17489C"。再绘制一条灰色直线放在底部的矩形中，如图10-127所示。

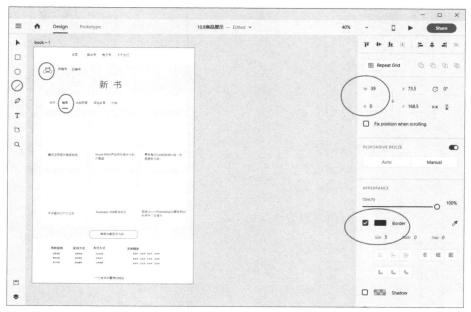

图10-127

17 创建灰色圆角矩形：使用"□"矩形工具创建一个矩形，将W值和H值分别设为"49"和"21"，圆角的值设为"7"，填充颜色设置为灰色"#EBEBEB"，如图10-128所示。

图10-128

18 创建文字：使用"T"文本工具在灰色矩形中创建一个文本框，文本框输入的内容为"New"，将填充颜色和边框颜色设置为蓝色"#17489C"，如图10-129所示。

图10-129

19 复制矩形：按Ctrl+C组合键复制，按Ctrl+V组合键粘贴，复制出5个"New"图标后，将它们分别放在每一个商品框的左上角，如图10-130所示。

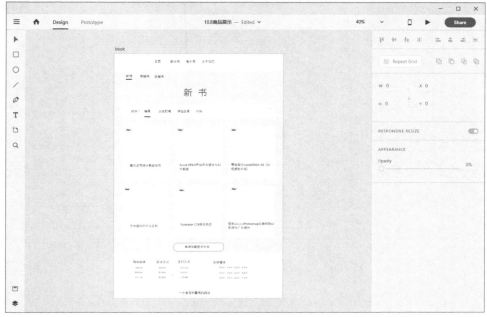

图10-130

20 复制素材：在计算机里找到需要导入的素材，如图10-131所示，按Ctrl+A组合键选中全部素材内容，再按Ctrl+C组合键复制全部素材内容。

图10-131

21 导入素材：在XD软件窗口中按Ctrl+V组合键，将所有内容粘贴到设计图里，如图10-132所示。

图10-132

22 排版美化：将导入的素材图片内容放入到设计图中合适的位置，如图10-133所示。

图10-133

23 完成：商品展示网站页面设计完成，最终效果如图10-134所示。

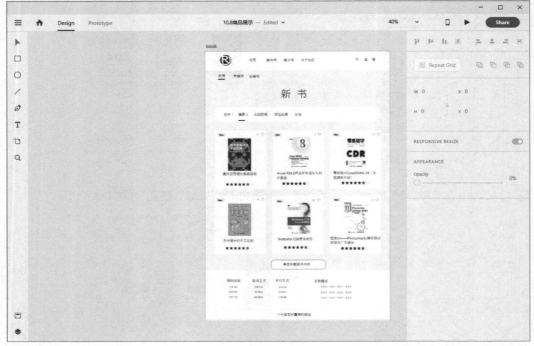

图10-134

10.9 个人中心页面设计案例

知识要点

熟悉矩形工具的使用（详细操作可参见 5.2 节）。
熟悉文本工具的使用（详细操作可参见 5.6 节）。
熟悉椭圆工具的使用（详细操作可参见 5.3 节）。
熟悉直线工具的使用（详细操作可参见 5.4 节）。
熟悉渐变色技巧的使用（详细操作可参见 6.8 节）。

有注册和登录功能的软件都需要有个人中心页面。个人中心一般指用户管理该软件平台的个人功能和设置的页面，一般包括了用户的个人信息、账号管理、通用设置、帮助中心、退出登录等功能。使用Adobe XD 软件设计制作的个人中心页面如图10-135所示。

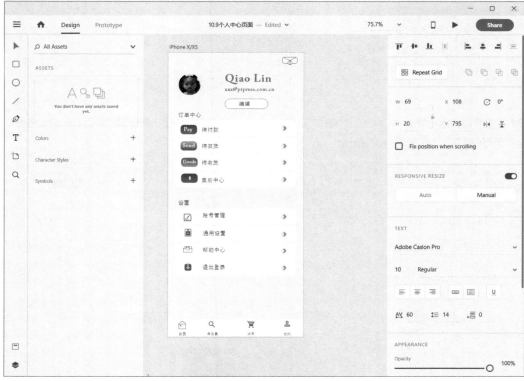

图10-135

因为用户会经常使用电商系统购物，所以本案例使用电商系统的个人中心页面来展示说明。本案例使用了矩形工具、文本工具、椭圆工具、素材图片、渐变色功能。下面请读者跟着以下的操作步骤，完成个人中心页面设计。

01 创建艺术板：使用"🗗"艺术板工具创建一个艺术板，将W值和H值分别设为"375"和"812"，如图10-136所示。

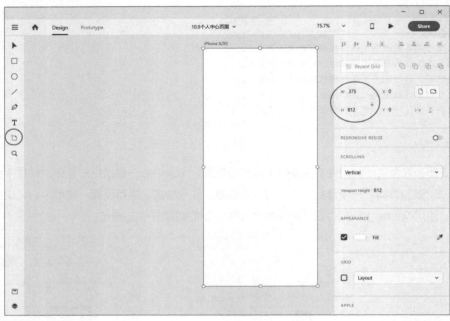

图10-136

02 设置背景颜色：单击"iPhone X/XS"选中艺术板，单击"Fill"按钮，弹出颜色板，将颜色设置为灰色"#F5F6F7"，如图10-137所示。

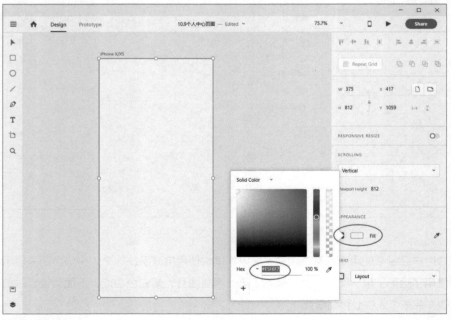

图10-137

03 创建矩形：使用"□"矩形工具创建两个白色矩形放在中间偏上位置，将W值和H值分别设为"335"和"190"，圆角的值设置为"12"，如图10-138所示。

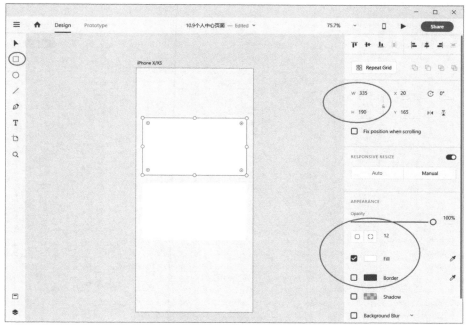

图10-138

04 创建底部矩形：使用"□"矩形工具创建一个白色矩形放在底部，将W值和H值分别设为"375"和"50"，如图10-139所示。

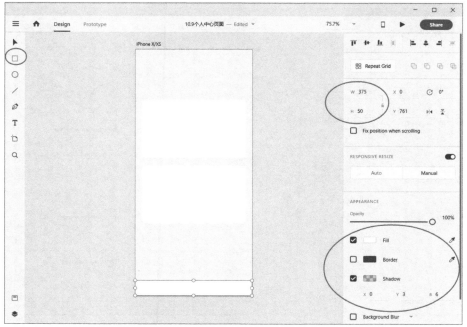

图10-139

05 创建矩形：使用"□"矩形工具创建一个小矩形放在中上部，将W值和H值分别设为"120"和"30"，圆角的值设置为"20"，填充颜色设置为白色"#FFFFFF"，边框颜色设置为灰色"#808A9A"，如图10-140所示。

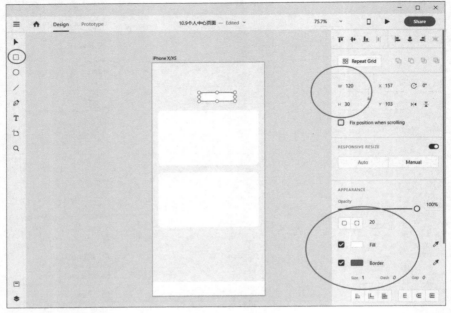

图10-140

06 创建直线：使用"∕"矩形工具创建一条直线放在步骤3创建的矩形里，将W值和H值分别设为"335"和"0"，边框颜色设置为灰色"#E6E7E9"，如图10-141所示。

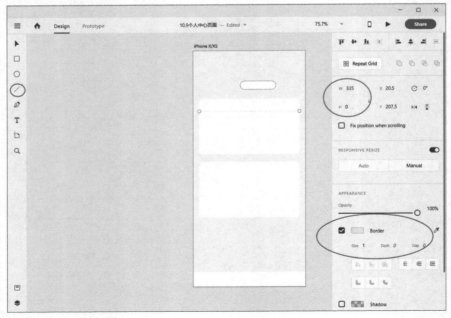

图10-141

07 复制直线：按Ctrl+C组合键复制，按Ctrl+V组合键粘贴，复制出5条灰色的直线，移动直线，在中间的两个矩形中分别放置3条灰色直线，如图10-142所示。

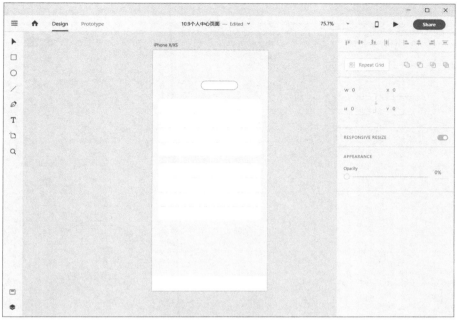

图10-142

08 创建圆形：使用"○"椭圆工具创建一个圆形，将W值和H值分别设为"18"和"18"，填充颜色和边框颜色设置为灰色"#E6E7E9"，如图10-143所示。

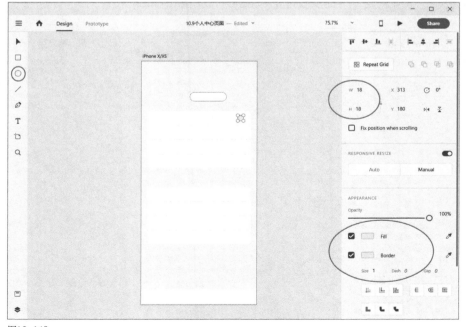

图10-143

09 绘制箭头1：使用"□"矩形工具创建一个矩形放在圆形里，将W值和H值分别设为"9"和"3"，圆角的值设置为"9"，填充颜色设置为灰色"#848FA2"，边框颜色也设置为灰色"#848FA2"，如图10-144所示。

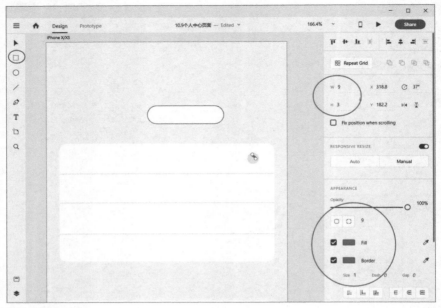

图10-144

10 绘制箭头2：使用"□"矩形工具再创建一个矩形放在圆形里，将W值和H值分别设为"9"和"3"，圆角的值设置为"9"，填充色设置为灰色"#848FA2"，边框颜色也设置为灰色"#848FA2"，并且调整角度，如图10-145和图10-146所示。

图10-145

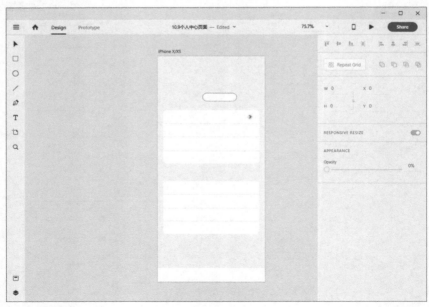

图10-146

11 复制图标：按Ctrl+C组合键复制，按Ctrl+V组合键粘贴，复制出7个箭头图标" > "。移动图标，使得中间的两个矩形里每行有4个图标，如图10-147所示。

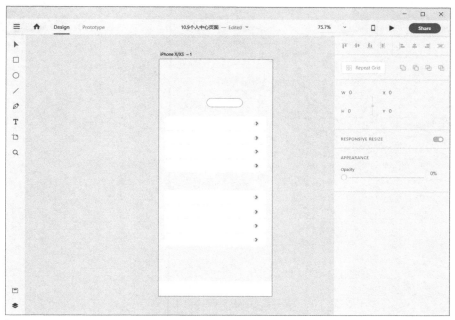

图10-147

12 创建文字1：使用" T "文本工具创建3个文本框，分别输入"Xixi Lin""xxx@ptpress.com.cn""编辑"，效果如图10-148所示。

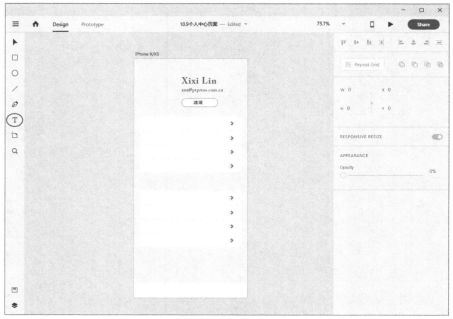

图10-148

13 创建文字2：使用"T"文本工具创建5个文本框，分别输入文字 "订单中心" "待付款" "待发货" "待收货" "售后中心"，效果如图10-149所示。

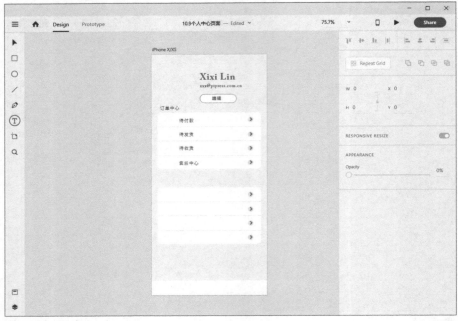

图10-149

14 创建文字3：使用"T"文本工具创建5个文本框，分别输入文字"设置" "账号管理" "通用设置" "帮助中心" "退出登录"，如图10-150所示。

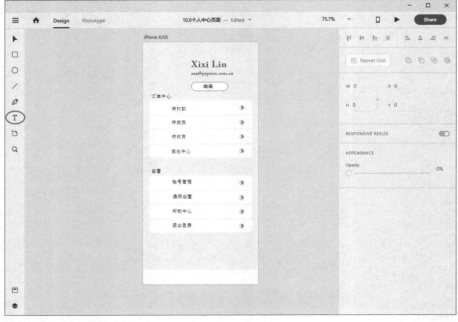

图10-150

15 创建文字4：使用"T"文本工具在底部创建4个文本框，分别输入文字"首页""通信录""消息""我的"，如图10-151所示。

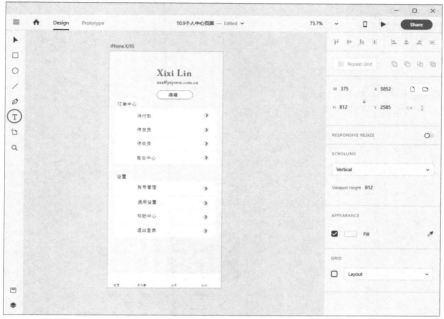

图10-151

16 创建矩形：使用"□"矩形工具创建一个矩形放在"待付款"左侧，将W值和H值分别设为"46"和"26"，圆角的值设置为"9"，填充颜色设置为蓝色"#3F3FB5"，如图10-152所示。

图10-152

17 设置光感效果：单击"Fill"按钮，弹出颜色板，再单击"Solid Color"下拉菜单，选择"Linear Gradient"选项，将渐变色设置为深蓝色"#3F3FB5"和浅蓝色"#6B6BD1"，如图10-153所示。

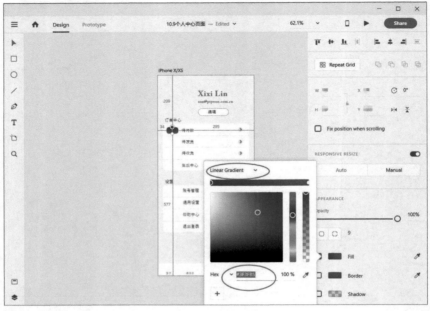

图10-153

18 创建文字：使用" T "文本工具在渐变色矩形中创建一个文本框，输入内容为"Pay"，将W值和H值分别设置为"32"和"14"，如图10-154所示。

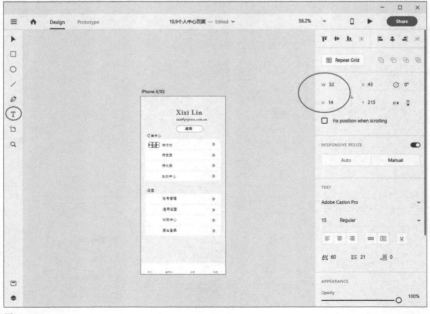

图10-154

19 复制图标：按Ctrl+C组合键复制，按Ctrl+V组合键粘贴，复制出3个图标" Pay "，分别放在"待发货""待收货""售后中心"的文本左侧，并且按照步骤17到步骤18的方法调整图标的渐变色和图标文字，做出图标效果" Send "" Goods "" $ "，如图10-155所示。

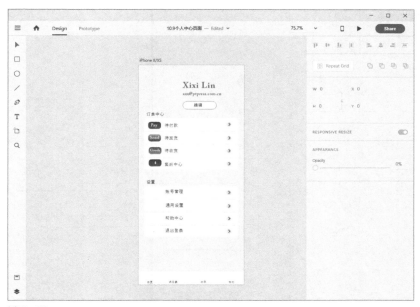

图10-155

20 复制素材：在计算机里找到需要导入的素材，如图10-156所示，按Ctrl+A组合键选中全部素材，再按Ctrl+C组合键复制全部素材。

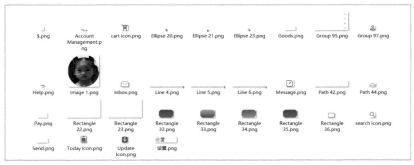

图10-156

21 导入素材：在Adobe XD软件窗口中按Ctrl+V组合键，粘贴所有内容到设计图里，如图10-157所示。

图10-157

22 排版美化：调整素材图片的位置，如图10-158所示。

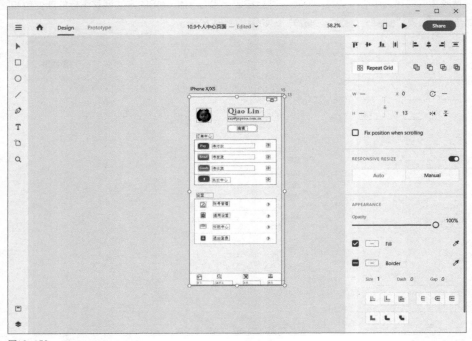

图10-158

23 完成：个人中心页面设计完成，最终效果如图10-159所示。

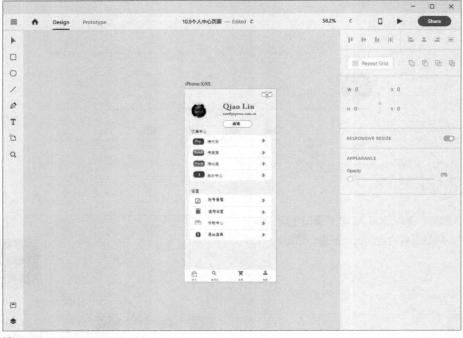

图10-159

10.10 平板电脑预订酒店页面设计案例

平板电脑有一定的商业市场，有的企业用于订餐系统，让客户在店铺里使用平板电脑选餐和付款，企业只需要做餐并送到客户餐桌上；有的企业用于酒店预订系统，让客户使用平板电脑选择入住时间、退房时间、房型并付款，企业只需要在客户预订的入住时间给客户预留房型即可。

酒店预订系统的使用者包括酒店、合作的商户和客户。订单来源的方式包括客户在酒店官网预订、客户在第三方平台预订。

学会设计平板电脑预订酒店页面后，读者就可以设计不同类型的平板电脑页面，甚至可以设计出一套完整的平板系统页面。

使用Adobe XD 软件设计制作的平板电脑预订酒店页面如图10-160所示。

图10-160

酒店预订页面的数据为虚拟数据，仅供参考。

本案例使用了矩形工具、文本工具、椭圆工具、素材图片、渐变色功能。下面请读者跟着以下操作步骤，完成平板电脑预订酒店页面的设计。

01 创建艺术板：使用"🗗"艺术板工具创建一个艺术板，将W值和H值分别设为"1024"和"768"，如图10-161所示。

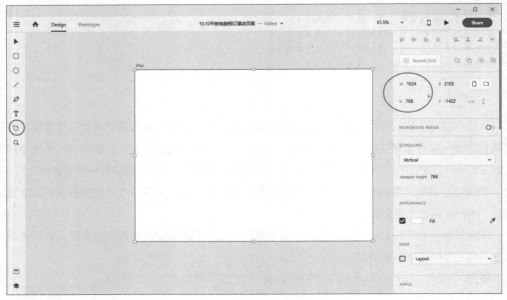

图10-161

02 创建直线：使用"⁄"直线工具创建两条直线，将W值和H值分别设为"0"和"768"，边框颜色设置为灰色"#F5F6F7"。将它们竖直放在矩形里，使得矩形变成3栏，如图10-162所示。

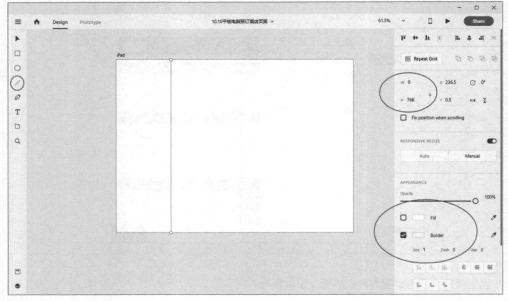

图10-162

03 创建直线：使用" ╱ "直线工具创建4条直线，将W值和H值分别设为"300"和"0"，边框颜色设置为灰色"#F5F6F7"，将它们水平放在第2栏里，使得第2栏的矩形变为5个矩形，如图10-163所示。

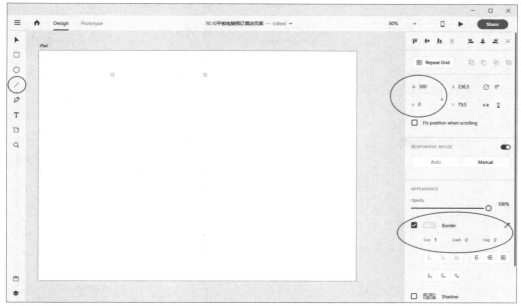

图10-163

04 拉长直线：使用" ▸ "选择工具单击第2栏的第1条直线，当鼠标指针停留在" ○ "圆点上时，会变成实心的" ● "圆点，按住鼠标左键，将直线拉长贯穿第3栏，将W值和H值分别设为"788"和"0"，边框颜色设置为灰色"#F5F6F7"，使得第3栏变成2个矩形，如图10-164所示。

图10-164

05 创建渐变色矩形：使用"□"矩形工具创建一个矩形放在左栏，将W值和H值分别设为"195" 和"36"，单击"Fill"按钮，弹出颜色板，单击"Solid Color"下拉菜单，选择"Linear Gradient"选项，将填充颜色渐变色设置为浅红色"#F92789"和深红色"#C9005E"，如图10-165所示。

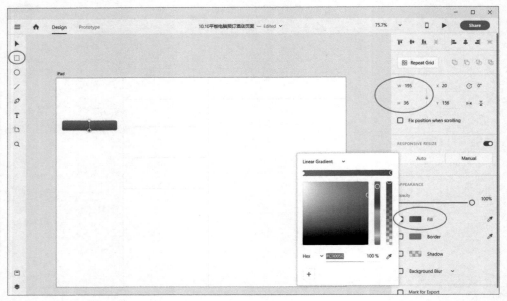

图10-165

06 创建粉色矩形：使用"□"矩形工具创建一个矩形放在左栏下方，将W值和H值分别设为"132"和"20"，圆角的值设置为"10"，单击"Fill"按钮，将填充颜色设置为粉红色"#FF69AA"，如图10-166所示。

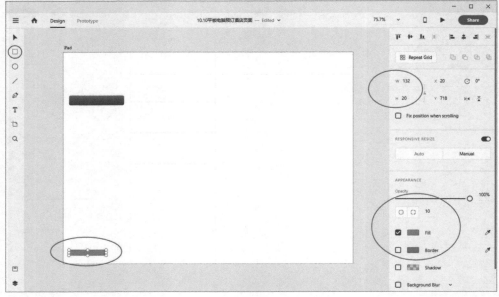

图10-166

07 创建矩形：使用"□"矩形工具创建一个矩形放在第2栏的第3个矩形里，将W值和H值分别设为"300"和"107"，圆角的值设置为"0"，单击"Fill"按钮，将填充颜色设置为粉红色"#F5E7ED"，如图10-167所示。

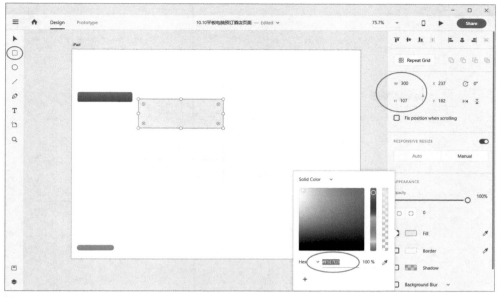

图10-167

08 复制矩形：单击左栏渐变色的矩形，按Ctrl+C组合键复制，按Ctrl+V组合键粘贴，复制出一个渐变色的矩形。放置矩形在第3栏中上方，将矩形W值和H值分别设为"446"和"59"，圆角的值设置为"4"，并勾选"Shadow"复选框，如图10-168所示。

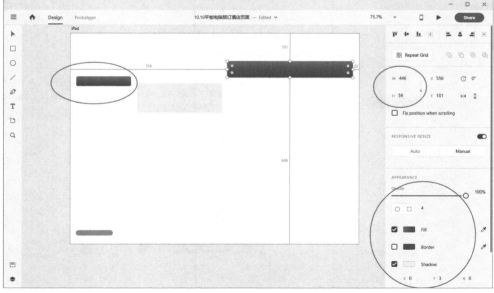

图10-168

09 复制矩形：单击左栏渐变色的矩形，按Ctrl+C组合键复制，按Ctrl+V组合键粘贴，复制出2个渐变色的矩形。将矩形放置在第3栏中间位置，并将矩形W值和H值分别设为"446"和"144"，圆角的值设置为"4"，勾选"Shadow"复选框，如图10-169所示。

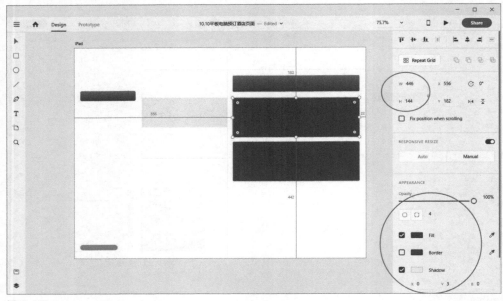

图10-169

10 复制矩形：单击左栏渐变色的矩形，按Ctrl+C组合键复制，按Ctrl+V组合键粘贴，复制出一个渐变色的矩形。放置矩形在第3栏下方，并将矩形W值和H值分别设为"446"和"167"，圆角的值设置为"4"，勾选"Shadow"复选框，如图10-170所示。

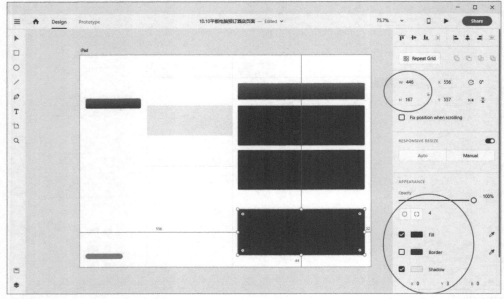

图10-170

11 创建矩形：使用"□"矩形工具创建一个矩形放在第3栏底部，将W值和H值分别设为"487" 和 "57"，圆角的值设置为"0"，填充颜色设置为白色"#FFFFFF"，勾选"Shadow"按钮前的复选框，如图10-171所示。

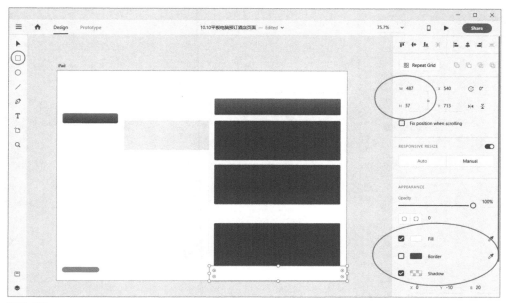

图10-171

12 复制矩形：单击左栏渐变色的矩形，按Ctrl+C组合键复制，按Ctrl+V组合键粘贴，复制出一个渐变色的矩形，放置矩形在第3栏右下角，并将矩形W值和H值分别设为"111" 和 "55"，圆角的值设置为"0"，如图10-172所示。

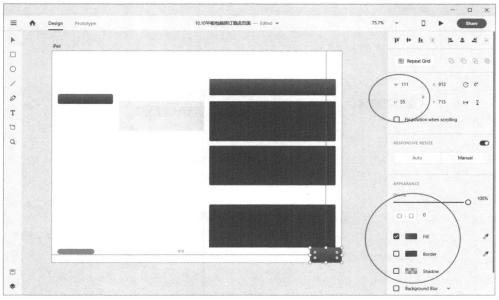

图10-172

13 复制矩形：单击第3栏的第1个渐变色矩形，按Ctrl+C组合键复制，按Ctrl+V组合键粘贴，复制出2个矩形。将这2个矩形放置在在第3栏的第1个渐变色矩形里，并将矩形W值和H值分别设为"78"和"32"，圆角的值设置为"4"，填充颜色分别设置为蓝色"#6888F0"和白色"#FFFFFF"，如图10-173所示。

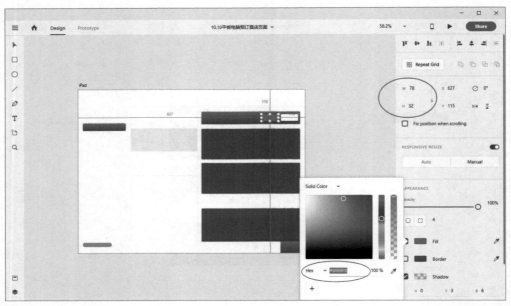

图10-173

14 复制矩形：单击第3栏中的第1个渐变色矩形，按Ctrl+C组合键复制，按Ctrl+V组合键粘贴，复制出3个矩形。将这3个矩形放置在第3栏的大矩形里，并将矩形W值和H值分别设为"446"和"102"，圆角的值设置为"4"，填充颜色都设置为粉红色"#FFF9FD"，如图10-174所示。

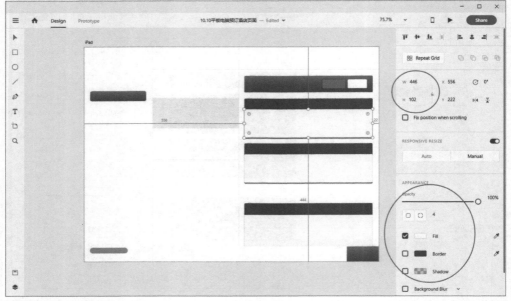

图10-174

15 创建矩形：使用"□"矩形工具创建一个矩形并放在第3栏左下方，将W值和H值分别设为"69"和"113"，圆角的值设置为"0"，填充颜色设置为粉紫色"#C29AB4"，如图10-175所示。

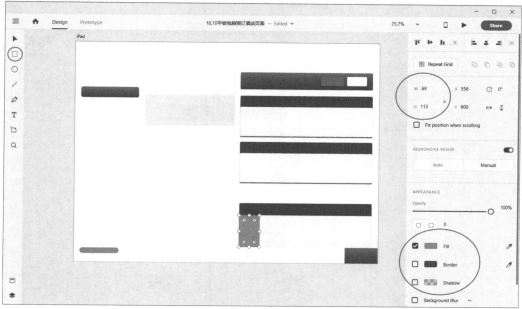

图10-175

16 创建文字：使用"T"文本工具创建一个文本框，输入文本内容为"林小荞"，如图10-176所示。

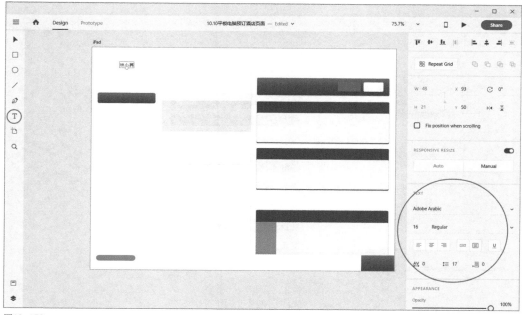

图10-176

17 创建文字：使用"T"文本工具创建多个文本框，在左栏分别输入文字"酒店管理员""酒店订单""当前订单（3）""历史订单""在住客户""财务数据""收支清单""设置""审查""支持服务""客户联系""检查新版本""退出登录"，如图10-177所示。

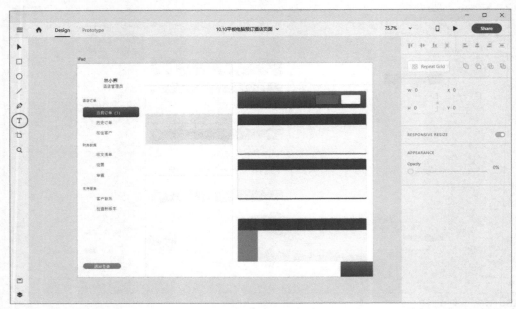

图10-177

18 创建文字：使用"T"文本工具创建多个文本框，在中间栏分别输入图10-178所示的文字内容。

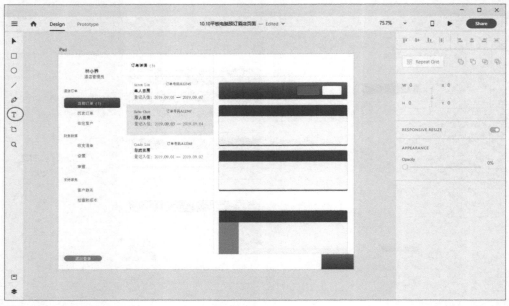

图10-178

19 创建文字：使用"T"文本工具创建多个文本框，在最右栏分别输入图10-179所示的文字内容。

图10-179

20 创建文字：使用"T"文本工具创建一个文本框，输入文本 "撰写信息"，将不透明度设置为 "50"，如图10-180所示。

图10-180

21 创建圆形：使用"○"圆形工具，创建3个圆形，将W值和H值分别设为"14"和"14"，并为每个圆形配上颜色，分别为红色"#F85145"、黄色"#FCC017"和绿色"#05D22A"，如图10-181所示。

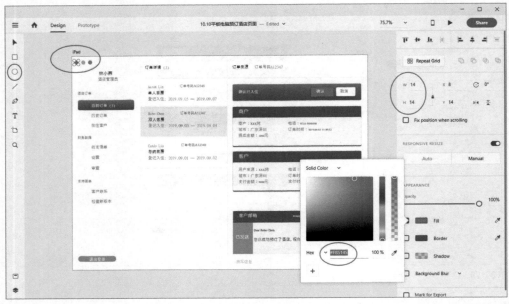

图10-181

22 美化界面：使用"□"矩形工具创建3个矩形分别放在第3栏的标题栏前，将每个矩形的W值和H值分别设为"4"和"18"，圆角的值设置为"4"，将填充颜色设置为白色"#FFFFFF"，如图10-182所示。

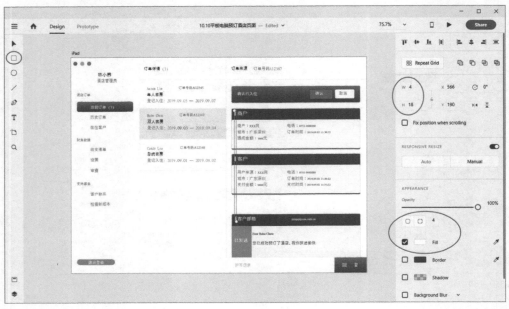

图10-182

23 复制素材：在计算机里找到需要导入的素材，如图10-183所示，按Ctrl+A组合键选中全部素材，再按Ctrl+C组合键复制全部素材。

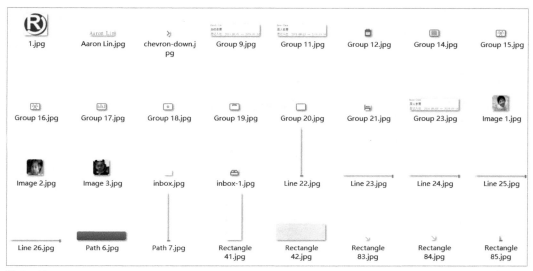

图10-183

24 导入素材：在Adobe XD软件窗口中按Ctrl+V组合键，将所有素材内容粘贴到设计图里并调整排版，如图10-184所示。

图10-184

25 完成：平板电脑预订酒店页面设计完成，最终效果如图10-185所示。

图10-185

◆插件的发展史

1970年中期出现了插件，EDT文本编辑器在Univac90/60系列大型机上运行UnisysVS/9操作系统时，有一个功能就是编辑器可以运行一个程序，而且允许此程序进入编辑器的缓冲，允许外部程序染指内存中正在编辑的任务。插件程序使得编辑器在缓冲区上进行文本编辑，这个缓冲是编辑器和插件所共同享用的。Waterloo Fortran编译器使用此特性使得Fortran程序的内部编译可以使用EDT编辑。

在个人计算机上，第一款带有插件的应用软件是1987年发行的HyperCard和QuarkXPress。

◆什么是插件呢？

插件(Plug-in,也称做addin、add-in、addon、add-on或外挂)是一种遵循一定规范的应用程序接口编写出来的程序。它只能运行在程序规定的系统平台下（可能同时支持多个平台），不能脱离指定的平台单独运行，即插件必须依存于主程序，因为插件需要调用原纯净系统提供的函数库或者数据。现在市场上很多软件都有插件，用户借助插件可以使用更多的功能。

◆插件有什么作用呢？

我们新买的智能手机，如果不安装软件，那么就只有打电话和发信息的基础功能。如果手机安装了软件插件，那么我们就可以听音乐、看新闻、看视频、聊天、看电子书等，为手机拓展出更多功能以供使用。

同理，Adobe XD软件安装插件后，用户就可以使用更多的功能，从而提高工作效率。

◆知识要点

熟悉常用的插件。

熟悉插件的使用方法。

熟悉各种插件能达到的效果，学会使用插件来辅助工作。

A.1 UI Faces 自动填充头像插件

软件图标：

UI Faces
Aleksandar Tasevski

功能介绍：UI Faces 是一款自动填充头像的插件。

适合人群：产品经理、UI设计师、交互设计师、原型设计师。

使用时，用户需要设置源（Source）、年龄（Age）、性别（Gender）、表情（Emotion）、头发颜色（Hair Color）、随机（Randomize）等内容，对话框如图A-1所示。

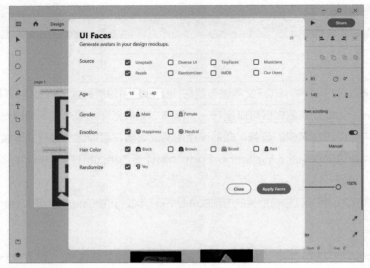

图A-1

使用后，可见一个矩形自动填充了图像，效果如图A-2和图A-3所示。

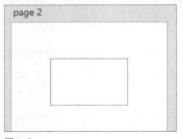

图A-2   图A-3

A.2 Polygons多边形插件

软件图标：

功能介绍：Polygons多边形插件，可以快速地生成多边形。适合需要绘制流程图的用户使用。

适合人群：产品经理、运营经理、交互设计师、原型设计师、业务人员。

使用该插件前的效果如图A-4的左图所示。使用该插件后，用户就可以绘制出流程图，效果如图A-4的右图所示。

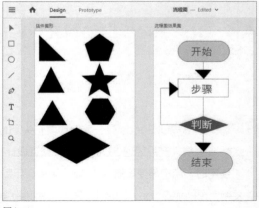

图A-4

A.3 Design Hunt图形填充插件

插件图标：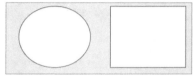

功能介绍：Design Hunt插件能将随机图像插入设计中，支持单个形状填充和多个形状填充，还支持矩形、正方形、圆形的图形填充。

适合人群：产品经理、运营经理、交互设计师、原型设计师、业务人员。

未使用插件填充的圆形和矩形如图A-5所示。

使用插件分别填充圆形和矩形后的效果如图A-6所示。

图A-5   图A-6

A.4 Icondrop图标插件

插件图标：**Icondrop**

功能介绍：Icondrop是一款能够快速地找到图标的插件。制作原型时，设计师通过直接搜索就可以快速找到图标并调用，完成PC端或手机端的原型设计，还可以使得原型设计效果更好。

适合人群：产品经理、交互设计师、原型设计师。如果是对外的应用，需要做高保真的界面，那么UI设计师就需要自己绘制图标。

使用插件时的效果如图A-7所示。

使用插件后，可见艺术板的右下角显示了向右的图标，如图A-8所示。

图A-7   图A-8

A.5 VizzyCharts数据可视化插件

软件图标：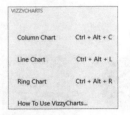

功能介绍：VizzyCharts是一款数据可视化的插件。它可以导入csv文件生成柱形图、环形图、折线图图表，如图A-9所示。

使用该插件时，设计师首先需要找到*.csv的文件，如图A-10所示。

	A	B	C	D	E
1	Name	January	February	March	
2	Apple	30.73	82.32	35.28	
3	Baby	11.76	95.06	43.12	
4	Cloudylin	12.74	46.06	29.4	
5					

图A-9

图A-10

然后，根据文件的数据，使用XD软件直接生成柱形图、环形图、折线图图表，如图A-11所示。

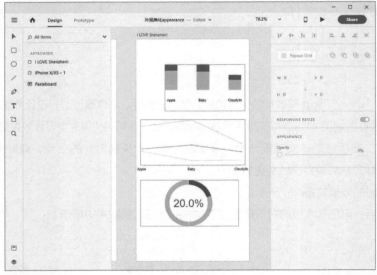

图A-11

A.6 uiLogos图标插件

软件图标：

功能介绍：uiLogos插件可以快速插入标志，包括插入彩色标志和文字、黑色标志和文字、

彩色标志、黑色标志等。

适合人群：交互设计师、原型设计师。

uiLogos可用的功能如图A-12
所示。

使用插件后，效果如图A-13所示。
第1个为"Color Logotype"案例，第2
个为"Color Logomark"案例。

图A-12

图A-13

A.7 Adjust Size by Shortcut图形拉伸插件

软件图标：

功能介绍：Adjust Size by Shortcut是一款可以通过快捷键调整图
形图像大小的插件。它可以调整图形图像的长度和宽度，可单边和双边
拉伸，便于设计师设计，如图A-14所示。

适合人群：产品经理、交互设计师、原型设计师。

图A-14

使用前：图形为正
方形，如图A-15
所示。

图A-15

使用后：按Ctrl ＋
Alt ＋ 4组合键后，
图像宽度收缩，如
图A-16所示。

图A-16

A.8 Dribbble共享和学习插件

软件图标： 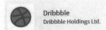 **Dribbble**
Dribbble Holdings Ltd.

功能介绍：Dribbble是一款可以直接将XD软件上的设计图共享至Dribbble设计网站的插件。它可以让设计师将设计图共享给其他设计师浏览，通过和其他设计师的交流，设计师可继续完善设计图。通过分享设计图，设计师也能提升自己的知名度。

适合人群：产品经理、UI设计师、交互设计师、原型设计师。

使用插件时的效果如图A-17所示。

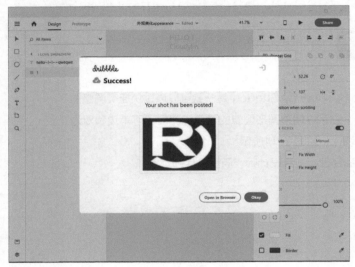

图A-17

使用插件后，设计网站上会显示设计师分享的设计图，如图A-18所示。

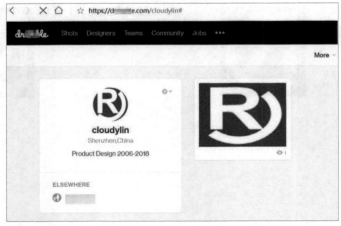

图A-18

228

A.9 Place Text文本空间占位插件

软件图标：  **Place Text**
Richard van der Dys

功能介绍：Place Text插件能够快速创建文本占位符，提升原型设计师的工作效率。

适合人群：产品经理、UI设计师、交互设计师、原型设计师。

使用插件时，用户需要设置Place Text的文本空间内容，如图A-19所示。

使用插件后，会出现占位内容，如图A-20所示。

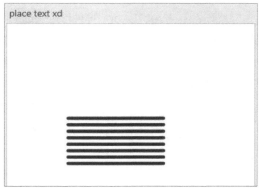

图A-19   图A-20

提示

占位符常用于文本的占位，无需输入文字。

A.10 Page No.插入页码插件

软件图标： **Page No.**
Manuel Schmuki

功能介绍：Page No.插件能够快速地给所有艺术板插入页码，甚至一次性给几百个艺术板插入页码。

适合人群：产品经理、UI设计师、交互设计师、原型设计师。

使用插件前，艺术板没有显示页码，如图A-21所示。

使用插件后，每个艺术板的右下角都显示了页码，如图A-22所示。

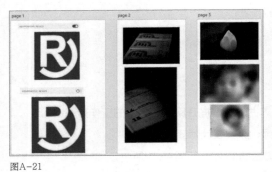
图A-21

图A-22

A.11 Web Export网站格式导出插件

软件图标：无

功能介绍：Web Export插件可以快速地导出网页格式HTML+CSS，便于网页设计。网页设计师可以利用插件直接修改HTML里面的文字内容，如图A-23所示。

适合人群：网页设计师、前端工程师、原型设计师。

设计好的文件内容如图A-24所示。

图A-23　　　　图A-24

图A-25

设计师可以使用插件将设计导出为HTML网页格式，向企业领导或投资者以网页的形式展示设计，如图A-25所示。

文件内容包括了 HTML+CSS文件和 图片文件，如图A-26所示。

> DATA (D:) > 1122			
名称 ^	修改日期	类型	大小
book1_A2_Rectangle_2_pattern.png	2019/3/6 11:23	PNG 文件	55 KB
iPhone_X_XS__3.html	2019/3/6 11:23	QQBrowser HT...	3 KB

图A-26

A.12 Mimic颜色获取插件

软件图标：

功能介绍：Mimic插件可以从Web网页中提取字体名称、颜色和图像，是一款好用的插件，它可以获取任何网页的字体名称、颜色和图像。

输入网站的地址后，Mimic插件就可以自动获取到该网站的字体名称、颜色和图像，左边显示字体的名称、中间显示颜色、右边显示图形图像，如图A-27和图A-28所示。

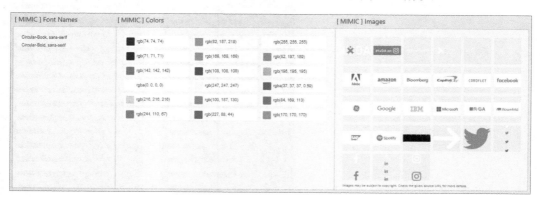

图A-27

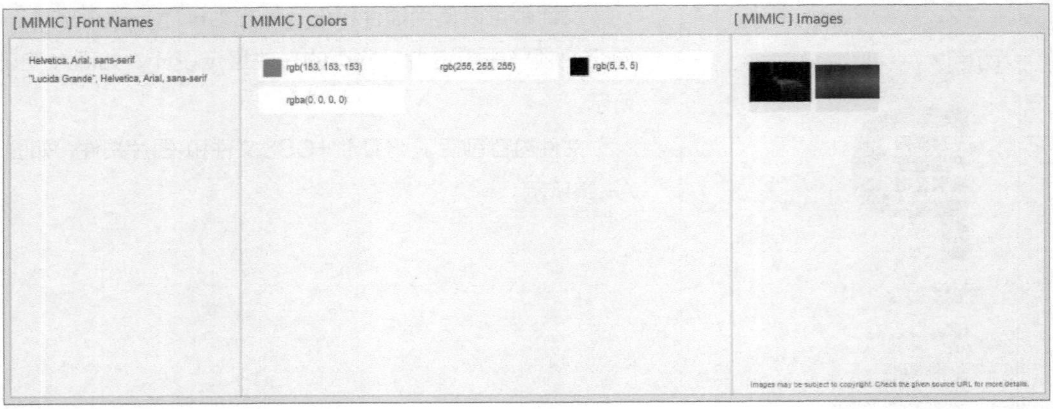

图A-28

A.13 Material Color Pallets颜色插件

软件图标：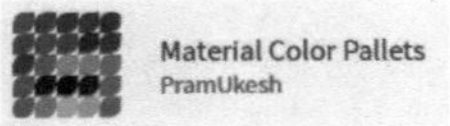

功能介绍：Material Color Pallets插件可以直接显示颜色材料色卡，是一个很好的配色工具。它可以让你设计的配色更加舒适，无论是冷色还是暖色都能搭配出舒服、漂亮、让人愉快的颜色，如图A-29和图A-30所示。

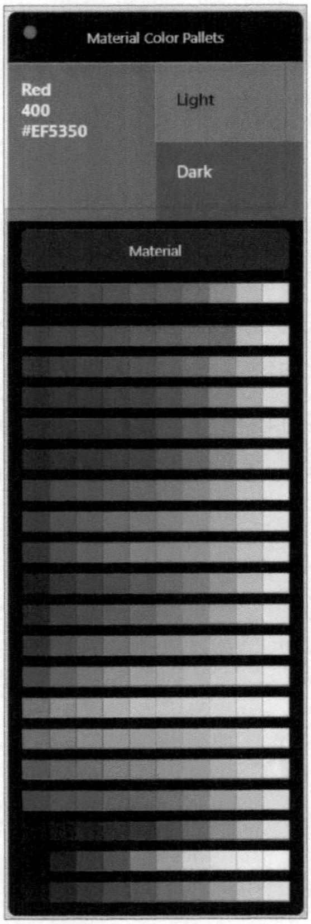

图A-29

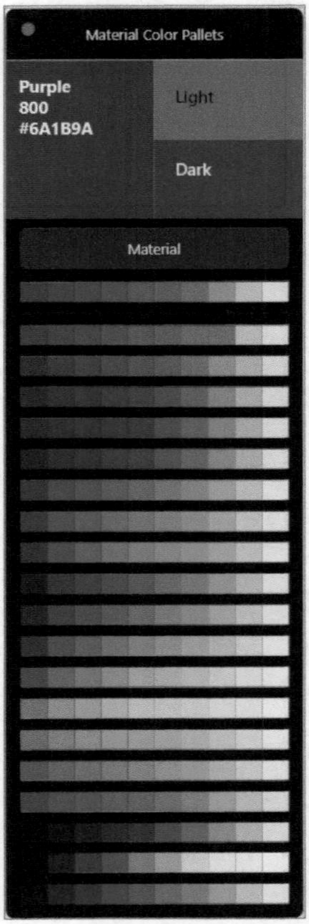

图A-30

A.14 Calendar日历插件

软件图标： Calendar
Paolo Biagini

功能介绍：Calendar是一款日历插件，它可以快速地创建日历，创建的日历可以设置成多国语言。该款插件适合做网站和手机设计的设计师使用，设计时可以节省不少工作时间。在日常生活中，购买机票、车票的系统，以及博客系统等都需要用到日历。日历界面如图A-31所示。

	March 2019					
Mon	Tue	Wed	Thu	Fri	Sat	Sun
25	26	27	28	1	2	3
4	5	6	7	8	9	10
11	12	13	14	15	16	17
18	19	20	21	22	23	24
25	26	27	28	29	30	31

图A-31

A.15 Swapper交换位置插件

软件图标： Swapper
Constanting

功能介绍：Swapper是一款交换位置的插件。设计师在交换两张图片的位置时，无需手动将上面的图形拖到下面；再把下面的图形拖到上面；只需要选择两个图形，然后依次点击，就可以将这两个图形的位置互换。也可以按"Shift + Ctrl + X"组合键，效果如图A-32和图A-33所示。

交换前的图形：

图A-32

交换后的图形：

图A-33

A.16 Bullets文本标记插件

软件图标： **Bullets**
Hasan Kazmi

功能介绍：Bullets是一款文本标记插件，它可以给多行文本批量添加小圆点、小正方形、数字，效果如图A-34至图A-36所示。

添加小圆点效果：

- hello，Cloudy
- hello，lin
- hello，Rong

图A-34

添加小正方形效果：

- hello，Cloudy
- hello，lin
- hello，Rong

图A-35

添加数字效果：

1 hello，Cloudy
2 hello，lin
3 hello，Rong

图A-36

A.17 Tunda Image填充网络图片插件

软件图标：

功能介绍：Tunada Image插件可以将圆形或矩形等图形填充为网络上的图。选择图形后，使用插件输入图片的网址即可填充。

输入网络上的图片地址，如图A-37所示。

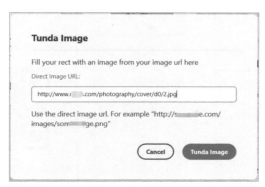

图A-37

分别填充圆形和矩形，效果如图A-38所示。

图A-38

A.18 QR Code Maker二维码插件

软件图标： QR Code Maker for XD
Ten Agata

功能介绍：QR Code Maker是一款二维码插件，用户只需要输入一个网站地址，就可以生成该网站地址的二维码。

用户在插件中输入网站地址，如图A-39所示。

插件自动生成网站地址的二维码，如图A-40所示。

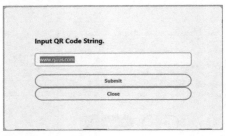

图A-39

图A-40

A.19 Adobe XD手机实时预览

手机下载Adobe XD手机软件（预览原型），如图A-41所示。

手机安装好Adobe XD软件后，打开软件的实时预览界面，如图A-42所示。

图A-41

图A-42

用USB数据线连接手机和计算机，并用计算机打开XD文档，这时手机即可实时预览XD文档，如图A-43和图A-44所示。

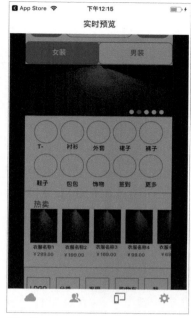

图A-43

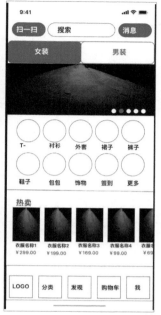

图A-44

提示

三指同时单击手机屏幕，顶部和底部会显示菜单功能。

附录 B 常用词汇和快捷键

英文	中文	快捷键
New	新建	Ctrl + N
Open	打开	Ctrl + O
Open from Your Computer	从您的计算机打开	Shift + Ctrl + O
Open Recent	最近打开文件	
Get UI Kits	获取用户界面套件	
Open CC Libraries	打开CC库	Shift + Ctrl + L
Rename	重命名	
Save	保存	Ctrl + S
Save As	另存为	Shift + Ctrl + S
Revert to Saved	恢复到已保存	
Turn Spellcheck Off	关闭拼写检查	
Export	导出	Ctrl + E
Batch	批处理	Shift + Ctrl + E
Selected	所选内容	Ctrl + E
All Artboards	所有艺术板（设计板）	
After Effects	使用AE软件做特效	Ctrl + Alt + F
Import	导入	Shift + Ctrl + I
Share	共享	
Manage Links	管理链接	
Plugins	插件	
Help	帮助	
Design	设计	
Prototype	原型	
Select	选择	V
Rectangle	矩形工具	R
Ellipse	椭圆工具	E
Line	直线工具	L
Pen	钢笔工具	P
Text	文本工具	T

英文	中文	快捷键
Artboard	艺术板、画板、设计板	A
Zoom	缩放（放大）	Z
Assets	资源	Shift + Ctrl + Y
Layers	图层	Ctrl + Y
Symbols	字符	
Repeat Grid	重复网格	Ctrl + R
Ungroup Grid	取消网格编组	Shift + Ctrl + G
RESPONSIVE RESIZE	响应式调整大小	
APPEARANCE	外观	
Opacity	不透明度	
Fill	填充颜色	
Border	边框颜色	
Shadow	阴影	
Background Blur	背景模糊	
Object Blur	对象模糊	
Regular	正规的字体	
Align Top	页面顶对齐	Shift + Ctrl + Up
Align Middle（Vertically）	页面居中对齐（垂直）	Shift + M
Align Bottom	页面底对齐	Shift + Ctrl + Down
Align Left	页面左对齐	Shift + Ctrl + Left
Align enter（Horizontally）	页面居中对齐（水平）	Shift + C
Align Right	页面右对齐	Shift + Ctrl + Right
Same radius for all corners	所有圆角的半径相同	
Different radius for each corner	每个圆角的半径不同	
Inner Stroke	内部描边	
Outer Stroke	外部描边	
Center Stroke	中心描边	
Butt Cap	平头端点	

英文	中文	快捷键
Round Cap	圆头端点	
Projecting Cap	矩形端点	
Miter Join	斜接连接	
Round Join	圆角连接	
Bevel Join	斜面连接	
Mobile Preview	移动预览	
Desktop Preview	桌面预览	
Flip Horizontally	水平翻转（180°）	
Flip Vertically	垂直翻转（360°）	
Lock Aspect	锁定长宽比	
Colors	颜色	
Character Styles	字符样式	
Zoom In	放大界面	Ctrl + +
Zoom Out	缩小界面	Ctrl + -
Zoom to Selection	缩放至选区	Ctrl + 3
Zoom to Fit All	缩放以容纳全部	Ctrl + 0
Installed Plugins	已安装的插件	
Begin Tutorial	开始教程	
Add-ons	附加设备	
	查看标尺	Alt

启真馆 出品

铅笔

设计与环境的历史

[美]亨利·波卓斯基 著

杨幼兰 译

ZHEJIANG UNIVERSITY PRESS
浙江大学出版社

图书在版编目（CIP）数据

铅笔：设计与环境的历史 /（美）亨利·波卓斯基著；
杨幼兰译 . —杭州：浙江大学出版社，2017. 12
书名原文：The Pencil: A History of Design and Circumstance
ISBN 978-7-308-17624-8

I.①铅… Ⅱ.①亨… ②杨… Ⅲ.①铅笔—历史
Ⅳ.① TS951.12-09

中国版本图书馆 CIP 数据核字（2017）第 274915 号

铅笔：设计与环境的历史

[美] 亨利·波卓斯基 著 杨幼兰 译

责任编辑	王志毅
文字编辑	王　雪
营销编辑	杨　硕
装帧设计	骆　兰
出版发行	浙江大学出版社
	（杭州天目山路 148 号 邮政编码 310007）
	（网址：http:// www.zjupress.com）
制　作	北京大有艺彩图文设计有限公司
印　刷	北京市燕鑫印刷有限公司
开　本	635mm×965mm　1/16
印　张	20
字　数	258 千
版 印 次	2018 年 1 月第 1 版　2018 年 1 月第 1 次印刷
书　号	ISBN 978-7-308-17624-8
定　价	58.00 元

目 录

序 关于设计、铅笔和梭罗

任何物品，全因某种设计而存在；设计创新，正是文明的要件。即使在最古老的年代，最原始、最普通的器物，其间的设计创意，也绝不下于太空时代高科技的产物。尽管随着时代进步，设计创新不断进化，但在某些方面仍保留了原始设计的风貌，而与"老祖宗"大同小异。没错，在科学与数学上，现代设计要比一个世纪前更严谨也更精确；但其间的精髓与要素却亘古不变。若能超越时空，一位现代工程师和数百甚至数千年前的工匠或建筑大师，可能有聊不完的话题，彼此切磋琢磨，获益良多。

事实上，一切设计的本质都与正规教育无关。或许，这正足以说明，为何许多设计创新都出自追求理想，不在乎世俗眼光之人。例如政治思想家潘恩（Thomas Paine）以及哲学家、作家梭罗（Henry David Thoreau），似乎跟设计发明扯不上关系，但他们在当代科技上却贡献非凡。同样的道理，即使在今天，我认为任何人只要有心，即使不能创新，也能了解现代高科技的本质。说穿了，在成堆术语背后，无论是数学、科学，或是专业工程学，都有一条"明路"，能让我们像呼吸般，那样轻松、自然地去理解这些知识。当然，这并不是说，专业工程师根本可有可无——因为，抓住概念、了解其间的道理是一回事；但要掌握细节，随心所欲应用所学，又是另外一回事。

无论如何，我认为古往今来一切设计均为触类旁通。一个人若对桥有兴趣，就或多或少会接触到所有的工程原理，包括化学、电机、机械以及核子工程学等。

本书中，我选择最普通的铅笔，希望借其历史与象征，引导各位一窥设计的堂奥。铅笔，看似简单，又仿佛无所不在，我们可以拿在手里把玩，或是面对它任想象力驰骋。对我们来说，铅笔就像设计般，实在是太熟悉了，以致令人视而不见，认为铅笔的存在理所当然。由于铅笔如此常见，当我们用到时，往往想也不想便予取予求，不用时，则弃如敝屣。长久以来，铅笔对人类来说，如此不可或缺；正因如此，铅笔功能令人无以言喻，也从未有人想过，要为铅笔撰写使用说明。从小，我们都知道铅笔是什么，也晓得铅笔是做什么用的；但铅笔怎么来？又如何做成？现在的铅笔，跟 200 年前的"老祖宗"如出一辙吗？我们的铅笔是否已"登峰造极"？美国铅笔，会比俄罗斯或是日本铅笔好吗？

在我们寻思铅笔的同时，也正是在反省设计；研究铅笔，也正是在钻研设计。经过这样的反省、研究后，无可避免地，你会发现，设计史，是由政治、社会与文化交织而成，而非一些关于铅笔、桥梁或机器的陈年趣事所串联的历史。同时，它跟现今的设计与商业也有很大关系。此外，国际冲突，贸易与竞争，在铅笔发展史中扮演要角，也足资现今的石油、汽车、钢铁以及核能工业引为借镜。

第一章　遗珠

梭罗要去缅因州森林旅行，展开 21 天的探险前，曾就必需品列出一张清单，上面似乎什么都有，连别针、针、线都一应俱全——甚至连帐篷的大小，他都考虑到了："长宽 6 乘 7 英尺，中间高 4 英尺，就可以了。"而他为了确保出游时能够顺利生火并适时盥洗，便在清单上列出："火柴，以及两块肥皂。"此外，他还特别列出报纸的张数（3 至 4 张，大概用以清理杂物）、绳索长度（20 英尺）、毛毯大小（7 英尺长），以及新鲜硬面包的数量（28 磅！）。最后，他连没带的东西，都不忘记上一笔："除非想打猎，否则，枪，根本不值得带。"

梭罗虽不带枪，却是个不折不扣的猎人；他所猎的是昆虫以及植物标本。同时，他还是个森林观察员，观察的对象巨细靡遗。他建议大家，到森林去时别忘了带小型望远镜，好观察鸟类生态，还有袖珍型显微镜，以观察微生物。此外，梭罗还建议，为了丈量大型生物，对其体积有明确概念，最好携带卷尺。另一方面，梭罗建议其他旅行者，最好携带纸与邮票，好寄信回文明世界。

尽管梭罗"面面俱到"，但还是忘了提一样他出游时绝对会带在身上的东西。要是没带，面对大小动物，他既不愿用猎枪射取，又无法以素描捕捉。没有它，面对眼前的动、植物标本，梭罗根本无法书写标签；没有它，他无法记录量得的尺寸；没有它，就算有纸，他也无法写信；没有它，他甚至无法列出这份清单。总之，没有了"铅笔"，梭罗在缅因州森林内很可能会迷失。

据其好友拉尔夫·沃尔多·爱默生（Ralph Waldo Emerson）说，梭罗的口袋里，总放着"他的日记，还有铅笔"。那么，于 19 世纪 40 年代，这位曾与父亲合作、在美国领先群伦制造出一流铅笔的人，为何在巨细靡遗的清单中，唯独忽略了铅笔，只字未提？也许，这件梭罗拿在手上用以罗列清单的东西，对他来说，实在是太亲密、太熟悉，也太普通了，与他的生活根本融为一体，最后视而不见。

被忽略的命运

有趣的是，忘记铅笔的存在，似乎不止梭罗一人。在伦敦，有家木匠传统用品专卖店，里头什么都有，地板上放的、天花板上挂的、甚至连店外骑楼上摆的，全是近几世纪来木匠使用的各种工具。罗列各类锯子、整架子的曲柄钻孔器、凿子，还有刨子等，似乎包罗万象，应有尽有。可是，有一样东西，店里却没有，那就是——木匠专用铅笔。这种软性铅笔，可以用来在木料上做记号，画出要切割的长度、钻孔点、刨切的角度，以及在木头上计算所需材料。当我问店主，铅笔放在何处时，他答道，店里好像没有。他坦承，每次店里订购工具箱时，箱内都会附赠铅笔，不过全被扔在锯屑里，像垃圾般一起被清掉了。

而在美国一个古董店里，陈列贩售各类古老的科学、工程仪器。店内展示的玩意儿，五花八门，令人目不暇接，包括发亮的铜制显微镜、望远镜、水平仪、天平，还有方位刻度盘。此外，供医师、航海家、测量员、绘图员以及工程师使用的精密仪器，也一应俱全。同时，店内还陈列着古董珠宝与银器，至于在盐罐后面的，则是些手工制的古董铅笔——它们会在古董店出现，是因为其金属制的笔杆，以及神秘感，而非由于其实用性。在这些铅笔中，有外套金制笔管，兼具铅笔、钢笔双重功能，而又花哨的维多利亚式笔；有套收起来时长不及两英寸，拉出来后，笔制笔管却增长一倍的铅笔；有银制笔杆，具备红、蓝、黑三色笔头，随时可以扭装换色的笔；有装在沉甸甸的银笔管中，用得只剩半英寸，但仍削得尖尖的黄色铅笔。面对这些笔，店主或会洋洋得意地示范操作方式；不过，当你问她，店里可有"原始"的、木制笔杆铅笔时，她只得坦承，实在不知道 19 世纪的铅笔和其他铅笔差别何在？

　　不仅是在商言商，以传统、古意为卖点的商店如此，就连保存、展示古物的博物馆也似乎忘了，虽然简单，却是文明人不可或缺的铅笔。最近，美国史密森学会（Smithsonian Institution）以"独立战争后：美国的日常生活（1780 — 1800）"为主题，作一系列的展览。其中一部分展示各式各样的工具桌，桌上陈列的正是当时工匠所用的器具，这些工匠包括：家具匠与制椅匠、木匠与细木工、造船工、桶匠以及四轮匠，等等。除了工具外，馆中还展示各类制品的演进。此外，为了使展览更逼真，馆方还在工具桌旁散置了些木头刨花。可是，东瞧西看，却找不着一支铅笔。

铅笔为万物之始

　　早期许多美国工匠是用尖锐的金属画线器，在材料上做标记，但自铅笔出现后，这种简单的用品当然成了他们的必备工具。在独立战争后，美国境内尚未有自己的铅笔制造业，可是这并不表示，无法得到铅笔。1774 年，有位英国父亲便写信给在美洲殖民地的爱女，告诉她，他寄了一打最高级的梅得尔敦（Middleton's）铅笔给她。直到 18 世纪末，甚至独立战争后，类似梅得尔敦的英国铅笔，仍定期在美国各大城市做广告，以刺激销售。事实上，早期的美国木工不仅熟悉、喜爱、渴望拥有铅笔，甚至还试图仿造欧洲铅笔。因此，200 年后的今天，这些工匠若地下有知，应该也会期待史密森学会能在各类工具之外，展示他们喜爱的铅笔。

说了这么多，无非是要告诉大家，我们对日常的物品、过程、事件，甚至看来普通的概念，有多么漫不经心，视而不见。在大家的观念里，铅笔实在太普通了，其存在，根本被视为理所当然。换句话说，铅笔的不虞匮乏、价格低廉，还有耳熟能详，随处可见，都注定了被忽略的命运。

然而，铅笔的价值，并不需要陈腔滥调的吹捧，文明人少不了它，便是对其最大的肯定。

铅笔，是涂鸦者的工具，代表思想，以及创造力。同时，铅笔又是孩子的玩具，象征着自发与幼稚。不仅如此，铅笔中的石墨还是思想家、企划者、绘图员、建筑师、工程师等，传达概念的短暂媒介。而这媒介所留下的痕迹，是可以擦去、修正、涂掉、消失——或是用油墨盖掉的。换句话说，铅笔所代表的，是暂时；相对的，油墨所象征的，却是永恒。铅笔所留下的，是草稿，是草图；而油墨所留下的，则是定稿，是完图。如果说油墨是创意或概念在公开示众前，用以粉饰的化妆品，那么，石墨便是蓬头垢面的真面目了。

古谚说：文胜于武。在传统的观念里，一支笔所能发挥的力量，远比一把剑大。一把剑，一次或许只能杀一个人，但是，一支笔所写出来的文章，却能同时影响无数人。然而，无论要制造好笔也好、宝剑也罢，在琢磨改进的过程中，最有效的利器，便是铅笔。俗话常说："铅笔是万物之始。"（everything beging with a pencil.）真是一点也没错，铅笔，确实是设计家最钟爱的媒介。

最近，在一项有关设计本质的研究中，按照规定，所有接受问卷调查的工程师，都必须用钢笔回答问卷，以免受调者更改答案，影响结果。结果，多数工程师手拿着钢笔，面对有关设计新桥，或是如何改进捕鼠机等开放式问题时，却呆在那儿，久久无法下笔。这些工程师大多觉得，不能用铅笔作答，实在既别扭又不自然。

达·芬奇的设计智慧

再谈到精益求精，达·芬奇（Leonardo da Vinci）可算个中翘楚。由他的笔记看来，这人似乎想改善一切——无论是创作发明，或是单纯地记录文艺复兴时期的设计状况，他都以绘图一一记录下来。此外，达·芬奇还将观察到的自然真相、人工制品以及各种现象，通通画下来，甚至连自己的手，都不忘以速描记录（见图 1.1）。

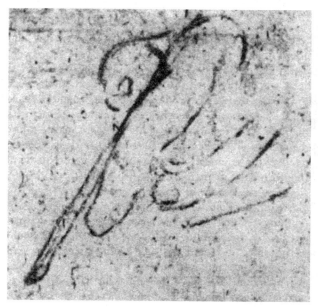

图 1.1　达·芬奇的手部自画像，图中所绘，不是他的左手，就是镜中所见的右手

而出现在达·芬奇画中，用以绘图的工具，至今众说纷纭；不过，其中最可信的，还是从罗马时代起，便已存在的笔刷。至于今天

我们耳熟能详的铅笔，在达·芬奇有生之年（1452 — 1519）则尚未出现。他的速描有些是用金属笔在油纸上刻出来的，有些则是以金属雕刻针画出轮廓，再用沾有墨水的画笔描边。这些，便是达·芬奇所知的"pencil"。

尽管达·芬奇费尽心思，利用各种工具，企图将他的笔记留给后人，希望后人将其中的概念发扬光大，不过，却未能如愿。达·芬奇身后，将三十来本笔记全都遗留给门生兼好友法兰西斯科·麦兹（Francsco Melzi）。生前，达·芬奇指示他，为了防止这些智慧的结晶失传，"我已详述出适当的印刷术，我的传人，恳求你，别受贪婪诱惑，将这印刷术……"可是，达·芬奇的遗言似乎始终未能完成，而那"适当的印刷术"，也迟迟未能出现。麦兹将这些笔记束之高阁近半个世纪，因此，除了 1551 年，由后人摘录并发行的达·芬奇绘画论文选外，这位天才的多数设计并不为人所知。时至 1880 年，达·芬奇的笔记终于付梓，然而，他所有的发明，不是已有他人研究出来，就是早已被淘汰。

纵观历史，绝少有工程师能像达·芬奇般，利用技术和艺术上的智慧，留下既清楚又完整的笔记供后世参考。许多工程设计，往往只是"惊鸿一瞥"，稍纵即逝，未在人类文明史上留下任何痕迹。由于我们对古代工程与设计，所知实在有限，因此，面对许多创造、发明，我们只有归功于老祖宗。我们不知道，是经过实验、改进，才造出桥来，还是因为鸿运当头，突然有一天，看见倒下来的树，横亘在河的两岸，所以才依样画葫芦，开始造起桥来？我们究竟是"人定胜天"，还是迫于环境，为求生存，不得不动脑筋，寻思适应之道？

工程设计范例

在古罗马帝国时代，为设计史留下最多记录的，就是维特鲁威

（Marcus Vitruvius Pollio），他曾就建筑学写了十本书。维特鲁威力陈，我们的聪明才智是天生的，但人类文明的演进，无法单靠天赋推动，还得有其他要素配合。早在 2000 年前，他便指出，建筑或是工程设计的先决条件，首先是教育，其次便是运用画笔的技巧。而制图，正是其中所不可或缺。

或许，在维特鲁威之前，有更早、更伟大的工程师，不过，在工程设计学上，至今所见最古老的文献，便是维特鲁威留下的作品。有位历史学家曾说："他的拉丁文虽然十分拙劣，但他却很清楚自己在干什么。"还有位古典学者说："对他来说，写作是件痛苦的事。"尽管维特鲁威文学造诣不佳，可是，他毕竟用笔达到了"传世"的目的。

然而，不管是否有文献记载，早在维特鲁威之前，工程学的方法论便已存在，或许其年代就跟人类文明一样久远。虽然历经无数岁月，工程设计最基本的特质却恒久不变。

维特鲁威曾大力鼓吹：工程学是一种应用科学。不过，工程学中却融合着惊人的想象力。我们从流传下来的图片，还有人工制品里，都可以体会到这一点。或许，图片所示有限，人工制品因为讲求实用性，不断推陈出新，旧东西很容易遭到淘汰。然而，每样人工制品，都蕴含着应用科学的法则——其中尤其是铅笔，特别适合研究。因为铅笔所象征的，不仅是工程设计本身，同时也是工程设计演进的最佳范例。

由于缺乏文献记载，铅笔业以及铅笔的制造技术，最初究竟如何开始，又如何发展起来，至今依旧没有明确的答案。而我们所熟悉的铅笔，为何会有现在的特性？就像许多日用品般，大家只知其然，而不知其所以然，真正的原因已不可考。无论如何，就现代铅笔的发展，还有铅笔的"近代史"看来，这玩意儿虽然既普遍又便宜，但制造过程却既复杂又精密。因此，我们从铅笔中还有太多要学习。而铅笔的发展史，也足以显现工程师、工程设计，甚至现代工业的本质。事实上，几世纪来，铅笔制造业者所面临的问题，对现今国际工业技术市场表现，也足资借镜。借着铅笔的"穿针引线"，就如同用苏格拉底式问答法般，将使我们对视而不见、从未留心的事物，有进一步的认识。

铅笔反映一切

在 20 世纪末的今天，每年都有数十亿支铅笔从工厂制造出来，每支铅笔的售价，也不过区区几毛；我们很容易忘记，在过往，铅笔曾那般珍贵，又那么令人赞叹。1822 年，有位年老的努比亚人在埃塞俄比亚游历时，曾在日记上留下了这么一句话："赞美上帝——宇宙万物的创造者，教导人类将油墨装在那一丁点木头的中央。"20 世纪初，许多业者为了制造铅笔，无不殚精竭虑，据当时的一位参与者说：

> 首先，制作者得博学多闻，对全球的几百种染料、虫漆、各类树脂、各式各样的黏土、石墨、酒精、溶剂、数百种天然与人造颜料，以及五花八门的木材，全都了如指掌。此外，他对橡胶业、黏胶业、印刷油墨、各种蜡、漆，或可溶棉业、各式各样的干燥设备、填充过程、高温熔炉、研磨剂，还有许多挤压与混合的过程，全要广泛了解。
>
> 我献身铅笔业约莫 18 年，但见其制造过程中的牵涉之广，分支之复杂，训练员工之难，运用工具之精确，以及所需知识之博大精深，仍不免目瞪口呆。

这番话，将制造现代铅笔的繁复，形容得淋漓尽致。业者要打动消费者的心，制造出高质量的铅笔，对化工的知识固不可少，其他如机械、材料、结构，甚至连电机等工程专业知识，也都具有无以估计的价值。而集合这一切专才，最重要的目标，便是选择适当的材料，加以组合成铅笔。于是，在铅笔业者以及专业工程师的群策群力下，铅笔制造终于迈入规模化生产的阶段。

前面曾经提过，史密森学会在"18 世纪末的工匠用具"展中，并未将铅笔摆上台面。不过，在这之前，以"国中国"为名的一项展览中，史密森学会曾肯定地指出："一切大量生产的原则，都反映在普通的铅笔制造上。"此外，馆方在展览中，还展出了一台铅笔制造机。这台机器，是 1975 年由田纳西州生产的。最近，史密森学会更推出以"物质世界"为名的永久展，介绍整个博物馆的沿革。而其中一系列展览，所展示的便是如何将"原料"，转化为"成品"。针对这项展览，馆方所选择的范例，正是铅笔的制造过程。从这项展览中，我们可以清楚地看出，人工制品与大众文化之间的相互影响。

可惜，至今大家对铅笔的存在，依旧视若无睹，也从未有人想过，要是没有铅笔这种工业技术产品，我们所珍视的文学与艺术，本质上会有何不同的发展。

另一方面，在马萨诸塞州康科德的公众图书馆（Free Public Library）书架上，摆满了梭罗的著作，还有探讨其时代背景、著作，以及思想等的各类相关书籍，林林总总，少说也有 1000 多种。可是，特别探讨梭罗身为铅笔制造业者，还有铅笔工程师的著作，却付诸阙如。唯一能瞧出蛛丝马迹的，便是一张梭罗公司（Thoreau & Company）的铅笔标签，从这里，我们才勉强得知，铅笔制造业曾是梭罗家族的主要经济来源。

或许，梭罗一生的成就太多，以致制造铅笔与他其余的专业相比，便显得微不足道。这样说，还算情有可原，若是大家真的漫不经心，忽略工程在文化中的角色，那就说不过去了。事实上，工程和艺术、文学一样，随着时代不断演进，对人类以及文化的影响，实在无可估计。铅笔的历史正是我们一窥工程堂奥，进一步了解工程设计，最棒的一块敲门砖。

第二章　名称、原料与成品

　　今天的铅笔，之所以会被称作铅笔，是因为形状很像拉丁文中的毛笔（*penicillum*）。这种头儿尖尖的工具，是将一小撮精心修剪的动物毛，塞入中空的芦苇杆内做成的（见图 2.1）。近代铅笔的制作方式，则是以一小块铅取代了动物毛，并用机械制的笔管替代了芦苇杆，因此，两者某方面可说大同小异。所以，这种新工具便被泛称为笔（*peniculus*）。而拉丁文的笔这个字，又是从尾巴（*penis*）演化而来。最初，这种工具会被称为"毛笔"（brushes），在于它通常是用动物尾部的毛所制造而成。追本溯源，从拉丁文来解释，铅笔就是"小尾巴"。这种工具不仅能用来写字，还能画细线。

图 2.1　古罗马时代的毛笔或笔刷

　　老实说，现代的铅笔之所以叫作铅笔，就像其他工业技术产品般，完全着眼于实用性，是种非语言性的产物。许多人工制品在尚未命名或是被描绘入图前，便已存在。

追本溯源

专门研究工程与工业技术史的狄金森（H. W. Dickinson）发现，扫帚与毛笔的老祖宗间，具有语源以及机能上的关联。他认为，毛笔是农业社会而非游牧部族的产物，同时，早在 7000 年前毛笔便已出现。然而，狄金森指出，第一个用来形容刷状物的英文字"扫帚"（besom），却出现于公元 1000 年，指的是由树枝、细枝或是嫩枝等束集而成的工具。由于经过一段时间后，金雀花丛（broom shrub）成为制造扫帚最普遍的材料，久而久之，金雀花便成了扫帚的代名词。而最原始的扫帚十分短小，人在打扫时总得弯着腰，后来为了方便起见，就有人在上面加了根棍子。于是扫帚柄（broomstick）这个复合名词接着出现。

言归正传，"brush"这个词，在语源上所意味的是"细枝"，但后来却逐渐引申为任何打扫、去尘、清洁、打光、绘画，以及书写的工具，其中当然也包括了笔。由此我们可以看出，在语源，还有技术的延续上，"brush"与"pencil"根本是平行的。至今我们从毛笔的形状看来，仍可看出其发展的一贯性。埃及的画笔早在第二十八王朝（约公元前 1500 年）时便已出现，其长度由 6 到 9 英寸不等，而今天铅笔的标准长度则为 7 英寸，两者之间差别不大。

说穿了，工程或是设计就跟文明进化一样，几乎自有人类以来便已存在。单从词源来看，无异以管窥天，仍难以了解其全貌。回顾古希腊与罗马时期，希腊人所说的科技（*techne*），以及罗马人所谓的建筑（*architectura*），都涵盖在我们今天所说的工程（*engineering*）中。

无论是人类、职业或是人工制品，追本溯源，都各有其"祖先"——即使最普通的日常用品也不例外。就拿现代铅笔来说，我们在众多古器物中，也能寻得其原始的踪迹。显然，古希腊人与罗马人都知道，金属铅能在纸草纸上留下绘画书写的痕迹。而更早之前，人类便已知道利用炭或烧过的树枝，可以在岩壁上作画。

许多古老的人工制品都缺乏文字记载，我们对其沿革和制作方式，往往只能在朦胧之中穿凿附会，凭空想象。不过，根据 1922 年出土的图坦卡蒙（Tutankhamen）陵墓，以及其中的陪葬品看来，早在公元前 14 世纪，古埃及的工匠技艺与工程水平，便已不同凡响。若说 3000 多年前，古埃及人便有如此的成就，那么我们的工业技术知识和功绩，势必可以追溯回无数个年代之前。

或许，从某方面来说，正由于古代的专业技术和今天一样普遍，因此，工程史上的文献记录十分罕见。在古代，即便最有才干、最能说善道的工程师——无论是技师、工匠、建筑师或是营造大师，也会对自己的工作和技巧，可能没时间、没意愿，或没理由去记录或阐扬。

铅笔不含铅

言归正传，今天的铅笔之所以能取代金属"铅"笔和毛笔，是因为它截长补短，糅合了干燥、笔迹清晰的特性。没错，铅笔是由许多原料合成的，不过，所谓的"铅笔"却偏偏不含铅。事实上，现代铅笔中的"铅"，是由石墨、黏土，以及其他成分所合成的。而且，自 20 世纪 70 年代初期，由于大众对消费意识的关注提高，不愿边动脑筋、边咬着铅笔头时，还得冒着铅中毒的危险。

我们的周遭，有太多日常用品都以其原始的材质命名。直到今天，英国人仍称橡皮擦为橡胶（rubber）。此外，我们所用的纸盘，其实是聚苯乙烯；锡罐头（tin cans）其实是铝制的；餐桌上的银器（silverware）根本是不锈钢；我们所戴的眼镜（glasses）是合成树脂；高尔夫球铁头杆（golf irons）说穿了是钛，还有木头做成的。

由这种种名称，我们可以瞧出来，各类物品的原始材质与其命名间，关系密不可分。任何用品要发挥适当的功能，就要有适当的比例、轻重、强度、硬度，以及其他特质的配合。而这一切特质，完全取决于原料的特性。就以制造铅笔来说，要寻找适当的原料，简直比追求真理还难。

试想，要是有盒珠子，每颗都由不同的材料制成，这些珠子全被涂成黑色放在前面，要你用肉眼区分，你可看得出，它们究竟是铁珠、木珠、石珠、塑胶珠、橡胶珠、玻璃珠、海绵橡胶珠、沙珠、石墨珠或仅是内灌油、水，或是硝化甘油的锡珠？由于这些珠子，各有不同的密度，只要把它们拿起来，掂掂重量，便能知道这些珠子其实各自不同。这些珠子还有不同的硬度，只要捏一捏，便能更进一步加以区分。此外，这些珠子弹性也不一，只要把它们丢到地上，就能了解这点。但话说回来，若不把珠子的外漆刮掉，便得动动脑筋，又是掂，又是捏，又是丢的，才能大致搞清楚，珠子究竟是用什么做成的。然而，假使我们怀疑，或有人告诉我们，或是意外发现，有的珠子内含硝化甘油，我们或许便不会那么乐意地去掂、去捏，或是将它们丢在地上了。无论如何，如果我们深富冒险精神，又敏锐有心，再加上鸿运当头，也许能从中挑出一种能熔化、铸模，能被锤炼成型，又不会爆炸的原料。或许，我们能利用它，制造些有用的东西。

材料：众里寻它千百度

若有人要求我们，从这堆珠子里挑出适当的原料来制造书写工具，有些人八成会认为，说这话的人不是疯了，就是在作弄人；有些人或许会丧失耐性，心浮气躁而火冒三丈地把所有的珠子全部倒在地上；此外，也有些人，可能会慢条斯理，仔细地想，用心地试，希望寻得解答。经过再三推敲后发现，木珠不适合，而铅珠握在手里大小正好；拿起来用，不会太重；压在普通纸或羊皮纸上，强度也够；在纸上画过来、拖过去，似乎既不会破碎，也不至于变形，硬度还挺理想的；另外，它蛮软的，使用时，不会刮破纸面；最后，它还有个重要的特质，那就是在普通纸或羊皮纸上，能够留下明显的痕迹。在发现铅这么适合书写后，我们也许会停止搜寻，就此将其他的珠子，全丢到一边，而自以为盒子里再也不会有别的原料，更符合我们的需求了。

不过，也可能我们会想，既然铅珠书写效果不赖，其他种类的珠子写起字来是否更棒？经过不断地尝试，我们终于发现，用石墨书写的笔迹，比铅更黑、更清晰。于是，不消说，我们会拿石墨来取代铅。另一方面，如果盒子里没有石墨珠，就算我们有无穷的耐心，再怎么试，也找不出比铅更好的材料。试了一阵子后，我们可能会想，更好的材料，或许不在盒内而在别的地方。总之，一种产品，究竟能好到什么地步，不仅取决于适当的原料，同时，还与制作者的信念和求好之心，大有关系。

当然，古人在研发书写工具时，并没有现成的原料放在盒子里，供他们"挑三拣四"。不过，在无数次尝试后，他们仍旧发现了适当的原料，并逐渐了解，什么样的大小、形状，最适合书写。显然，铅（拉丁文为 plumbum）似乎是古人心目中，最理想的书写材料。于是"铅"便成了书写工具的代名词。至于现代的"铅笔"，无论在名称或特性上，都是铅和毛笔融合的结晶。不管怎么说，铅笔并非从天上掉下来的，而是由工匠、发明家、工程师绞尽脑汁，利用地球上的原料，结合运气和实用性制造而成。

基本上，任何工业技术的发展，都可以分为三个层面：新概念、新尺寸，以及新原料。而真正具有革命性的发明，往往兼具其中两项，甚至三项特质。就以发明第一张床来说，首先，原创者脑海中，得出现"床"这个新概念；接着，在有意识或无意识中，决定床的大小；最后，才选择该用什么材料。等制造出这新玩意儿，有物可凭后，原创者才能参酌他人的意见，就尺寸、材质和制作方式等加以改进。

制造第一件书写工具时，也是如此。原创者首先必须有以物书写的概念，然后在众多原料中辨识出能留下痕迹的原料，最后，再决定究竟要保持材料的原状，还是改变大小以及形状，好使它拿起来更舒服、用起来更方便。一旦这新发明付诸实现后，整个产品的后续发展，便绕着大小、形状，还有材质打转。基本上，前一阶段的改变，与尺寸大小有关，多在调整大小或形状，使其更符合人体工程学；而后一阶段的改变，则与材料有关，是要寻找更符合经济效益的原料，或是改善原料的品质，使产品发挥更棒的效果。不过，工程师在改进、创新时，很少企图"一次革命"，同时进行两阶段的改变。

爱迪生寻宝

事实上，多数工程师计划与全面革新扯不上什么关系。通常，选择材料得随主事者的意，最后的决定则端赖其审美眼光，以及地位的考量，而非出自技术上的迫切性。可是，选错材料往往会把整个计划搞得一团糟。例如，木筏效果不错，但换成石筏，结果可就不妙了，而且木材的种类很多，有些适合做筏，有些却不适合。爱迪生当然了解，并非所有的材料都适合做灯泡内的灯丝，但他明白，只要坚持一个原则，便能实现理想，那就是找到有适当特性的材料。经过无数尝试后，他终于寻到了"宝"。曾有人问他，在这段寻寻觅觅却屡遭挫折的过程中，是否曾心灰意懒？据说，爱迪生不仅回答说"不"，还告诉对方，他每失败一次，便又剔除了一种材料，缩小了寻找的范围。爱迪生的同事查尔斯·巴切勒（Charles Batchelor）便曾提起一次实验失败的经过："对我们来说，沾有石墨的麻纤维，以及铅笔内的石墨，成分都太复杂了，似乎很容易膨胀，释出瓦斯，或是电弧，使灯泡爆裂。"

　　或许，铅笔内的石墨，含有太多"杂质"，并不适合做灯丝，但爱迪生眼里，铅笔却依旧可爱如昔。据说，爱迪生酷爱短铅笔，他甚至说服一家铅笔厂为他特制短笔。也许，爱迪生对理想的坚持，不仅在实验上是如此，在选择铅笔时，也一样。可是，一旦等他找到了理想，便不再左顾右盼。爱迪生大量订制的铅笔，只有 3 英寸长，和一般铅笔相较，它的笔芯不但软，而且要粗得多。钟爱短铅笔的爱迪生，总将笔插在背心口袋里。另一方面，爱迪生对铅笔的要求也从不打折扣。有一次，他写信给鹰牌铅笔公司（Eagle Pencil Company），告诉他们："上一批铅笔太短了！"同时，他还抱怨："它一下就断了，残骸全插在口袋衬里中。"

　　虽然，爱迪生钟爱铅笔的故事，并不如他发明灯丝的故事般广为大众流传，但却依旧值得记取。毕竟，从某方面来说，铅笔的发展如同灯泡一样，需要有心人寻寻觅觅、锲而不舍地，自众多原料中找到最适合的材质，从无到有，制造出成品。或许，你会发现，等产品发展到某种程度后，材质与产品间，仿佛天造地设，配合得天衣无缝，改无可改。可是，在工业技术精益求精、日新月异之际，不免有人想打破成规，再求创新。例如，爱迪生的短铅笔或是方形灯泡，便属于此类。

第三章　发明铅笔之前

　　一块仅能"轻描淡写"的铅，究竟是如何发展，而演变成现代铅笔的？一块浑圆的石头，是怎么变成轮子的？一个梦想，是如何变成飞行器的？其实，一个概念、一项制品，从无到有，并逐渐成熟的过程，便是我们所谓的设计方法。而这方法就像设计本身，有如人类一般古老。其过程，好比不同人种、不同种族的发展般，令人难以断言。尽管一切发明和制品，都有其特异之处，可是，在其"进化"的过程中，必也有相似之处，一如铁笔发展成铅笔、草图变成华厦，或是箭发展成火箭，看似不相关，但其演进的原理以及途径，却大同小异。此外，这类观察或许就像《旧约》中的传道书（Ecclesiastes）般，可能是最早被记录下来的，却不是开天辟地以来，最先被发现的。所谓"历史会重演""太阳底下无鲜事"便是这个道理。

　　任何古老的事物，对人类文明都有某种程度的贡献，同时也是某些行业之始。例如，在医学发展前，便有药品；在宗教出现前，已有信仰；在法律制定前，早有冲突；而在工程学正式发展前，就随处可见人工制品。不过，我们却不能武断地说，文明就是由它们构成的。其实，工程学的本质就如同医学、宗教、法律，或其他成文的人类智慧结晶般，只是人类心智活动的表现之一。而现代工程学与古代工程学间的差别，仅在于工程师以及工匠的自我意识、强度、周延性、效率，还有科学程度。说穿了，工程的原理与原则是不变的，日趋复杂的只是制品和流程。这个道理就好比我们不是医师，但对健康却有基本的概念；我们不是法官，却能辨别是非善恶；我们不是工程师，但对设计却都有概念。总之，现代工程师以及古老的工匠间，真正的差异并不在其基本的直觉或是洞察力，而在于分析、综合的能力，还有设备的发展。不过，现代生活再复杂，依旧是了无新意。

资金与设计

今天，人工制品的发展，以及汰旧换新的方式，一如古代，并没有太大的改变。从西塞罗（Cicero）的著作与书信中，我们可以看出，现代建筑师、工程师，或是凡夫俗子的做事方法，跟古罗马人相较，实在大同小异。例如，西塞罗曾写信给身兼其朋友、导师，还有知己的亚提克斯（Atticus），邀他来乡间别墅小住，可是，亚提克斯却抱怨别墅的窗子太窄了。亚提克斯还在回信中，对别墅的建筑师塞鲁士（Cyrus）满腹牢骚，批评不断，说他的专业素养不足。于是，西塞罗便回函给亚提克斯，信里从头到尾都是几何学上的理论，间或配以图解，向他解释，唯有窄窗才能与窗外庭院配合，相得益彰。西塞罗在洋洋洒洒，发表了大篇几何论之余，带上这么一笔："如果你对寒舍还有什么意见，请来信告知，我总有很好的理由来回答你——除非，我能在所费不多的原则下，解决这难题。"

设计最理想的条件，就是在资金充裕的情况下，运用一流的资源。基本上，这些资源包括：风格、时间、精力、原料，以及金钱。然而，任何产品设计都有经济和可能性的限制，因此任何产品都不可能完美无缺、坚不可摧、绝对安全，或彻底发挥效率。老实说，任何产品若绝对安全、坚不可摧，或是你想象不到地完美，那么，设计便没有存在的理由了。

所谓"有批评，才有进步"便是这个道理。工程师——就以西塞罗的建筑师为例，受到批评后，可能会寻求改进，也可能会辩称，以当时有限的材料和资源，如此成果已属难能可贵。但真正的工程师想必会承认，如果缺乏资助，太花钱、太费时，或是技术性要求太高的制品，便不可能完成。此外，有时候，他人的批评反而能让人注意到，花这么多的钱冒险是否值得。发展航天飞机"挑战者"号，便是个人人耳熟能详的例子。由于这次尝试，影响了大众对冒险以及花费的认知。

今天，一提及工程史或是工程业，大家脑海里出现的，通常是日益巨大，而又复杂的机器、建筑、设备、系统，还有流程。这一切，随着时代进步，越来越技术化、越奥秘，也越具威胁性。最初，所谓的桥，不过是根木头，演变至今，现代的桥梁不但有钢制的，也有水泥做的，上面不仅能走人，还能行车。

可是，不管产品如何先进，工程师与工程管理人的性格究竟多复杂，设计的概念，以及工程的基本法则，却依旧清晰明了。如果我们能透过最基本、最实在的例子，去掌握工程师和工程设计的本质。则无论我们面对多复杂、庞大的产品或设备，都仍能轻而易举地触及核心。事实上，工程设计的奥秘，不仅存在于罕见的事物，也存在于普通的事物里；不仅存在于庞大的事物，也存在于微小的事物里；不仅存在于复杂的事物中，也存在于简单的事物里。我们若能更仔细、更深入地观察，便会明白：即使从表面看来最平凡、微小、简单的东西，骨子里却跟航天飞机或是吊桥一样复杂、伟大。同样的，当我们巨细靡遗，深入探索微不足道的事物时，也正在开启不朽的发明之门。总之，任何事物几乎都能揭开工程设计，还有其与艺术、商业，以及其他文化层面间的神秘面纱。

铅笔进化史

或许，铅笔的"进化"正是最好的范例。一块铅或炭，是可以拿来书写，但用的人却不免满腹牢骚。任何块状物，无论是来写字或画图，时间越久，手就越不听使唤。连带的，也使英雄无用武之地，更有甚者，会阻碍人的思维。而且块状物的体积过大，往往会阻挡视线，让人看不见自己究竟在写什么，或是画什么玩意儿，要进一步精雕细琢，画出精细的作品，更是缘木求鱼了。此外，用铅块画出来的线可能太淡；但拿炭块在普通纸或羊皮纸上书写，似乎又太黑、太脏了，更会满手污七八黑，惨不忍睹。想也知道，古人和现代人差不多，都一样会抱怨、会挑剔，面对这么粗糙的书写工具，岂有不埋怨之理？同时，他们也难免会问，难道没有比炭块，或是铅块更好的工具吗？

稍后，随着时代进步，书写的工具是改善了，但用起来依旧既不方便又大费周章。古时，曾有人以芦苇杆做笔，而鹅毛笔自出现后，也被沿用了一千多年。不过这两种笔都有同样的缺点：在使用前得准备笔头，使用时，又得不断蘸墨水，一不小心，就会被墨水溅到或是黏到。以鹅毛笔为例，在使用前不仅得准备笔与墨水，同时必须打点削笔刀，好在笔尖磨钝时随时削尖，还要有吸墨粉以防墨水扩散、加速墨水收干。

有段很长的时间，古人若不想用笔和墨水在纸草纸、牛皮纸或是羊皮纸上书写，那么，还有个选择，就是利用金属笔在蜡板上书写。这种金属笔笔头很尖，而另一端，通常呈扁平状，好在涂有蜡的木板上修改，或在重新书写时，能抹平原有的字迹，其作用如同橡皮擦（见图3.1）。

1784年，亚斯图（Thomas Astle）在初版的《书写的源起与发展》（*The Origin and Progress of Writing*）一书中，便曾描述道，许久以前，古人便将书信刻写在贯穿成册的蜡板上。等刻写完毕就把上面的绳子打个结，然后用蜡封起来。要阅读书信的人便得捏破蜡封，或许，信封写

图 3.1　一个庞贝城的女孩，一手拿着铁笔，另一手捧着蜡板册子

的"大启"（to break open a letter）一词，就是打这儿来的。此外，亚斯图还指出，到了 18 世纪末，也就是在他那个时代，时常用"黑铅笔"在象牙册子上记录事情，作为备忘录。不过亚斯图在提到木板以及象牙板的大小及重量时，似乎有渲染之嫌。据他说："在普劳图斯，有个 7 岁的男学生，竟然用蜡板书把老师的头给打破了。"

另一方面，亚斯图还强调，尖锐的"铁笔，是危险的武器，为古罗马人所禁用，并以象牙笔取而代之"。他还提到，古罗马人曾因"滥用"铁笔而引发暴乱。据他说：恺撒曾在元老院中，拿铁笔猛刺卡西乌斯（Cassius）的手臂；卡利古拉（Caligula）曾煽动"铁笔大屠杀"；而卡西亚乌斯（Cassianus）则死于门徒的铁笔和蜡板书下。

自古以来，大家便知道，以和平为用途的金属针笔或是金属头针笔（见图 3.2），只能在书写面上留下轻淡的痕迹。直到中世纪，商人和其他有特殊需要的人，为了列出一目了然的明细表，才将板面涂上特殊的白粉，以凸显字迹。

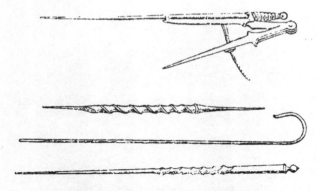

图 3.2　各类铅针笔和银头针笔，其中有支针笔嵌在圆规内

千锤百炼

从古到今，有太多的人绞尽脑汁、出奇制胜，企图打破传统，制造理想的书写工具。据说，苏格兰诗人彭斯（Robert Burns），便曾以钻戒在旅社的玻璃窗刻下诗句。当然，有些老板为此心痛不已，却也有人感到无上光荣。直到今天，斯特林的一家旅馆，仍保留了一间"彭斯套房"。据说在那间套房里，彭斯得到了许多灵感。

历经许多年代，人类想出来的书写工具，花招百出，无奇不有。但是，用钻石来写字，毕竟是太昂贵了。几乎所有的执笔人，朝思暮想，寻寻觅觅，只求某种既价廉物美，又能随身携带的书写工具能早日出现。基本上，这件理想的工具，必须不用墨水、笔迹清晰、干净利落、能擦拭修改、能在普通纸上书写，而不必为了写几个字，带着笨重的蜡板、石板或是玻璃窗。

抱怨与批评，通常是改进的指标；当人埋怨成品有什么缺点时，也便意味着新产品或改良制品，可以朝什么方向改进。如果铅块拿在手里不舒服，就该改变其形状。假使铅块太大会阻挡写作者的视线，就该将它弄小。不过，若光把写作工具改小，可能会让人写起字或画起图来，更加难受。因此，这铅块或许应该重新锤炼，将书写的一端缩小，而把另一端的粗细，维持在某种程度，好让手握起来不会那么难受。这些设计再简单不过，任何一个工匠都能改良铅块形状，使其更适合书写或绘图。正因为改善所费不多，所以，面对这些改变，一般人都无法抗拒。尤其是在自由企业社会，改良产品意味着竞争力增加。

说到线条的浓淡，铅块毕竟是铅，改变得了形状，却无法加深颜色，使其留下的痕迹更清晰。其实，不仅是铅，任何金属都如此。有人为了加深其痕迹，或许试着将铅熔化，并掺入其他原料，以求达到理想效果。可是这类改变势必会牵涉到研究及发展，有时所费不赀，却徒劳无功。因此，古代的针笔设计师面对客户抱怨时，可能会答道："一分钱，一分货。"除非你想用炭笔，否则不花钱研究改善，根本别想加深笔迹。而当时，除了纯金属铅外，也没有更理想的制笔原料了。而且设计师在饱受批评之余，也可能会自找台阶下，干脆提醒顾客：用金属铅的好处，在于它所留下的痕迹，用面包屑就能擦掉。

总之，改善铅块形状，使其"进化"成笔，要比加深颜色，提高线条清晰度简单太多了。无论如何，随着时代进步，经过思考与试验、借着研究和误打误撞，还是有人发现：把铅跟锡与铋，或是汞熔在一起，所产生的合金，拥有更好的书写效果，不仅软度高、容易书写、笔迹较深，也不易刮破纸面。早在 12 世纪，德国修士提阿非罗（Theophilus），便曾利用铅锡合金、尺，还有圆规，在木板上画设计图。这类合金笔的铅锡比例，约莫是二比一。后来，不管其形状以及金属成分，大家都称其为锤规。无论如何，据希瑞耳·史丹利·史密斯（Cyril Stanley Smith）说，由于提阿非罗"在所有的历史文献上，都是根据经验，制造出合金锤规的第一人"。因此，早在这之前多少年，已有合金锤规存在，便不可考了。

"据柯克尔说"

　　尽管铅或是合金制造出来的工具，在书写效果上，依旧不比笔和墨水，但一直到中世纪，大家还是利用这些工具，在纸草纸、羊皮纸和普通纸上，画格线与边线，好让手稿能井然有序呈现出来。显然，到了 15 世纪早期，这种习俗便没有那么普遍了。后来的手稿或是抄本上，很少再画上格线或边线，完成的作品，自然也是歪歪斜斜、扭扭曲曲的。虽然如此，在纸上打底线的方法，并未完全被遗忘。

　　17 世纪时，闻名英国的数学教师爱德华·柯克尔（Edward Cocker）开风气之先，写了本关于商用数学的书。这本书广为流传，从此，"据柯克尔说"（according to Cocker），便成了"精确"的代名词。然而，柯克尔希望读者从这本会计学书中，所学习的不仅是商用数学，同时也能得到保持整齐的技巧。在"如何运用笔"（How to manage and use the Pen）这章中，他开始指导读者书写的技巧："要在账簿或账单上书写时，首先得用黑铅笔或圆规，画上格线……"

　　使用圆规的优点，在于可以在面上标出记号，连接成许多平行线，使我们在写字时，能以这些淡线为准，写出均匀、整齐的字句。但是，在柯克尔那个时代，"黑铅"或是石墨，还算是新发现，所谓的"铅笔"，也尚未成为正式名称。此外，黑铅所画出来的线条，也许要比锤规黑，跟锡针笔或小摺刀压出的线条相比，却也黑不了多少。无论如何，当时的格线只是为了要使书写整齐，并不需要留下太深的痕迹。

　　由于在纸上画格线的习惯，持续了很长的一段时间，木杆铅笔与锤规，一直到 19 世纪仍随处可见。有位作家便忆及，19 世纪 20 年代，在纽约北部，"鹅毛笔，是用来缮写抄本的；锤规，是拿来画格线的；至于'铅'笔，虽然普遍，但在学校生活中，却仍非必需品"。当时，所有锤规，几乎都是各家自制，即使是小男生，也会在松木块上刻出铸模，将熔化的铅液，灌入其中，制造出斧状的锤规。这些男孩通常将锤规放在口袋里，以便书写时能随时画出格线，保持整齐。至于小男生会偏好斧状的锤规，一方面是由于外形讨喜；另一方面，则因为其呈扁平状，画线时不像铅针笔一样，只要稍微用点力，就很容易断裂。

后来，尽管锤规已绝迹，不过 20 世纪的美国，仍延续了画格线的习惯——在学校，学生要写字前，必须按照规定用笔和尺，在作业簿上画边线。还记得，不久以前，工程系的学生，在上初级机械绘图课时，最先学习的技巧之一，便是用一支既尖又硬的"铅"笔，在纸上画几乎看不见的线，方便制图。时至今日，有些白纸簿上虽不见任何线条，但总会发现，随簿常附上一张印满平行准线的底纸。这张纸不仅在防止墨水渗透弄脏下一张纸，也使我们在书写时，能按均分的底线，写出整齐的字句。根据 1540 年出版的一本意大利书法手册说："有些人把这画有黑线的纸，称之为'暗线'（blind line）或是'纸透'（show-through）"，其作用在于让初学书写的人练习笔力，直到能够不用暗线辅助，也能满怀自信地写出一笔整齐的字来。

石墨之痕

书法的技巧虽然进步缓慢，硬件的改善却一日千里。由于使用者的批评，基于考量实用性，锤规的形状不久便由尖细状蜕变成扁平状，而且早在黑铅被用来标记、书写前，许多锤规便改以黑铅制作。此外，有些针笔很早便是一头尖一头扁——尖的一头，用来书写，扁的一头，则用以画线。或许，这种改进的灵感来自在蜡板上书写的铁笔。这种铁笔也是一头尖一头扁，只不过，尖的一头用来书写，扁的一头则用以涂拭不需要的笔迹。这种改进可能是因为修士抱怨写字时，得同时用两三种工具，未免太麻烦了。也或许，这是出自企图节省原料的经济考量。同理，20 世纪的工程师在设计绘图时，为适应不同的需要与用途，削铅笔时必须削出不同粗细。

　　现在，我们姑且不论铅笔的外形，再来谈谈其原料。想当初，纯"铅"笔会演进成合成笔，必然是由许多制笔师，经过无数试验、尝试，或许就当地现有的原料，按照不同的比例，熔合不同的金属研制而成。那时，由于合金笔的种类五花八门，作家与艺术家还可以挑三拣四，然后品头论足说哪种笔好哪种笔不好。但一般说来，早在古代，铁笔或针笔已发展成相当便利的工具，其造型轻便，书写的效果也还不错。因此，对无缘见到现代铅笔的古人来说，已是上上之选了。无论如何，等笔色加深后，书写工具似乎更无可挑剔，也没什么好大幅改进的了。至于合金笔，最后会裹上纸，或许是因为有人抱怨金属笔用不了几下，便会弄脏手。在惠而不费的情况下，合金笔便有了纸笔杆。一直到 18 世纪，笔杆包纸的金属铅笔仍十分普遍，甚至到了 20 世纪初还尚未绝迹。

　　曾有人发现，在埃及出土的部分古器物里，有五片石墨是早在公元前 1400 年便已经使用过的。这些石墨的质地并不纯。专家认为，古埃及人将它们当作原料，而不是用来书写或绘画。从公元 1400 年起，近代的文献报告中便不断提到，在欧洲，石墨是种劣质的绝缘物。究竟是什么原因，使人想到要拿石墨去取代铅合金，作为书写、绘画的媒介呢？理由很简单，16 世纪中叶，石墨产量颇丰，开采容易，而且有人发现，这种矿物能留下很清晰的痕迹，但直到好几个世纪后，石墨确实的化学性质，才为人所知，而其正式的名称，也才被定下来。不过，自从英国人在坎伯兰的凯西克镇发现这种矿物后，便注意到它具有与众不同的特性。尽管文献上，何时发现石墨并无确实的记载，但毋庸置疑，在学术、工程设计、艺术以及整个人类文明史上，都留下了明显的痕迹。

第四章　新科技

　　今天我们之所以知道，至少 4 个世纪前就有木杆笔，是因为 1565 年，身兼医师、博物学家的瑞士裔德国人康拉德·格斯纳（Konrad Gesner）写了一本有关化石的书，书中对现代铅笔的老祖宗已有相关描述。事实上，这本书跟当时所有的学术论著一样，不仅以拉丁文写成，而且有一个非常严肃、沉闷的书名：*De Rerum Fossilium Lapidum et Gemmarum Maxime Fiquris et Similitudinibus Liber*。意思是《这是本有关化石形状以及形态的书》。无论如何，这本书的特殊之处在于它与当代其他的博物论著不同，从头到尾，几乎都配有图解。有趣的是，其中有个图解画的并不是化石，而是"一种新式的书写工具"；在旁对照的则是用以制造笔芯的矿物。就目前所知，格斯纳是用石墨笔的第一人。由于历史的记载，我们对他的了解，显然要比对铅笔的老祖宗多。

　　1516 年，格斯纳出生于瑞士苏黎世。由于早慧，年幼时他便被父亲送到私塾去跟一个采集、种植草药的亲戚学习。在亲戚家里，格斯纳学会阅读希腊文和拉丁文，到 21 岁时，便编纂出一部希腊—拉丁文词典。借着精湛的希腊文，格斯纳攒了不少钱，也因此拥有充裕的经济能力去读医学院，即使执业后，仍继续讲述亚里士多德学说。因为格斯纳有无穷的好奇心，也难怪会对化石或是新书写工具感兴趣了。

　　格斯纳不仅博览群书，而且著作等身、精通编辑。在他名下的书，少说也有 70 本。这些论著为他赢得了"书志学之父"、"德国的普林尼"（Pliny，古罗马人，著有《自然史》），以及"动物学之父"的美誉。曾经有人说，格斯纳是"握着笔出世"的。1565 年，格斯纳死于鼠疫，而他那绘有铅笔图解的书，也于该年出版（见图 4.1）。

图 4.1　目前所知的首幅铅笔图解，出现在格斯纳写的 1565 年出版的谈化石的书中

　　当然，对格斯纳这么一个阅读不倦、写作成痴的人来说，有生之年

能拥有一支既新式、又便利的写作工具，就好比去爬山，无意之中，却发现一种新植物般欣喜若狂。

　　无论如何，格斯纳书中所绘的笔，从外表看来，像是一截木制笔管，一头插着铅制笔头，而另一头则装饰着华丽的圆柄；以现代人的眼光来看，这儿装的应该是橡皮擦。这圆柄的作用颇令人纳闷，不过，等我们看了另一幅图解后（见图 4.2），才恍然大悟：原来，这个圆柄可以绑上线绳系在博物学家的板册上。其实，装有圆柄与圆环的笔，是十分古老的制品，具有相当悠久的历史，像附在舞蹈节目卡上的笔，或是选举时绑在投票亭内的笔都属于此类。到了维多利亚时代，许多人一方面为了保护笔头，一方面为了保护衣服，便定做银制或金制的笔盒，存放木杆笔。当然，这些贵重的笔盒上，也必定都有个圆环，可以穿上链子挂在身上。另一方面，无论是工匠或是记录员，也经常把铅笔的末端刻出凹痕，好绑上线将笔系在桌上或是笔记本上。直到今天，我们在邮局、银行等公共单位，都可以看到，即使是"先进"的圆珠笔，也依旧像从前的笔般，被系在柜台上。

图 4.2　从格斯纳的图解中，我们可以看到一支金属笔被系在蜡板册上

笔身大跃进

言归正传，对格斯纳来说，新笔了不得的，并不是那熟悉的圆柄，而是另一头的笔尖——无论写字或绘图，使用者都能随心所欲，在未经特殊处理的表面上，留下明显的笔迹。针对自己图解的工具，格斯纳只轻描淡写地说：

> 下图所示的工具，是用来书写的。基本上，它是用一种铅（我听说它叫英格兰锑）做成的。制作者将它削尖，然后插进木杆里。

尽管格斯纳所绘的"铅"笔，看来颇像现代铅笔，但实际上仍相当原始。制作方法或许跟毛笔大同小异，似乎是将打磨成锥状的铅塞进木制笔管里，就像将一撮毛塞进笔管里一样。不过，也有人说，从图上看来，这支笔跟现代铅笔差不多——木制笔管里放的，该是一条石墨。然而，不管笔管里的"内容"究竟是什么，重要的是，有了笔管之后，写起字来方便、舒服太多了。这笔杆仿佛摄影师的三脚架般，具有固定的功效，而其固定的方式，也如同各式各样的脚架，五花八门，令人目不暇接。基本上，固定笔芯的原理，就像中国古代的夹指酷刑一样，在木头之外，再以金属箍住、拧紧。

不管格斯纳所绘的"新发明"，笔芯究竟如何固定，重要的是，它所代表的是书写工具的"大跃进"。毋庸置疑，这种工具跟裹在纸里的铅或铅合金相比，实在进步太多了。有了这种工具，人们不仅可以写下较深的痕迹，而且它还具有干净、方便、使用舒适等优点，无论是旅行家，还是攀岩人，都能把它系在素描簿或笔记本上。此外，无论什么形状、大小，也不管这"铅"到底有多小，就算不及盈握，笔管也"抓"得住它。

从现有的记录看来，为现代铅笔绘制图解的，格斯纳要算是第一人，但第一位提及现代铅笔的却不是他。1564 年，也就是格斯纳出书的前一年，约翰·马泰休斯（Johann Mathesius）便曾在文章中，提到当时书写工具的新发现："我还记得……从前大家是如何用银针笔写字的……现在，大家在纸上书写时，所用的却是一种原始的新矿物。"无奈，这寥寥数语与格斯纳的图解一比，立刻相形失色。也因此，马泰休斯是何许人、写过什么文章，根本没人记得，不得已只好让格斯纳专美于前了。然而，无论格斯纳也好，马泰休斯也罢，他俩都仅是记录既存的事物，书中均未曾提到，铅笔最早出现的确切日期究竟为何时。

后来，博物学家乌利塞·阿尔德罗迪（Ulisse Aldrovandi）在 1648 年出版的百科全书《金属博物馆》（*Musaeum Metallicum*）一书中，又将格斯纳的图说加以翻印并放大。基本上，阿尔德罗迪的百科全书，比起格斯纳的"化石"书来，不但完整得多，也比较客观。在这本拉丁文的百科全书中，阿尔德罗迪将铅笔的主要原料，称之为"*stimmi Anglicanum*"，而非"*lapis plumbarius*"或是铅石。

奇妙的矿物

前面曾提过，铅笔最早的制造日期，在各类文献中至今无迹可寻。文献缺乏记载，并不能就此证明当时铅笔根本不存在。但是，某些书对铅笔只字未提，却难免令人联想到是否这种书写工具尚未出现。例如，早在 1540 年时，意大利大文豪乔凡巴提斯塔·帕勒提诺（Giovambattista Palatino）曾经图文并茂，在书中提到"好作家必备的工具"（见图 4.3）。这些工具包括钢笔、用来画底线的圆规和金属笔。至于石墨或用石墨制成的铅笔，则只字未提，连一丁点儿蛛丝马迹也遍寻不着。由此可见，帕勒提诺做梦都没想到，世上竟会有铅笔这种东西！

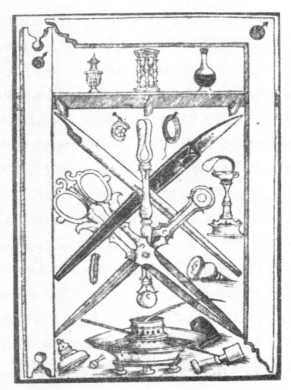

图 4.3 这幅 1540 年的插图，秀出了"好作家必备的工具"，但未有铅笔存在

从这里，我们可以大胆假设：至少在 1540 年的意大利，无论是石墨或是用石墨制成的铅笔，尚未为人所知。

虽然石墨笔最早在何时制造，以及在何处出现，缺乏确切记录，但据说，格斯纳书中所指的石墨，最早约在 1500 年，最晚大概是在 1565 年便已经出现。此外，有极少的证据指出，格斯纳书中所提那"未经精炼的矿物"，或是"英格兰锑"，大约是在 16 世纪 60 年代早期于坎伯兰挖掘出来的。

约翰·贝克曼（John Beckmann）曾在 18 世纪末，写了本名为《发明与发现史》（*History of Inventions and Discoveries*）的书。在这本书

中，贝克曼提到自己"并不清楚，盛产优良石墨（plumbago）的坎伯兰矿场，究竟什么时候被发现的"。基本上，"plumbago"这个拉丁文意味的是似铅的矿物。贝克曼提到，这种奇妙的矿物还有其他名称，如"黑铅（*black lead*）、*kellow* 或 *killow*，*wad* 或 *wadt*（这四个字，全有黑的意思）"。

1779 年，舍勒（K. W. Scheele）终于确定了石墨的化学性质；其后十年间，这种矿物名称五花八门，例如："black-cowke"、"kish"，以及"crayon noir"等。直到沃纳（A. C. Werner）从希腊文中取了意为"书写"的"*graphein*"，创造出"graphite"（石墨）这个词来，才让这矿物正了名。回想 16 世纪，石墨刚在坎伯兰被发现时，当地人都称它为"wad"（黑矿）或"wadd"。时至 20 世纪，坎伯兰人在方言里仍将石墨笔称之为黑矿笔（wad pencil）。

由于这"黑矿"的特质与金属铅大同小异，久而久之，大家便改称它为"黑铅"。望文生义，这黑铅所留下的痕迹，自然要比金属铅黑。奇怪的是，这"黑铅"到了德文里，便成了"白铅"（*bleiweiss*）。或许，这是因为从前德国人误以为黑铅应该像铅一样，是种带有银白色光泽的金属。不管它叫"黑铅"还是"白铅"，其实并没有太多人在乎，一般有心人感兴趣的是——这种矿物是如何被发现，用途又是怎么被发掘的？

寻找黑矿

环顾近代欧洲，针对铅笔制造以及其原料来源，探讨得最详尽，也最深入的，要数由莫莉·拉法伯丽（Molly Lefebure）所著的《坎伯兰物语》（*Cumberland Heritage*）一书。据说，最先在坎伯兰发现石墨的，是漫步高原、山丘的牧羊人。然而，拉法伯丽对于这个说法颇有意见，她在序文中便率直地指出：

> 至今，有关"墨矿"的记载，大都是穿凿附会勉强拼凑出来
> 的；其中绝大部分根本不可靠——就跟这个说法一样。西托勒高原
> （Seatoller Fell，古时石墨矿场所在）浓雾弥漫，视线不佳，隐约可
> 见峭壁，远远望去宛如秘鲁尖峰般，等走近了，才发觉那是层层相
> 叠，仅有数英尺高的岩石；而格陵兰只有一些羊；至于黑矿，这种
> 流通了三百多年的商品，实在是太难找了。黑矿的由来……众说纷
> 纭，让作者仿佛爱丽丝梦游仙境般——她越想弄清楚黑矿的来龙去
> 脉，越是一头雾水。

在"寻找黑矿"（In Queat of Wadd）这一章中，拉法伯丽坦承在研
究黑矿的发现和开采史时屡遭挫折：

> 你越是钻研，就越会发现，绝大多数的"权威"，只是拾人牙
> 慧，重复前人之说罢了；你越是往下挖，就越明白，你不过是在一
> 堆矿渣中，反反复复，进行永无休止（甚至是错误）的循环。

据传说，最先发现黑矿的是牧羊人——有一天，一阵狂风将一棵大
梣树（在某些版本中，说是橡树）连根拔起，吹倒在荒原上，后来，牧
羊人经过，就发现了根上的黑矿。至于发现黑矿的确切日期，便不可考
了。传说还说，最初当地人在发现黑矿后，只把它拿来为羊做记号。

在有关石墨的众多"传说"中，还有个版本，虽然缺乏依据，却
称得上是篇好故事。1936 年，柯伊努铅笔公司（Koh-I-Noor Pencil
Company, Koh-I-Noor 原本为钻石名，是来自印度，英国王室珍藏，重
达 109 克拉的世界巨钻）发行了一本小册子，上面有篇名为《铅笔》

（The Pencil）的短文，是由柯莱伦斯·佛莱明（Clarence Fleming）执笔。这篇"佳作"是这么写的：

> 据说，在一次暴风雨中，有棵大橡树被连根拔起，经这棵大树"指引"，人们发现了英格兰博罗代尔著名的石墨矿。那是 1565 年，伊丽莎白女王时代的事了：有个四处漂泊的登山客，无意之中发现这棵橡树的根上，黏着一些奇异的黑色颗粒，不久，当地人都知道了这回事，并兴致勃勃讨论起这神秘的矿物。

当然，这 1565 年其实是格斯纳出书的年代。即便是刘易斯·芒福德（Kewis Mumford）在其名著《技术与文明》（*Technics and Civlization*）附录的发明大事记中也明载着：铅笔，1565 年，由格斯纳发明。然而，这等"荣誉加身"可能是格斯纳始料未及的。纵观这种种迹象，我们几乎可以确定：当时使用石墨已颇为普遍，并广受欢迎，尤其是博物学家、艺术家，有了石墨在手，更是如获至宝。1586 年，英国古物学与历史学家威廉·卡姆登（William Camden）便这么描述博罗代尔："有人发现，那种叫作'黑铅'——墨家用来画线、打光影的矿土，或是坚硬而有光泽的矿石，在此产量丰富。"

流传欧洲

伊丽莎白女王在位时期，曾积极鼓励新工业发展，并寻求经验老到的德国人协助英国开发矿藏、提炼矿石，坎伯兰便是当时开发的矿区之一。16 世纪 60 年代末期，在德国人的参与下，英国开采了凯西克以及近郊的石墨矿场。英国石墨会传到欧洲大陆去，很可能就是由这些德国人从中牵线。或许由于德国人到英国后，突然接触到种类繁多的新矿产，一时之间搞不清楚英文的"锡"、"白铅"、黑矿，还有"黑铅"，究竟是什么玩意儿？结果在一阵混乱中，他们便自行发展出一套命名法，而石墨会被称为"白铅"，可能自有道理。只不过其中的真相，就如同发现石墨的确切日期般，永难有水落石出的一天。另一方面，也有人说英国石墨会传到欧洲大陆去，全得拜佛兰德商人与意大利艺术家的"引介"。因为石墨要运到南欧，势必要经过比利时与荷兰，所以在意大利大家都称石墨为"佛兰德人石"（Flemish Stone），或是"佛兰德石"（Flanders Stone）。不管石墨是怎么被传到欧洲大陆的，重要的是到了 16 世纪末，全欧洲对石墨都已耳熟能详。1599 年，意大利博物史学家费兰特·因佩兰蒂（Ferrante Imperanti）便曾在文章中提道：用石墨"画起图来，要比用钢笔和墨水，方便多了，它留下的痕迹既清晰又明亮，不仅能显现在白底上，也能呈现在黑底上；你能随心所欲保留笔迹或擦掉；你能用钢笔循着原有的笔迹，把画重描一遍，你用的若是'铅'笔或炭笔，可就不能这么做了"。

然而，对黑铅感兴趣的并不仅是艺术家。发现石墨后不久，大家便绞尽脑汁，运用各种方法来固定石墨块，以利书写或绘画。从前大家将金属铅裹在纸里使用。同理，为了避免石墨弄脏手，有人便用羊皮裹着石墨将就着用。至于那些"天生丽质"，原本便呈笔状，或是豆荚状的石墨块，拿纸一卷或用线头一缠便能派上用场了（见图 4.4）。而呈细杆状的石墨块，则可以插入中空的小树枝，或是芦苇杆中当笔来用（见图 4.5）。也有人将短小的石墨块塞进麦秆里，外头用线缠绕，等石墨用到某个程度时，便将外面的"包装"撕去一些，好继续使用，就如同我们现在用薄荷棒般。此外，还有人拿藤蔓茎绕在黑铅外以便书写。这种做法想必相当普遍，因为一直到 20 世纪，在坎伯兰和达勒姆郡的部分地区，仍有人称铅笔为"藤蔓"（vine）。

时至 17 世纪，博罗代尔的铅开始大量出口。当时在德国，大家以为石墨是种锑合金，也有人称为"铋"（bismuth）。而在石墨真正的化学成分终于被确认前200年，也就是1602年，意大利生理学与植物学家安德瑞亚·希赛尔皮诺（Andrea Cesalpino）则将石墨误称为"钼"（molybfenum）。他曾在文章中写道："为画家与绘图员制作的一种两头尖尖的笔，就是用它做成的。"同时，他还提道："我认为，钼是某种具有黑色光泽的矿石，就跟铅一样，外表光滑仿佛经过打磨，然而只要伸手一摸，便会发现手上满是黑色痕迹。画家将一小根钼装入笔管中用来作画。钼来自比利时，不过也有人说是在德国被发现的，他们称其为'铋'。"显然，希赛尔皮诺把石墨和钼混为一谈，搞不清楚了。

到了1610年，伦敦街上经常可见兜售黑铅的小贩，可见使用石墨已相当普遍。而石墨令人心动的，不仅是它的黑，也因为可擦可写，让人得以随心所欲，加以更改、修正。1612年，有位作家甚至著文建议，喜欢在书上作眉批的人，若要尽享其中的乐趣，"不妨用黑铅笔来写，因为你只要用新鲜面包，便可以随自己高兴把它擦掉"。

图 4.4　一块两端尖尖的石墨，中间用线缠绕

图 4.5　一个木制蜡笔夹

黑 金

17 世纪，博罗代尔的黑矿名声更加卓著，石墨产量也更加供不应求，相对的，有更多人动脑筋，试着以更利落、简便的方式使用石墨。在各色发明中，有一种法文叫"蜡笔夹"（*porte-crayon*）的笔套杆，其顶端如爪，可以固定形状不规则的石墨块（或是白垩、木炭之类的东西）（见图 4.5）。然而，由于在法文（以及英文）中，"crayon"这个字，其实泛指任何能够用以书写或绘画的干燥素材，因此，为了区分石墨与其他材质，便出现了"*crayons d'Angleterre*"这个词。

随着石墨广受欢迎，使用日益普及，坎伯兰独特的矿产顿时身价百倍，成了名副其实的"黑金"，盗采的情况也越发严重。当时对英国来说，石墨是种战略物资，必须要严加保护：只要库存够英国使用，当局便会下令关闭博罗代尔矿场，如有必要，甚至不惜水淹矿坑以确保石墨不被盗采。每隔五六年，矿场才开工一次，而每次开采仅需半年左右的密集作业便能采得足够的石墨。后来经专家研判，博罗代尔的矿藏即将消耗殆尽，从 1678 年起，该矿场便处于关闭状态。这种情形一直持续到 1710 年，在其他新矿藏被发现为止。可是等矿场复工后才发现，盗采者早已捷足先登，趁着那段关闭期，好整以暇，把矿采得差不多了。18 世纪末，博罗代尔的石墨产量已一落千丈。1791 年，从该矿场开采出来的，仅有 5 吨左右的劣质石墨。

至今依旧没人知道，那些神通广大的盗采者，是在什么时候，将石墨整批走私出去的。无论如何，由于盗采越演越烈，有关部门不得不采取严密的安全措施以及法律行动。后来基于军用与其他用途，如铸造弹壳、子弹和炮弹，英国下议院经过多方考量，终于提出一项名为《加强防范黑铅矿窃盗条例》的法案，规定"任何私闯石墨矿场、矿坑……或偷窃（石墨）的行为，皆属重罪"。结果，这项法案经三读、全院委员会考量，以及上议院通过后，终于在 1752 年 3 月 26 日，由英王乔治二世宣布，在坎伯兰公爵见证下，正式成为法律。

第五章 传统与变迁

　　若是有铅笔史，那写史的过程中，必然充满了擦拭与修正。或许这无可避免，因为历史是从说故事开始的，而讲故事的人总喜欢把最精彩的情节，用最生动的言辞说给大家听。当然，这并不是说讲故事的人故意要误导听众，不过他们的确会凭主观的意见，增减故事内容，并选择自己的遣词用句。有时，他们会删掉"不合时宜"，或是没必要、不重要的角色和情节。讲故事如此，写作也一样。绝大部分作者在完稿、发表作品前，都必然会修改草稿，增增减减，重组、修饰一番。因此，杜鲁门·卡波特（Truman Capote）曾语重心长地说："我相信剪刀，更甚于铅笔。"弗拉基米尔·纳博科夫（Vladimir Nabokov）也曾表达过类似的意见："我所写的每一个字，都经过再三修改，最后才付梓。擦去的笔迹不存，但我的铅笔犹在。"

　　尽管运用铅笔写作是如此普遍，可是有关铅笔的种种，却罕见文字记载。有谁见过铅笔的记载比钢笔多？有谁见过工程设计的记载比科学更多？有谁见过，工厂的记载来得比大教堂多？不过，这一切并不意味着众人较少"歌颂"的事物，就跟人类的文明史无关。有家德国铅笔工厂便曾这么描述过它的产品："极少事物能对传播艺术与科学，如此贡献卓越。日常生活中，几乎没有一样东西像铅笔这么普遍。我们对铅笔实在太熟悉；不自觉地便无视其存在。"

改头换面

迈入 17 世纪后，铅笔缓慢而长久的发展，与现代工程齐头并进。到了 17 世纪末，不仅伽利略与牛顿分别为现代科学和工程奠定基础，铅笔也改头换面，变成了如今的模样。科学与工程的进步或许并不需要靠铅笔，但铅笔的发展，却因为科学日新月异，工程精益求精而获益良多。但这一切都是 18 世纪末的事了。

现代铅笔这个既普通又简单的玩意儿，为什么要花这么久的时间走过漫漫长路，才从金属"铅"蜕变成今天的铅笔呢？这其中有几个原因，就算排除经费问题也依旧令人伤脑筋。在发现真正合适的书写媒介前，运用不同的合金尝试改良金属笔，结果始终令人泄气。一些基本工具之所以能逐步修改，通常是为了因应特殊的需求，而在制作上出现一些特殊的发展。由早期广为流传的化学原理看来，当时的工程学缺乏确切的理论基础，在笔的材质上要作根本的改变实非易事。在茫无头绪之际，尝试错误便成了没有办法中的办法。也因此，铅笔的"进化"自然事倍功半，旷日费时。

无论如何，自从有人在坎伯兰发现黑铅后，铅笔的发展便突飞猛进。尽管在十六七世纪，石墨确切的化学性质尚未为人所知，但最起码，制造业者和使用者能专注于这理想的材质，寻思如何以更便利、有效的方法，加以运用来书写或绘画。由于博罗代尔开采出来的石墨几乎全呈块状，大家绞尽脑汁，只求把石墨块切割成适当的形状，以便装进笔套杆中使用。随着石墨笔知名度的提高，消费者需求日殷，投入石墨笔制造与销售的人，自然相对增加，其间竞争也更激烈。

随着铅笔制造业的竞争日烈，消费者的选择日增，无论是业者或消费者，都变得挑剔起来，只要他们愿意，便可以面对五花八门的产品，品头论足，较其优劣，常用铅笔的艺术家以及绘图员，更是挑三拣四。

若所费不多，业者通常会回应批评，特别是针对需求作适当的改进。这种充满活力的"进化"过程，不仅具普遍性，而且富自动调节性。在业者的良性竞争下，即使不能真正改良铅笔，至少也能降低铅笔的价格。而一切现代工程的发展过程，或多或少都与铅笔的发展有雷同之处。

空白的发展史

尽管制笔业者和工程师，偶尔也会动笔记载产品研发过程，但他们毕竟不是历史学家，写出来的东西究竟可信度多少、客观与否，已令人怀疑，更别提遣词用语以及趣味性与可读性了。总之，至少到 19 世纪前，早期的制笔业和现代工程业，所遗留给后人的通常是些"断简残编"。部分原因可能在于工业革命时期，所谓的工程师就跟早期的铅笔制造业者一样，只是没有学术背景的工匠。一旦他们了解诀窍，制造出成品来，那么其间的思考过程、确切原理，能否形之于文，就不是顶重要了。我们往往可以发现，在古董家具的背面或底部，会有铅笔计算和打样的痕迹，通常既潦草又不完整，活像鬼画符。同样的，古代的工程师在完成建筑以及器械后，也极少留下记录。

虽然制笔的原料繁多，名称令人目不暇接，但直到 19 世纪，有关铅笔的发展史，却仍是零零落落，令人无法一探究竟。当时仿佛是笔的春秋战国时代，各式各样的笔争夺市场，消费者眼花缭乱，就连什么叫钢笔，什么叫铅笔，也没有明确的定义，实在搞得大家一头雾水（见图 5.1）。

无论当初古人是如何发现石墨，又怎么使用，重要的是，制造原始黑铅笔的概念，就跟制作毛笔大同小异。其实英文里的"pencil"，最初所指的主要是画笔。直到 1771 年，《不列颠百科全书》（*Encyclopaedia Britannica*）仍无视黑铅笔的存在，而为"pencil"下了这样的定义：

图 5.1　这些笔迹由上而下依序为现代铅（石墨）笔、"铅"笔、铅锡合金笔、铅铋合金笔

　　PENCIL 画笔，是画家用来上色的工具。画笔的种类繁多，各用不同的材料制成。而其中最普遍的材料，便是野猪鬃——粗短的毛全被绑成一束，固定在笔管的一端。至于毛量多寡，则视其用途而定。这些画笔，大的称之为刷，而一些比较柔软的画笔，则是以骆驼毛、獾毛、鼠毛或天鹅的绒毛制成。这些成束的毛，上端用结实的线绳绑起，并被塞入苇管中。

　　为何当时《不列颠百科全书》对"pencil"的定义仅限于此，就跟书内并未记载"pen"这个词般，同样令人困惑。至于"wadd"，当时则是制造炮弹的重要原料，因此被定义为塞在炮管里，以防弹滑出的黑矿纸。或许，"wadd"这词因为方言性太浓，书上才轻描淡写，并未作太多解释。可是，书上对"plumbago"狭隘的定义，未免也太说不过去了——plumbao：在植物学上，是种琉璃茉莉属的植物，另一方面，书上对"engineer"的定义是：对军事科学在行，并学有专精的人。由此可见，当时日益普及的书画原料和工具，就跟军事以外的工程学一样，并未受到重视。

直到 19 世纪，"pencil"所指的，仍是艺术家的画笔：这种用法甚至延续至今。若按出现的年代排列，今天词典上对"pencil"的第一个定义，也必定是：艺术家用以设色的毛笔。显然，最早的黑铅笔在问世前，曾历经实体和语源上长久的"进化"期。只不过这一切发展大多未经记录，而且除了铅笔制造业者和特定的使用者外，一般人根本就没注意到这些。

沿街叫卖

不管大家怎么称呼这种书写工具，17 世纪的巴伐利亚城镇纽伦堡，已出现铅笔制造业者。据某位作家指出，凯西克当地传说从伊丽莎白时代起，他们便开始制造铅笔。这个说法恰好与石墨量产的时间吻合。当然，这并不意味着当时铅笔的制造技术，已经发展到今天的地步。甚至到 1714 年，一张伦敦海报上描绘的，仍是手持黑铅而非铅笔的流动摊贩沿街叫卖的情形（见图 5.2）：

> 买墨石喔，有墨石卖喔！
> 用了它们，好处多多；
> 我有红色墨石，
> 也有黑色墨石，货色齐全喔！

当时，流动摊贩卖给伦敦市民的，可能是未经加工的石墨块，消费者必须缠以线绳，或是将它插在笔夹中。17 世纪末时，"现代"版的铅笔，似乎也已出现。当然，我们并不知最早的铅笔究竟什么模样，不过，有一点可以确定，近 17 世纪末，铅笔这工具以及"pencil"这一名词，无论在外观、实质或名称上，都已拥有现代意义。1683 年，派特斯爵士（Sir John Pettus）在一本有关冶金术的著作上，对"lead"，作了

Buy marking ſtones, marking ſtones buy,
Much profit in their uſe doth lie;
I've marking ſtones of colour red,
Paſſing good, or elſe black Lead.

图 5.2　1714 年的海报，这是一个叫卖黑铅的伦敦流动小贩

如下的叙述：

> 还有一种矿物铅，我们称之为"黑铅"。这种矿物，有点像锑，不过既无光泽也不坚硬。就我所知，英国坎伯兰有一处黑铅矿场，产量丰富，不仅足供国内所需，也能敷他国需要。不过，该矿藏每七年才开采一次（我猜想，其中的原因大概是为避免矿产供过于求）。使用这种矿物的，有画家，也有外科医生，效果奇佳，尤其是与金属混合的产品，功效更是卓著。近年来，有人将其加以打磨，嵌入松木或杉木条中，用干燥的"铅笔"之名，开始贩售。这种产品比起钢笔和墨水来，实在方便得多。

我们可以确定，到了 17 世纪末，一般人对以木为表，以黑铅为里的现代铅笔，已经有相当的概念。到了后来，黑铅"理所当然"地变成铅笔的核心材料，而不再以未经加工的形态，出现在市场上。此外，派特斯爵士还明白指出，当时最常使用黑铅的有三种人：画家、外科医生、作家。通常画家用黑铅代替炭笔，在着色或描边之前先绘制草图。至于外科医生或郎中，则把黑铅用在医疗上。关于黑铅的医疗用途，老普林尼的《自然史》（*Natural History*）上，有广泛的描述。1704年，汤玛斯·罗宾森（Thomas Robinson）在其所著的《威斯特摩兰与坎伯兰博物史随笔》（*Essay Towards a Natural History of Westmorland and Cumberland*）中，便明确提到黑铅的"第二用途"：

> 黑铅具有医疗和机械上的双重用途。就目前所知，黑铅可以治疗胆结石，还能减轻（因泌尿功能失调所导致的）尿砂、结石以及尿痛等。这类用途大多是由药剂师或内科医师建议……乡下人是这么服用的：首先将黑铅打碎，研磨成粉，然后视病情轻重，酌量加

入白酒或麦酒中服用。

基本上，黑铅对泌尿、排汗、呕吐等，都具有相当疗效。

最初，当地人除了拿来为羊作标记外，并未想到其他用途。到今天黑铅用途却十分广泛，不仅能增加坩埚的光滑度与强度，也能强化土制或陶制容器，使能耐高温及增加光泽。此外，拿黑铅来摩擦铁制武器，如长枪、手枪之类，不但防锈，还能加强原有色泽。

说来可笑，直到今天，很多人仍有错误观念，担心那不含铅的铅笔，会引起"铅中毒"。相反的，早在两个多世纪之前，大家却普遍认为黑铅有神奇的疗效。据罗宾森说，荷兰人高价收购黑铅制造染料，但贝克曼认为，红毛番真正的目的，是要制造黑铅笔。

绝佳书写工具

最原始的铅笔比起蘸水笔和墨水来，确实多了不少优点，但这种由石墨块和笔套夹组成的铅笔仍有些缺点；假使没夹好石墨块，一不小心，石墨便会从笔套中松脱、滑进笔套里，或是整个掉出来，直到今天，当我们在使用劣质铅笔或免削铅笔时，仍旧能体会到这种令人挫折的经验。而且由于石墨块较粗，留下的笔迹可能不够细。但原始黑铅笔书写效果比金属铅笔清晰太多，因此仍瑕不掩瑜。在当时的环境下，消费者必然会认为，最理想的书写工具非它莫属。

近代铅笔借黏胶之助，细长的石墨条得以固着在松木或杉木块中，消费者在使用到某个程度后，便按照需要将外层的木头削去一些（在古代，无论是艺术家或作家，都已习惯用小刀削尖鹅毛笔与芦苇杆笔，削笔对他们而言，既不新鲜也不算特别麻烦）。另一方面，因为有木料支撑，再细的石墨条，都能用来书写，自然可以视需要而调整笔芯的粗细，往日"粗心大线"的情形也有显著改善。

　　据凯西克的传说指出，最初发明木制铅笔的，是当地一名木匠。有位牧师经试用后十分欣赏，便向木匠定制了一些分赠朋友，铅笔也因此传到国外。也有些传说指出，木制铅笔是由纽伦堡的木匠发明的。早在1662 年，弗里德里希·施德楼（Friedrich Staedtler）便被公推为铅笔制造专家。无论制造铅笔这主意究竟源自何处，归纳各种传说，最显而易见的，便是铅笔的制造技术是从木工发展出来的。唯有木匠才拥有必要的技术，切割、组合如此精细的木块，并将奇形怪状的石墨块修整成适当的形状。当然，即使木匠技艺超群，要能想到把石墨嵌入木条中，还是需要想象力。最初制造出铅笔的木匠，除了一流的技术外，势必也要有十分丰富的想象力。以今天来说，铅笔制造早已迈入机器量产的阶段：面对这从小伴我们长大的书写工具，大家最常提出的问题依旧是："铅是怎么塞进铅笔里的？"

嵌入石墨

　　根据各种相关资料看来，铅笔的原始制造过程似乎是这样的（见图5.3）：将从矿坑采来的石墨块，直接切割成矩形薄片。最理想的石墨片，应该是八分之一英寸厚，一英寸宽，并尽可能地长。包在石墨外的木条，约半英寸宽，八分之三英寸厚，六七英寸长，差不多跟成品等长同厚。接着再用锯子，将木条中央切割出与石墨片等宽同厚的凹槽来。然后把石墨片最长的一侧，沾上足够的胶水，并将其嵌入凹槽的一端。当然，多余的石墨就用锯子锯掉，或是像割玻璃般划断。由于单用一片石墨，长度不够，无法填满凹槽；因此，必须用好几片石墨，一片紧挨着一片，重复嵌入、切割的动作，直到凹槽填满为止。接下来，便是将这接面刨平，并涂上黏胶，然后黏上一片厚四分之一英寸，宽半英寸的长木条，将整个接面完全密封起来。等黏胶干了，这方形的铅笔也就可以用了。不过，为了使用舒适起见，也有人把它削成其他形状。一般相信，最初的铅笔有一部分便是以八角形的木头，内包正方形的石墨条黏合而成的（见图 5.4）。事实上，对一名技艺高超的木匠来说，切割铅笔的形状，仅是细枝末节、雕虫小技；只要他愿意，便能随心所欲，使铅笔呈现六角形、圆形，或其他任何形状。

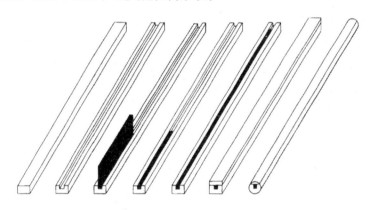

图 5.3　早期利用天然石墨，制造木壳铅笔的步骤

图 5.4　一支内有方形石墨，外为八角形木杆的铅笔

将天然石墨嵌在木块里的做法，在铅笔制作上，是项极有价值的进步。从此，铅笔制造业者能够更有效地运用石墨，因为每支木杆铅笔中，只要嵌入少量石墨就够了。但这种制造方法也有缺点，石墨笔芯需要切割，接面又得刨平，在繁复的过程中，所留下的石墨碎片以及石墨屑十分可观。当时，这种博罗代尔特有的矿产已弥足珍贵，越来越不易取得，而其他地区所产的石墨，质量都不如博罗代尔。曾有一段时期，英国法律甚至明文规定，盗采石墨矿将以重罪量刑。由于石墨价格不菲，又容易脱手，以身试法的人仍前赴后继，乐此不疲。当时最流行的

一句俗谚，便是："丁点黑矿，胜过一日工。"

因为良质石墨产量有限，所以英国政府并不鼓励出口，除非制造铅笔，才准予放行。如此一来，英国铅笔制造业者单在原料供应上就占了先天的优势。不久，博罗代尔方圆十英里便成了铅笔厂的大本营，一家家工厂如雨后春笋般不断成立。

相对的，欧洲大陆的铅笔制造业者，在原料供应受限的压力下，不得不另觅他途，寻找其他方式制造铅笔。

早在 1726 年，便有人意识到使用博罗代尔石墨时，有节约的必要。石墨屑和最小、质量最差的石墨块，都被回收再利用。以下，便是一名柏林业者的制笔过程：

> 首先，切割工将石墨放在石臼中加以研捣，然后筛过两三次，直到剩下的石墨全都变成细砂状为止。接着，将石墨粉倒入坩埚——每加入一磅石墨，相对的，就得加上四分之一磅或半磅的硫黄，加热，并彻底混合均匀。等混合物稍凉，趁尚未凝固前，取出放在木板上，像揉面团般揉捏一番。等冷却后，才能拿利锯，切割这团混合物，按需要切成四角形的小薄板。其次，再将木材锯成需要的尺寸，然后利用凹槽刨或烧红的铁具，在木块上刨或烙出凹槽来。等凹槽形成后，便将石墨芯黏进去，再黏覆上一块木片。一支铅笔至此大致完成了。工匠接着会将有石墨芯的一端，以锉刀磨尖笔头，最后用砂纸将整支铅笔的表面仔细磨光。由于一打铅笔只能卖得八十便镍（groschen），很显然的，铅笔制造业者若想获利，就必须在短时期内大量生产。

从这段叙述我们可以看出，18 世纪的铅笔与现今的铅笔间，最大的不同在于从前的铅笔芯，未必跟外面的木笔杆等长。因为文中提到

"有石墨芯的一端"——言下之意，便是说还有一头，并没有石墨。业者会这么做，自然是为了节省石墨，但不至于造成消费者的不便。因为铅笔会越削越短，等消费者使用到某个长度时，便不易握住，干脆淘汰旧铅笔，另换一支新的。所以，铅笔末端没有石墨，并不会造成困扰。事实上，这种制造方式甚至一直延续到 19 世纪。

珍贵的石墨

今天，制造铅笔的理想木材已日渐稀少，但两百年前整个经济的焦点，却不在木材，而在于石墨。欧洲大陆的石墨含有太多杂质，书写时经常会刮破纸面，这类石墨在使用时，必须先研磨成粉，以除去杂质。此外，业者为了"节流"，使有限的存货发挥最大效用，便尝试将石墨屑以及石墨粉，加上一些黏着剂，如树胶、虫漆、蜡、鱼胶（一种从鱼鳔中提炼出来的凝胶，可用以黏着），还有硫黄。但这类再制石墨不仅效果差，而且质地坚硬，既不好削，又不易书写。于是，有人开始回头使用加有锡、银、锌、铋、锑、汞等金属铅合金。无论铅笔的质量究竟好坏，重要的是它在市场上已占有一席之地。

有关这一点，我们可以从 1777 年到 1784 年间，系列出版的《不列颠百科全书》中一窥端倪。原本书中仅提到所谓"pencil"是指毛制的画笔，但新版本却增添了新定义：

> PENCIL，是种用以绘画、书写等方面的工具。它的制作方式如下：将长条状的黑铅，或是红色白垩，放入刻有凹槽的杉木条中，再覆上一块杉木条，用胶黏合后，将整支铅笔刨成圆形。接着，将一端削尖，如此一来，便能派上用场了。
>
> 将细石墨粉，按照一定的比例与熔化的硫黄搅拌均匀……趁这

混合物尚未凝固时，将其倒入铸模中。从外表看来，就像较粗劣的石墨般……

据说，德国的黑铅笔，就是按这个原理制造出来的。许多沿街叫卖的铅笔也如法炮制，基本上，这类铅笔的缺点在于熔点低，只要靠近烛火或烙铁便会熔化，甚至出现蓝色的火光，刺鼻的气味，宛如燃烧的硫黄，连带的，成分也会因此产生化学变化。而纯黑铅本身，即使遇热也不会冒烟、产生刺鼻的气味，或发生明显的变化。利用这类添加物制成的铅笔质量极差：既坚硬，又易碎，无论在纸上，或是木材上，都不易书写；有时甚至把纸划破，或是刮伤木材面，无法留下清晰的笔迹。

货真价实的英国铅笔……是用纯黑铅制成的。其制作方式如下：把黑铅锯成细长的小片，放进木条的凹槽中，覆上另一片木条，并将其黏合。而他们所选择的是最软的木料，如杉木；如此，铅笔切割起来会比较容易。其次，英国制铅笔一端嵌有黑铅，而另一端则无，这么做是为了节省宝贵的原料，因为铅笔用到某个程度后，长度不够，很不好拿，消费者通常弃之不用；所以，即使末端嵌了黑铅，也是浪费。对消费者来说，这些英制铅笔仍有不便之处；而质量好坏十分不整齐——有的业者甚至偷工减料，在铅笔前端用的是较好的石墨，后面接的便是较差的石墨。尽管仍不尽完美，但比起其他铅笔来，却已经强太多。无论如何，有人为了要避免这些瑕疵，干脆弃铅笔不用，自己挑选较佳的石墨，将它们锯成细长小片，装在笔夹中使用。而这无疑是保证质量的最佳方式。

"高科技"工具

由于这段文章，是专为第二版《不列颠百科全书》而作的，因此我们可以假设，其所反映的是 18 世纪 70 年代的铅笔制造业概况。无论对铅笔的成分，或是组合铅笔的方式，这段文章都有明确的描述，但对全无经验、初入此行、只知利用劣等石墨来制造铅笔的业者而言，却依旧缺乏足够的细节以供参考，进而改善产品的质量。文中从头到尾都未曾提到将石墨与其他物质混合，以制造上等铅笔芯的确切配方。不过，话说回来，即使在现代，任何企业也都不会透露其商业机密的，至于借着百科全书，把自己的生财之道昭告天下，就更是天方夜谭了。

制造铅笔最初是木匠业、家具业的事，自从黑铅供不应求，严重短缺后，制造铅笔就变得更专业，如柏林制造商便将切割黑铅和修整木条的作业，作了明确的划分。事实上，18 世纪初，大家便普遍认为制造铅笔有别于一般家具制造，是种十分独特的行业。经过不断的发展，铅笔制造分工越来越精细，俨然成了当时的"高科技"工业。随着铅笔日益商业化，无论工会、政府或是外商，都兴致勃勃地插足市场，使业者的竞争，更加白热化。到了 18 世纪末，铅笔制造业就如同现代工业般，从"提着篮子，赶赴城镇，兜售一周产品"的家庭工业，蜕变为分工精密的量产工业。

第六章　发明与改进

在我们眼里，一支铅笔可能不过是块利用木条，巧妙包合的石墨罢了，可是要将这许多原料逐一组合，其实需要极精确的过程。而要取得制造铅笔的原料，则必须透过最现代化、最国际化的政治、经济以及工业技术体系。20世纪末，美国制的铅笔芯，便是利用产自斯里兰卡与墨西哥的石墨，再加上密西西比的黏土、东方的树胶和宾州的水调和出来的。至于其外面的木壳，或许是以加州芳香的西洋杉（western incese cedar）制成；笔端的金属箍，可能是用美西的黄铜或是铝打造出来的；顶端的橡皮擦则是由南美洲的橡胶，以及意大利的浮石混合研制而成。

国际政治趋势对国外原料来源的影响举足轻重。铅笔制造者往往未雨绸缪，早在世局尚未变化前便四处寻找替代品。有些眼光较远的业者，预见原料终将短缺，为求有备无患，积极囤积石墨、取得新矿脉独家开采权或杉木林的独家砍伐权，再不然就是自行栽种整片的杉木林。但即使能保证一切原料的供应都不虞匮乏，对本国业者或外商而言，要以很低的价格来处理、组合原料，并供应大量的铅笔，实在是一大挑战。事实上，无论是制造铅笔、汽车或电脑，任何现代工业技术的核心，便在于灵活运用原料。说穿了，一切原料的运用，都会随着供需而永无休止地改变，这并不是新鲜事。

18世纪末，铅笔制造就如同其他工业技术般，在英国与欧洲大陆间的发展日趋两极化，最主要的原因在于石墨的质量与供应量。有段时期，英国发现了既丰富，又纯粹的石墨矿藏，其开采之易，产量之多，足敷各方所需。就如同 1816 年在《伯森斯百科全书》（*Encyclopaedia Perthensis*）上，是这么描述"博罗代尔"的："当地德温特华高原发现的石墨矿，足以供应全球需要。"

或许，博罗代尔的矿藏足全球所需，不过，19 世纪初的石墨来源绝不仅此一处。对此，《伯森斯百科全书》中便有简明的描述：

> 黑铅，石墨……在不同的国家，如德国、法国、西班牙、好望角以及美国都有矿藏，但产量通常不多，质地差异也很大。无论如何，质量最佳、最适合制造铅笔的，还是在坎伯兰郡内一个叫博罗代尔的地方。有人说，其矿产之丰，不仅能供应全英国，甚至可以供应整个欧洲大陆的需要。

而在 1800 年的前后十年间，英国议会摇摆不定，一会儿"囤积"博罗代尔石墨，关闭矿坑，一会儿又开方便之门，向各国出口，其中部分原因与旧矿坑的枯竭，以及新矿脉的发现有关。接着，《伯森斯百科书》对博罗代尔石墨为何品质优良的原因，作了详尽的分析。所谓"一分钱，一分货"，博罗代尔的石墨既佳，在国际市场上的价格，自然也就"高高在上"了。

尽管全球石墨供应潮起潮落，首屈一指的英国铅笔，却依旧得天独厚地用地道的博罗代尔石墨制成。不过，为了杜绝陈年的盗采问题，有关部门迫不得已，只好施行严刑重罚。1846 年，贝克曼的《黑铅史》修订版中，便提到这一段：

> 现在，保护这宝藏的，是栋固若金汤的建筑。建筑的底层共有

四个房间，其中一个房间的下方紧挨着矿坑入口，口上有活门——仅有矿工才能通过层层关卡进入"宝山"中。在这间有"更衣室"之称的房里，矿工一进来必须脱下便衣，换上工作服。无论是临时工或固定工，工作满六小时后，都必须在管理员的监视下换回便服，才能获准外出。这四个房间中，最里面的一间放着一张大桌，两个人坐在桌前负责筛选，并清理采得的石墨矿。这两人一开始工作，房门就必须上锁，隔壁房里，则有武装的管理员——他腰插两管喇叭枪，严密监视筛选员的举动。据说，在某些年代里，矿场一年只要运作六周，石墨的净产值便高达三四万英镑。

在这重重保护措施下，由于原料不虞匮乏，当地的铅笔制造业者反而无心精益求精，使制造流程更上一层楼。事实上，直到 19 世纪中叶，眼见矿藏日渐枯竭，凯西克的业者才开始动脑筋尝试改良铅笔的制造流程。相对的，欧洲大陆的铅笔制造业者，长久以来便面临博罗代尔石墨供应不稳、价格高昂的问题，而来自他处的石墨质量却又十分低劣。欧洲大陆业者因此绞尽脑汁，研发出制造铅笔芯的革命性流程，并为业者沿用至今。其实，这类技术创新是外在的社会、政治环境和经济压力等各种现实因素的刺激，所交互引发出来的。俗语说，"需要为发明之母"便是这个道理。不过，除了需要，有时一些"意外"也是导致创新成功的关键。

柯特制造法

18 世纪 90 年代，法国的铅笔制造业之所以会有革命性发展，是因为 1793 年英法爆发战争，别说是博罗代尔的优质石墨，就连德国以石墨粉、硫黄，还有黏胶制成的劣质代用品，法国业者都无法取得。然而，由于战争、革命、教育的影响，商业的勃兴，大众对铅笔的需求日益殷切，法国军事部长卡诺（Lazare Carnot）便寻求替代方式，企图在国内制造铅笔。那时，39 岁的柯特（Nicolas-Jacques Conté），因为法国大革命的影响，早已由原来的肖像画家转而钻研科学，成为学有专精的工程师。18 世纪 90 年代初，他在许多科学领域均享有盛名。巴黎综合理工学院首任校长加斯帕·蒙热（Gaspard Monge），便曾说他"脑中科学，样样皆通；手中艺术，项项皆精"。因此，卡诺会选上柯特，要他负责研发替换纯博罗代尔石墨制造铅笔芯的代用品，也就不足为奇了。早先，柯特积极鼓吹军方大量使用热气球，并致力研究，但在某次实验中，氢气意外爆炸，伤及他的左眼，柯特才转移重心，专心研究危险性较小的石墨。1794 年，柯特只花了几天时间，便研制出石墨的代用品。其后不到一年，也就是 1795 年初，他便因为这项新发明获得了专利。

柯特能够创新流程，生产代用石墨，显然与他熟知利用石墨制造坩埚有关。而他制造铅笔芯的新方法，是将研成细末的石墨粉，先除去杂质，然后加上陶土与水整个混合起来，接着，趁混合物尚未凝固时，把它抹入长方形的铸模中。等这些代用石墨风干凝固后，便将它们移出铸模，外捆木炭，封在陶箱中，并以高温煅烧。由于陶铅易碎，难以刨平，因此，只有变更设计，将其嵌入长木条中，就如同德制铅笔般。基本上，这条木块的凹槽深度，约为"铅"条厚度的两倍。待两者黏合后，在铅条上再粘上一根细木条，将整个凹槽填满。接下来，便是决定铅笔的形状了（见图片 6.1）。

也有人说，柯特铅笔制造法其实是 1790 年由维也纳工匠哈特莫斯（Josef Hardtmuth）独力研发而成。不过，那一年他似乎只建立了铅笔制造厂。哈特莫斯自称，柯特铅笔制造法是他在 1798 年发明的，但这距柯特取得专利已有三年之久。此外，也有人说，这个创新的流程是在许久之后由柯特的女婿洪柏拉特（Arnould Humblot），多方改良岳父的"原始程序"后，才逐渐成形的。

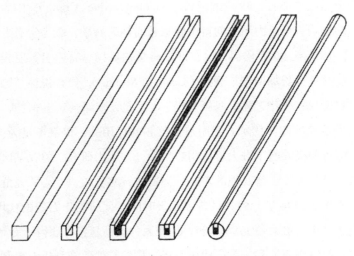

图 6.1　制造柯特铅笔的步骤

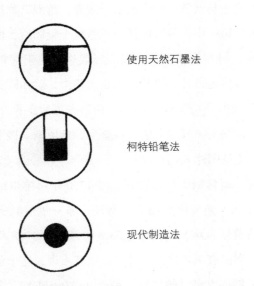

使用天然石墨法

柯特铅笔法

现代制造法

图 6.2　不同的铅笔制造方式；现代铅笔是将圆形的铅笔芯夹合在木条中

不管铅笔的创新制造法，究竟是怎么发现，又是何时发现的，总之，自从这次"革命"后，欧洲大陆业者终于得以自主，而不必依赖英国供应良质石墨。最初，这种创新制造法仅为法国和奥地利业者所采用，接着，德国国营的巴伐切亚帕绍（Passau, Bavaria）铅笔制造厂，也开始"从善如流"。到了19世纪中叶，这种铅笔制造法已遍及全欧，至今欧洲业者制造铅笔仍以这套方法为准（见图6.2）。

制造柯特笔最大的优点，便是业者能借着调整陶土与石墨粉的比例，固定制造出笔迹深浅不同的笔芯。反之，笔色的浓淡对英国铅笔制造业者来说，却可遇而不可求。

柯特铅笔制造法与传统纯石墨铅笔制造法最大的不同，便在于能按照需要，人为地控制笔迹深浅。反顾古老的传说，总是强调不可知的"意外"以及独立偶发的事件，例如当初博罗代尔石墨矿会被发现，是因为一场暴风雨将一棵树连根拔起而露出矿脉；还有，牧羊人凑巧发现这奇异的黑矿后，便用它来标记羊群。无论这些传说是真是假，所反映出的，是当时人们对书写工具消极、被动，以及听天由命的态度。

寻找既存真理

那么，究竟是什么因素，促使法国的柯特于1794年，在铅笔的制造上获得重大突破，而其他地方、其他时代的人却"一无所获"呢？在科学革命时期，曾有无数睿智的展望，却鲜少有人宣称，自己能随心所欲，游走于物质以及哲学领域间。一般来说，每个人都有自我的思维模式，在进入一座未可知的知识矿山时，任何探勘者大都会循着自己的思路，一股脑儿地往里钻，试着推理出一条坑道，而绝少能跳脱框框，高瞻远瞩。即使是伟大的牛顿也不例外。最初，牛顿的兴趣和注意力几乎全集中于实用的层面，往往自陷于局促的坑道中无法超脱。可是牛顿并不认为自己有如"矿工"，因为他将其人生旅程比喻为漫步海边，满心欢喜地随机寻觅更美的贝壳。或许，牛顿正如在海滨漫步，捡贝壳的游客般，面对眼前浩瀚的真理之海，一无所知，震慑不已。也因此，他恍然大悟，退出狭隘的"坑道"，既而登高远眺。当然，牛顿眼界大开后，所寻找的并非改良铅笔的材料，而是智慧的点金石。虽然他的藏书室里汗牛充栋，各类书籍堆积成山，从医学到数学无所不包，但他似乎并未深究其内容。尽管牛顿的兴趣，有一部分的确很实际，不过在内心深处，他并不是个工程师，也无意要当工程师。

上述"牛顿范例"所传达的，是"登泰山而小天下"，进而精益求精，力图更上一层楼的概念。其实这个概念与牛顿所比喻的"海滨拾贝"观念一致。说穿了，心智活动的终极目标，都在寻找既存的道理。牛顿的海滨隐喻便指出，下一个贝壳（理论）可能会更美（更精辟），或许，当拾贝者找到更美的贝壳时，就会"喜新厌旧"；不过，所有真理仍在汪洋大海中，它们的被推上海岸，只是时间早晚而已。

铅笔的发展与制造，相当有助于抽象的活动及趋势的具体呈现，反之，抽象的理论并不能制造铅笔。而一个人光是漫步沙滩，寻找更美的贝壳，根本不可能发现既能书写，又能绘画的黑矿。总之，类似牛顿这样的思想，对现代工程的科学基础虽有举足轻重的贡献，但单靠这些理论思想，在改良"拾贝者"不屑一顾的人工制品上，却几乎毫无帮助。

就本质来说，石墨的外观，的确远不及海滩贝壳或地平线上东升旭日之美，但对有心改良铅笔、坩埚以及炮弹的人而言，却是可遇不可求的宝贝。

从表面上看来，高纯度石墨的发现，主宰着现代铅笔的发展，然而我们不难想见，早在发现石墨前，制造铅笔的念头便已出现，就像在制造出飞机前，人类早有满脑子飞上天的梦想。即使当初没发现石墨，而具有类似特质的其他材料，或许照样能发展出铅笔来。

　　无论是什么年代，人类的创新、巧思以及发明随处可见。公元前罗马的古文明，还有当时机械的进步，在维特鲁威的笔下，全都历历如绘。而中世纪科技的发展，在达·芬奇的绘画中也表现得淋漓尽致。不过，这些创意与科学文明，要有系统地发展为工程学，并结合工技和科学，化梦想为事实，创造出理想的制品，却得历经好几个世纪。或许设计铅笔，看来要比设计桥梁容易，但实际上，前者较后者甚至更难，变量也更多。设计桥梁的基本要求在必须有足够的强度以及硬度，好承载特定的重量，不过只要维修得当，不需要太多经费，它便能年复一年发挥应有的功能。至于它的寿命能有多少年，就得看强度与经费间、耐久性与经费间，还有维修与经费间的交易，究竟到达什么程度而定了——总之，在一座桥梁的发展史上，经济层面的决策会影响设计理念与制作出来的成品。

　　铅笔就如同桥梁般，也必须有经费、强度，还有耐久性的考量。只不过，这些需求比较难以拿捏、估计。制造铅笔所需的材料，不仅得有足够的强度、耐久性，还得要能在纸面上留下清晰的痕迹。在很偶然，也很幸运的情况下，英国人发现了博罗代尔石墨，而这种黑矿，经过切割后，正兼具强度适中，以及书写清晰的特性。但是，利用博罗代尔石墨粉、硫黄与蜡混合，所制出的替代品却不具有上述特质。这类铅笔芯，一遇上热天便会变软，书写起来并不平顺。

手工技术之美

　　柯特对铅笔制造最大的贡献，便是延续了法国科学设计的精神。这种精神意识到，要发明创新，就不能仰赖技术传统作为创新灵感的唯一源泉。尽管在一般人眼中，手工技术实在是很普通，可是其中却蕴含了不可或缺的信息，是由工匠有系统地分析产品以及制造流程累积而成，人类新的"福祉"也来自于此。法国哲学家狄德罗（Denis Diderot），在其不朽的 1751 年出版的《百科全书》（*Encyclopédie*）第一卷中，便曾提到这种精神。他为"craft"（手工技术）下的定义是这样的：

> CRAFT……凡是需要用手制作的行业，均可称之为"手工技术"。基本上，这类技术限于特定的一连串机械性动作，好一遍又一遍制造相同产品。我不了解为何大家对这个词的含义，如此漠不关心——一切生活必需品，都必须靠手工技术制造。任何曾经用心参观工厂的人便会察觉到，举目可见的设备，全是人类智慧的最佳明证。

不管工匠对其设备是否了如指掌，或对自己的活儿能说得头头是道，技术本身牵涉之复杂，很可能让人有"理"说不清。因此，除了少数有心人外，典型的工匠通常是"不明就理"。他们从学徒干起，只管照"规矩"来，循着前人的脚步，反复造着同样的桥、生产着同样的铅笔，或是像典型的矿工，不管三七二十一，照着前人的老路猛往下挖。相对的，典型的理论家或现代科学家，虽一心追求创新，却无可救药地钻入理论的牛角尖，而发展出了无新意的学说。至于自古以来便兼具好奇心及理论基础的工匠，或甚至学徒出身的工程师，和脚踏实地、具有丰富经验的科学家，二者都是天生的创新者。

在铅笔制造上，柯特之所以能有突破性的变革，便在于他兴趣广泛，理论与实际并重。事实上，早在卡诺"慧眼识英雄"前，柯特对石墨便显露出相当的兴趣。最初，他把这种耐高温的黑矿，作为制造坩埚、炮弹的原料，甚至是作画的媒介，正因如此，卡诺才会找上他研发代用石墨。在柯特之前，一般工匠对石墨的运用十分有限，而且大多是师徒相传，仅"知其然"而"不知其所以然"，更谈不上研发改进。柯特之所以能有所突破，想出混合石墨与陶土制造铅笔芯的方法，最主要的在于他早已熟悉如何结合这些原料制造一流的坩埚。或许，在偶然的情况下，身处实验室的柯特发现，坩埚的碎片竟具有书写、标记的功能。

那实验室，其实就是现代的工作室。现代工程学便是结合科学方法论，还有工匠对工具以及手工制品的经验，逐渐累积下来的。或许，现代工程学在英、美起步较晚，不过，由于持续的研究与发展，它在把传统手工技术，转变为现代工业技术上，扮演着日益积极的角色。事实上，在柯特革新铅笔制造法后的一百年里，所有的技术层面——从最普通的铅笔制造，到工程浩大的桥梁建筑，都产生了由传统到现代的更迭。

第七章 传统方法与商业机密

历经 18 世纪的发展，到 1794 年柯特发现革命性的制造法，铅笔与其制造流程的改良，可说渐进而缓慢。而这正是近代科学发展前，应用"原始"工程学的最佳范例。

将博罗代尔石墨嵌入更精进的木制笔杆内，一般人的欢念里可能认为是细木工的天职。长久以来，基本木匠工具，如刨子、凿子的制作，便是将金属块嵌进木框和木柄中。此外，十七八世纪时，细木工对更基本的专业知识了如指掌，如应该选择哪种特质的木料才能固定嵌入石墨，并在刨整笔面时不致断裂等。事实上，在最早生产的铅笔中，有一部分便是利用杉木做成的；直到今天，在专家眼里，杉木仍是制造笔杆的理想原料。当然，最初细木工会选择杉木来制作铅笔杆，既非偶然，也并不令人讶异。因为经验丰富的细木工，对于木材的特性，以及木料如何才能跟石墨搭配制造出好铅笔来等，成竹在胸。细木工对黏合木块、刨修铅笔表面的技巧，也知之甚详，颇有心得。总之，细木工具有利用现成原料，制造上等铅笔所需的一切技能以及经验。可是，最令细木工与木匠为难的，就是在缺乏良质石墨还有上等木材的情况下，仍得勉为其难，扮演"巧妇"的角色，制造出上好铅笔来。

或许长久以来，木匠便梦想着：锯屑能回收，"化腐朽为神奇"，但要圆梦，光靠神话或希望是不行的，唯有赖最富想象力与经验的木工，才能实现理想。不可否认，把石墨粉与硫黄、树脂或黏胶混合，加以搓揉，再抹入铸模中，待其凝固后，将这代用石墨切割成方形长条，最后嵌入细木条中，从头到尾，都需要精湛的技术，基本的细木工根本不足以应付。但话说回来，就算细木工技高一筹，手艺炉火纯青，依旧不能保证能得到任何圆满的结果。事实上，直到 18 世纪末的最后十年，铅笔的生产还是循着手工制造的传统——一般来说，这些传统十分僵化，对于真正的创新发明，通常有害无益。因此，要突破创新，发展出制造铅笔芯的新方法，除了精湛的细木工技术外，还需要野心，以及乐于实验、尝试的精神。

至于传统的交易与手工技术，对工业技术的创新到底是利是弊，我们从早期德国铅笔制造业的发展，便能一窥究竟。或许早在 1564 年，漂洋过海于英格兰西北部湖泊区开矿的德国矿工，在发现博罗代尔石墨矿不久，就把这消息传回了德国。无论英国出产石墨的消息，究竟是通过这一渠道传回德国，还是经由佛兰德交易商传来的，到 17 世纪 60 年代在纽伦堡，将石墨嵌入木条中已相当普遍。但当时盛行的行会制度太过僵化，根本无法鼓励竞争或创新。而这一点，早在 1662 年，弗里德里希·施德楼便已体认到。

施德楼是移民之后，他的父亲是铁丝制造业者，可能因为三十年战争的影响，他并未继承父业，反倒在纽伦堡立业成了零售商。他取了细木工之女，从岳父那儿学到细木工这行的门道，其中包括将石墨嵌入木条内。当时，木工的专业分得很细，即使是擅长制造针线盒，还有玩具等小玩意儿的细木工，也不自行动手切割石墨，而是向"白铅"切割工买现成的（见图 7.1）。

铅笔制造业起步

虽然如此，制造铅笔依旧只是细木工的"副业"之一，直到施德楼

图 7.1　1711 年欧洲大陆 "白铅切割工" 的插画。德国语汇会有 "白铅" 一词，

是因为错将石墨误解为富有光泽、类似白铅的金属

才有企业化的思想——他心无旁骛，放弃制作玩具以及其他新奇的木制品，只管制造铅笔。在岳父与其他细木工的反对下，施德楼义无反顾，向纽伦堡市议会提出申请，希望能获准制造铅笔，可是却被打了回票。因为该市的贸易监察委员会（Trade Inspection Board）认为，制造铅笔是所有细木工的特权，无需进一步区分，将其视为专业。施德楼尽管碰了钉子，但仍不屈不挠，坚持到底，终于达成心愿。据官方记录显示，当其长女出生时，他便"登记有案"，正式成了铅笔制造业者。也正由于其独立、不屈不挠的个性，使施德楼不至于故步自封，只知像传统的纽伦堡细木工般照着前人的老方法做。反之，这位初生之犊不仅开始自行切割石墨，而且只要有关制造铅笔的作业，他全一手包办。随着铅笔制造业日渐勃兴，政府也就"从善如流"，正式承认这是门独立的行业。1731 年，德国铅笔制造业终于"自立门户"，成立行会。

据说 17 世纪末，施德楼开始实验，企图生产代用石墨——结果，他利用石墨粉以及融化的硫黄，制造出当时所谓的"人造铅笔芯"。不仅废物利用，也能使劣质石墨在使用前"去芜存菁"。最重要的是，施德楼借此降低了对进口石墨的依赖。

施德楼的铅笔制造技术，经过代代相传以及子孙发扬光大，一个家族铅笔制造王朝随之诞生。当然，在 17 世纪末与 18 世纪初，纽伦堡其他的铅笔制造家族也开始起步，不过，根据该市贸易监察委员会的记载，直到 1706 年，经正式授权制造铅笔的业者只有两位，他们分别是：杰尼格·施德楼（Jenig Staedtler）以及耶格·施德楼（Jäger Staedtler），两人都是施德楼家族的成员。这些家族企业，当初可能全赖像弗里德里希·施德楼这样既富想象力，又有创意的企业家，才能打下一片江山。继承他们事业的，通常是较不具想象力，较缺乏远见的子孙。年复一年，这些"守成"的子孙，始终依照"传统"，利用同样的方式制造铅笔，全然不顾发展技术，以求制造更好或更便宜的铅笔。无论如何，迈入 19 世纪后，铅笔制造业便走进了另一个新时代，而施德楼家族是历经考验，少数硕果仅存的家族企业中最古老的一个。

每况愈下

　　然而，施德楼家族企业就像那些惨遭灭顶的企业一样，之所以载浮载沉，为生存而挣扎，最主要的并非出现更好的铅笔制造业者加入"战场"，进行公平竞争，而是有些不肖业者逍遥法外，摆脱法令限制及行会约束，从事不公平的制造与买卖。由于他们生产的铅笔根本粗制滥造，不含昂贵的原料，得以贱价销售。这些不肖业者制笔时，既不用纯度高的石墨块，也不用合成的代用石墨，他们鱼目混珠，只求把铅笔卖出去就好。例如，他们有时会在笔杆中，嵌入一英寸左右的石墨，其余的地方则用最差的石墨填满，或任其"留白"。更草率的业者显然不顾家族或是企业的声誉，只管"依样画葫芦"，制造一些看似铅笔，仅仅两端嵌有石墨的废物。

　　后来，为了保证铅笔的质量，使交易、零售商以及消费者有所保障，制造业者便想办法，将注册商标铭刻在笔面上。这种做法一度为中间商所反对，他们认为，这样一来，消费者便知道哪一家的产品做得最好，而干脆直接找上业者，使其无利可图。

　　除了商标问题以及不肖业者的恶性竞争外，行会的重重限制，也使正当的铅笔业者面临生存困境。直到 1806 年，纽伦堡纳入巴伐利亚版图，贸易监察委员会随之解体，实施自由市场制度，像施德楼这类的铅笔业者才开始迅速扩张。

　　当时负责施德楼家族企业的，是弗里德里希的玄孙波勒斯·施德楼（Paulus Staedtler），他自称为"厂主"（Febrikant），并将其工作室称之为"工厂"。波勒斯是位拥有执照，经官方认定的铅笔制造大师，他时常扮演工头的角色，监督许多没有执照的业者制造铅笔。这种制度或许可以确保铅笔的产量，使供应不虞匮乏，但在这样的监督下，根本无法鼓励业者致力发挥实验精神，发展新产品或研究新的制作流程。也因此，毫无实际的研究或发展可言。由于家族企业是靠子孙代代相传，即使建立了铅笔制造的新王朝，德国的铅笔制造业却依旧在原地打转，而鲜有进步。经过多年的发展，德国制铅笔仍然利用易碎、易刮破纸面的硫黄合成石墨来做笔芯。

通常，铅笔制造家族间的联姻可以巩固企业；但却无法为这行输入新血。在史坦恩这个造近纽伦堡的小村庄，教区记录簿上便记载着，铅笔制造业者和黑铅切割业者间的联姻，比比皆是。但这类婚姻并未能给铅笔制造业带来革新或创意。1760 年，一位名叫卡斯勃·辉柏（Kaspar Faber）的工匠来到史坦恩定居，第二年，他便挂出招牌，诏告乡亲，他的新铅笔制造厂开始营业。辉柏的铅笔是在其乡间小屋内制造的，最初每周产量少得只够装满一个竹篮，让人拿到纽伦堡与邻近的村庄孚尔特兜售。1784 年，卡斯勃·辉柏去世，由他的儿子安唐·维尔翰·辉柏（Anton Wilhelm Faber）继承父业，成为唯一的所有人，并将制造厂取名为"A. W. Faber"；这个名字，后来随着铅笔的畅销，而名闻全球。

无论如何，到 18 世纪末，柯特在法国发明的以石墨粉与陶土混合，制造出来的铅笔芯仍远优于德国制品。事实上，利用柯特制造法生产的陶土石墨，所拥有的书写质量直逼英国铅笔，而这正是德国制的硫黄石墨望尘莫及的。其次，制造法国铅笔时，只需调整石墨粉和陶土的比例，便能随心所欲，固定生产出软硬程度、笔迹深浅不同的铅笔来，这一点，即使是纯石墨制成的英国笔，也难以望其项背。另一方面，随着政策的影响以及石墨矿的枯竭，英国石墨越来越难取得，利用纯英国石墨制造的高级德国铅笔，产量日益衰退。面对笔芯制造技术推陈出新，德国业者无法迅速适应，也是导致其逐渐萧条的关键。在柯特发明陶土石墨制造法后，接下来的二十五年，德国的铅笔制造业更是每况愈下。

敝帚自珍

　　19 世纪初，德国的铅笔制业会日益衰退，最主要有几个因素，其中之一，便是德国业者固守传统的交易，以及行会规定。更糟的原因是，家族企业敝帚自珍，总认为家传那套做法才是最好的。环境如此封闭，接受新技术的程度自然就不高了。另外，由于当时的业者普遍讲求"独家秘方"，业者之间很少交换心得与意见，能流传下来供技术史学家参考的文献更难得一见。不过，对铅笔制造业来说，这类挫折既不新鲜也不罕见。曾为矿冶工程师，后来当上美国总统的赫伯特·胡佛（Herbert Hoover）以及其妻卢·亨利·胡佛（Lou Henry Hoover），在翻译完乔治亚斯·阿格里拉科（Georgius Agricola）16 世纪的矿冶论著《论冶金》（*De Re Metallica*）后，便在序文中提及他们的观察：

　　　　当我们寻思，在人类史上，冶金技术究竟扮演了什么角色时，我们不禁感到讶异：在阿格里拉科的时代，相关文献竟如此稀少！毋庸置疑的，这类技术在当时的业者眼中是种商业资产，所谓"同行相忌"，他们对"家传秘方"自然保护有加。也或许，这种现象是因为学有专精的工匠缺乏文学细胞，所以疏于文字记载。另一方面，当时为数不多的作家，对于描述工业技术发展，似乎也不是很感兴趣。

　　当然，有这种感觉的并非只有胡佛夫妇。土木工程师托马斯·马丁（Thomas Martin）曾写了一篇有关 19 世纪初，各类商业、技术、制造业概况的论文，在前言中，他以第三人称的笔调，描绘出寻找相关资料的艰难：

071

他发现，几乎在所有情况下，从事技术行业的人特别敝帚自珍。而遗憾的是，那些愿意开诚布公，全力提供协助的人，却又缺乏文字能力，无法靠写作传达自己的概念。许多人拒绝帮助他，是由于害怕；别人会认为自己是叛徒，泄露了同行的商业机密；另外有些人不愿深究本行，是因为害怕万一任意抒发己见，将会自曝其短，所以还是藏拙的好。

马丁的"技术恐惧说"，丝毫没有夸张。因为改良蒸汽机而名利双收的瓦特（James Watt）也有这种"症状"。这位苏格兰工程师发现，重复缮写商业书信既费时又无聊，但由于内容涉及技术问题机密，再加上他天性节俭，不太可能雇用抄写员。于是瓦特积极研究，发明了复写技术——在原稿压上浸过特殊液体的薄纸，然后用特制的墨水书写，便得以同时完成复写。1779 年，瓦特打算另设商号，销售新技术，不过，为了保护自身以及合伙人的利益，他提出条件：公司将开放一千个名额，给有心分享这"商业机密"的人。但是，在这一千人全签下切结书前，他绝对守口如瓶，因为："只要有人知道个中奥妙，泄露机密，那我们可能会失去其他客户。"

没错，瓦特的复写技术是很成功，不过跟 1806 年韦奇伍德（Ralph Wedgewood）发明的复写纸一比，就又相形失色太麻烦了。这种最早的复写纸，是利用真正的纸，浸制油墨而成的，它的用法十分奇特，跟现代复写纸的用法，刚好相反。由于鹅毛笔不能承受重压，而铅笔的痕迹一经擦拭，原稿便"荡然无存"；韦奇伍德的做法是将一张书写纸放在油墨纸下，然后再拿张薄纸，覆盖在最上面，要复写时，只要拿支金属笔，在薄纸上书写，便能按照希望，将油墨印在下面的纸张，以及印在上面的薄纸上。不过，利用这种方式，复写在薄纸那一面的文字，恰好是颠倒的，必须要借灯光的照射，才能阅读，还好因为纸很薄，阅读起来并不困难。无论如何，到了 19 世纪 20 年代，更现代的复写纸出现了；随着苯胺染料的发现，不掉色铅笔也应运而生。这样一来，所有的原稿便能直接用擦不掉的铅笔书写，而复写纸也仅需一面沾墨，复写出来的文字，便可以直接阅读，不需要"多此一举"，借光判读了。

保护商业机密

随着工业技术的日新月异，保护商业机密的措施也愈发重要，即使铅笔制造业也不例外。19 世纪末，《科学美国人》杂志（*Scientific American*）是有关工业设备，以及制造流程等最新信息的主要来源，而该杂志的编辑似乎不择手段地把从制造商那儿挖来的资料，毫无保留地呈现在读者面前。事实上，19 世纪《科学美国人》杂志对补锅匠或发明家来说，都宛如《读者文摘》（*Reader's Digest*）般，将所有与商业、技术有关的出版品，加以摘要、浓缩，一五一十地告诉读者所有技术的原理，以及产品制造方法。到了 19 世纪末，《制药时代》杂志（*The Pharmaceutical Era*）可就没有这般神通广大了；该杂志的特派员在一篇名为"铅笔芯"（Black Lead for Pencils）的报道中说，他曾企图用十分的石墨，加上七分的德国白黏土，将其充分混合、揉捏成团后，压入铸模中烧烤，以制造代用石墨，并未成功。后来，该杂志的编辑说，由于生产铅笔芯对铅笔制业者来说是项极有价值的商业机密，因此，他无法帮助读者："我们没有自信能在这方面提供任何令人满意的资料。"不过这位编辑写道，铅笔芯的制造方法，大致可分为三种。其一，是将纯石墨块逐一切割成薄片；其二，是 1795 年柯特发明的陶土石墨制造法；其三，是德国人的硫黄石墨制造法。基本上，该杂志对柯特的制造法有概括性的描述，但有些关键细节却付之阙如，例如，石墨粉要多细？陶土要多纯？要加多少水？要多干？要加多热？

而有兴趣制造铅笔芯的人，或许会依样画葫芦，企图将石墨粉、陶土，以及水加以混合、加热，然后制出代用石墨来，可是，其结果可能完全不如人意，就跟《制药时代》杂志特派员所发现的一样。没错，他所揭露的配方，涵盖了一切正确的成分；但这显然还不够，因为筛选、混合的方式，或是比例不当，依旧无法做出上等的铅笔芯，这个道理，就跟做蛋糕一样：光有面团、糖，还有冷冰冰的烤箱，并不保证一定做得出可口的蛋糕。时至今日，铅笔芯的制造秘方仍然得之不易。1920年初，有位创业不久的铅笔制造商决定，不依赖老字号的铅笔公司供应，而自行生产铅笔芯，不久他便体会到个中难处。这位"新手"，是这么描述当时的状况的：

> 一位伯爵夫人……拥有捷克很重要的一间铅笔芯制造厂。每星期，她都会进厂内密室两三次，按自己的秘方调制出一团混合物。待她去世后，其子所继承的不单是工厂，还有制造铅笔芯的秘方。我们发现，多数（美国）铅笔制造厂都有这类秘方。我认为，在某些情况下，即使是厂主也搞不清楚整个制造流程。他们无可奈何，只好身不由己，依赖那些在国外习得制造秘方的人。

现代工业机密被保护的程度，并不亚于 20 世纪初；而 20 世纪初工业机密被保护的程度，又不下于柯特的时代。依此类推，甚至追溯到更早，人类"藏私"的心理其实都是大同小异的。或许，德国铅笔制造业者知道，品质优良的柯特代用石墨里头所添加的是陶土，而不是硫黄，可是光清楚这点是不够的。如果他们无法借着联姻来获得制造铅笔芯的秘方，就只好自己动手，发挥实验精神，逐一混合不同种类、不同纯度，以及不同比例的石墨粉与陶土，再加上不同分量的水，利用不同的方式混合、铸模、干燥，并用不同的方法、按照不同的温度加以烘烤。

当然，在耗费了这么多心血和时间后，无论是谁都不愿把自己苦心研究的成果，轻易告诉别人，更别说是透露给杂志社，让媒体去大肆宣扬了。于是，面对业者满腹疑问，能够解答的，偏偏不愿开金口，而有心解答的，却又毫无把握。早在 19 世纪初，德国人就该自行研发，致力寻思如何去制造陶土石墨了，不过，他们似乎认为，这事反正不急，或是没这必要。也可能，当时他们根本不愿投资。

美国笔业出发

无论是柯特的时代或是在今天，铅笔制造业就如所有现代工业般，之所以能有健全发展，全赖科学与工程学上持续而踏实的研究和发展。这个恒久不变的定律，曾在 1917 年的《工程师》（*The Engineer*）杂志上，一篇名为 "科学对工业有何贡献"（What Industry Owes to Science）的文章中阐述过。这篇文章所探讨的对象，正是铅笔制造业："这项工业为少数制造商操纵，绝大多数都是拥有悠久传统的老字号。尽管其制造细节大都秘而不宣，但已有足够的资料显示，化学这门科学对铅笔制造业有极大的贡献，无论是原料的选择、混合，或是整体性的处理等都是如此。另外，机械科学对铅笔制造业的发展也功不可没，而最明显的，便是相关机器的发明，节省了大批劳力。"

文中提到的化学与机械科学，就是我们今天所谓的化学工程和机械工程。这两者与其他工程科学，为研发的成功，提供了既关键又必要的工具与方法。同时，也是电子、石化工、汽车、航天和营造业的重要基础。总之，这两门学科对这些工业的影响，绝不亚于当初对铅笔制造业的影响。

关于欧洲铅笔制造业以及工程科学的发展，已经谈过不少。接下来，我要 "转移阵地"，探讨美国的概况。回溯 19 世纪，当时的美国还是个新兴共和国，所有的企业家，包括铅笔制造业者在内，都有宽广的发挥空间，尚未受到严格的贸易限制，以及行会、贸易委员会的处处掣肘。或许，美国的铅笔发展史，正是整体现代工业技术史的范例。而美国人开疆辟土的拓荒精神，也淋漓尽致地发挥在了创新铅笔制造法上。19 世纪初的美国，专业拓荒者宛如凤毛麟角，而其所具备的经验以及传统学养也十分有限，工程的发展，只得靠有心人自动自发自力研究、学习，逐渐推动。

19 世纪初，美国铅笔制造先锋所追求的，不但是柯特曾经追求的，也是德国人应该追求的：在良质石墨的供应量日益减少下，致力制造上等铅笔；制造不易断裂的铅笔芯；不用短小的铅笔芯，以避免其随着书写而逐渐松动；笔芯不会因为高温或是时间太久，而融化、变质；铅笔表面的木杆，不会碎裂；制造外表美观，握起来舒服的铅笔；最后，当然要制造"一分钱，一分货"的铅笔。

第八章 美国笔事

直到 1800 年，美国尚未出现有组织的铅笔制造业，但这并不意味着当时的新大陆还没有人使用、制造黑铅笔或其代用品。就像在欧洲旧大陆一样，早在黑铅被当作书写工具前，美国人便一直利用金属铅来书写。迈入 19 世纪，金属铅在美国仍可能伴随在进口的"石墨杉木笔"旁，扮演替代品。另外，据说在世纪交替时，"鹅翎笔"的使用率直逼黑铅笔，最富竞争性：

> 这是种粗劣的制品，从无明显的迹象显示，曾有工厂生产过这玩意儿；然而，任何想要这种笔的人，都会自己动手做。造鹅翎笔的工具与原料包括：一根鹅毛翎管、一颗子弹、一个舀金属熔液的长柄勺，还有一株芜菁。首先，将翎管切成数英寸长，把尖端插入芜菁中，笔直朝上托住，然后用长柄勺将子弹熔液浇注入翎管中，就这样，一根鹅翎笔便完成了，可以立即派上用场。

鹅翎笔所留下的痕迹，显然十分"黯淡"，但旧时在学校里，几乎所有老师都用来画笔记簿的格线。无论如何，美利坚合众国的铅笔发展史，宛如世界铅笔发展史的重演；至于那鹅翎笔，就如同外包翎管的锤规。

19 世初，美国已有进口的黑铅笔，而艺术家以及自修成功的工程师、勘测员，也都开始使用。当时在美国市场上，利用石墨粉、黏结剂或经由道听途说的法国最新柯特制造法制成的欧洲铅笔，种类繁多，令人目不暇接。进口的英国铅笔是用博罗代尔石墨切割成薄片，一截一截嵌在杉木里制成的，书写到一定程度后，笔短得不能再用了，还会有截石墨在里头，而在书写时，有时笔芯会断裂或掉出来，这些得来不易的石墨碎片，弃之可惜。种种巧合下，或许为新大陆的有心人，轻易提供了制造黑铅笔的原料、诱因（若非需要）以及模式。

女性先锋

1830 年，贺瑞斯·霍士墨（Horace Hosmer）出生于马萨诸塞州的康科德镇，后来迁居到了仅五英里外的艾克顿。霍士墨在那儿所从事的行业不少，曾做过铅笔制造工和推销员。他因为个性鲜明，择善固执，后来在当地赢得"艾克顿山羊"的雅号。所谓文如其人，从霍士墨于 1880 年左右为《拉法叶画报》（*Leffel's Illustrated News*）所写的一篇短文中，便可见一二。在这篇文章中，他把在新大陆上率先制造出黑铅笔的成就，归功于马萨诸塞州的一名女学生：

> 1800 年，在梅德福旧城有个女子学校，其中有名学生，来自马萨诸塞州康科德镇。她除了学习速描、绘画和刺绣等技艺外，还学会利用博罗代尔石墨碎屑——她将碎屑捣成细粉，然后倒入阿拉伯树胶溶液或是胶水中，加以搅匀。铅笔杆是用接骨木枝来做，至于中央的木髓，则以打毛衣的棒针剔除。就笔者所知，她是本国制造铅笔的第一人。40 年前（也就是 1840 年），年仅 10 岁的笔者曾帮忙同一位女士，利用石墨与英国红垩，制造类似的笔。

霍士墨对细节的关注，以及其与该女性的"合作"关系，都赋予这个故事相当的可信度。从文章里看来，霍士墨并不是个厌恶女人的人，但为何他绝口不提其姓名，实在启人疑窦——尤其他在描述康科德的铅笔制造业发展史时，简直不厌其烦地提到许多继"她"之后，对研发、改良铅笔有所贡献的男性姓名。或许，这个"她"是霍士墨的亲戚吧！

而这个故事，还有个略有出入的"版本"，是在 1946 年，由查尔斯·尼克尔斯二世（Charles R. Nichols, Jr.）所说的。当时，他是约瑟夫·狄克逊坩埚公司（Joseph Dicon Crucible Company）的工程总监，而该公司据说是美国国内第一家量产铅笔的企业。他的故事是这么说的：

> 美国的第一家铅笔工厂，是由一位不知名的女学生建立的。她将取得的一些博罗代尔石墨片，用榔头或石块捣成细粉，然后加入树胶，把两者搅拌均匀，再将这混合物填入掏空的赤杨树枝中。这美国的第一支铅笔，是在马萨诸塞州丹佛斯制造的。后来，有位名叫约瑟夫·韦德（Joseph W. Wade）的男人，跟这女孩合作，利用相同的流程，制造了不少铅笔。

工程史的敲门砖

尽管尼克尔斯在拼字上，似乎有些粗心大意；不过，由于所谓的故事，往往是口耳相传，按照这点来推断，也可能是将接骨木（elder），误听作发音近似的赤杨（alder）了。无论是接骨木也好，赤杨也罢（接骨木俗称为欧洲赤杨），这些树的细枝，或许都能当作制笔原料。至于美国的第一支铅笔，究竟是用接骨木枝，还是赤杨枝制成的，而其制造地点，到底是在梅德福，抑或是在丹佛斯，因为缺乏翔实的文献记载，

早已不可考了。但是，因为霍士墨生存，记录的年代，与第一支铅笔制
造的年份比较接近，而且据他说，他曾和美国第一位铅笔制造者共事；
所以霍士墨的说法，似乎可信度较高。不过，当我们再看到由英国史学
家所提出的"版本"，又仿佛坠入云里雾中：

> 　　她取得一些博罗代尔石墨片，将其捣成细粉，加入树胶，然后
> 把这混合物，填入中空的树枝内。后来，有位叫约瑟夫·韦德的
> 人，跟这女孩合作，生产了不少这种笔。显然，这些并不令人满
> 意，但在一个缺乏英国铅笔供应的国度，这笔可以暂时满足市场
> 所需。

　　尽管作者在脚注中，标明其引用的资料来自尼克尔斯，但其中的差
别在于，尼克尔斯对"树枝铅笔"的质量并未下任何评语。这资料的来
源，似乎并非尼克尔斯。

　　姑且不论这"树枝铅笔"的质量或材料，从上述三种"版本"看
来，我们唯一能确定的就是制造出美国第一支铅笔的，是位马萨诸塞州
小姐。至于她的姓名，或是其发明铅笔的细节，就如同最初发现博罗代
尔石墨矿的由来般，因为缺乏翔实的文献记载，可能永无"水落石出"
的一天。同样的道理，建造美国第一座桥的人、地点，或是其所用的木
材种类，也早已不可考。其实，铅笔、桥梁、其他人工制品，还有早期
技术工程的起源，与其说是历史，或许倒不如说是神话。因为推陈出新
是绝大部分实验、发明，甚至是工程的本质，被取代的事物往往不留一
丝痕迹。同样的，创意的推陈出新，就好比电脑磁盘上的旧资料被新资
料取代般，旧有的人工制品淘汰后不久，便会从人的记忆中消失。

　　然而，所谓"鉴往知来"，唯有透过历史回首前尘，了解过去的创
新、发明，我们才有迹可循，得以预测未来的发展。整体来说，由于美

国早期的技术工程产物，种类既繁多又庞杂，也由于其制造起源大多凭借着口耳相传，并掺杂了神话的成分，要追根究底，查个水落石出，实非易事。与其"好高骛远"，倒不如选个既平实，又"可望可及"的目标来加以研究、探讨，而一个我们既能拿在手里，又能掌握其本质的东西，自然成了最理想的敲门砖。铅笔的起源或许很模糊，不过它在美国的早期发展史，与桥梁及建筑史相比，还是简单得多。借着铅笔的"抛砖引玉"，我们可以由简入繁，一窥建筑史或工程史等"大学问"的堂奥。此外，从铅笔起源的不确定性中，我们甚至能获得"暧昧"的教训。

　　当法国人发挥创意，为现代工程学奠定数学与哲学基础时，英国人与美国人却故步自封，谨守着老旧的学徒制，因此扼杀了革新及创造力，当然也因此忽略了抽象的理论基础。威廉·门罗（William Munroe，19 世纪初，最早在美国制造铅笔的业者之一）的儿子，便在回忆中大力描述这种风气。1795 年，当柯特在巴黎为现代铅笔申请专利时，17岁的门罗正在马萨诸塞州的洛克斯伯利，跟随一位身兼行会会长的家具匠习艺。年轻的门罗身为学徒，根本无法有任何思考的空间："当时的男孩必须逆来顺受，放弃思考，他们的权利与义务，全由师傅严格限定。"

门罗发迹

　　但是法、美政治革命不仅引燃工业革命的精神，同时也激起学徒叛逆精神的火花。如奥立弗·退斯特（Oliver Twist）、年轻的门罗，以及其他同侪，便起而抗议"副餐"不足。他们要求，除了面包与牛奶外，仅有每周日早上供应的可可也该成为每天早晚两餐的必备品。经抗争的结果，师傅总算答应，每天早餐都供应可可。不过他们其余的要求还是碰了钉子，例子，每年仍只准去一次波士顿看戏。类似这样的社交压抑可能已经够糟了，更惨的是，整个工作与环境都充满严格的限制，不折不扣地扼杀了技术上的创意。

很早，年轻的门罗在制造家具的学徒生涯中，便展现出前途无量的潜力，后来果真成了店里的第一号能手。等到门罗离职他就时，任何再精细、再困难的工作都已难不倒他那双巧手，也因此获得众人的信赖。当然，这并不是说，在他"向前行"的过程中从未受到任何阻碍：

> 结束学徒生涯前，他便经常意识到自身的潜能遭到层层束缚——每当他有创见，想到制造或装饰家具的新方法时，便会碰钉子。无奈，店里的"金科玉律"是决不容许挑战以及任何创新的。有一回，门罗按捺不住，还是悄悄作了无言的抗争——他不顾规定，利用平面上的铰链固定活动桌面的折板，结果就如他所料，根本没人注意到。虽然开始很好，过了不久，便有人向师傅打小报告告状。门罗苦苦哀求师傅，希望能"有始有终"完成自己的作品。没想到，师傅训了他一顿后，竟准他继续做下去。从那时起，门罗利用铰链固定折板的方法，便成了店里的准则。

像门罗这般有决心的人，毕竟只是特例。僵化的学徒制必然会扼杀许多萌芽的创意，并阻碍产品及流程的改善。1873 年，有位观察家便注意到，约瑟夫·吉拉特（Joseph Gillott）"所制造的钢质针笔，比任何人都多，质量也比较好"。可是，"他虽拥有足够的人力以及机器设备，却无法制造盛极一时的鹅毛笔"。造成这后果的，只有一个原因："盲目地遵循传统，以及一成不变的训练，使制笔业者无法发现并修正生产上的大毛病。"

言归正传，充满创造细胞的门罗结束家具店学徒生涯后，又以职工

082 / 铅笔 设计与环境的历史

身份在店里多待了半年，好攒下足够的钱购买属于自己的工具。半年后，他投奔制造钟表的兄长，帮他们制作时钟的木壳；就这样，一转眼，又过了好些年。1805 年，门罗成家，娶了建筑师约翰·斯通（John Stone）的女儿为妻。而波士顿查尔斯河上的第一座桥梁，正是门罗的岳父设计的。从此以后，门罗便经由这座桥梁，将自己制造的家具，运到市上贩售。

第一批铅笔

1810 年，门罗为一批来自弗吉尼亚州诺福克的时钟制作外壳，并将贩售钟壳所得的钱，投资在小麦和面粉上。经过一番"迂回贸易"后，他终于在大坝附近买下一间店铺，迈上创业之途。可是，门罗觉悟到，自己不能就此下去，因为"我发现，在经济萧条期，自己制作的家具显然供过于求……我最多只能撑几年……便会一文不名"。由于英美爆发战争，导致禁运以及其他种种贸易限制，美国的经济十分不景气。

他的儿子说，当时门罗推断，市场对进口的必需品，势必有很大的需求。他也相信那些跟"发明"有关的稀有物品，将会受到重视，而发明者也会得到相当的报偿。最初，他制造的是家具匠专用的曲尺；不过，这工具"需求有限，又容易面临竞争"。门罗便转移目标，开始动脑筋生产其他东西。基本上，这种产品必须要需求不断，而且竞争者难以仿造：

> 门罗看到铅笔不仅售价高昂，又十分难以得到，于是当机立断，随即采取行动，停止制造工具，并买了些石墨块。他拿锤子敲碎石墨块，再利用注满水的翻转器，分离出悬浮在水面上的石墨粉。然后利用这些石墨粉，企图制造铅笔。可是，他尝试的结果实

在令人失望。

根据书上记载，门罗的首次实验，是利用石墨粉以及陶土进行的——他在一间只许妻子出入的密室内，企图摸清柯特制造铅笔芯的诀窍。不过，由于门罗的儿子在回忆录中并未探讨铅笔芯的制作过程，可能门罗下了多少苦心，却依旧未能领悟或是体会到，铅笔芯的制造过程中陶土的比例究竟多重要。姑且不论其制造原料，门罗显然并不讳言，他对自己生产的"劣质"铅笔深感挫折。尽管如此，他在制造曲尺与家具赖以糊口之余，仍不忘实验改善铅笔质量。此外，门罗的儿子在回忆中还这么提道：

尽管缺乏相关的信息来源，又不敢针对制造铅笔的问题请教朋友，再加上屡屡遭受挫折，有时感到沮丧不已，但两三个月来，他满脑子想的全是如何制造铅笔的方法。经过锲而不舍的努力，门罗总算制造出较理想的铅笔芯；他从邻近的山丘中，也挑到了一种材质与以往截然不同的杉木。1812 年 7 月 2 日，他终于制造出 30 支左右的铅笔，这便是美国有史以来，第一批自制的铅笔；当然，质量只能说是差强人意。后来，门罗将这些铅笔卖给在联合街上开设五金店的本杰明·安德鲁斯（Benjamin Andrews），他也正是门罗以往贩售家具匠专用曲尺的对象。这位安德鲁斯先生既活跃，又有进取心，他对任何创新发明都抱持鼓励的态度，在制造铅笔上也不例外。这鼓励（对门罗来说）自然"正中下怀"。7 月 14 日，他带了 3 箩（grosses）铅笔再赴波士顿，同样的，安德鲁斯二话不说，买下所有的铅笔。后来，他干脆（与门罗）订约，同意在某段时间内，以固定的价格收购所有铅笔。

呕心沥血

这则故事刚开始时，主人翁热情洋溢，充满理想；接着，他碰了钉子，觉得有些泄气，偏偏又不断遭受挫折；后来，迫于形势，只好一再分心他顾，以求温饱。但从头到尾，他都秉持着不变的信念。终于在几乎与世隔绝的环境下，制造出勉强可用，但距完美仍远的铅笔。这整个过程，便宛如工程发展的缩影，又好比产品叙事诗中的《奥德赛》（Odyssey）和《优利西斯》（Ulysses）中的主人翁经过不断的冒险，终于把脑海中的创意化为粗糙却十分具体的原型；接着，再以这原型为本不断进行改良，制造出比较精良的产品。基本上，这研发故事中的产品，可以由"铅笔"代换成"灯泡"、"蒸汽机"或是"铁桥"。不过，真正的研发过程，却很容易为大家遗忘，而创造先锋所投注的心血，以及所经历的磨难，往往也难为一般人所体会，尤其是那些"既得利益"的商人更是如此。于是孕育产品的过程，由未参与其事的局外人形容起来，总是多了几分传奇色彩，少了许多呕心沥血的挣扎，以及痛苦万分的挫折。例如霍士墨便这么描述道：

　　1812 年，一位名叫门罗的家具交易商，用锤子敲碎一些石墨块，然后把碎屑放在汤匙里，拌入少许黏着剂；接着，再将这混合物填入刻有凹槽的杉木板内，加以切割，便成了所谓的"铅笔"。当门罗把其中的一些样品拿给安德鲁斯看时，这位波士顿五金商不但买下所有产品，还鼓励门罗再多制造一些铅笔。12 天后，门罗又带了 5 箩铅笔去，同样的，安德鲁斯还是把所有铅笔买了下来。一个新事业就此诞生了。当时，尽管门罗一贫如洗，但却是不折不扣的一流工匠。由于门罗的传统手艺实在无与伦比，他在这新行业里所踏出的每一步都非常平顺。另一方面，门罗生性谨慎，做事不但精确且有条不紊，他极少犯错，并懂得运用最迅速、最有效的方式保障得来不易的财富。门罗在制作铅笔时，先把掺有胶水的石墨糊，或是石墨团，填进刻有凹槽的杉木板内，等大约一个星期后，当中的混合物凝固成形了，再刮掉上面多余的残屑；这样一来，在封上杉木片时，便可以保持黏合面的干净清爽，而不会弄得到处是黑漆漆的石墨屑了。

这种组合铅笔的方法，后来却使美国制造商拥有相当优势。无论如何，这当中最令人玩味的，还是霍士墨对研发过程，有种种不切实际的描述。事实上，霍士墨所描写的并不是门罗辛勤耕耘的过程，而是他苦尽甘来、最后收获的成果。所谓"由于门罗无与伦比的手艺，使他在新行业里踏出的每一步，都非常平顺"的讲法，与其说是事实，倒不如说是神话。如果研发的过程，真的像霍士墨所描述的那么"平顺"，也通常是由于先前尝试错误，再接再厉，最后所得的果实。其实，从小门罗对父亲的描述中，我们便可以清楚地体会到：错误，未必会导致灾祸；相对的，一切的尝试，也未必能保证成功。

虽然门罗制造出铅笔，并在波士顿找到了固定的买主，但他所面对的挑战，却并未在 1812 年告终。据小门罗说：

当时，他眼前最大的困难，就是必须想办法获得所需的原料。此外，量产铅笔，与小规模的研发制造间，有天壤之别，他在寻思适当的制造方法上花了不少时间。可是，安德鲁斯的鼓励，不仅引爆了他的活力，也激发出他的创意，不久，他便克服了一切困难。另一方面，为了避开外人"好奇"的眼光，一切将石墨粉混合并装填入笔壳的工作，全由他亲自在家里的小房间内进行。除了自己的妻子外，他不让任何人知道秘方。至于敲碎石墨块和制作笔壳的工

作，则全由大坝店内的助手负责。最后组合铅笔的工作仍由他一手
包办，或是由自家人在家里完成。

对铅笔制造业来说，门罗曾经遭遇的问题，诸如取得适当的原料、
把实验性的小规模制造化为商业性的量产、确保得来不易的秘方不让外
人得知，以使个人呕心沥血的研发结晶获得财务上的反馈（其实，就是
今天我们所说的专利权）等，并非独特的个案，而是相当普遍的问题。
即使在现代工程学上，每样产品的研发，从已获得专利的铁桥到核能发
电等，也都曾经面临同样的障碍。现今在大家眼中，发展一日千里的电
脑制造业，是门先进的高科技工业，远非"简单"的铅笔制造业能比
拟，但从本质上来说，无论如何先进的 20 世纪产品，其发展的轨迹也
无异于 19 世纪的铅笔。

门罗克服了起步的问题后，的确开创出一个获利的事业，不过，好
景仅仅维持了 18 个月，便面临石墨供应不足的问题。英美爆发独立战
争后，由于石墨来源断绝，门罗只好暂时转行，以制造牙刷、钟表匠专
业刷，并兼做些家具糊口。直到战争结束，原料供应不虞匮乏后，他才
又重作冯妇，再度制造铅笔。

尽管石墨供应恢复，但新问题却接踵而来。这个问题是门罗早已预
见并深以为忧的：开放进口的铅笔，远比他所制造的铅笔好。然而，门
罗并未因此放弃制造铅笔，反之却开始以科学化的角度研究铅笔的设计
与制造。由于当时相关的参考资料极少，门罗只好自己动手实验。据小
门罗说：

　　有时候，他会制造出一些质量不甚理想的铅笔。这种情形一直
持续到 1819 年，他对实验较有心得、获得品质较佳的石墨，并将
笔壳改用杉木制造为止。这时，他决心不再兼做家具，全心投入铅

笔制造……他在这行里锲而不舍奋斗了十年多，致力改善铅笔的品质，同时不断拓展产品销售范围，才逐渐建立声誉，并获得大家的肯定。经过多年的努力，他终于坐上美国铅笔制造业的第一把交椅，并成为最主要的制造商。这时，他终于敢拍着胸脯说："现在，买主迫不及待地来找我，就像我当初巴望着能找到他们一样。"

进入机器制造

当然，在这十年多里，门罗的确是发挥了坚韧不拔的精神，才得以制造出普获众人肯定的铅笔。可是，若非两位助手坚守本分，帮门罗锯杉木板，并在上面细心刻出凹槽，他也绝不可能成就这番事业。制作笔壳，是件既费时又费力的工作。首先得把杉木锯成长板状，然后靠人工把杉木板刨成适当的厚度，再逐一在上面刻出深浅适中的凹槽。一般来说，早期的铅笔制造业是劳力十分密集的行业。当门罗在 1819 年决定不再制作家具时，便把部分工具卖给手下的两位师傅——艾伯尼泽·伍德（Ebenezer Wood），以及詹姆斯·亚当斯（James Adams），由他们继续制作，并供应杉木笔壳。他们虽然结束了雇佣关系，却成了生意伙伴。

后来，伍德成了家具制造商，不过他与铅笔制作间的关系却依旧持续。根据霍士墨的描述，伍德的"手艺与聪明才智，对门罗累积财富有相当大的助益"。不管他所写的是否正确，伍德率先发展出铅笔制造机，却是千真万确，不容置疑的。伍德所研发的楔形黏压机，可以同时晾干 12 箩铅笔半成品，此外，他发明的铅笔修整机，简直到了完美的地步，几乎无法再"简化，或是再改进"。不仅如此，他还制造出第一台铅笔刨圆机，并从这机器再延伸设计出笔芯凹槽切割器。这切割器最大的好处，就是可以同时刻出 6 个凹槽。另一方面，伍德还利用许多圆形刀片，组装出铅笔成型机，而依组装方式的不同，这些机器可以削出六角形，或是八角形的铅笔。由于伍德发明的机器并未申请专利，到了 19 世纪后半期，有不少纽约铅笔制造商便纷纷抄袭他的设计，制造各种机器。1867 年，在巴黎的一场博览会中，美国所展出的机器设备大放异彩，普获国际肯定。有两台机器获得了金牌奖，其中一台是缝纫机，而另外一台就是能同时制造 6 支铅笔的制笔机。

尽管如此，直到 19 世纪前半期，机器在美国的普及率依然很低，即使是铅笔制造业也并不流行使用机器。

第九章　美国的铅笔制造家族

　　19世纪，是个讲求独立自主、自修自学的时代，不仅在刚萌芽的工程学如此，在蓬勃发展的铅笔制造业亦如此，就连一般的小市民也是如此。当时，并没有我们现在所谓的"职业"。如果要户口普查问一个人的职业，那他只能告诉你，他当时所从事的是什么工作，至于以后就很难说了。有位马萨诸塞州康科德镇的市民，也是哈佛大学1837级的学生，当班级干事问及他大学毕业后十年内，对自己的生涯究竟有什么规划时，他回信写道：

　　　　我不知道，采矿算不算是个职业，做生意算不算是个职业，或是有什么工作不能被称作职业的。这一切，都还有待钻研学习；毕竟，早在我们把它们当作学问研究前，这些活动便早已频繁地进行着……

　　　　我所拥有的，不是一份职业，而是数不清的职业。就让我举几个例子给您瞧瞧吧！我是校长、家庭教师、测量员、园丁、农夫、油漆匠（我是指油漆房屋）、木匠、泥水匠、按日计酬的散工、铅笔制造业者、玻璃纸制造商、作家，有时也是个蹩脚诗人……

　　　　过去两三年，我一直独居在康科德的一片森林里，远离尘嚣，任何"邻居"距我住的地方，都有一英里以上。而我的蜗居，则是靠自己一砖一瓦，亲手建起来的。

梭罗的故事

这位特殊的哈佛校友，到了晚年时也曾自称是土木工程师。尽管他无意参加任何专业学会，没有阶级意识，更不在乎邻居的看法，但从他一生的故事中，不仅得以窥见 19 世纪工程学的发展过程，也能体会到美国人的超越论（Transcendentalism*）的真义。1817 年，这位哈佛校友被赐予大卫·亨利的教名，出现在毕业典礼名单上的也是这个名字。不过，家人却始终叫他亨利。其实，这也没什么特别理由，只是家人喜欢这么叫而已。无论如何，他踏出哈佛校门后不久，便"重组"教名，开始用亨利·大卫·梭罗（见图 9.1），在所有文件上署名。

从几方面来说，梭罗的故事，尤其是他制造铅笔的故事，可以帮助我们了解 19 世纪工程师，以及工程学的特质。第一，19 世纪中叶前的工程师，如梭罗，未必能确定自己所从事的活动算不算是一份专业，因为那还是个"未知"的领域。此外。梭罗的故事再次显示，工程这"行业"是可以无师自通的。在梭罗那个时代，所谓的大学教育不过是让学生为当牧师、律师、医生或教师预作准备罢了。至于在 19 世纪前叶，从事工程，并促使工程发展日新月异的人，绝大部分都是学徒出身。当时参与伊利运河（Erie Canal）的兴建，被认为是最好的土木工程训练。这条从 1817 年开始兴建，历时八年竣工的运河，连接了奥尔巴尼与水牛城。从那时起，这条运河就一直享有"美国第一所土木工程学院"的美誉。不过，已知的第一所土木工程学院，却是在 1818 年成立于伦敦，而美国土木工程学会（American Society of Civil Engineers）直到 1852 年才成立。事实上，也只有在这种专业性的学会成立后，土木工程才开始被视为一种专业。

---

* 视宇宙为精神、生命，而自然为其现象之一种唯心论。——译者注

图 9.1　1854 年，塞缪尔·罗希（Samuel Worcester Rowse）用蜡笔为梭罗绘制的人像

　　第二，梭罗的故事之所以具有教育性，是因为能够提醒大家，许多富有革命性与创造力的工程，都是由能超越技术层面，拥有广泛兴趣的人所完成的。19 世纪前半期，很多拥有影响力的工程师，不管是否接受过大学教育，都有相当程度的学养，有些人甚至是当代著名的作家、艺术家、科学家或政治家。而在多样性的内在交互作用下，不仅没有削弱，反倒加强了他们解决棘手工程问题的能力。

　　第三，许多富有创造力的工程师就跟梭罗一样，通常有点叛逆并勇于打破传统。不少 9 世纪的工程师，都来自父亲从事专业工作的家庭。而这些学有专精的父亲最无法了解的，就是为什么一个好好的年轻人，宁愿去做学徒，而不愿意上大学；或是为什么他受了大学教育后，却情愿去做工程师。就以英国工程师约翰·斯密顿（John Smeaton）为例，他的父亲便是位律师，可是小斯密顿却不愿承袭父业，而在 1750 年自行创业，开了一家工具店。18 世纪 80 年代，为伦敦建了三座知名桥梁的约翰·蓝尼（John Rennie），在爱丁堡大学接受自然科学、化学、现代语言和文学等高等教育，但他那同样名为约翰的儿子却从未进过大学。尽管如此，小约翰在工程学上的成就，与父亲相较却毫不逊色。即使是出身清寒，并未受过高等教育的学徒，如美国的门罗，也是锲而不舍，勇于向传统挑战，在自己从事的行业上精益求精，而得以出人头地。

第四，就像梭罗制造铅笔的过程，并未在历史上留下太多痕迹一样，19 世纪中叶前，几乎一切工程的进行都靠言传口授，而绘制草图时，也大多使用铅笔，当时有关工程学的文献与资料，因此几乎付之阙如。而这也就是为什么我们提到早期工程技术的沿革，根本说不出某种设计或流程当初是如何，以及为何会这样发展的缘故了。尽管如此，工程学上的真理往往不辩自明，即使没有文字的描述，当我们眼见巍峨的桥梁横跨河面，或是拿着铅笔干净利落地在纸上书写时，工程师的贡献便一目了然。

老梭罗创业

无论如何，梭罗最后会跟制造铅笔结缘，得从约瑟夫·狄克逊（Joseph Dixon）这人说起。狄克逊所受的教育并不多，却具有机械上的天分。他很年轻时就发明了锉刀切割器。后来狄克逊开始从事印刷，由于没有足够的钱购买金属活字，便利用木头自行雕刻活字。而随着财源增加，以及野心增长，狄克逊为了熔铸金属活字，便试着在礼拜堂里，利用石墨制造坩埚。但是，因为坩埚的市场有限，所以狄克逊也利用石墨制造火亮光粉和铅笔。可是狄克逊的际遇却与门罗有天壤之别；狄克逊在波士顿兜售铅笔却乏人问津，有人甚至告诉他，若想要大发利市，就得在铅笔上贴舶来品的标签。

　　四处碰壁的狄克逊，最后实在是火冒三丈，咽不下这口气，便从此收手，不再制造铅笔。可这却是他在认识约翰·梭罗（John Thoreau），也就是老梭罗以后的事。总之，梭罗的父亲在偶然的机会里跟自学成功的狄克逊学会了制造铅笔的方法，以及各种应用化学的技巧。而根据某些线索显示，狄克逊似乎是从一位叫弗朗西斯·皮博迪（Francis Peabody）的朋友那儿，学到了柯特利用黏土来制造石墨笔芯的方法。但是，他并没有针对铅笔芯的制造做充分的实验，自然无法制造出高质量的铅笔。同样的道理，即使老梭罗学会了混合黏土与石墨粉以制造铅笔的诀窍，也还是需要充分的实验，才能制造出一流的铅笔。无论如何，并没有确切的证据显示，在19世纪20年代的美国，真有人知道法国铅笔的制造过程，更别说是有炉火纯青的技术了。

　　1821年，老梭罗的连襟查尔斯·邓巴尔（Charles Dunbar）在新英格兰闲逛时，无意间发现了石墨矿床。不久，被视为败家子的邓巴尔，显然在新罕布什尔州的布里斯托又发现了石墨矿。于是他下定决心，要着手从事铅笔制造业。邓巴尔先在康科德找了一位名叫赛乐思·斯托（Cyrus Stow）的合伙人，便以邓巴尔与斯托（Dunbar & Stow）为名，成立专门开采石墨矿，并制造铅笔的公司。他们的石墨矿，当时在美国被公认为品质最优良，公司的前途看来一片光明。但法令限制他们的采矿权仅能维持七年，有人建议他们趁租约期满前，赶紧把握机会，把所有的石墨矿全部开采出来。

　　石墨矿开采得越快，产量越大；相对的，铅笔的制造，也自然能加速进行。就在这种情况下，邓巴尔于1823年开口要求老梭罗加入公司。老梭罗成为股东后不久，斯托因为有其他的收入来源而决定退股。紧接着，邓巴尔又由于不明的原因相继退出。结果老梭罗反倒成了唯一的股东，于是他便将公司的名称改为约翰·梭罗公司（John Thoreau & Company）。

占有市场

不知道是因为老梭罗有品质较佳的石墨，还是因为他比狄克逊更有毅力，锲而不舍地改善铅笔的品质，总之，约翰·梭罗公司制造的铅笔，以良好的品质，在马萨诸塞州农业协会（Massachusetts Agricultural Society）举办的商展上大放异彩，赢得众人瞩目。就如同当时《新英格兰农民报》（*New England Farmer*）所报道的："由约翰·所罗父子公司（J. Thorough [sic] & Co.）所展出的铅笔，比往年展出的任何样品都好。"而报上之所以会出现这种错误，最主要的原因在于，在康科德梭罗家族总以"Thorough"的发音，来念"Thoreau"这个姓。直到今天，还有人引述梭罗最常用来形容自己的一句话，那就是："我做事最'彻底'。"

无论是梭罗也好，所罗也罢；笔上有约翰·梭罗公司制的印记也好，没有也罢，他们的铅笔，都享有稳定的市场。到19世纪30年代早期，梭罗家族所制造的铅笔，来势汹汹，开始威胁到门罗的事业，两个家族之间的竞争也愈来愈白热化。由于两家公司都委托伍德的工厂研磨石墨；门罗最后要求老伙计别再为梭罗家研制石墨粉。不过，因为老梭罗付出的报酬显然比门罗丰厚，所以伍德在现实的考量下只好放弃老东家，继续为约翰·梭罗公司效劳。

尽管门罗的事业逐渐没落，而约翰·梭罗公司蒸蒸日上，但这却未必意味着，老梭罗从此便可以高枕无忧。没有石墨，就无法制造铅笔，当老梭罗无法再从布里斯托取得石墨时，势必得另觅矿源。后来，他在马萨诸塞州的斯特布里奇附近，找到了新矿源。等这矿源枯竭后，他接着又在加拿大觅得新矿藏。当梭罗离家去上大学时，他家从事铅笔制造已经有十年历史，显然，这时的他不但已熟悉制造铅笔的过程，也有协助父亲制笔的经验。1834，梭罗父子为了筹措学费，曾共赴纽约市为铅笔促销。

　　无论如何，梭罗家的铅笔之所以能成功地与门罗竞争，其中最主要的原因之一，就是当时所有在美国本土制造的铅笔，全都是"油腻、粗糙、易碎，而又缺乏功效的"。许多消费者，尤其是画家和工程师，一直在寻找更优良的产品。而美国制的铅笔会如此差劲，有两个关键性的因素：第一，制造商得不到像博罗代尔石墨那样品质一流的原料；第二，他们不是不晓得，就是没有好好用心研究一切有关柯特制笔法的诀窍。于是，像约翰·梭罗公司这类的制造商，便继续利用充满杂质的石墨屑，与胶水混合，再掺入少许由山桃果提炼出的烛蜡，或是从抹香鲸脑部采得的鲸蜡来制造笔芯。基本上，制造商会趁这混合物余温犹在，尚未凝固时，利用刷子把它填入杉木板上的凹槽内，等凝固后，再用另一片杉木板，沾上胶水接口封起来。而老梭罗成功的原因，在于他能秉持着毅力，不断改进产品，在众多低劣的铅笔中还算差强人意。尽管梭罗家族制造的铅笔，跟一流的英制、法制舶来品相较，仍望尘莫及，不过由于价格合理，提供了消费者另一个选择，因此到了 19 世纪 30 年代中期，约翰·梭罗公司倒也奠定了相当良好的基础。

加强研发

　　梭罗从大学毕业后，根本无意靠制造铅笔为生。他遵循家族传统，效法自己的祖父、父亲、姑姑以及兄妹，走上教书这条路。后来，梭罗决定接受母校的聘书，返回康科德的中央小学（Center School）任教。不过，梭罗才教了两个星期的书，就有人批评他从不利用体罚管教孩子，以维持课堂秩序。梭罗听了批评，简直怒不可遏。接着便没头没脑地把学生体罚了一顿，并在当天傍晚递上辞呈，拂袖而去。梭罗这种不可理喻的行为，再加上他执意颠倒教名，使康科德的居民，感到十分困扰。于是，从那时起，许多人便以有色的眼光看待年轻气盛的梭罗，以及他那种种反传统的行为。

梭罗失业后，只好回老家帮父亲制造铅笔。不过，忠于自我的梭罗，并不甘心做个庸庸碌碌的铅笔制造商，他追根究底，不断试图了解为什么美国制铅笔比欧洲制的舶来品逊色这么多。后来，梭罗终于明白，其中关键在于石墨品质的高低。由于客观环境的影响，美国石墨的品质都有先天限制，他只好暂时依照老方法制造笔芯。

在应付市场需求的同时，梭罗仍忘情于研发改进。有人说，梭罗在19世纪30年代中期，所企图研析模仿的对象，是德国辉柏家族制造的铅笔。根据1893年，由约翰·辉柏（Johann Faber）铅笔厂印行的一本小册子记载：

> ……辉柏家族首次利用柯特制笔法，生产笔芯软硬程度不同的铅笔，正式上市在德国贩售，是1837年的事。当时，笔上所贴的是法文标签，而且是由巴黎的"潘尼尔与裴拉德"（Pannier & Paillard）代理经销。因此，辉柏先生早年经常得费一番唇舌，跟大家解释"辉柏"铅笔是德国制造，而不是法国制的。不过，大家对他的话，通常是满腹狐疑。

尽管某些德国业者声称，早在19世纪20年代，德国人就晓得利用黏土跟石墨粉混合来制造铅笔，但当时知道这种技巧的人显然不多，就算真懂，也并未普遍运用在外销产品上。直到1839年，罗赛尔·辉柏（Lothar Faber）继承了父亲A. W. 辉柏的事业后，才开始忙着建立国外营销网。因此，当年轻的梭罗最初试图改良父亲的产品时，德制铅笔在美国很可能并不普遍。或许梭罗最初是想仿造法制铅笔，却误打误撞发现制造德国铅笔的诀窍。

　　由于梭罗并未学过化学，无法轻易分析铅笔样品的成分，他所获得的相关资料，显然是从哈佛大学图书馆里找来的。而最令人耳熟能详的故事，就是梭罗在爱丁堡发行的一本苏格兰百科全书中，发现了德国制笔商如何混合石墨与巴伐利亚黏土，并烘焙这混合物的方法。或许梭罗的确亲口说过，他制造铅笔的资料，是从百科全书里找出来的，不过这应该是在辉柏家族利用柯特制笔法生产铅笔，并建立国外营销网多年后的事。换句话说，早在1838年，无论是苏格兰或其他版本的百科全书上，都不可能记载德国铅笔制造商用巴伐利亚黏土与石墨粉混合制造铅笔的方法。也因此，梭罗当年不可能在图书馆里找到利用黏土混合制笔的资料。

　　一般人都认为，梭罗混合石墨屑与黏土的念头，是由《不列颠百科全书》中得来的；不过，自该书在1784年完成第二版修订以来，到1838年都没再更动过，而书上所描述的德国铅笔制造法，仍停留在混合硫黄与石墨粉的阶段。据当时的《不列颠百科全书》，大家公认，德国铅笔要比英国制的逊色得多，书中并告诉读者，要如何辨认品质低劣的德国铅笔：如果笔芯遇火会融化，并散发出硫黄燃烧的强烈气味，那八成是德制铅笔。或许梭罗就是从这儿获得改良铅笔的灵感。但话说回来，他的灵感也有可能是从别处得来的。

取材百科全书

　　从18世纪后期到19世纪早期，除了《不列颠百科全书》外，还有许多百科全书都是在爱丁堡印行的。或许，梭罗也参考了《伯森斯百科全书》。这本百科全书的书名虽与伯斯（Perth）市有关，但二版修订本，却是 1816 年在爱丁堡印行的。又或许梭罗参考了《爱丁堡百科全书》（ *The Edinburgh Encyclopaedia* ），这本百科全书的美国版，则在 1832 年印行。无论如何，当时的德国铅笔通常都不掺黏土，这些百科全书自然并未描述混合黏土与石墨粉以制造笔芯的方法。不过，为什么各书对法国的铅笔制造法只字未提，就颇令人纳闷了。或许，这是为了顾及“国家尊严”吧！也或许，这是由于狄德罗在 1772 年，完成《百科全书》的编撰时，柯特尚未研发出使法国铅笔“登峰造极”的诀窍，当然无从提起。

　　有趣的是，在梭罗那个时代，大部分百科全书似乎都在互相抄袭，就以“pencil”的定义为例，各家的描述都大同小异。但是，如果梭罗并未从“pencil”的定义中，查得制造一流铅笔的方法，又是打什么地方获得灵感的呢？从种种迹象看来，梭罗确实从哈佛的图书馆中得到一些宝贵的资料，促使他把黏土和石墨混在一起。例如，他若在《伯森斯百科全书》上，查过“黑铅”的定义，便可能获得其他有关铅笔的资料：

　　　　有种比较粗糙的铅笔，是用黑铅粉和硫黄，或是其他具有黏性的物质混合制成的。可是用这类产品画出的线条十分粗糙，只能满足木匠或最基本的需求。另一方面，用一分石墨、三分黏土，再加上少许的牛毛混合起来，涂在蒸馏器上，就能形成最好的保护层。有时候，在高温下，连蒸馏器都融化了，这层保护膜却还维持原样。最著名的映普生（Ypsen）坩埚，便是由石墨屑与黏土混合烧制成的。

　　当梭罗乍看这段叙述时，或许会期待，编者在批评完只适合木匠用的“硫黄”笔后，会接着指出要用什么原料取代硫黄跟石墨屑混合，才能制造出品质较佳的铅笔。或许，他会期待编者能明明白白指出：“以一分的石墨屑，配上三分的黏土混合烘烤"，便能制造出适合画家，以及工程师使用的上等铅笔。即使梭罗并不指望百科全书能提供任何解答，不可否认的是，这些书确实是思想的催化剂。

由于《伯森斯百科全书》中，在提到铅笔芯添加硫黄的缺点时，也连带提到将黏土与石墨屑混合可以制造出具有高度耐热效果的保护层，很容易让人产生联想，进而孕育出重大的发明，或发现关键性要点。另外，百科全书上进一步提及，利用石墨屑与黏土可以制造出品质优良的坩埚，也可能激发了梭罗的灵感，使他注意到，位于马萨诸塞州陶顿的凤凰坩埚公司（Phoenix Crucible Company），究竟是打哪儿购买黏土制造产品。或许，他早就知道，当时新英格兰玻璃公司（New England Glass Company）是从巴伐利亚进口黏土的。总之，只要梭罗的脑海中，浮现混合黏土与石墨屑来制造铅笔芯的灵感，要寻找适当的黏土原料并不难。姑且不论梭罗的黏土究竟从哪里取得，重要的是他拿到了黏土，并开始研究如何跟石墨混合，以制造更好的铅笔。或许梭罗很快便制造出较坚硬、颜色较黑的笔芯，不过改良品书写起来还是沙沙的，并不很滑顺。他便想到要把石墨屑磨细，好改善这个问题。

去芜存菁

另一方面，由于老梭罗有看书研究化学的习惯，再加上早年有狄克逊的指点，也可能会让他想到要把黏土与石墨混合。至于梭罗父子对彼此的影响，以及他们如何达成共识，决定把石墨研磨到什么程度，还有怎样除去石墨内杂质之类的细节，那就不得而知了。或许，梭罗在父亲的建议下开始着手设立新的石墨研磨厂，并克服了一切技术上的问题。无论老梭罗提供的究竟是什么建议，有一点，我们绝对可以确定：后来梭罗对于绘制机械图，已经驾轻就熟。如今，我们在康科德公立图书馆里，便可以看到梭罗绘制的铅笔制造机设计图和牛枷设计图等。

由于梭罗去芜存菁，提高石墨的纯度，并利用研磨机把石墨磨得更细，他生产的铅笔质量相对提高。连带的，市场的需求量也日益增加。梭罗家的事业越做越大，但他既不想花钱为研磨机申请专利，也无意透露制造铅笔的"独家"秘诀。尽管生意蒸蒸日上，但梭罗的老脾气，却依旧未改：当他发现自己成功制造出全美最好的铅笔后，便开始觉得，这份"例行"的工作，失去了挑战与成就感。他一心想做的就是回学校教书。

当梭罗发现处处碰壁，无法谋得教职时，变得越来越心浮气躁，最后干脆转移目标，着手拟定旅行计划。1838 年，梭罗按照计划动身到缅因州去，同年年底，他随即回到康科德，跟兄长合作，开设了一家私立学校。

1841，由于梭罗兄长的健康每况愈下，两人迫不得已只好关闭学校。不久，梭罗便搬到爱默生家寄住，前后与爱默生的家人相处了两年。在这两年当中，他经常跟爱默生交谈，并不时帮忙处理家中杂务，有空时，也会逗逗爱默生的孩子，跟他们一块儿玩耍。爱默生的儿子，爱德华·瓦尔多·爱默生（Edward Waldo Emerson）还记得，梭罗每次讲完故事后，就会"把我的铅笔跟小刀变不见，然后再从我们的耳朵，还有鼻子里拿出来"。不过，每当梭罗的父亲需要帮忙，或是当梭罗需要钱用时，他就会回家待一阵子，在铅笔工厂和店面间两头跑。1842 年，梭罗的哥哥英年早逝，对他而言无疑是一大损失。后来，梭罗还写了篇追悼文，缅怀与兄长办校以及生活的种种往事，在追悼文的最后，他甚至写道："哥哥，您是我灵感的泉源……"

1843 年，梭罗跑到史坦顿岛，当了八个月的家教。梭罗虽然身在岛上，却心系家里的事业，他不时写信回家，向家人报告自己在图书馆阅读的心得，并查询厂内铅笔制造以及改良的状况。1843 年底，梭罗思乡情切，再度收拾行囊返回康科德。不久，他便因为阮囊羞涩，开始负债，回到家里的铅笔制造厂工作。经过一番历练及充电后，重新投入家族企业的梭罗，不仅富有活力，而且有一肚子的创意。据爱默生说，有好一阵子，梭罗满脑子想的，全是如何改善制造铅笔的流程以及产品本身。

据说，梭罗想出许多新方法，将石墨笔芯，嵌进木制的笔壳内。而其中最有名的一种，就是利用机器在木头上钻洞，然后把笔芯嵌进去。今天，在康科德公立图书馆中，我们可以看到一个类似笔套的东西，一般都认为，这是梭罗用圆木制成的笔套，但事实上，它却是个钻孔偏得厉害，制造得十分失败的笔壳。或许，要把易碎的笔芯，插入、并黏进封闭性的细长圆洞里，既困难又吃力，当时甚至还可能是同业口中的笑话。不过从梭罗的日记看来，制造无接缝的铅笔，是他一度拥有的梦想。1846 年，梭罗在缅因州游历期间，曾在日记上写道："根据我的观察，这儿的铅笔是用一种很拙劣的手法制成的：他们在圆形的杉木条上刻出凹槽，等放入笔芯后，再粘上另一块木片，把接口封起来。"

笔中"贵"族

尽管这种铅笔制造法跟一般英美的制造法大相径庭，但却跟柯特制笔的过程颇为类似。无论如何，从梭罗的描述看来，当时他也不确定什么制笔法才是最理想，或比较适合的。

可是梭罗会自信满满，认为自己最了解如何制造出一流的铅笔，也不是没有原因的。一方面是他的确制造出品质优良的铅笔，另一方面，则是因为他发现只要调整黏土与石墨的比例，便能制造出软硬程度不同的笔芯，就跟柯特当初发现的一样：黏土的比例越高，笔芯的硬度也越高。而梭罗之所以未能立刻了解这点，显然是由于他在图书馆里并未彻底研读柯特制笔法。不管怎样，梭罗公司的铅笔经过改良后，依照硬度分类，开始有了由一到四的等级。当时铅笔的包装纸上还印有广告字样，上面写着："改良式铅笔，画家、测量员、工程师、建筑师，以及艺术家等的最佳良伴。"到了1844年，梭罗公司所制造的铅笔，跟任何国产品，甚至舶来品相较毫不逊色。至少，爱默生是这么认为的。关于这一点，我们从爱默生与波士顿友人卡洛琳·斯特吉丝（Caroline Sturgis）的通信中，便可一见端倪：

> 亲爱的卡洛琳：
>
> 　　现在写这封信，是要告诉你，我寄了4支笔色深浅不同的铅笔给你。我衷心期盼，你能试用这些绘图铅笔，并体会出其优点。就如同亨利·梭罗认为的，他在制造铅笔上有了重大的改进；也一如梭罗坚信的，他制造的铅笔就跟英国顶尖的绘图铅笔一样好。你一定要告诉我，这些笔究竟好不好。据我所知，这在皮芭蒂小姐的店（Miss peabody's）里，一打卖75美分……
>
> 　　再会
>
> 瓦尔多
> 5月19日，周日前夕于康科德

> 亲爱的瓦尔多：
>
> 　　这些铅笔棒极了——与康科德的艺术和艺术家，可说是相得益彰。这确实是我所见过最棒的康科德产品之一，不但品质高，又很好用。我一定会向所有的朋友推荐这个工具，我自己就打算"大开杀戒"，好好用个痛快。不过，不知道是否有比这更软的铅笔，如S.S.跟H.H.? 我已经迫不及待地用了你给我的……
>
> 卡洛琳
> 5月22日

　　改良后的梭罗制铅笔在各地贩售的价格，可能有些许差异，我们无从得知确切的售价；不过根据某些文献记载，当时单是一支梭罗制铅笔，就要卖 25 美分，而普通的铅笔一打才卖 50 美分左右。由此可知，梭罗制铅笔的确是笔中"贵"族。在不断的研发下，梭罗家族制造的铅笔，种类越来越繁多，价格也有所不同。可是，多年来，其售价在众多国产品牌的铅笔中始终一枝独秀。时至今日，任何跟梭罗沾得上边的古董制品，都成了价格不菲的宝贝。早在 1965 年，一家波士顿书店便曾以 100 美元的价格，把一打梭罗制铅笔卖给一位收藏家。

　　从斯特吉丝的回信中，我们可以看出，梭罗制铅笔，跟柯特制铅笔一样，依照笔芯软硬程度的不同，分有不同的等级。至于她信中所提到的 S，所指的可能是 soft（软），而 H，则代表 hard（硬）；另外，她所谓的 S. S.，可能是指比 S 级还软的铅笔，而 H. H.，则是指比 H 级还硬的铅笔。

促销手法

　　梭罗制铅笔，除了"内在"有软硬不同的差别，外在的包装也花样繁多。这么做的目的，可能是想要让消费者觉得，梭罗的产品一应俱全，可以满足顾客各式各样的需求。从留存至今的梭罗制铅笔标签、笔上的戳记和各类相关的广告文宣来看，上面印制厂商名称，都是"梭罗公司（Thoreau & Co.）"（见图 9.2）。即使是为佛罗里达大学（University of Florida）图书馆所收藏，晚近至 1845 年由梭罗家族制造的红黑铅笔，上面也印着"梭罗公司"的标记。另一方面，康科德图书馆收藏的梭罗制铅笔，上面却印着"约翰·梭罗父子，马州康科德（J. Thoreau & Son. Concord Mass.）"的戳记。

图 9.2　在这张 1845 年左右印制的巨幅广告上，约翰·梭罗公司促销自己生产的各式铅笔

　　由于梭罗家族制造的铅笔，不仅产品名称五花八门，就连包装也瞬息万变，对工程、技术史学者而言，要从中理出头绪，按照年代排列出其产品发展的先后顺序，无疑是天大的挑战。从 18 世纪 30 年代末期到 40 年代中期，因为梭罗致力于改良铅笔，研制出种类繁多的产品，所以就没有绝对的必要，他们也会希望在包装上，能把改良过的新产品跟粗糙旧产品间，做个明显区分。可是，他们显然并不认为，有必要把这种种改变形诸文字，一五一十地记录下来。

　　无论如何，梭罗家族跟其他铅笔制造商一样，他们并不指望光靠包装，以及"自吹自擂"的广告，便能达到促销的目的。就在爱默生和斯特吉丝通信后不久，梭罗家族便想出一种见证式的传单，让使用过其产品的人，把自己的感想写出来，然后配上广告，大量印制散发给消费者。而爱默生的大舅子查尔斯·杰克逊（Charles Jackson）就曾经写过感谢信，为梭罗制笔作了最佳见证：

约翰·梭罗公司，马州康科德
制造新生产的上等绘图铅笔
　　这是特别为画家与行家所制造的铅笔。笔芯是由高品质、高纯度的石墨所制成，坚硬耐用，书写流利，色泽漆黑，保证不受温度变化影响。在众多的见证中，我们仅略举一二，供各位参考：
先生您好：
　　我已用过很多种贵公司生产的黑铅笔，个人以为，其优良的品质的确不同凡响。对于工程师，我会特别推荐您的细字硬笔，不但可以画出极细的线条，而且笔尖也异常平滑坚韧。这一切，都是由于您以独家配方来制作笔芯的结果。此外，我认为您所制造的软芯铅笔，品质也很好，比起我曾经用过的其他美国铅笔来，实在好太多了。

查尔斯·杰克逊谨启
1844 年 6 月，于波士顿

先生：
　　试用过您的铅笔后，我敢拍着胸脯，毫不犹豫地大声说：至今，无论在哪一方面，这些笔品质优良的程度远非其他美国铅笔所能及。也只有来自伦敦，由罗德兹家族（Rhodes）和布鲁克曼与兰

登（Brookman & Langdon）所生产的铅笔，才能相提并论。

D. C. 约翰斯顿（D. C. Johnston）

1844 年 6 月，于波士顿谨启

从约翰斯顿的见证，以及爱默生与斯特吉丝的通信看来，他们对英国铅笔都十分推崇，也因此令人更加怀疑：当初梭罗想要仿造的，难道真是德国笔，而不是英国笔？无论如何，到了 1844 年夏末，由于梭罗的母亲辛西雅·邓巴尔·梭罗（Cynthia Dunbar Jhoreau）认为，这个制造铅笔的家族事业，既然为他们赚了一栋房子，儿子就该投入更多的时间，协助公司累积资本，因此，梭罗不像一般业者攒了点钱便开始享清福。相反的，他毫不懈怠，全神贯注，依旧积极改良铅笔。1845 年 5月，梭罗却突然兴起"出走"的念头，暂时离开家，抛下铅笔制造业，跑到瓦尔登湖畔，自己动手盖了间林中小屋，并在那儿住到了 1847 年。他在自我放逐的那段期间，从事了许多活动，其中一项便是制作面包，在生面团里加葡萄干，就是他别出心裁的发明之一。据说葡萄干面包的发明名噪一时，使康科德的家庭主妇大受震撼。

瓦尔登湖

梭罗的烹饪技术，并未替他赢得任何奖章，在他抛开铅笔制造业，暂时出走的这段时间里，马萨诸塞州慈善工匠协会（Massachusetts Charitable Mechanic Association），因为"约翰·梭罗父子在 1847 年的商展里所展示的铅笔"，颁发给他们一纸奖状。1849 年，赛伦慈善工匠协会（Salem Charitable Mechanic Association），又由于"约翰·梭罗公司"在当年的展览会上，展示出"品质一流的铅笔"，颁发给他们银质奖章。从这儿，我们可以看出，当时在梭罗家族所制造的铅笔上，梭罗的名称时隐时现，还没有统一的印记。

梭罗在《瓦尔登湖》（*Walden*）里并未提到制造铅笔的过程，却探讨了许多理财和周延的经营理念，而这些本质都与良好工程学相距不远。梭罗在书中曾计算过建筑木屋所需要的材料费为 28.1205 美元，而他从"农场"上所获得的利润为 8.7105 美元。这在在显示梭罗对商业的喜爱与了解并不亚于工程。就如同他在《瓦尔登湖》里所写的："我总是不遗余力地，试图养成精确的交易习惯；这些习惯对任何人来说，都是不可或缺的。"不过，他也同时承认，整个经济体系的荒谬性："农人费尽心思，想要解决生活问题，可是他们所利用的解决方式，却比问题本身还要复杂。他们为了要得到鞋带，而不得不动脑筋，去照管成群的牛。"

可喜的是，梭罗家族成功寻找出制造铅笔的窍门，也因此获得了他们的"鞋带"。1849 年，当梭罗因为出版第一本著作《康科德与梅里马克河上的一周》（*A Week on the Concord and Merrimack Rivers*）而负债累累时，便赶紧制造价值 1000 美元的铅笔拿到纽约去卖。然而，当时的铅笔市场已"笔满为患"，美国笔与各式各样的舶来笔竞争十分激烈，再加上注重世界市场的德国人已掌握了柯特铅笔制造法，产品质量大为提高。梭罗这批铅笔，只卖了 100 美元，可说血本无归。梭罗的著作虽极获好评，销路却不理想，只得把好几百本书束之高阁。据说，梭罗曾经形容他的书房里，存放了"将近 900 本书，不过其中有 700 本都是自己写的"。

梭罗一方面试着卖书，另一方面，他的铅笔公司也开始接获大批订单；这些订单，订的并非铅笔，而是石墨粉，一家名为史密斯与麦克道格（Smith & McDougal）的波士顿印刷公司，便下了许多订单，不过这家公司为什么需要这么多石墨粉，却始终秘而不宣。梭罗家族开始怀疑，他们试图要加入铅笔制造业的战场。一直等到梭罗家族发誓保密后，史密斯与麦克道格公司才透露：高质量石墨，最适合用在新近发明的电版印刷上，而他们买这么多石墨粉就是为了要保持竞争优势。无论如何，贩售上等石墨粉，利润极高，梭罗家族尝到甜头后，虽然仍继续制造铅笔，但却成了幌子。到了 1853 年，梭罗家族终于完全放弃铅笔制造业。据说当时有许多朋友一直追问老梭罗，为何不再制造上好的铅笔，他则推说："何必呢？我可绝不做自己曾经做过的事。"

当制造铅笔成了幌子以后，"铅笔制造商"约翰·梭罗便宣称，他们的新产品，是"特为电版印刷研制的石墨粉"，而他们的新生意也继续维持荣景。1859 年，老梭罗去世，梭罗继承父业，从他当时选读《商人的助手》（*Businessman's Assistant*）这本书看来，显然还具有铅笔业者的良知。不过，那时的美国铅笔市场，几乎已全为德国制造商所垄断。

追求多样性

兴趣广泛的梭罗在贩售上等石墨粉的同时，仍不忘写作、出版，并对奴隶制度和其他种种事物发表个人见解。尽管他热衷哲学思考，但对机器的喜好却丝毫未减，还精于测量。瓦尔登湖便是他众多的测量对象之一。梭罗在《瓦尔登湖》里写道：

> 由于我一心渴望，能测得瓦尔登湖始终不为人知的深度，因此，我在 1846 年，小心翼翼地趁着湖面冰裂之前，利用罗盘、锚链和测深线，谨慎地测量其深度。长久以来，关于这些传说，实在不可胜数，有些说它深不可测，有些则说它根本是个"无底池"。这些传说当然没有任何依据。不过，令人讶异的是，人们竟然会经

年累月盲目地相信这是个无底池的传说，而不愿"自找麻烦"，实际去测量它的深度。

有部分批评家一直把梭罗在《瓦尔登湖》中精心绘制的地图当作天大笑话，并且始终不愿承认，他可以既是个不折不扣的工程师，又是个货真价实的人文学家。但有太多事实证明，情况正是如此。例如，在康科德公共图书馆所保存的梭罗作品中，有一件便是顶端附有尖针的杉木笔。早在影印发明前的年代，这种简单的工具正是复写的利器，复写时必须沿着原稿，小心地以尖针把轮廓描印在另一张纸上，接着再用笔将印痕描画出。梭罗不仅用这个方法复制，同时也简化了瓦尔登湖的测量图。

总之，梭罗绝不是个业余测量员，他以工程上实事求是、一丝不苟的态度，证明自己的测量具有高度精确性。就在梭罗观测到湖的最深处是在最宽线与最长线的交叉点后，他的注意力随即又转移回哲学上：

> 我从湖上观察到的真理，同样可以验证于道德。这是平均定律。这种双直径定理，不仅能引导我们去探究宇宙中的恒星，同时也让我们得以探索人类心灵的最深处。

无论在事业或思想上，梭罗都不断追求多样性。就以 19 世纪 50 年代来说，他一方面写出了传世名著，另一方面则继续从事测量工作。他的湖畔测量资料甚至被收录在 1852 年的康科德地图里。今天我们仍可以看到，地图下方注明着资料来源，是"土木工程师亨利·大卫·梭罗"。事实上，土木工程师不过是梭罗众多的头衔之一。他为了告诉大家，自己可以提供这方面的服务，甚至还做了广告：

土地测量

利用已知最理想的技术，从事各类测量。提供一切必要资料，使您能在地契上精确地记载农场的范围；根据一般计划，分毫不差地丈量林地；道路设计、各式建物设计，并提供最完整、最精准的全套农场设计。

保证区域测量绝对精确。欲知详情，请联络——

亨利·大卫·梭罗

这就是梭罗的另一面。据爱默生说，梭罗会成为土地测量员，再自然不过，因为他喜欢追根究底，并习惯测量一切自己感兴趣的东西，如树木的高宽、池塘与河川的深度和流域、山的海拔，以及他心爱的高峰直线距离有多远。此外，他以步测丈量的结果，甚至比别人用测量杆和测量链的结果还准确得多。

如今，梭罗测量的工具以及种种有关的资料，都陈列在康科德博物馆楼上的塑胶玻璃柜里。这些陈列物包括了梭罗在瓦尔登测量时所用的曲尺、罗盘，当然，还有铅笔。尽管爱默生知道，梭罗制造的铅笔在美国称得上是顶尖的极品，但对这位随笔作家来说，好友的铅笔似乎还不够好，因为爱默生在《大西洋报》(*The Atlantic*) 上，是这么形容老友的：

失去他罕见的活力，令我万分遗憾。

但他如此缺乏野心，却让我忍不住要责怪。

第十章 次完美

　　1837 年，《商业大全》（*The Complete Book of Trades*）在伦敦出版，书中的探讨涵盖了当时英国人所从事的"各类交易、职业、工作以及行业"。这本"父母的指南、年轻人的导师"，不但提供资料告诉大家一般学徒的学费行情，同时也告诉有心人，若要自主创业，大约需要多少资金。而在各行各业里，土木工程学徒必须缴纳的学费，约在 150 英镑到 400 英镑之间，算是数一数二高的。至于自行开设土木工程事务所，则需要 500 英镑到 1000 英镑的资金。这跟其他行业相较算是中等。相对的，铅笔制造业者并不要求学徒缴纳学费，同时，他们只需要区区 50 英镑资金便能立刻开业。这其间所显示的是：某种特定的技术或是制造业，在逐步发展、日趋复杂化，并归纳出一套定律，成为所谓的工程学后，便与单纯的制造间，拉开了一道鸿沟。而随着工程学的发展，这道鸿沟也日益拉大。然而，即使如制造铅笔这样"简单"的行业，也并不意味着业者完全不需以做学问的态度，进行研发，改良产品，从而提高产品的身价。《商业大全》中，对 19 世纪 30 年代中期，英国铅笔制造业的发展状况有相关的描述：

　　　　……石墨，是种黑色有光泽的矿物，产于莫尔文丘陵与坎伯兰。伦敦绝大多数的石墨，都由这两处产地运来。而产自坎伯兰的石墨矿，往往以不同的价格，在每月的商展或是在艾塞克斯街上贩售。基本上,石墨的价格视其平滑度以及硬度而定。一般来说,石墨矿的年代越久远,品质越好。从前,约翰·米德尔顿先生(Mr. John Middleton)是最负盛名的铅笔制造业者,如今,布鲁克曼(Brookman)与兰登(Langdon)先生所制造的铅笔,却成了测量员的最爱。当然。这些铅笔价格高昂,不免令人咋舌;在市场的需求下,部分不肖商人干脆拿劣质铅笔贴上著名厂家的标签鱼目混珠。从表面上看来,一支价格一便士的铅笔,跟一支价格一先令的铅笔,通常没有任何差别。

显然,铅笔制造业者若想击败对手,让产品卖个好价钱,就必须投入庞大的资金,购买大量的石墨,放在一边,让它们"越陈越香"。

鱼目混珠

坎伯兰石墨矿刚开采时,不仅产量丰富,价格又很便宜,业者不费吹灰之力便能买到货真价实,品质一流的石墨矿。讲究的铅笔业者,往往会买进大量的石墨储存起来,等石墨变得较陈较好,足以制造上等铅笔时才拿出来用。不过,他们在动用"陈年好货"的同时,总会立即补进一批新石墨矿,"有备无患"。但是,当上好的石墨矿开始缺货、政府限制开采、价格节节上扬,而其他重要的新矿源又尚未开发出来前,业者很可能会不等石墨陈年,便迫不及待地拿出来制造铅笔,或是在仅含少量石墨,甚至根本不含石墨的铅笔上,贴出"内含英国石墨"的标签。

至于其他"不肖"的铅笔业者,则利用"复合"石墨来制造铅笔。说穿了,他们不是用年份不够或劣质的石墨,根本是拿其他代用品来制造铅笔。这些所谓的代用品,可能是掺有石墨粉、硫黄、黏土,以及其他添加剂的混合物，而其使用效果的好坏，则取决于混合的成分及过程。无论如何，到了 19 世纪中期，由于石墨来源的匮乏，英国的铅笔买主最后也跟美国或是其他欧洲大陆买主一样，逃避不了劣等铅笔，或是"假"铅笔的问题。随着高品质石墨供应量的减少，一方面吸引一些缺德的小贩，满口保证他们能以较低的价格提供较好的铅笔，另一方面则吸引铅笔制造业内外的发明家、工程师。他们用心研发，但求制造出较好的铅笔，就像他们企图造出更好的桥一样——但是，成本却未必低廉。

世界博览会

到 19 世纪中期，铅笔制造业者之间的竞争，宛如其他发展中的工业一般，不仅跨越大陆，也横越海洋。就在这样的趋势下，1851 年夏天，世界工业产品博览会（the Great Exhibition of the Works of Industry of All Nations）首度在伦敦的海德公园举行。当时这项展览广为全球瞩目，在众多相关的庆祝活动当中，有一项我们耳熟能详的美洲杯帆船赛（the America's Cup）。这项比赛不过是博览会所显现的多种象征性指标之一。这次展览可算是全球技术发展与竞争，以及大型工商业迈向国际化的重要分水岭。而且就像后来的世界博览会一样，提供给所有的工业与国家一个机会，一面风光地展示其成就、文化，一面"炫耀"新产品以及未来梦想。

为这次展览而建的"水晶宫"（Crystal Palace），虽是临时搭设的建筑物，但其雄伟壮丽、金碧辉煌的外观，却使多数展览内容相形失色。水晶宫内有 10 项展览，散布在广达 17 英亩的会场上，参观者简直眼花缭乱，一时根本不可能理解所有的展览内容。自从《不列颠百科全书》初版印行以来，往后的 80 年间，每次博览会都一再印证，工程概念与艺术、科学结合的程度越发紧密。尽管苏格兰绅士们压根就瞧不出来，艺术与科学到底有什么关系，但在展览的洗礼下，整个社会普遍意识到，一堆煤矿的价值并不亚于一颗名钻。

《亨特手册》（*Hunt's Hand-Book*）则是本货真价实的导览手册，协助参观者在迷宫般的会场里，循序渐进地了解展览内容。这本手册一开始就指导访客，要从水晶宫的南厢入口进去，在庞大的半圆形电子钟下展开参观的旅程。此外，这本指南反复以艺术和科学来吸引参观者的注意力，并针对某些展览重点进行深入探讨，其中一项重点，就是大不列颠桥的模型。水晶宫的设计师约瑟夫·派克斯顿（Joseph Paxton），就是在西北威尔士参观这座桥梁工程时，获得灵感，当场把展览场的草图画在记事本上。此外，大不列颠桥的设计师罗伯特·史蒂芬森（Robert Stephenson）大胆突破传统，使用前所未见的新建筑材料，无疑也给了派克斯顿极大的勇气，促使他以破纪录的短时间，完成占地空前的展览会场设计。水晶宫本身以及展出的产品，都令人赏心悦目，而这次大展除了娱乐外，还负有教育参观者的责任。例如，《亨特手册》在描述展览场上无数的桥模型和设计图前，首先告诉参观者，"面对人类这项重要的发明，我们不但建议各位最好彻底了解桥梁建筑的基本概念，同时也将提供各位相关信息"。

交叉变形实验

接着，作者便以三百字，探讨桥梁材料学，算是为参观者上了一课；然而，其中概念却是今天工程系学生，通常到大二修完物理、微积分以及机械工程等必修课后，才会学到的。这位维多利亚时期的游览手册作者，却期望所有的读者都能了解他的论点，并理所当然地认为，大家都应该要知道"变形率"（strain）这类术语。或许，这三百字的短文的确清晰易了解，作者这番期特，是很合理的。但作者并不指望，所有的读者都能计算或预测桥梁什么时候会断裂，或是会如何断裂，因为这些工作交给具有数理基础，以及专业素养的工程师去做就行了。至于作者所期望的，不过是要读者去想象，并观察工程师必须如何小心翼翼仔细计算，以避免桥梁崩塌断裂。为了达到这个目的，作者在手册里设计了一个小实验，让读者得以透过实验，充分了解"交叉变形"（cross-strain）的抽象概念。这个同样的定律也适用于铅笔芯的品管测试，紧接着博览会举行后，国际铅笔业者间的竞争，又趋白热化，因此，这项简单的实验显得特别有意义。

韩特的实验是这样说的：

实验时，最理想的就是拿一块清洁、干净的方形枞木板，当成大不列颠桥上的一根梁；不过，手边若没有枞木板，用没削过的二号铅笔，效果也差不多。理想的铅笔长约十英寸、直径约为四分之一英寸，长度与厚度的比例大概是三十比一。保持这样的比例十分重要，因为当我们拿铅笔来代替木板，或是拿模型来代替原型时，若有些微的误差，很可能就会影响实验结果，造成不同的机械现象，使我们无法得到预期的推论。此外，我们应该尽量保持相同的横断面；不过，方型铅笔虽有生产，但毕竟不普遍，而要保持实验的准确性，用常见的六角形铅笔也就足够了。尽管铅笔大多是用杉木，而不是枞木做成的，铅笔中央又有石墨，或是石墨混合制成的笔芯，但这些因素并不重要，对实验结果不至于产生任何影响。

就如同《亨特手册》所指出的，诸如木材、铁以及石材等各式各样的材质，在某些特定的状况下，会产生大同小异的效果。

而要进行这项实验，首先得为"铅笔桥梁"选择适当的支座。支座可以是两块砖，也可以是两本等厚的书。如果用书的话，最好先把书背拆下；两边书的厚度，都不要超过七英寸。紧接着，就是把铅笔横放在两块砖或是两本书之间，假设是一座桥梁。在作这项实验时，最好把铅笔有印记的一面朝上，因为这样一来，当铅笔被压断时，我们很快便能辨识出上方与下方。进行实验的过程中，应该要注意的，就是当你要压断铅笔桥时，必须以手指或是另一根短铅笔，横放在"桥梁"的正中央，然后慢慢加压。加压时可以仔细观察铅笔弯曲变形的情况，并倾听木材逐渐断裂的声音。只要继续加压，铅笔就会继续变曲断裂，直到完全折断为止。据《亨特手册》描述，铅笔的"上表面会呈现出压缩或变短，下表面则会呈现出扩张或拉长"。你可以随时中止实验检查铅笔断裂的情况。铅笔完全折断后，上表面便会出现压裂的痕迹，而下表面则会出现撕裂的痕迹。"在用心观察过这些现象后，就将会了解加压作用的本质——当任何材质的长条形物体受压时，便会产生所谓的交叉变形现象。"换句话说，当梁状物受压变形时，上表面所承受的推力，会转变为底部的拉力。

这个简易实验的原理，就是亚里士多德当初以膝盖折断树枝所推想到的原理一样。在亚里士多德的"交叉变形"实验中，双手就是支座，而膝盖则是着力点，树枝自然就相当于梁了。对被折断的铅笔，或是树枝来说，无论是支座移动，而着力点不动；或是着力点移动，支座保持不动，结果都一样。而业者要设计出更坚韧、更耐折的铅笔，克服长久以来所面临的难题，就势必得了解这个现象。

《水晶宫历史与记述》

有关折树枝或掰铅笔这类事物的技术性解析，并不光是在 1851 年举行博览会时才偶然出现的。事实上，正由于一般大众原本就期望，并乐于了解这类细节，这项博览会才能如此成功。或许，你很难相信，不过当代广大的群众，对科学成就，倒是出人意外地感兴趣，并不觉得索然无味。他们经常从报纸杂志，如《伦敦新闻画刊》(*Illustrated London News*)、《横越大西洋》(*Across the Atlantic*)，以及晚近创刊的《科学美国人》杂志上，获得有关新式"桥梁"，如大不列颠桥的信息。在大众眼里，桥梁显然是种既独特又壮观的工程产物，但就工程学而言，制造上好铅笔的成就，却绝不亚于造桥。

除了《亨特手册》之外，另一本广受大众欢迎的博览会出版物，就是《泰利斯的水晶宫历史与记述》(*Tallis's History and Description of the Crystal Palace*)。这本书共分为三卷，其中有些部分，对我们日常生活用品有巨细靡遗的分析与探讨。例如，书中在"艺术家的工具"这一节里，便探讨了博览会所展出的英国、法国、德国，以及奥地利铅笔，还有"黑铅"笔，同时也提醒读者有关笔芯中掺入硫黄或类似添加剂的问题。基本上，硫铅笔有许多缺点，其中之一，就是留下的笔迹根本无法擦拭，即使表面擦掉了，只要纸上还留有丝毫残痕，有心人便能利用化学反应让原有字迹重现。

虽然到 19 世纪中期，法国、德国，甚至部分美国铅笔，都是利用柯特制造法，混合石墨与黏土制成的，但以坎伯兰纯石墨制成的英国铅笔，却仍是全球铅笔制造业的典范。不过，就在博览会开幕的当时，高品质石墨的供应由于战争、盗采，以及矿源的枯竭日益匮乏。尽管某些英国公司在展览场上，仍得意地展示国产石墨与传统铅笔，但是《泰利斯的水晶宫历史与记述》明白指出，铅笔业有些新发展已不容忽视：

> 伦敦齐普赛大街上的李维思家族 (Messrs. Reeves and Sons)，便展出对艺术家具有相当重要性的"代"铅笔。在坎伯兰石墨矿完全枯竭的状况下，李维思家族所研发出的石墨代用品效果极佳。然

而，就如众所周知，只要提到艺术用铅笔，绝没有任何产品可以比得上坎伯兰石墨笔。无论在色泽，或是材质的细滑度上，坎伯兰石墨笔均首屈一指，也没有任何铅笔的笔迹，能像坎伯兰石墨笔那样，不费吹灰之力，便拭擦得一干二净。事实上，除了坎伯兰石墨外，我们至今尚未发现其他任何一种材质，能不经加工，便直接拿来制笔。没错，产自巴利阿里群岛的"石墨渣"（Cindery），以及产于锡兰的石墨，虽然是世上已知最纯的石墨，但由于含碳量过多，并含有少量的铁与土质；因此，就制造铅笔来说，太柔软，也太易碎了。至于产自西西里岛、加利福尼亚、大卫斯海峡，以及其他许多地方的石墨矿，也都曾被用来制造铅笔；但是，却始终无法满足艺术家的需要。总之，坎伯兰石墨，是唯一不必加工、直接切割成片，便能嵌入杉木条中，制成铅笔的石墨矿。

钻石与石墨

但是，作者在赞美了半天坎伯兰石墨矿后，对李维思家族"效果奇佳"的石墨代用品，究竟含有哪些成分，还是只字未提。接着，作者在文章里承认，并非所有的坎伯兰石墨矿，都是完美无缺的；作者还指出，部分坎伯兰石墨"硬度不定"，并"含有沙砾"。因此，当铅笔制造业者用尽库存的一流坎伯兰石墨时，艺术家发现，要买到上好的画笔简直难如登天，不过，尽管坎伯兰石墨的矿源濒临枯竭，但当时水晶宫会场的展览物里，还是有一块既巨大，又未经处理的坎伯兰石墨原矿，而《亨特手册》毫不犹豫地，便把这块黑漆漆的石墨跟隔壁展出的亮晶晶的钻石，作了一番哲学性的联想：

钻石，就如同牛顿由其高折射力所推论出来的一般，是种易燃物。法国化学家拉瓦锡（Antoine Laurent Lavoisier），以及其他学者的研究结果都显示，这种宝石，不过是纯粹的碳。最近专家更发现，在伏特电池的电流作用下，可以把亮晶晶的钻石，变成黑漆漆的焦炭。而石墨与焦炭，其实是同样的东西，唯一的差别只在外形不同，以化学结构来说，跟钻石十分类似。英国王室珍藏的光之山巨钻，就在水晶宫的左翼展出……

接着，《亨特手册》便开始解释，Koh-i-Noor 这个词的意思，是"光之山"（Mountain of Light），同时把当初这颗钻石在印度发现的经过，以及其间发生的种种传奇，从头到尾叙述了一遍。一直到好几页之后，作者才在"石墨—黑铅—铅笔制造业者"这个标题下，描述了五位英国业者的参展内容。也就是从这里，我们得知坎伯兰石墨的产量，在 1803 年还有五百桶，到 1829 年却仅剩六桶。此外，由这五位业者所展示的样品看来，19 世纪中叶的英国，都是从印度、锡兰、格陵兰、西班牙、波希米亚，以及美洲各地进口石墨的。

在这五名英国铅笔参展者中，有一位叫作威廉·布洛克登（William Brockedon），发现了一种不用黏着剂，便能将石墨屑重新组合成块的方式，制造出"最有效的石墨代用品"。布洛克登是位钟表匠的独生子，从小耳濡目染，对科学与机械充满浓厚的兴趣。年纪稍长后，他继承父业，也成了一位钟表匠；不过，他把工作以外的闲暇，全都投注在自孩提时期以来便拥有的另一项爱好——绘画上。后来，布洛克登在一位顾客的鼓励下，进入皇家学院深造，成了一位名画家。除了绘画之外，他还是个小有名气的作家，写过许多旅游书，也为许多旅游书画过插图。布洛克登在从事写作与艺术的同时，对机械和科学的兴趣丝毫未减，前前后后并因为多项精湛的发明获得专利。1834 年，他在坎伯兰矿源已然枯竭的情况下，发明出一套生产"人造石墨"的方法。据说，用这种方法制造出来的代用石墨，要比当时所能取得的任何石墨都纯。由于布洛克登制造的石墨质地细密，没有粗糙的颗粒，用这种石墨制成的画笔，对艺术家而言特别有价值（见图 10.1）。

图 10.1　1834 年，美国土木工程学会第一任主席托马斯·特尔福德的铅笔素描像，作者是人造石墨发明者威廉·布洛克登

"人造" 石墨

虽然《泰利斯的水晶宫历史与记述》仅蜻蜓点水般地提到，以"布洛克登法"制成的石墨，几乎完美无缺，但并未描述这"代"石墨的制法，从文章里，读者仍能得知，李维思家族生产的铅笔之所以广获好评，显然是用了"布洛克登石墨"之故。至于布洛克登究竟是如何制造出这"黑色奇迹"的，则在《亨特手册》里，有进一步的探讨

与叙述：

> 首先，他把石墨屑浸在水中，加以研磨，直到它们变成质地均匀，细得不能再细的粉末为止。再把石墨浆倒进特制的纸袋里，抽去空气，大力加压。

据《亨特手册》说，经过加压后，这袋石墨粉便会像天然石墨矿般，凝聚成块，而这"人造"石墨，无论在分子结构或是特性上，都跟天然石墨一模一样。

最初，利用这套方法量产石墨的，是摩耳登公司（Mordan & Company）；不过，当布洛克登于 1854 年去世后，整个工厂以及所有的机器，都拍卖给一名凯西克商人。从一则讣告中，我们便能得知，布洛克登制造的石墨，是当时顶尖的"人造"石墨。显然，布洛克登石墨制造法，后来继续在英、美风行了几年，不过，当博罗代尔石墨矿源枯竭后，这套制造法由于成本高昂，逐渐乏人问津。

其实，当时真正风行全球铅笔制造业的，是柯特制造法。《亨特手册》就明白指出，在水晶宫博览会开展时，这套制造法已成了业者必备的常识——至少，在英国是如此。据亨特说："1795 年，柯特成功地混合了石墨与黏土，然后加以煅烧，制造出各种软硬，以及色度不同的画笔。"而这里所谓的"色度"，是指深浅不同的黑，而不是指色彩。另一方面，柯特所制造的彩色蜡笔，就跟一般的彩色画笔一样，由于掺有蜡，所以不耐高温。反之，高温煅烧对合成石墨来说，却是最重要的。不过，令人纳闷的是，虽然在水晶宫的法国展区里，展示了各式各样的画笔、工程用笔、蜡笔，亨特在导览手册里，对真正的"现代铅笔"，却只字未提。

1850 年，《科学美国人》有一篇文章指出，"坎伯兰纯石墨质地太软，艺术家无法用它画出清晰的细线"，却同样没提到柯特制笔法的优点。没错，为了要改善纯石墨无法绘制细线的缺点，杂志上建议，业者在石墨屑内，最好加入虫胶，并反复溶解、捣碎，使两者充分混合；不过，文章里却始终没有提到，用黏土来取代虫胶，同样可以制造出软硬程度不同，而笔芯黑度，与其软硬度成正比的铅笔。

制造重镇

无论如何，根据 1851 年的英国人口普查报告指出，英国本土以及附属岛屿上的铅笔制造商有 319 家，其中虽然有许多厂商聚集在伦敦，而更多厂商则集中在一个叫作"凯西克"的小地方。长久以来，这个位于坎伯兰的小城镇，由于靠近石墨矿区之便，逐渐发展成家庭式铅笔制造工业中心。另一方面，自 18 世纪以降，其他的小型铅笔制造厂，便一直聚集在英格兰西北部的湖泊区。基本上，这个地区可以说是铅笔制造业者的天堂，不但拥有丰富的森林、矿物资源，而且还有充沛的降雨量，得以提供大量的水力。

也就是在这种环境下，传统的铅笔制造业者，才逐渐聚集起来。尽管各式各样的制造法不断推陈出新，提供了足以取代坎伯兰纯石墨的代用品，但这些新技术往往既复杂又费时，相对抬高了上好英国画笔的身价。正由于这个缘故，19 世纪中叶的艺术家，特别愿意尽其所能，去了解利用天然石制造铅笔的技术以及过程。毋庸置疑的，《艺术插画杂志》（*The Illustrated Magazine of Art*）的总编辑，显然察觉了这种趋势；1854 年，杂志上出现了一篇标题为《凯西克铅笔制造业》的文章。这篇文章指出，尽管数十年来，英国铅笔制造业一直面临上等石墨供应短缺的窘境，但在某些方面，却依旧墨守成规，几乎没有任何改变，即使时至 19 世纪 30 年代初期，机械取代了部分手工，这种情形也依旧不变。

首先，文章以当时惯用的维多利亚风格，透过如梦似幻的笔调，描绘了当地铅笔工业的摇篮。经过一番铺陈叙述后，文章才逐渐切入正题，描写起铅笔制造业技术性，以及实践性的一面：

> 工人……穿着深蓝色的工作服……宽松的袖子，在手腕处收紧——这是此处最普遍的服装。工人坐在黑得发亮的桌子后，脸上虽然因为工作的关系，弄得黑花花的，但他们的手、所用的工具，以及厂房内的多数设备，看起来好像早上才由仆人擦拭过一般。同样的，厂里的炉架，还有火炉，也都一尘不染。每个工人手上，都有几根有凹槽的杉木条，以及切割好的石墨片。他们会拿起石墨片，在凹槽上比对一下，看是否大小适中，如果太大，就用桌前的磨砂石磨成理想的大小。等材料准备就绪，工人就把石墨片放入身边滚烫的胶桶里，稍微沾点胶，然后粘入凹槽内。接着，他们将黏合面上多余的石墨与胶刮掉，并把长出来的石墨切断，让凹槽里密密实实地，填满石墨片。一般来说，制作一支铅笔，大约需要三四片石墨接起来才够长。无论用几片石墨，重要的是石墨片与石墨片之间，头尾必须紧紧相接，绝不能留有丝毫空隙。

凹槽填满石墨的杉木条，随即被送到"黏合工"手里，由他们封上另一条杉木片，把两边夹紧，然后放到一边晾干。有时候，工人会拿较一般铅笔长两倍的杉木条，按照平常的制作程序，挖凹槽、填石墨片、黏合接面，并将半成品放到一旁晾干，唯一不同的是：他们一次可以制造三支铅笔（见图10.2）。此外，根据这篇文章所引用的统计数字显示，铅笔制造厂每年最高的产量是五六百万支左右。此外，在一人一机的情况下，每名工人一天大约可以刨圆六百到八百打铅笔，童工每天平均可以磨滑打光一千打铅笔，至于标签打印工，每分钟平均能处理多达两百支铅笔。

刨圆铅笔

将铅笔切割成适当长度

磨光铅笔

在铅笔上烫金

图 10.2　1854 年左右，凯西克工人制造铅笔的最后几个步骤。这些铅笔在组合时，

是一般铅笔的三倍长，磨光后才切割成适当的长度

烫金铅笔

尽管一般人都知道，早期的铅笔，不像现代铅笔一样会在表面漆上颜色，但这篇出现在艺术杂志上的文章却明显指出，早在1854年，部分凯西克的铅笔制造商，便开始为铅笔上漆，包括现在常见的黄铅笔，当时就已经存在。因此，某些铅笔制造业者在19世纪90年代推出并号称的"新产品"，根本是老掉牙的旧玩意儿：

> 在铅笔上涂漆，是新近掀起的潮流。最初，制造商是为了"粉饰"较差的铅笔，才这么做的，不过，现在这股潮流已经吹到最高级的铅笔上了。有很多种铅笔若不上漆，真的就很难卖出去。此外，为铅笔上漆，不仅更能衬托出杉木的原色，也使工人在切割铅笔时，得以保持笔面的清洁……

许多铅笔的制作流程，到此就算完成。可是，有些铅笔并不光是印上标签便草草了事，而是烫上金字才算大功告成。一般来说，这些烫金铅笔，底色大多是黑色、黄色或蓝色，由于色彩过于浓厚，彻底遮盖了杉木的原色。

接着，作者在描述过制造商如何包装铅笔以利运销后，便任想象力驰骋，开始描绘起铅笔可能的"下落"："有些到了艺术家的工作室里，有些到了仕女的闺房。"同时，他以充满哲学性的笔调，形容人类设计与制造铅笔的目的，便是为了毁灭它："在我们毁损这制品的过程中，也成就了它的价值。同样的，许多人为这社会与世界奋斗、卖命，既奉献了青春，也耗费了精力，使自身的心神与整个宇宙融为一体，从而发挥了个人的价值。"

不可否认的是，自从人类发现博罗代尔石墨矿三百多年来，已经将它的价值发挥得淋漓尽致："在制造数以万计铅笔的同时，有无数的石墨块被打碎、切割、研磨，细碎如灰的残骸，散落在厂里的设备，还有工人的衣服与手上；漆黑的残骸，埋葬在遭人弃置的铅笔头里；其躯体，为了人类传情达意、记述思想，而在无数的书本、纸张上，逐渐消磨殆尽；所留下的痕迹，在作家揉掉的手稿，还有画家撕毁的素描上，全然扭曲变形，随着无人青睐的思想与图像，而被烧为灰烬。"

劣笔泛滥

到 1854 年，手中仍握有博罗代尔石墨存货的铅笔制造商，便得以用大块的石墨来制造上好的铅笔。至于那些大小如豌豆般的石墨碎块，则是在敲碎、研磨成粉，并与"大量进口石墨"混合后，再制成品质较差的铅笔。这时，艺术家发现，铅笔的品质越来越差，就算是那些笔上印有"保证由纯坎伯兰石墨所制"的铅笔，通常也仅"含有一丁点儿，或完全不含"这种上好的石墨。

后来，由于剩下的博罗代尔石墨实在太过细碎，无法切割成片直接粘入杉木条里，也只好磨成粉末，跟其他石墨屑以及大量的劣等石墨粉混合，然后加入蜡、树胶，或是像柯特一样，加入黏土，让它凝结成合成石墨块。无论如何，到 19 世纪末，有种更差的铅笔出现了，这种叫作"锤规"的铅笔，是用三分之二的劣等石墨，再加上三分之一的硫化锑混合制成的。至于最差的铅笔，则是用石墨粉、黏土，以及类似黏土的漂布泥混合制成的。

由于当时的劣等铅笔比比皆是，几乎到了泛滥的地步，因此《艺术插画杂志》会在 1854 年，投读者所好，探讨凯西克铅笔业的兴衰，以及博罗代尔石墨矿的枯竭。十年后，另一本英国艺术杂志，也刊载了一篇有关坎伯兰铅笔制造业的文章。从文里看来，当地的情况并没有任何改进。直到 1913 年，位于凯西克的班克思（Banks）铅笔厂，还是像以前一样雇用大批男工与男童工，从事这项劳力密集型工业。另一方面，当时的美国，虽然女工与女童工取代男工与男童工，一如我们在《马莉·费根谋杀案》（*The Murder of Mary Phagan*）这部迷你影集里所看到的全国铅笔公司（National Pencil Company），便是如此；但是，这家位于亚特兰大的小型铅笔厂，就跟其他的铅笔工厂一样，只让极少的机械扮演无足轻重的角色，绝大部分仍以劳工密集的手工为主。

无论铅笔究竟是如何制成的，在 19 世纪初，大家深信不疑，以纯博罗代尔石墨制成的铅笔，不管在全球各地都是最好的。然而，即使是一流的手工艺品或科技产品，也不免有缺点与瑕疵。有些是产品本身有问题，有些则是制作流程有问题，都有改进的余地。以坎伯兰铅笔为例，上好的博罗代尔石墨矿产量日减，大块石墨越来越难取得，绝大部分的笔芯，都是以石墨短片头尾相接，紧紧连起来的。基本上，这种铅笔用起来，就跟整片石墨制成的铅笔一样好，可是，当用到某个程度，必须把它削尖时，问题就产生了：如果你削到的地方，刚好是其中一片石墨的末端，在写字或画图时，位于接连点的石墨片便很容易断裂或掉出来。即使到了 20 世纪初，这类问题仍普遍存在于绝大部分的铅笔上。也不知道是什么缘故，原本应该是很完整的笔芯，竟会在笔里断裂成许多小段。没错，这类隐藏在石墨上的瑕疵，可以通过更先进的制造流程克服，或是使用时小心翼翼，避免把铅笔折断或掉在地上。不过，使用铅笔的人，却还是由衷希望，能有更耐用的产品出现。因此，今天由工业化国家所生产的铅笔，大多有相当坚韧耐用的笔芯。

力有未逮

显然，要解决笔芯断裂的问题，最好的方式还是得从强化笔芯着手。或许，以往在石墨屑与石墨粉中，加入适当的蜡能够解决部分问题，不过在强化笔芯韧性的同时，却牺牲了色质。利用柯特制笔法，虽然也能强化笔芯的韧度，部分艺术家却认为，笔迹的色质依然不如上好的纯坎伯兰石墨笔。另一方面，运用布洛克登的石墨粉高度加压术，尽管能制造出上等铅笔，却必须付出高昂代价。

事实上，任何产品要达到至善的程度，就跟制造最好的铅笔一样，往往是人力所无法完全控制的。英国人在建造大不列颠桥时，为了寻找"最好"的铁材，便面临极大难题。根据当时驻地工程师埃德文·克拉克（Edwin Clark）所记述的：

> 对这样重要的工程来说，用最上等铁材绝对必要。合约上也特别提到，要用"上好的铁板"，来建造桥梁。不过我们发现，部分铁板的质量，已到了十分低劣的程度。当我们就这个问题，询问制铁业者时，才发现，对其中某些业者来说，所谓"最好"的铁板，就是一般或普通的铁板。而所谓"最最好"的铁板，就是价格较高的铁板。至于"最最最好"的铁板，才是理想中"最好"的铁板。无论如何，尽管上好铁材价格较高；但相对的，由于市场的需求量大，顾客也愿意付较高的价钱。

一般来说，要制造较好的铅笔、品质较高的铁材，或是建造较好的桥，光是用成堆技术上的专业术语来纸上谈兵是不够的。克拉克认为，要把大不列颠桥建好，就势必要订购适当的铁材。尽管每个时期的"最好"，都有不同的含义，并有不同上限，但只要业者愿意掏腰包，还是可以制造出较好的产品。如同在 19 世纪中叶的凯西克，铅笔业者所制造的产品，随着原料、制作方法，以及投资多寡的不同，在品质上也有极大差异。

第十一章 从家庭工业到量产

　　1800 年的德国，铅笔业者既没有高品质的英国石墨，也对法国率先发明的黏土与石墨混合制笔法一无所知。此外，由于德国的政治、文化传统使然，不断抗拒国际性的发展以及企业成长潮流，铅笔制造业自然也就维持家庭工业的形态，运用师徒相传的技术生产铅笔。18 世纪结束，进入 19 世纪时，旧方法开始为新方法淘汰。商业行会对产品的设限也逐步解除，随着传统工匠没落，取而代之的是制造商或工厂厂主。一直到 19 世纪中后期，这类企业化经营的铅笔业者，才跟上国际技术发展的潮流，克服种种因技术落后而产生的难题。

　　就以施德楼家族为例，这个家族企业是在 1662 年由铅笔制造商弗里德里希·施德楼所创，后来分别由身为铅笔师傅的约翰·阿道夫（Johann Adolf）、约翰·威廉（Johann Wilhelm）以及迈克尔（Michael）接手经营。不过，早在 1815 年，弗里德里希的玄孙波勒斯·施德楼尚未通过检核前，便以铅笔师傅自称。而他之所以能突破铅笔行会的传统，擅自提升自己的头衔与地位，一方面固然是由于个人野心及性格使然，另一方面，则是因为他正好在铅笔工业面临政治、社会、技术等方面的转型期时，经营铅笔厂。

　　1806 年，在纽伦堡被并入巴伐利亚这个新王国后，城里的贸易监察委员会便随之解散。在这般自由主义化的潮流下，促使如约翰·弗洛伊喜思（Johann Froescheis）这类新兴的铅笔业者，随即在 1806 年买下一家老工厂，并成立了今天人人耳熟能详的艺雅铅笔制造厂（Lyra Bleistift-Fabrik）。不过一般来说，当时的德国铅笔业者，由于缺乏良好的英国石墨为原料，再加上故步自封，死守着传统的制造流程，无法生产出具有市场竞争力的铅笔，因此并未在这波自由化的潮流中受惠。

在英、法等高品质进口铅笔的竞争下，德国铅笔工业的生存，明显遭受威胁。但业者并未采取任何手段进行自救。1816年，巴伐利亚政府为了振兴铅笔工业，在帕绍煤矿区附近的奥伯恩采尔，设立了一座皇家铅笔厂，尝试以法式制造法来生产铅笔。虽然这尝试最后并未获得商业性的成功；但却促使纽伦堡附近的私营铅笔制造商，从另外一个角度检讨制造铅笔的方式。也就在这个时候，波勒斯·施德楼率先进行实验，模仿柯特铅笔制造法，成功研究出混合黏土与石墨，制造上等铅笔的方法。不久，他便在自己的工厂里全面采取该法生产铅笔。

紧接着，随着工业革命来临，马力与蒸汽动力开始被运用到铅笔制造业。另一方面，随着效率、生产力的提高，以及分销制度的发达，不仅刺激企业扩张，也鼓励"个体户"出击。以约翰·塞巴斯蒂安·施德楼（Johann Sebastian Staedtler）为例，自1825年起，他便遵循行会的旧传统，在父亲的铅笔厂里工作；经过十年磨炼，他终于申请开业执照，自立门户，在"巴伐利亚王国所有的城镇"建立铅笔厂。而施德楼的打算，便是建立一个结合研磨石墨粉、烧制合成石墨、切割与填充笔芯，并将木制笔壳刨削成形等一贯作业的工厂。当时他们用来制作笔壳的木材，包括了从佛罗里达进口的杉木，以及德国国产的赤杨木与菩提树。

无论如何，施德楼铅笔制造厂，在德国启用第一条铁路（往来于纽伦堡与菲尔特间）的那年，也就是世界第一台固定式蒸汽机问世的前一年，已然经营得十分成功。不过，这个既富创意又野心勃勃的企业，并不以利用黏土与石墨，成功地制造黑铅笔为满足；反之，他们积极研发，利用朱砂，还有其他用以生产蜡笔的天然颜料，来制造上等的有色铅笔。

家族兴衰

后来，J. S. 施德楼公司在 1840 年的纽伦堡工业展览会上，展出了63 种各式各样的铅笔，而这一切成就，却是从他们全神贯注，致力于生产赭红色蜡笔开始的。事实上，长久以来，施德楼家族最擅长生产的便是这种蜡笔。年轻的约翰·施德楼正是在父亲的高度关切下，大幅改善了赭红色蜡笔的质量。根据当代的一篇报告指出，这种新研发出来的赭红色蜡笔，"比用一般红土制成的色笔，要好得多，不但削起来容易，而且始终维持同样的硬度及色泽"。不久，其他的铅笔制造业者便纷纷视 J. S. 施德楼公司为主要红蜡笔供应商。到 1855 年，这家工厂由施德楼的前三个儿子接手时，已经扩张成约有百名员工的大厂。而这三兄弟里，以伍尔夫冈·施德楼（Wolfgang Staedtler）最具野心，不久他便效法父亲，自立门户创立了伍尔夫冈·施德楼公司（Wolfgang Staedtler & Company），专门制造铅笔。到 19 世纪 70 年代，J. S. 施德楼公司的铅笔年产量虽然仍有两百万支左右，但无论是 J. S. 施德楼公司也好，或是伍尔夫冈·施德楼公司也罢，都面临了世界铅笔市场竞争日趋激烈，无法突破的困境。结果 J. S. 施德楼公司传到第三代时，就在 1880 年，被创办人约翰的孙子卖给了柯罗伊泽（Kreutzer）家族。三十二年后，柯氏家族再度出击，并购了岌岌可危的伍尔夫冈·施德楼公司；从此，在铅笔制造业里，"施德楼"这个品牌的使用权，完全为柯氏家族所掌控。

当然，这类家族企业传奇，并不是独一无二的。自 1761 年起，在斯坦恩乡间小屋外挂牌，自制自销铅笔的卡斯勃·辉柏，也同样把自己的小事业经营得有声有色。不过，由于零售商认为让顾客知道最受他们欢迎的铅笔，究竟在那儿制造，或由谁制造的，对自己并没有好处，辉柏就像施德楼一样，根本无法把自己的名字或地址印在产品上。辉柏只好把一些没有意义的符号或标志，例如竖琴、星星、月亮或交叉的铁锤等印在铅笔上，以标示不同的铅笔等级，并借此跟别家厂商所生产的铅笔区分。也就是通过这些商标，辉柏家族、施德楼家族、弗洛伊喜思，以及其他产品优良的铅笔制造厂，得以建立声誉，刺激消费者的需求。1868 年，约翰·弗洛伊喜思的儿子格奥尔格·安德烈亚斯·弗洛伊喜恩（Georg Andreas Froescheis），正式为艺雅的商标注册。据说，这是目前仍在使用的铅笔商标当中最古老的一个。

1784 年，当安唐·维尔翰·辉柏接掌父亲的铅笔制造事业，继续以传统的方式生产铅笔。甚至到 19 世纪，辉柏家族仍熔解 "西班牙铅" 来制造笔芯。1810 年，当格奥尔格·黎纳德·辉柏（Georg Leonhard Faber）继承父亲安唐·维尔翰·辉柏的事业时，工厂经营得并不成功。纽伦堡与其近郊的铅笔业者，竞争日趋白热化，当地对铅笔需求量供过于求，唯有品质较高，或是价格较廉的铅笔，才有竞争的空间。随着价格低廉的劣等铅笔不断驱逐良笔，终于使整个德国制造业都受到严重的伤害。虽然格奥尔格·辉柏想尽办法，在 A. W. 辉柏铅笔厂管理和制造流程上作了部分改善，但在那墨守成规的环境下，整个企业已经受到难以弥补的伤害。

辉柏铅笔名扬国际

1839 年，当格奥尔格·辉柏去世时，所有事业便转由长子约翰·罗塞尔（John Lothar）接管。约翰·罗塞尔自幼耳濡目染，对经营铅笔业早已了如指掌。事实上，他在继承父业前，便曾在 1836 年负笈巴黎深造。约翰·罗塞尔到了巴黎，不久便发现巴黎的铅笔制造厂，不管跟法国或外国市场，都维持着密切的商业关系。他更注意到，世界铅笔市场潜藏极大的利润。紧接着，他便走访伦敦，趁着返回纽伦堡前，多学些有关贸易的知识。到他接手 A. W. 辉柏铅笔厂时，原本拥有百名员工的大厂，已经萎缩为仅剩二十人左右的小厂。

小辉柏认为，工厂要成长，就一定要作某些必要的改变，致力生产更多、更好的铅笔，才能卖更高的价钱，获得更多利润。他便开始采用法式铅笔制造法，混合黏土与石墨，烧制出软硬度不同的笔芯，从而推出一系列新产品。由于这些新产品的品质划一，种类繁多，对艺术家与工程师而言，特别具有吸引力。不过，单是纽伦堡这个地方，高价的铅笔销路毕竟有限，小辉柏便亲自动身，足迹踏遍全德国、法国、英国、意大利、奥地利、俄国、比利时、荷兰，以及瑞士，去为自家铅笔设置销集渠道。在小辉柏的苦心经营下，A. W. 辉柏铅笔厂不断改良旧产品，并推出新产品，国外的新市场不但日益扩张，也越变越重要。自从德国铅笔的名声打响后，国外市场的需求日益殷切，不仅 A. W. 辉柏铅笔厂的业绩大幅成长，其他的德国同业也连带沾了光。由于小辉柏拓展国际市场，带动德国厂商向世界进军，对国内铅笔制造业确实有不可磨灭的卓越贡献，这位满怀创意的制造商，终于受封为辉柏男爵。

到 19 世纪中叶，辉柏家族制造的铅笔，已然远近驰名，"Faber"这个姓氏，俨然成了铅笔的代名词。无论如何，由于上好的石墨产量日稀，辉柏家族所生产的铅笔品质也连带受到不良的影响。有位观察家在1861 年为文指出，当时最令人难以置信的，就是要找支好铅笔简直比登天还难；在缺乏上等石墨的情况下，要给多数知名厂商公平的考验，"几乎是不可能的"。这位观察家斩钉截铁地写道，他的抱怨，"对建筑家与绘图员而言，早已是人尽皆知了"。接着，开始描述起当时的状况：

自 1851 年的博览会后，我便发现，没有任何铅笔，能跟辉柏牌铅笔相提并论。那时，它们简直是完美的化身；但如今，辉柏比起其他牌的铅笔，也好不到哪儿去。这些曾经制造一流产品，并曾在博览会中得到过奖牌的厂商，现在竟得靠品牌的知名度，公然"挂羊头，卖狗肉"，以相同的价格，贩售劣等铅笔，实在是令人惋惜。

任何铅笔制造商，只要能生产出笔芯坚韧、笔色均匀，并且品质划一的铅笔，就必然能让自己与消费者互蒙其利……事实上，即使是同一打里的两支铅笔，也往往一支硬、一支软，品质不一；另外，还有一种更常发生的情形就是——明明是同一支铅笔，却前硬后软。

重获矿源

显然，在举办过世界博览会后，大家虽然都对柯特制笔法耳熟能详，但真正能抓住窍门，生产出一流铅笔的厂商毕竟有限。在铅笔制造法不断推陈出新，国际竞争又日趋激烈的情况下，任何优势都难以长久维持。或许，若非老天帮忙，让辉柏家族获得上等石墨新矿源，他们想要"扳回一城"，收复曾经失去的市场，就没有这么容易了。而这整个来龙去脉，就得从远在亚洲西伯利亚的一位法国商人说起。

1846 年起，一位名叫让·彼埃尔·亚里伯特（Jean Pierre Alibert）的法国商人，为了在注入北冰洋（Arctic Ocean）的几条上源河流的河床寻金，不远千里，跋涉到多山的东西伯利亚去；结果，他历尽千辛万苦，并未找到金子，反倒是在伊尔库茨克附近的一个峡谷里，意外寻获一些纯石墨矿。由于这些石墨的表面十分平滑、圆润，并富光泽，亚里伯特便推想，矿石必然是从远方，经河水冲积所夹带过来的。于是，他开始有系统地追本溯源，寻找这些矿石的源头。1847 年，他终于发现，石墨矿的矿源约在第一批石墨矿寻获处以西 270 英里的地方，也就是在靠近中、俄边界萨彦岭，一个叫作巴特古峰（Mount Batougol）的峰顶。

尽管所有的装备，都必须从数百英里外运来，亚里伯特也唯有靠驯鹿才能登上峰顶，但他却毫不气馁。不久，亚里伯特便在山脚下开了个农场，尽其所能，种植并豢养维生所需的动植物。就这样，不知不觉中，亚里伯特与工人组成了一个山脚村落。最初 7 年，亚里伯特从山上运下来的 300 吨石墨矿，比起博罗代尔品质低劣的废矿渣实在好不了多少，但最后，他终于发现一个既丰富，又完整的新矿源，当中所生产的一些纯石墨块，重达 80 磅。由于俄国政府十分鼓励民间开采石墨矿，因此，亚里伯特便将新采得的石墨样本，送到位于圣彼得堡的科学院（Academy of Sciences）鉴定，结果证实，这些石墨矿的质量，跟闻名的坎伯兰石墨，简直不相上下。此外，经皇家美术学院鉴定的结果也指出，这些石墨可以"制造出各式各样的一流画笔。到目前为止，其品质不仅比现今其他铅笔商所用的石墨要好，还能媲美甚至超越以往素富盛名、如今已然枯竭的博罗代尔石墨矿"。

后来，俄国政府为了表扬亚里伯特的贡献，于是颁发皇家银质勋章给他，并将巴特古峰更名为亚里伯特峰。然而，亚里伯特为了进一步肯定新矿藏的价值，又跑到英国，要求当地铅笔制造商鉴定他新发现的石墨矿。他们的看法，跟俄国两学院的观点一致：无论从哪一方面来说："这种西伯利亚石墨矿，都不比坎伯兰石墨逊色。"原本一心向往加州金矿的亚里伯特，则有另一套独到的看法，他认为，自己在西伯利亚终于发现了跟加州金矿一样好的东西。在各方的肯定下，法王于是颁发荣誉十字勋章给他，一向对人造石墨存疑的艺术与科学促进协会（the Society for the Encouragement of Arts and Sciences），也颁发金质奖章给他。另一方面，亚里伯特将西伯利亚石墨的样本，提供给各式各样的博物馆，让更多的专家肯定这石墨的优点与价值；他也获得了更多的赞誉，诸如西班牙、丹麦、普鲁士、瑞典、挪威，甚至连罗马，以及其他地方的政府，都公开表扬他。

独家开发新原料

亚里伯特认为，A. W. 辉柏是当时铅笔业里最大的制造商，而且有"一流的产品，营销遍及全球"；他主动向 A. W. 辉柏提议，要给辉柏独家承购西伯利亚石墨矿的特许权。1856 年，双方不仅达成协议，同时也获得俄国政府所核准的采矿权。但是，拥有最好的石墨，并不等于拥有最好的铅笔。辉柏家族锲而不舍地，花了五年的时间，投入大量的人力积极研发，才完全掌握住新原料的特性，成功制造出上好铅笔。要制造品质一流的铅笔，绝不是把石墨块拿来直接切割成片，然后粘进杉木条里就能达成目标。辉柏家族之所以需耗时五年，才能发展出适当的制造与生产流程，是因为他们花了很多人力与精神，寻思如何将西伯利亚石墨的优点与价值彻底发挥出来。他们为了制造各式软硬程度不同，色泽深浅有别，但笔质前后一致的铅笔，于是适度地将石墨块加以研磨、混合、烘焙。这项投资虽大，却巩固了辉柏家族在国际市场的地位。

辉柏铅笔营销全球，但辉柏铅笔厂的工人，却集中在斯坦恩与纽伦堡附近。而进军世界市场所意味的，不仅是生产量的提高、产品的多样化、企业的成长，还有工作力的增加。显而易见的，在这种状况下，辉柏家族最想要的，就是能够长期服务，并且高度忠诚的员工。为什么呢？因为员工流动率降到最低时，不但能节省训练的时间，也降低了商业机密走漏的风险。

于是，辉柏家族成立了一家储蓄银行，员工的存款到达某个最低额度时，便能获得百分之五的利息；不过，考虑到未雨绸缪，他们规定，除非员工有急需，不准提款。工厂还设有一个基金，员工生病时便能从这儿支领生活费。同时，他还为员工兴建宿舍，并贷款给缺乏资金，但希望自己购屋置产的员工。另一方面，他们还提供学校、教堂、图书馆、运动场，以及其他种种公共设施。甚至还设有托儿所，专门负责为"不愿，或因生活所需无法放弃工作"的女性员工照顾小孩。

当然，辉柏家族为斯坦恩这个"大社区"贡献不少，如为村中的教堂设置基金会，便是其中之一；不过，他们有更多的福利，却是提供给A. W. 辉柏这个"小社区"的。

由此可见，铅笔制造业的勃兴，的确为斯坦恩带来了繁荣。还记得，约翰·罗塞尔·辉柏刚接手家族事业时，全村仅有八百人左右，可见，到了19世纪末，村中人口却增长了三倍。而早在那之前，也就是在1861年9月16日，辉柏家族为纪念A. W. 辉柏建厂制造铅笔一百周年，举行了一场盛大的庆祝会。

整个庆祝活动从凌晨开始，一直持续到下午，其间穿插了游戏、奖品以及五月柱舞。而唯一打断活动的，便是国王亲笔写就、命特使送来的祝贺信。其中特别提到，辉柏牌铅笔"在国内外享誉极高"，让巴伐利亚的铅笔工业全沾了光。此外，国王不仅对辉柏注重员工"精神与物质福利"的种种措施大表肯定，同时也祝他们繁荣永续。最后，贺信上由国王亲笔签署："你亲爱的国王，马克思。"而辉柏在朗读过贺信后，当场便率领全体员工，高呼了三声：陛下万岁、万岁、万万岁。

除此之外，在辉柏家族的铅笔制造史上，还有许多值得回味的重要事件，却未必是大家所耳熟能详的。1877年，罗塞尔·辉柏男爵趁儿子威廉成亲，并接手厂里的部分管理事业时，亲手将一本相簿送给爱子。翻开相簿的第一页，上面便写着："我谨以这本相簿，来纪念你人生中最重要的一个阶段，也就是成家立业，从此将独立经营A. W. 辉柏……工厂的产品，无论是在君主政体下，或是在共和政体下销售，厂里的业务管理，都是通过君主制来执行。我认为，唯有如此，才是正确的。"

罗塞尔·辉柏所强调的，似乎是铅笔制造业中关于经营与管理层面，而不是工程和制造的层面。若说在罗塞尔·辉柏的领导下，A. W. 辉柏铅笔厂与产品，真获得了什么国际赞誉与成就的话，未必是因为他在铅笔制造技术上特别下了功夫的缘故；事实上，在他当家的二十五年间，所注重的并不是如何将机器与设备现代化，而是如何管理学有专精的员工。直到 19 世纪 70 年代，德国的铅笔业，依旧墨守成规，按照传统的方法与设计制造铅笔。

但这并非表示，辉柏制笔厂尚未机械化。早在 19 世纪三四十年代，德国人便将一些发明，引进铅笔制造业，笔芯凹槽控制机便是其中之一。此外，还有笔芯压制机，只要将调好的石墨与黏土混合物倒入机器，便能压制出刚好能放进凹槽的长方形笔芯。同时，早在 40 年代初，A. W. 辉柏铅笔公司便开始制造六角形铅笔，他们甚至在最高级的铅笔上烫金或烫银。不过，无论业者如何将制造流程机械化或现代化，整个过程与原理跟卡斯勃·辉柏时代，用手工一支支制造铅笔差别不大。尽管机器大幅提高产量，让业者得以满足外销需求，但由于当时德国的人工低廉，并未提供工厂全面机械化的诱因（见图 11.1）。

分级制诞生

一直到 1861 年，辉柏家族生产铅笔满一百周年，也就是亚里伯特发现"黑金"后的十五年，以西伯利亚石墨制成的铅笔，才开始上市，外销到美国则是 1865 年的事了。这时，A. W. 辉柏不仅能用西伯利亚纯石墨，制造出一流铅笔；也懂得混合石墨与上好的巴伐利亚黏土，制造出笔质前后稳定，但有更多不同硬度，以及黑度的一系列画笔。最初，

图11.1　19世纪中叶，德国铅笔工厂的工作场景

在 19 世纪 30 年代末期时，辉柏家族制造的画笔，只有七种左右，依其递减的黑度，以及递增的硬度，分别被标识为：BB、B、HB、F、H、HH，以及 HHH。到了 19 世纪中叶，伍尔夫（Wolf）利用去除杂质的石墨粉，将画笔的种类，增加到十三种。后来，辉柏家族在开始用西伯利亚石墨后，更增加了软笔以及硬笔的种类，而使画笔的等级扩增到十六种。1862 年，这一系列画笔在伦敦博览会上大放异彩，有人甚至盛赞，这是自从 1851 年世博览会展出布洛克登加压石墨以来，铅笔业出现的唯一进步。

至于用字母来代表笔芯硬度的做法，究竟源于何时或源自何处，都没有确切的解答；但真正为铅笔分级以区分黑度，却是从法国开始的，之所以这么做，是因为具备了调整黏土与石墨粉的比例，以控制笔芯硬度的能力。以柯特为例，他用阿拉伯数字来区分笔芯硬度，数字越大，硬度随之递减。或许，最先用字母来标示笔芯硬度的，是 19 世纪初，一位名叫布鲁克曼（Brookman）的伦敦铅笔制造商。基本上，他用 B 来代表"黑"（black），而用 H 来代表"硬"（hard），B 这个字母重复得越多，就代表笔芯越黑；相对的，H 重复得越多，便代表笔芯越硬。而艺术家偏好黑度，绘图员偏好硬度，或许正象征了 B 跟 H 之间的相对性。不过，在消费者期望"鱼与熊掌兼得"的心理下，业者于是研发出 HB 这种介于 H 跟 B 间，"有点黑，又不太黑；有点硬，又不太硬"的铅笔。同时，业者还研发出一种介于 HB 跟 H 之间，一种被归类为 F 的铅笔，而这 F 代表的，可能是"坚韧"（firm），或是"细字"（fine point）。无论德国人也好，法国人也罢，对这种以英文字母为铅笔分级的做法，都赞不绝口。

而在美国，梭罗家族则是利用数字，来标示部分铅笔的等级。除了数字之外，他们较常用来标示铅笔等级的还有 S（软，soft）跟 H。到了 19 世纪末，狄克逊制笔厂为艺术家与绘图员所生产的铅笔，从 VVS （very, very soft；非常、非常软）、MB（medium black；中等黑），到VVVH（very, very, very, hard；非常、非常、非常硬），更分为十一个等级。到了 20 世纪，铅笔分级制度似乎变得比较统一，事实上，却从未真正标准化，对每家制造商来说，HH 或 2H 代表的硬度，仍不尽相同。

虽然铅笔分级制源自英国，有系统地制造笔芯的方法则是法国人发明的；上好的石墨新矿源，更是由法国人在西伯利亚发现的；最后使德国铅笔成为世界制笔标准的，却是德国人敏锐的营销感。自罗塞尔・辉柏率先朝全球市场进军，促使德国铅笔业者纷纷向外发展后，纽伦堡便成了最大的世界铅笔集散中心之一。早在 19 世纪末前，当地的铅笔制造厂，多达 26 个，雇用的员工超过 5000 人，至于铅笔的年产量，更高达 2.5 亿支。

建立品牌忠诚

由于 A. W. 辉柏取得独家使用亚里伯特石墨矿的特许权，因此总是毫不迟疑地提醒顾客："西伯利亚石墨"会在艺术家、工程师、设计家，以及绘图员之间耳熟能详，全是拜辉柏的功劳。例如 A. W. 辉柏在 1897 年印行的目录中，便特别强调它最高级的"西伯利亚石墨笔"系列。目录中宣称，每支"西伯利亚石墨笔"，都跟上好的英国铅笔一样，是由一片完整的石墨制成的；同时，目录上还列举了一些"欧洲最著名艺术家"，诸如尤金・维欧勒・勒・杜克（Eugéne Viollet-le-Duc），以及古斯塔夫・多雷（Gustave Doré）等，"为这些铅笔一流的品质作见证"（见图 11.2）。同时，A. W. 辉柏在 1897 年的美国价目表上，也用大而醒目的文字，强烈地传递以下的信息：

我在此恳请大家，要特别注意本公司的注册商标是"**A. W. 辉**

柏"，或是出现在低价铅笔上的"A. W. F."。

　　请注意，在我们每打铅笔的标签上，都绝无例外地，会印有"A. W. 辉柏"的商标，并附上 A. W. 辉柏的签名……还有"1761 年建厂"的字样。

　　而这"A. W. 辉柏"的商标，以及"1761 年建厂"的字样，不断出现在每一页价目表的上方与下方，显然，这种极端的做法确有其必要，因为当时就跟现今一样：仿冒，依旧是在高度竞争的国际市场上占一席之地的捷径，也是对原制造商的另一种恭维。

　　随着品牌的建立，以及产品广受好评，"辉柏"这个姓氏自然水涨船高，对罗塞尔·辉柏来说："后继有人"成为最重要的事。无奈命运捉弄，罗塞尔的儿子威廉，亲上加亲，娶了叔叔艾伯哈德·辉柏

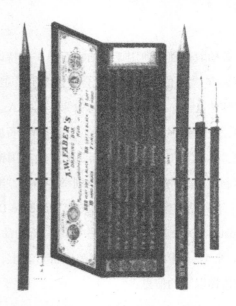

图 11.2　19 世纪末 A. W. 辉柏铅笔目录中的一页。图中有六角形素描铅笔，一盒附有图钉与橡皮擦的英国铅笔，以及机械式的艺术家专用笔

（Eberhard Faber）的女儿贝莎（Bertha）后，虽然生了两个儿子，可两个宝贝儿子都熬不过 5 岁便夭折了。虽继续从事铅笔制造业，威廉却像行尸走肉般，直到 1893 年猝死为止。三年后，也就是 1896 年，由于领导家族事业超过半世纪的罗塞尔·辉柏去世，A. W. 辉柏铅笔公司，只好由他的妻子接管，一直到孙女欧提莉嫁给亚力山大·卡思泰尔·路登豪森伯爵（Count Alexander zu Castell Rüdenhausen）为止。伯爵在获得皇家特许状后，便将辉柏家族的姓氏，改为辉柏嘉（Faber-Castell），所有的产品也沿用此姓氏直到今天。

兄弟阋墙

事实上，辉柏家族早在噩运临头前，便已有了阋墙的迹象。1876 年，罗塞尔负责斯坦恩工厂的工程技术与生产事务的弟弟约翰·辉柏（Johann Faber），不再只甘于做个合伙人，毅然脱离家族事业。多年来，约翰一直服务于制造部门，对生产一流铅笔的秘诀了如指掌，他在 1878 年自立门户，开设了另一家铅笔制造厂。而约翰的新厂与 A. W. 辉柏制造厂最大的不同，在于新厂购买的设备全是最新的；而 A. W. 辉柏制造厂的设备则已有四十年历史。野心勃勃的约翰，为了要让事业国际化，随即在伦敦与巴黎也都设了厂。约翰所制造的铅笔，品质确实一级棒，但在产品上市前，他还有"太多偏见需要克服"：

> 铅笔市场充斥着低劣的仿冒品。而这些仿冒品上，全都印着"辉柏"的商标；只不过，它们前面的缩写，跟真品不同。也因此，这让大众对另一个货真价实的"辉柏"品牌，抱着满腹狐疑的态度。

　　约翰·辉柏所遭遇的种种问题中，最严重的一个来自哥哥罗塞尔的公开声明：任何所谓的"辉柏"铅笔，只要商标前头的缩写不是 A. W.，就是"仿冒的赝品"。这么一来，终于使兄弟俩对簿公堂。1883 年，德国法院裁决约翰胜诉，并强制 A. W. 辉柏公司，必须公开承认约翰·辉柏铅笔的合法性。尽管这项判决可能使 A. W. 辉柏公司在抨击"仿冒者"时，更加注意措辞，却并未使约翰·辉柏外销铅笔之路更好走。因此，这个身处旧市场的新公司，只好派出销售代表向外拓展市场。不久，约翰的儿子卡尔（Carl）与厄恩斯特（Ernst）继承父业，他们跑遍全欧洲，四处设立销售据点。到 1893 年，世界铅字博览会在芝加哥举行时，约翰·辉柏的铅笔，已然销遍全球了。

　　至于约翰·辉柏所取得的西伯利亚石墨矿，并非来自亚里伯特广场。而这新西伯利亚石墨矿的"高纯度"，在巴伐利亚工业博物馆首席化学家的分析下，获得了有力的支持。于是，约翰·辉柏公司在石墨的成分分析表中，特别以手指图形，标示出其高含碳量。（见图 11.2）

☛ Carbon 碳	94.5 ☚
Kaolin 高岭土	3.1
Silicic acid 硅酸	1.6
Oxide of iron 氧化铁	0.4
Chalk and magnesia 白垩与氧化镁	0.2
Foreign matter 其他	0.2
	100.0

图 11.2

　　所有的铅笔制造商都认为，能够强调或至少暗示，自己最高级的铅笔是用上好的石墨制成的，十分重要。约翰·辉柏可以拿新原料的化学分析，来为自家生产的所有铅笔打广告，其他的铅笔制造商也不乏其他的手段，用以凸显自家最高级的产品。

或许，玫瑰不叫玫瑰，闻起来还是一样香；但是，铅笔若取错了品牌名，可就未必能畅销了。制造商早就明白这个道理；因此，他们总会在铅笔上印制一些能激发品质联想的商标，以及宣传标语。空口说白话，自称铅笔内含坎伯兰或西伯利亚石墨，是不折不扣的谎言。但巧妙地运用颜色与烫金，却是不折不扣的天才。

黄色的笔中巨钻

自从辉柏铅笔上市热卖以来，便对在维也纳与布德韦斯都设有制造厂的 L. & C. 哈特莫斯公司（L. & C. Hardtmuth）形成严重威胁。不过 L. & C. 哈特莫斯公司创办人的孙子法兰兹·哈特莫斯（Franz Von Hardtmuth）却想出一记妙招，便开始准备制造新产品。据说，他早就决定，要以奥匈帝国国旗的颜色作为铅笔的基色：由于笔芯的石墨是黑色的，因此，铅笔表面必须漆成金黄色。另一方面，金黄色还能让人联想到来自东方、品质一流的西伯利亚石墨，实在不失为一个明智的抉择。接着，哈特莫斯所需要的，便是为产品取一个既能凸显品质与价值，听来又独特的名称。经过多方考量后，他终于决定，以酷喜乐（Koh-I-Noor），作为新产品的名称。1890 年，这铅笔中的"巨钻"上市后，立刻大放异彩，销售成果辉煌。1893 年，它在世界铅字博览会中亮相后，更使销售业绩推向新高峰。

即使在这产品上市数十年后，美国酷喜乐（Koh-I-Noor）公司仍以其响亮的名称为荣，并毫不犹豫地向所有的潜在顾客宣称，以"酷喜乐"之名冠在史上最棒的铅笔上，可说名副其实，再恰当不过了。无论酷喜乐牌铅笔是棒、很棒，还是棒得不得了，都不是那么重要，重要的是公司心知肚明，所谓"羊皮出在羊身上"，既然花了那么多钱，去制造较好的铅笔，相对的就必须为产品索取较高的价格。

至今，以酷喜乐为名的铅笔，仍在市面上销售，不过消费者在购买前，势必要先了解业者"特殊的术语"，或是看清定价，好决定自己要买的，究竟是"酷喜乐书写用铅笔"、"酷喜乐特级铅笔"，还是"酷喜乐高级书写铅笔"。或许，这些铅笔都很耐用，写起字来，笔芯都不会断裂，但其间的品质高下，依旧有相当的差距。总之，要有好原料，才能制造出好产品，不仅制造铅笔如此，就连造桥也一样。这也正是建造大不列颠桥的工程师，即使不知道制铁厂商的名称，但仍坚持使用上好铁材之故。

在西伯利亚石墨变成制造铅笔的理想原料，再加上黄色的酷喜乐铅笔获得傲人的销售佳绩后，促使业者纷纷起用"蒙古"（Mongel），以及"天皇"（Mikado）之类的名称，让消费者对他们的铅笔产生东方联想，进而下意识地认为，这些厂商所用的是当时最好的西伯利亚石墨。同理，业者会把铅笔漆成黄色，也是希望消费者会产生"错觉"。其实，早在 19 世纪中叶，凯西克的铅笔制造商，便因为试图掩饰部分杉木笔壳上的瑕疵，把它漆成黄色。没想到，时至 19 世纪 90 年代，黄色竟成了品质的象征。

当时的铅笔若不保留原色或是上亮光漆，通常都会漆上些较深的颜色，诸如黑色、红色、栗色或紫色。不过，用上好木料制成的高级铅笔，则始终"不改本色"，顶多把表面磨光就算完工了。1866 年，一篇描述坎伯兰铅笔制造业的文章中，作者直陈，为铅笔上漆不但没有必要，而且是制造过程里"最令人讨厌的一部分"："或许，这样做能让铅笔的外表变得更好看，却绝对无法改变里面的内容。事实证明，最好的铅笔，是从不上漆的。"不过，酷喜乐铅笔的空前成功却改变了这一点。

今天，无论铅笔的品质如何，大约每四支铅笔里，就有三支漆成黄色。以下是一则关于黄铅笔的逸事。这故事虽然广为流传，究竟源自何处，就跟其他有关铅笔的故事一样，不是很清楚了。据说，有位铅笔制造商，曾针对某公司作了一项实验：他拿了一堆完全相同的铅笔，把其中的一半漆成黄色，另一半则漆成绿色。接着，由公司把这些铅笔发给员工，拿到绿色铅笔的员工，不久便开始抱怨，说绿铅笔品质低劣，笔芯容易断裂，不但难削，又没黄铅笔好写。显然，到 20 世纪中叶，黄色在消费者的心目中，已根深蒂固，成了铅笔的象征。

不过，早在西伯利亚石墨，还有黄色铅笔成为标准前；早在罗塞尔与约翰·辉柏兄弟阅墙，对簿公堂前，已经有太多铅笔制造商，新兴的美国自然是最好的新市场。到 19 世纪中叶，美国的铅笔制造中心，已由波士顿转移至纽约市及其近郊，同时，批发商的出现，也使制造商省去了挨家挨户推销铅笔的麻烦。大约就在此时，德国铅笔制造业在美国这个新兴市场，占得了一席之地。1843 年，A. W. 辉柏公司指定纽约市的 J. G. R. 李连道尔（J. G. R. Lilliendahl），担任美国地区的独家代理商。而这也是德国铅笔制造商首次在美国设立永久的据点，当时铅笔制造业竞争之激烈，由此可见一斑。

第十二章　美国的机械化生产

19 世纪 20 年代，部分波士顿文具商与五金商，除了出售英国铅笔外，还会卖些美国铅笔，但这并不意味着类似约瑟夫·狄克逊之类的马萨诸塞州小型铅笔制造商，都能为自己的产品找到适当的销售管道。即使到 19 世纪末，狄克逊所创立的铅笔公司，已成为美国最成功的铅笔制造商之一，其促销文宣还是无奈地透露：

> 说来奇怪，美国人对美国产品，似乎存有一种偏见——至少有时候如此……狄克逊铅笔刚上市时，得与顽固老美天生的成见抗争。在我们长期的努力下，才逐渐克服了这种偏见。同时，美国人也逐渐了解，本国产品不仅跟舶来品一样好，在许多方面，甚至比舶来品还要好。约瑟夫·狄克逊坩埚公司（Joseph Dixon Crucible Company）的产品，向来以美国品牌自居，并从未在产品上印制舶来品的标签，进一步加深顾客的偏见。今天，他们广告所标榜的，仍是"美国工业、美国原料、美国资金、美国智慧、美国劳工，以及美国机器"。

到 19 世纪 90 年代，狄克逊公司大幅扩张，其经营之成功，使它得以忽视外来的竞争，并在公司专用的信纸上方，"大言不惭"地印着："1827 年创立。铅笔业中历史最悠久的老字号。全球最大的铅笔公司。"

狄克逊公司在 19 世纪由小而大，由简致富的过程，其实便是人与机器相辅相成的故事。

一试再试

1799 年，约瑟夫·狄克逊（见图 12.1）生于马萨诸塞州的马布尔里德。他的父亲是位船东，船只经常往返于新英格兰以及锡兰等东方港口间。锡兰盛产石墨，石墨不但重、密度又大，船员因此常拿来作压舱物，船只抵达美国后，他们便将石墨丢下海湾。狄克逊孩提时代，从未见过铅笔，关于铅笔的种种故事，都是别人告诉他的。自从好友弗朗西斯·皮博迪告诉狄克逊，将石墨与黏土混合并加温烘焙，能制造出高品质的笔芯后，他便开始进行一些粗糙的实验。不久，狄克逊便因阮囊羞涩，暂停所有研发工作。据说，他为了赚钱，并多学些有关烧陶的知识，甚至还跑到窑场去找了份差事。

狄克逊 23 岁那年，娶了同乡女子汉娜·马丁（Hannah Martin）为妻。而新娘的父亲艾本尼泽·马丁（Ebenezer Martin）则是位家具商。小两口结婚后，新房便成了狄克逊的另一个实验室。他不但继续就石墨与黏土进行实验，还研发出压制笔芯，以及刨杉木笔壳与挖笔芯凹槽的机器。不过，或许是因为狄克逊并未充分去除原料中的杂质，他制造出来的铅笔并不受当地零售商的青睐。从狄克逊于 1830 年左右所制造的一打铅笔来看，笔芯不但含有沙砾，也并未均匀地放置在笔壳正中央；总之，整支铅笔制作得非常粗糙。甚至连狄克逊亲手印制的标签都出现严重的瑕疵，因为他在拼制造地塞林（Salem）时，竟漏了“a”这个字母。而塞林正是狄克逊设立坩埚公司，奠定成功事业基础的大本营。

狄克逊从事坩埚制造业后，便开始自锡兰进口廉价石墨；换句话说，船上的“压舱物”，从此被卸在码头，不再像以往被倾倒进海湾里，

图 12.1　约瑟夫·狄克逊，坩埚和其他石墨产品的早期美国制造商

显然，狄克逊用石墨制成的坩埚，品质确实一流，因为一般陶制坩埚，往往不耐高温反复加热，很容易便出现裂痕，并常与熔化的金属融合；相对的，石墨坩埚不但没有这些缺点，还能耐得住多达 80 次的高温加热。也因此，狄克逊开始动脑筋，为手头上丰富的石墨矿寻找其他用途。后来他利用石墨，制造出锅炉亮光粉以及铅笔等产品。结果市场反应证明，狄克逊制造的锅炉亮光粉销路奇佳，铅笔则不然。

　　1846 年，美墨战争爆发后，由于美国对炼铁的坩埚需求量剧增，狄克逊为了满足市场需求，1847 年又在与纽约隔着哈德逊河相望的泽西市，另外设立了一家新厂，一边制造坩埚，一边生产铅笔。或许正因如此，有人说"狄克逊"是纽约大都会地区第一家制造铅笔的工厂。巧合的是，狄克逊新厂开张时，也正是世界铅笔制造业蓬勃发展的时期。无论如何，唯一可以肯定的是，生产铅笔绝不是狄克逊获利的来源，更不是工厂得以维持运营的关键。因为根据报道，新泽西营运一年后，狄克逊便借着生产坩埚，获利达 6 万美元，制造铅笔却使他损失了 5000 美元。

由于当时钢铁业欣欣向荣，狄克逊便又重新着手研发石墨坩埚；19 世纪 50 年代，他因为多项创新的发明而获得专利。有一段期间，坩埚钢只能靠石墨坩埚炼制，这种高级钢，正是用来制作布鲁克林桥上吊索的材料。显然，狄克逊工厂当时最主要的产品，便是这种坩埚钢。这从狄克逊因为健康恶化，被迫在 1867 年重组公司，将其定名为"约瑟夫·狄克逊坩埚公司"，便可以窥见端倪。

机械化先驱

事实上，早自 1858 年起，约瑟夫·狄克逊的女婿欧瑞斯提兹·柯里夫兰（Orestes Cleveland），便成了公司总裁。他从 19 世纪 60 年代中叶开始积极研发，企图制造品质一流的美国铅笔。不过，直到 1872 年，一名地方记者在参观狄克逊工厂时，才见识到柯里夫兰的智慧结晶：

> 打开门后，我们走进另一个房间，就在这儿，柯里夫兰先生按照他的计划，实现了用机器制造铅笔的梦想。在这间"密室"里，有三张车床、一台刨床、一个手提式熔炉，以及数不清的老虎钳和其他工具。走过厂房后，接着我们进入一栋专为铅笔部门兴建的砖造新建筑。这栋建筑的地下室则是用来为木材上色。所有的杉木块在经过仔细的检查后，便送到一楼，由机器刨削、挖凹槽，再送到另一个房间，粘入笔芯，封上另一片杉木条，接着再送到另一个房间，经机器削成适当的形状，落入吊篮后，直接传送到二楼。所有

的铅笔半成品，都在这儿被投入漏斗形的收集口中，紧接着由机器上漆、烘干、磨光、切齐头尾，并烫金，其间完全不用手工，直到包装时，才由人把每打铅笔装成一包，再把每六包铅笔装成一盒，最后将五到五十箩铅笔装进木箱，准备运送到各地销售。这个部门里的一切作业不但独特，而且极富创意。当然，它们都已获得专利，即使连销售方式也不例外。

我们使用这些铅笔至今，大概有两个月了，结果发现比其他任何铅笔都耐用。这些铅笔既好写，笔迹又清晰，堪称美国机械技能的光荣产物。

这些"新铅笔"在 1873 年初问世时，狄克逊公司依旧面临着美国人"国产铅笔没好货"的偏见。经过多年努力，狄克逊公司利用机器制造的铅笔，由于品质完美、划一，才逐渐使美国人的观念产生 180 度转变，同时也引来"某些德国人的仿冒"，令他们不得不声明，"我们是唯一能制造高级铅笔的美国厂商"。

19 世纪 70 年代初，美国市场对铅笔的需求出现空前增长，当时铅笔的年消耗量，估计超过两千万支，而最受欢迎的铅笔显然是二号黑铅笔。由于当时铅笔的最低零售价是每支 5 美分，因此，铅笔制造业自然成了百万美元的生意。另一方面，由于美国自内战爆发后，便对舶来品铅笔课以重税，平均每箩铅笔要课 30 到 50 美分的关税，如此一来，唯有最高级的外国铅笔，才"值得"进口。也因此，低价铅笔市场几乎全为美国厂商把持，而美国人用起廉价铅笔来，浪费至极，完全不知节制。根据当代一份报告指出，每支铅笔"真正用到的部分，只有四分之三，而剩下的四分之一……则被丢弃"。换句话说，当时美国人在铅笔上所浪费掉的钱，绝不少于 25 万美元，也就是在这样的环境下，约瑟夫·狄克逊坩埚公司加入了铅笔制造业的战场。

1873 年，狄克逊并购了位于纽约提康德罗加的美国石墨公司
（American Graphite Company），后来他们在这儿制造出闻名的黄铅
笔。1912 年，阿尔伯特·哈伯德（Elbert Hubbard）在《约瑟夫·狄克
逊——世界级铅笔制造商之一》（*Joseph Dixon, One of the World-Makers*）
这篇文章中，甚至夸称："狄克逊公司不仅是全球最大的石墨消费者，
同时也是最大的杉木消费者。"

尽管狄克逊的女婿具有机械方面的天才，但他政治的兴趣显然比经
商大得多。1880 年，他因为破产，将机械化的铅笔工厂转交给资深的
银行总裁 F．C．杨（F. C. Young）管理。在杨的管理下，公司逐渐恢
复健康，一直到 20 世纪，他的女婿乔治·史密斯（George T. Smith）接
管时，公司仍欣欣向荣，继续成长。不过，到了 20 世纪 80 年代中期，
狄克逊公司在泽西市的厂房，由一位开发业者收购，并改建为独立公
寓，从这儿，可以俯瞰整个曼哈顿下城区（见图 12.2）。这时，狄克逊
坩埚公司已由狄克逊·提康德罗加公司（Dixon Ticonderoga, Inc.）所持
有。该控股公司的总部设于佛罗里达州的维罗海滩，制造厂房则设于凡
尔赛、密苏里等其他地方。

图 12.2　泽西市约瑟夫·狄克逊坩埚公司工厂的鸟瞰图以自由女神像为背景

德国铅笔移民

由于狄克逊公司成立之初，主要是生产坩埚，铅笔不过是在工厂一隅制造，因此也有人说，美国第一家铅笔制造厂，其实是卡斯勃·辉柏的曾孙约翰·艾伯哈德·辉柏设立的。艾伯哈德，1822 年出生于德国斯坦恩。当时他的父亲格奥尔格·黎纳德·辉柏，已接手经营第三代的辉柏家族铅笔制造业。而家族企业，后来由罗塞尔继承，到 1840 年时，罗塞尔又拉弟弟约翰入股，成为合伙人。最初，格奥尔格·黎纳德·辉柏一心指望小儿子成为律师，根本没打算让他吃铅笔制造业这行饭。无奈，艾伯哈德虽然听从父亲的话研读法律，却偏偏对古典文学与历史兴趣浓厚。而且，在他的心目中，罗马诗人维吉尔（Virgil），可比编纂法典的东罗马皇帝查士丁尼（Justinian）高超多了。因此，艾伯哈德最后并没有待在巴伐利亚成为一名律师。反之，他在 1849 年远渡重洋到达美国这块新大陆，担任德国辉柏铅笔公司的美国办事处代表。1851 年，他不但握有 A. W. 辉柏铅笔在美国的独家代理权，还在纽约市威廉街133 号成立了 A. W. 辉柏的美国分公司。艾伯哈德除了铅笔，还兼售德国与英国制文具用品；并在佛罗里达墨西哥湾附近，一个叫作杉树岛的小岛上，买了好几大片林地，好为工厂供应原料。事实上，取得大片杉木林地确保原料供应不虞匮乏，很可能才是艾伯哈德到美国来的主要目的。因为早在 1843 年，也就是在艾伯哈德移民前，A. W. 辉柏在纽约已经有了美国代理商。

由于进口成品的价格高昂，再加上美国内战爆发后，关税、运费，以及海上保险费率均上扬，常常促使辉柏家族寻思，是否能以更合理的成本在美国制造一部分铅笔。尽管纽约跟德国的斯坦恩相较，很靠近佛罗里达的杉木林，但距离波希米亚的黏土，以及奥地利的石墨，可又比斯坦恩远多了。因此，辉柏家族决定，把在斯坦恩制好的铅笔芯，先运到纽约，接着在当地利用机器，将笔芯装入佛罗里达杉木制的笔杆里，完成整个组合程序，大大降低了制笔成本。1861 年，也就是 A. W. 辉柏公司成立的 100 周年时，艾伯哈德在德国家人的财务支援下，于四十二街底，也就是联合国总部的现址上，建立了自己的铅笔制造厂。

当时在美国建立铅笔厂，可以说是最好，也是最坏的时机——虽然内战爆发，导致时局不稳，但是由于军人写家书的频率增加，相对的也刺激了铅笔的需求。不过，至少有一部编年史坚称，当时北军"除非在开战时期"，否则根本很少用铅笔，至于南军，则"宁可花 3 美金买瓶墨水，或利用美洲商陆（pokeberries）自制墨水，而不会用铅笔写信回家"。无论是铅笔供过于求，还是杉木供不应求，总之，在 1863 年时，一箩售价 10 美元的铅笔，在纽约几乎是没有销路的。

1872 年，辉柏家族在东河区的工厂遭遇火灾。尽管辉柏家族早就考虑要在斯塔顿岛上建立新厂，但由于这次意外，迫使他们不得不在最短的时间内另觅新厂。就是在这种情况下，他们在布鲁克林的绿点区，造近西街与肯特街的交叉口，买了三栋现成的建筑，充做厂房。后来，随着艾伯哈德·辉柏铅笔事业扩张，原本的厂房也不断扩建。无论是新、旧厂房，在屋顶的砌砖上都镶嵌着菱形内加星形的商标，远远望去，仿佛按计划兴建的铅笔博物馆般。有栋 1923 年加盖的混凝砖造厂房，本身虽不显眼，但由于建筑正面的窗户与窗户间，以黄色瓷砖镶成铅笔的形状，凸显出铅笔制造厂的特色，因此也十分引人注目（见图 12.3）。

铅笔家族分合史

艾伯哈德·辉柏公司在这般"苦心经营"后，便开始自称他们是"美国最老牌的铅笔制造厂"。没错，如果撇开门罗以及梭罗等铅笔制造先锋曾经开设的工厂不谈，艾伯哈德·辉柏的确是美国"现存"的铅笔

图 12.3 这栋于 1923 年加盖的混凝土砖造厂房正面,

不仅装饰着艾伯哈德·辉柏公司的商标,还有用黄色磁砖镶成的铅笔图形

制造厂中,历史最悠久的一个。无论如何,辉柏铅笔制造厂一直在绿点运营,直到 1956 年,由于厂房过于老旧,才迁址到宾夕法尼亚州的威尔克斯—巴里。

多年来,艾伯哈德·辉柏公司所改变的不仅是厂房,同时还有形象以及管理阶层。自艾伯哈德于 1879 年去世后,公司便由儿子罗塞尔·W. 辉柏(Lothar W. Faber)与艾伯哈德·辉柏二世(Eberhard Faber II)接管。至于美国的辉柏家族与德国的辉柏家族之间,究竟什么时候断绝往来的,那就不清楚了。19 世纪的某一段时期,这家"美国最老牌"的铅笔公司,一直以 E. 辉柏公司为名,直到 1898 年,公司改组,由罗塞尔出任总裁,艾伯哈德出任副总裁时,还是沿用这个名称。他们之所以会沿用这个名称,无疑是要让消费者产生联想,希望他们把对 A. W. 辉柏与 J. 辉柏的名牌舶来品印象,投射在 E. 辉柏公司的产品上。后来,E. 辉柏与 A. W. 辉柏为了争夺"辉柏"这个名称的使用权,曾经兴讼多次,但都没有得到理想的结果。于是,E. 辉柏在 1904 年再度重组时，便更名为艾伯哈德·辉柏铅笔公司了。

1943 年，罗塞尔·W. 辉柏去世，公司随即转由艾伯哈德·辉柏二世接管，而公司的副总裁，则改由罗塞尔的儿子艾伯哈德三世担任。没想到，在短短两年内，两位艾伯哈德都相继与世长辞，而辉柏家族里，因为一时没有适当的男性继承人能够接掌公司，于是艾伯哈德三世的遗孀朱莉亚·T. 辉柏（Julia T. Faber）便从 1953 年起，开始积极地参与公司管理，直到艾伯哈德四世（Eberhard IV）能够独当一面，担任公司的执行总裁为止。而这位美国辉柏家族的第四代传人，就跟亨利·大卫·梭罗一样，从大学毕业后，便时断时续地参与家族事业的经营，同时，他跟自己的曾祖父一样，对拿铅笔写东西远比制造铅笔感兴趣得多。无论如何，他还是克尽厥职，把家族企业经营得有声有色。不过，到 1988 年，艾伯哈德·辉柏公司依旧遭到辉柏嘉公司并购，两个老对头终又"破镜重圆"。

群雄争霸

可是，这已经是 20 世纪的事了。再回顾 19 世纪中叶，纽约地区铅笔制造厂，除了艾伯哈德·辉柏公司外，还有好几家。以贝洛兹海米尔、伊儿费德与瑞肯多福（Berolzheimer, Ifelder and Reckendorfer）铅笔公司为例，这家以三位合伙人为名的企业，最初是为巴伐利亚菲尔特的一家铅笔公司作业务代表，后来才开始自创品牌，制造铅笔。由于公司的名称太长，又不够美国化，因此不久之后，三位合伙人便从善如流，将企业改名为"鹰牌铅笔公司"。1861 年，丹尼尔·贝洛兹海米尔（Daniel Berolzheimer）的儿子亨利继承父业，接管公司。1877 年，鹰牌铅笔公司买下纽约的首栋钢构建筑，并开始在产品上印制浮雕的美国老鹰像。由于公司不断成长，大量批发廉价铅笔，到 20 世纪 20 年代时，他们便开始自称为"美国最大的铅笔制造厂"。后来，贝洛兹海米尔家族为了开发制造铅笔用的香杉，于是让其中的一支迁移到加利弗尼亚州去，至于留下的成员，则继续经营鹰牌铅笔公司。一直到 20 世纪，贝洛兹海米尔家族仍控制着鹰牌铅笔公司，但已将公司的名称改为美国化姓氏——贝罗（Berol）。多年后，公司虽由田纳西州谢尔比维尔的帝国铅笔公司（Empire Pencil Company）并购，但仍继续延用美国贝罗（Berol USA）公司的名称。1988 年，一个纽约投资集团将它收购，才把公司的名称改为贝罗帝国（Empire Berol）。

至于美国其他的铅笔公司，也是在 19 世纪中期开始成立的。1861 年，一位名叫约翰·辉柏（John Faber，跟制造铅笔的德国辉柏家族毫无关系）的美国药剂师，跟一位名叫席戈尔特纳（Siegortner）的餐馆老板合伙，成立了一家铅笔公司。没想到，公司开张不久，艾伯哈德·辉柏公司便一状告上法院，说约翰使用辉柏的名称，企图鱼目混珠，侵害他们的商标权。结果，法院判决艾伯哈德·辉柏公司胜诉，于是这家新成立的公司，随即易主，卖给一群在新泽西霍博肯地区的进口商。而当时负责管理这家新铅笔制造厂的，是位名叫爱德华·韦森伯恩（Edward Weissenborn）的年轻人。据说，美国铅笔公司（American Lead Pencil Company）之所以能够成立，全是他发挥进取本性的结果。1905 年，美国铅笔公司将新推出的素描笔，命名为维纳斯，并开始在国外设立分公司，以及制造厂。1956 年，美国铅笔公司更名为维纳斯钢笔与铅笔公司（Venus Pen & Pencil Corpration）；不久，又将总公司从霍博肯迁移到纽约。1966 年，维纳斯钢笔与铅笔公司再度易主，被一群私人投资者所收购。1967 年，维纳斯并购了一家钢笔公司后，便更名为维纳斯—艾斯特布鲁克公司（Venus-Esterbrook Inc.），同时关闭了在新泽西的厂房，并将所有的生产设备，全移置到田纳西、英国，以及墨西哥去。不过，在短短几年内，该公司在英国与墨西哥的厂房，便为贝罗公司并购，而他们在加州的木板工厂，则让售给政府。1973 年，维纳斯—艾斯特布鲁克公司的其他部分，全由辉柏嘉公司所接收后，紧接着便被更名为辉柏嘉公司。

19 世纪时，铅笔业巨子除了良性或恶性的并购外，还有一堆事要担心。随着铅笔的需求量不断增加，至少有一种原料的供应，却逐渐匮乏——那便是制铅笔用的杉木。当时在波士顿地区铅笔制造厂服务的贺瑞斯·霍士墨，就曾在个人的回忆录中提到，在美国内战期间，杉木缺乏的情形日趋严重。贺瑞斯·霍士墨在书中写道："1862 年，铅笔的需求量极大，而北方政府手中的佛罗里达杉木存量，却几近枯竭；因此，木材价格自然水涨船高。"

不过，就制造铅笔来说，选取适当的木料固然重要，美化木材的外观，也同样不容忽视。霍士墨在回忆录中便曾写道：

　　铅笔制造商若是要像外国厂商一样，把杉木漆成黑色，每次得花 300 美元。我曾作过许多审慎的实验，但都惨遭挫败。后来，我虽构想出适当的上色流程，但老板认为，我能做到的，他也做得到，因此不愿掏腰包，所以我也只好不了了之。无论如何，就我所知，在内战期间，由于杉木匮乏，为它的代用品上色，每批应可获得 3000 美元的报酬。

霍士墨在书中还提到，19 世纪时，厂商是如何将制造铅笔的细部工作，外包给小厂商或是老师傅的，他也描述了自己所遭遇的经济困境：

　　1864 年，我接下 10000 箩的辉柏铅笔，为它们磨光、印商标，装上橡皮头。当时，我手上有价值 3000 美元的货，但如果照合约

上的议价完工，绝对划不来，因为原料价格节节上扬，虫胶已从
18 美分，暴涨为 1.25 美元。而前几年，酒精只要 55 美分，现在也
涨成 4 美元。总之，样样物价水涨船高。于是有一天，我要女作业
员先回家，自己把店门锁上，在里头才花了 3 个小时，便想出一套
新流程。结果，这套流程让我在第二年里，立刻赚进 2300 美元。
而在两个女孩的协助下，我每个月的收入，都能超过 400 美元。到
1867 年，我们在不到一年的光景内，便赚了两千多美元。

除了辉柏铅笔公司外，霍士墨还帮鹰牌铅笔公司做铅笔细部代工。
据霍士墨说，辉柏公司为了留住他，不惜把铅笔细部代工的工资，从每
笥 20 美分，提高为 80 美分。至于他关起门来，费心想出的"经济"新
流程，则是以黏胶来代替虫胶，并用石油精来代替酒精。此外，他还设
计了一些"新机械装置，让两名女作业员，每天能处理多达 120 笥的
铅笔"。

二合一的铅笔

当然，霍士墨在铅笔上加装的"橡皮头"，也就是我们今天所谓的
橡皮擦。只不过他的加装方式比较偏重手工，不像今天这么高度机械
化。无论如何，早在 1770 年，消费者就已经知道，要想让铅笔的笔迹
"消失"，最方便的方法，便是利用弹性树胶或弹性橡胶，也就是橡皮擦
擦拭。

由于产自西印度群岛的橡胶，擦起铅笔痕迹来，实在是干净利
落；因此，大家便干脆把这消除铅笔痕迹的玩意儿，称之为"橡皮擦"
（rubber）。将近一个世纪后，橡皮擦这个字对美国人来说，实在是太耳
熟能详，根本成了日用品，因此原本的大写名称"Indian Rubber"，也

就自然而然地，变成了小写的"indiarubber"，另一方面，由于天然橡胶效果有限，无法把铅笔迹完全擦干净，又有人研发出代用橡胶。不过，这些代用橡胶显然不很理想，因为有位批评家曾在 1861 年指出："至于那种新式橡皮擦，则介于炉底石，还有……磨刀石间，足以擦透任何东西。"可是，姑且不论品质好坏，铅笔与橡皮擦，始终被视为独立的文具，直到 19 世纪后半期，二者才合而为一。如辉柏铅笔公司便宣称，他们不仅是第一家为铅笔装上橡皮擦的公司，也是第一家为铅笔加装金属套的公司。然而，直到 19 世纪 60 年代初，艾伯哈德·辉柏才真正为他们研发出来的多角形橡皮头申请专利。基本上，这种套装橡皮头，大致具有三种功能：当作印章、防止铅笔滚动，以及擦除笔迹。这种类似门把手的橡皮头，其实跟今天的楔形橡皮擦套相去无几。早在 1858 年，美国第一个橡皮套的专利，便已由费城人海曼·李普门（Hyman Lipman）取得。他所发明的"二合一"铅笔，唯一与普通铅笔不同的制作流程，就是"在杉木条末端凹槽，黏入大小适中的橡皮擦"。

图 12.4　这种一分铅笔是把橡皮擦直接嵌入木制笔杆的末端

据说，后来约瑟夫·雷肯多弗（Joseph Reckendorfer）以 10 万美元的高价，买下了李普门的专利，并进一步加以改善，再借此申请专利。1862 年，雷肯多弗控告辉柏公司，说他们侵害专利权。美国最高法院最后却判决，雷肯多弗与辉柏公司的专利，都不具法律效力，因为铅笔与橡皮擦依然跟以往一样，如同独立个体，各自发挥原有的功能，完全不具备"二合一"的效果。因此，铅笔与橡皮擦的组合，也就没有什么专利可言了。

1872 年，鹰牌铅笔公司直接将橡皮擦嵌入杉木笔杆末端，再度申请专利。同时，其他铅笔公司也继续制造这种产品。由于这种"二合一"铅笔价格十分低廉，久而久之，就被称作"一分铅笔"（penny pencils）（见图 12.4）。即使到了 20 世纪 40 年代初，一支售价仍不到一分钱。尽管 19 世纪时，铅笔带橡皮擦仍不普遍；但到了 20 世纪初，大约九成的美国制铅笔都已经"理所当然"地加装橡皮擦了。不过，讽刺的是，随着橡皮擦的普及，消费者反而愈来愈关心，该如何避免把希望永久保存的铅笔字迹或是画迹擦掉。《科学美国人》曾刊载过许多文章，指导读者如何"保存铅笔痕迹"，其中的一味偏方，便是在纸面上涂抹一层脱脂牛奶。

竞争打破藏私

无论如何，由 19 世纪末的铅笔目录看来，末端嵌有橡皮擦的产品，当时仍不普遍。消费者甚至会认为，这不过是促销劣等铅笔的把戏。事实上，其中绝大部分的产品也的确如此。一般来说，高品质素描铅笔，末端大多没有橡皮擦。从约瑟夫·狄克逊于 1903 年印制的铅笔目录看来，末端装有橡皮擦的学生用笔，的确引发了相当的争议。目录中有一部分，便以"橡皮擦哲学"（The Philosophy of Rubber）为标题，专门探讨"普通铅笔与橡皮擦铅笔"的问题。狄克逊公司指出，在他们生产的700 多种铅笔中，绝大部分都不附橡皮擦，因为"橡皮擦铅笔上市后不久，立刻便风行校园；不过，近几年，无论老师或校长，都越来越不赞成铅笔加装橡皮擦，而主张用普通铅笔"。狄克逊公司认为，造成这种转变的，主要有下列三项因素：第一，各式各样的橡皮擦中，铅笔末端的橡皮擦头，是成本最高的一种；第二，学生没用两三下，就把橡皮擦头弄脏，无法发挥效用；第三，如果铅笔上没有橡皮擦头，学生做功课时会更用心。

接着，这篇短文中进一步解释："老师的职责之一，便是要让学生改正错误；因此，自然不会去鼓励学生犯错。"根据铅笔制造商逻辑推论，铅笔末端的橡皮擦头，让错误修正起来更容易，也因此可能会形成一个通则：错误越容易修正，产生的错误也越多。至于第四个反对加装橡皮擦头的理由，则是医学上的。显然，小学生"尤其是男生"，不但爱咬橡皮擦头，没事还喜欢交换铅笔，这样一来，自然增加了疾病传染的几率。不过，爱把橡皮擦头放在嘴里的，并不只有男学生，铅笔厂商为了"咬铅笔族"，甚至用象牙或其他坚硬的材料，制成口衔，取代橡皮擦头装在铅笔末端，让牙痒的人咬个过瘾，而不至于把嘴唇或是舌头弄脏。

但是，无论铅笔的外形多么悦目，或是附加物多么独特，毕竟还是次要的；最重要的，依然是铅笔的"内在"，也就是"好不好写"。当铅笔制造业越来越成熟，市场的竞争日趋国际化时，机械化与研发的层次，自然也大幅提高。以往，辉柏或是梭罗家族的成员，在研发出制笔机器时，还能"敝帚自珍"，只跟家人分享其中的诀窍与秘密。到了19世纪与20世纪之交时，这套"藏私"的做法，却再也不管用了。另一方面。由于石墨与杉木来源的匮乏，厂商势必得雇用科学与工程人员，并维持实验室的运作，以研发合成笔芯的新流程、开发适用的新木材，同时在铅笔的制造与设计上，不断推陈出新。而要维持工厂的竞争力，工程师就必须绞尽脑汁，不断研发制造铅笔的新机器、新流程。到了19世纪末，美国在铅笔制造技术方面的成就，远远超过欧洲，对欧洲形成很大威胁。无论如何，随着铅笔制造业扩张，厂商面对竞争者排山倒海而来的挑战，势必要时刻提高警觉，寻找因应之道。而要做到这一点，以往的家族企业就必须超越血缘限制，因材施用，在机械与技术专业上，随时寻求突破。

第十三章　世界铅笔大战

　　随着 19 世纪接近尾声，欧洲铅笔公司，尤其是德国铅笔公司，在美国的影响力日趋式微。1894 年时，有位观察家便写道，铅笔的制造成本之所以能在二十年内降低五成，至少部分原因必须归功于机器的发明。另一方面，美国铅笔随着制作技术的改善，不仅逐渐"收复失地"，降低舶来品的占有率，同时也大举反攻，向外国市场倾销。虽然当时美国铅笔制造业欣欣向荣，但是《科学美国人》杂志却建议读者，不要贸然尝试进入这行，因为"美国铅笔制造业已被少数厂商垄断"。

　　美国铅笔制造业之能有长足发展，无疑有许多复杂因素。美国人对本国厂商越来越有信心，也越来越引以为荣，便是原因之一。此外，尽管早期由欧洲移民到美国的艺术家、工程师、商人，对欧洲产品有牢不可破的偏好，但越是年青一代的美国人，内心的"恋欧情节"也越淡薄，他们对各种事物都比较没有偏见，购买文具用品时，大多会从质量、经济，以及效用等各方面来考量。

　　据说林肯总统在起草葛底斯堡演说时，用的是德国铅笔，但在他的保护关税政策下，却使美国铅笔工业长足发展。到 1876 年，进口铅笔除了每箩 50 美分的关税外，还必须以申报价格为基础，再加付三成的税。由于舶来品关税高昂，美国市场对铅笔的需求日益殷切，因此以当时的标准来说，人工成本虽然很高，却依旧稳赚不赔。事实上，就算劳工成本高昂，厂商仍有办法降低其他成本，如偷窃的损失，等等。

尽管美国铅笔制造业有保护关税，消费市场又不断扩张，但毕竟是个本轻利薄的行业。铅笔业者为了尽量减少不必要的损失，不惜采取最严苛的措施，其极端的程度，活脱是当初英国博罗代尔石墨矿主防范盗采的翻版。19世纪70年代，当约瑟夫·狄克逊坩埚公司日产8万支铅笔，达全美消费量的三分之一时，对每支铅笔的下落，仍然弄得清清楚楚，毫不含糊。那时全公司上下，都奉行一套严格的制度：厂房里只要有一支铅笔不见，又找不出下落，每位员工都难逃被炒鱿鱼的命运。据说，有一天坩埚厂的一名工人在未经许可下，跑到铅笔厂随手拿了一支笔，心想这也没什么大不了的。没想到，在严格的稽核制度下，铅笔厂立刻便发现铅笔短少了一支。有位工人随即向上呈报，说他看到一个坩埚厂工人曾在铅笔厂内逗留。厂方闻讯，立刻把坩埚工人找来，要他提出解释。结果，坩埚工人当下便坦承自己拿了那支笔，一面诚惶诚恐地道歉，一面把铅笔还给厂方。但是，厂方不仅将他辞退，还把他列入永不录用的黑名单中。从这类故事中，我们可以了解，无论是铅笔厂的工人，或是任何"外人"，都在厂方严密的监视之下。

不过，国家荣誉感、保护关税，或是胆战心惊的员工，都不是美国铅笔之所以能取代欧洲铅笔，成为消费者新宠的唯一原因。事实上，许多工程以及技术上的因素，才使美国铅笔得以"反败为胜"。直到1869年左右，曾为世界铅笔标杆的英国铅笔，绝大部分仍维持着传统的制作方式：笔芯不是用博罗代尔石墨矿直接切片制成，或是以布洛克登加压法制成，就是黏土与石墨混合烧制而成。至于木制笔杆，也一如过去几世纪般，以刨子或锯子在杉木条中央挖出方形凹槽，或是利用简单的手控机器，一次处理一支铅笔杆。等笔芯填入凹槽，还有接合面刨平后，便封上一片较薄的木条。紧接着，工人会用一种构造简单的双轮刨削机，把做好的方形铅笔，一支一支刨削成圆形。

另一方面，德国在19世纪30年代末，便已推出较精良的制铅笔机。在铅笔的制作方法上，德国人改良了柯特制笔法，直接将混合物填入笔芯铸模中不再像以往，把石墨粉与黏土的混合物填入方形凹槽中，以高温烘焙后再将其切割成片。尽管 A. W. 辉柏公司宣称，笔芯铸模法是他们先采用的；但事实却证明，这种方法最初是由布洛克登在法国或英国发明的。无论如何，真到 70 年代初，方形笔芯仍是全球铅笔业共遵的标准，甚至到了 19 世纪末，方形笔芯依旧是辉柏铅笔的"注册商标"。而从这一点，我们便可以看出，辉柏公司现代化的脚步的确相当迟缓。

两个世纪来，圆形笔芯始终无法像方形笔芯般，得以借着同样的方式嵌入木制笔杆。这似乎一直是梭罗绞尽脑汁思索的问题。基本上，方形笔芯在粘入方形凹槽后，只要再封上一片木条，整枝铅笔，就算大致完工了，但圆形笔芯却无法在不对称的状况下，轻易嵌入笔杆。在装填圆形笔芯时，底层的木制笔杆中央势必要先挖出半圆形凹槽，而上面覆盖的木条中央，也必须要挖出半圆形凹槽。不仅如此，这凹槽的深度以及大小，都必须恰到好处；凹槽若是太浅、太小了，两半笔杆就合不起来，凹槽若是太深、太大了，笔芯就很容易掉出来。相对的，方形笔芯弹性就大得多，若是凹槽太浅，只需将笔芯削薄些；若是凹槽太深，只需加厚覆盖的木片——无论怎样，两边总兜得起来。也正由于这方面的"弹性"，从前老式的方芯铅笔，笔芯通常不在正中央，不过这并没有什么实际的影响，因为到时只要用刀片削铅笔，也就不成问题。但是，话说回来，如果笔芯偏得太厉害了，又用电动削铅笔机去削，很容易就断裂。因此，我们可以说，圆形笔芯与削铅笔机的发展间，彼此存在着"共生"的关系。

全自动化起步

在美国这片新大陆上，铅笔工业刚刚起步，没有既定传统，在这种环境下很适合自由发挥。设计更有效率的生产机器，重要的，不仅是机器的速度，同时制造多支铅笔的能力也同样重要。早期的铅笔制造机，一次可以在木板上挖出四个凹槽，并同时把四支笔芯黏入凹槽中，再同时将四片木条，分别黏在凹槽的接合面上，生产出四支笔。随着科技迅速发展，不久之后，同时能制造六支，甚至更多铅笔的机器也纷纷出现。而黏合好的铅笔半成品，随即被送入成型机中，刨削成六角形，或是圆形，便算大功告成（见图 13.1）。这种利用机器制造的铅笔，一箩售价约在八十五美分到两美元之间，而且"品质极佳，书写起来既流利，又顺畅"。由于成型机只要换副刀片，便能随心所欲地削出圆形或是六角形的铅笔，在 19 世纪 80 年代，圆形与六角形，便成了美国铅笔最普遍的两种形状。1891 年的狄克逊铅笔目录中，便同时列出圆形及六角形的"上等办公用铅笔"，后者比前者的价钱要贵上三成三。相对的，在同样的目录里，六角形的廉价铅笔比起同级圆形铅笔只贵了两成。由此可知，铅笔售价的高低，跟形状无关，跟制作的精细程度和磨光手续有绝对关系。不过，有时铅笔的形状，却成了区分产品等级最简单的方式。例如，在前面提过的狄克逊铅笔目录中，有种名为"狄克逊氏美国石墨艺术家"的铅笔，广受设计师、绘画师、机械工程师，以及艺术家所推崇，是罗列的众多铅笔里最高级的一种，而这种铅笔，只做成六角形。到 19 世纪末 20 世纪初时，有些厂牌的铅笔，便不再以形状作为区分产品价格的方式。

德国人在 19 世纪 30 年代末，以及 40 年代，曾经研发出一些制造铅笔的机器，但德国铅笔厂现代化的程度，却始终不及美国。70 年代末期，美国已经研发出能够一贯作业的制铅笔机，一次同时生产 6 支铅

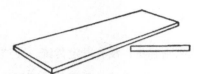

1. 杉木铅笔板——长度比一支铅笔
长度些，宽度是铅笔宽度的六倍，厚度
是铅笔厚度的一半。

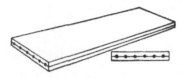

4. 黏合两块杉木板，准备切割出笔
形。

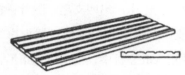

2. 笔芯凹槽——凹槽深度为笔芯的半
径。

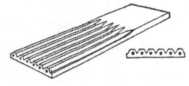

5. 利用高速旋转切割机制成的六角形
铅笔半成品。

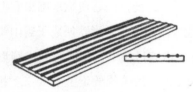

3. 将笔芯黏入凹槽后，便可黏上另一
半杉木铅笔板。

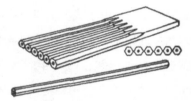

6. 六角形铅笔成品——将半成品翻转
过来，重复切割的过程即可。

图13.1

笔。当外国厂商生产一支铅笔时，美国厂商已经利用全自动化的机器，
一次制造出 50 支左右的铅笔。

19 世纪后半期，美国铅笔制造自动化的程度之所以凌驾德国之上，
固然是由于美国的劳工成本高昂；另一方面，当时美国科技突飞猛进，
工程师能不断研发出更精准，更快速的制造机器。相对的，如辉柏之类
的德国铅笔制造商，在机械技术进展到某一个程度后，便开始专注于社
会问题，致力于增进员工的福利，以提高员工的忠诚度。但他们没有想

到的是：产品若无法降低成本以增加公司的竞争力，便会危及企业本身的运营。

德国铅笔式微

《科学美国人》杂志当时便对 19 世纪末全球铅笔业的状况，作了一番概括性分析："面对美国铅笔制造业者的竞争，德国厂商正受到严重威胁。美国厂商不但利用机器将生产自动化，大幅降低劳工成本，同时也采取量产策略，以量制价。最主要的是，美国厂商掌握了杉木的来源，能够以低价购得原料，使德国业者受到致命的威胁。"1901 年，有位德国领事指出，美国铅笔制造业的成功，"绝大部分得归功于设计精良的机器，以及掌握了上等杉木的来源"。1904 年，A. W. 辉柏在圣路易举行的世界博览会中，一面展出产品，另一方面则引以为傲地宣称，他们有"1000 名工人"，以及"高达 300 匹马力的蒸汽力与水力"。不过，他们对自己是否研发出任何新机器，则只字未提。

随着第一次世界大战的到来，整个大环境，十分不利于德国厂商，相对的，却进一步为美国铅笔业者提供了无限商机。当时仅英国向一家美国厂商购买的铅笔，每星期就多达 1000 篓。英方购买这些铅笔的用途从未被正式公开，但一般推测，应是用来配给英国与盟军军官，供他们规划战略，以及绘制军方配置图所需。这时，"不可擦"铅笔，发挥了最大的功能，因为用起来远比钢笔和墨水方便。由于战争持续，英国平民必须以比较高的价格才能买到铅笔。随着苯胺染料的缺乏，原本只卖 1 便士的"不可擦"铅笔，立即涨了 4 倍。原本仅卖半便士的杉木笔，则"几乎买不到"。不过，根据伦敦《泰晤士报》在 1916 年的报道，一条通往东方的管道，纾解了一部分"缺笔"危机："日本人所制造的文具，是德国货的最佳代替品。尽管从日本到英国运费高昂，但是跟购买德国制品比较起来，还是很划算。"不过，到大战末期，英国却成了美国铅笔的最大进口国。

而在大战期间，受到原料成本与来源影响最大的便是德国，连带的，也使铅笔成品价格节节上扬。就以黏土为例，用来制造铅笔芯的原料一定不能含有硅之类的杂质，笔芯才不会有刮伤力。一般来说，3 吨黏土，要用多达 97 吨的水冲洗，才能去掉其中的硅质。然而，在大战期间，德国人必须付出 60 倍的价格，才能买到只适合做排水管的劣等黏土。同样的，其他原料也受到类似影响。据说，当时德国铅笔制造商，必须付出较战前高 30 到 50 倍的价格，才能购得制笔原料，工资也暴涨了 10 至 12 倍，结果整体制造成本，要比战前高出 15 到 20 倍左右。铅笔成品的价格，却只比原来高出 10 倍。无论如何，纽伦堡德国铅笔制造商行会却认为，从 1920 年开始，原料价格将会下跌。

但是，停战并未促使更多的杉木生长，而如雪片般飞来的国外订单，更导致美国铅笔用木价格上涨 5 倍。在全球最大的几个杉木消耗国里，日本便是其中之一。到了停战时，日本的铅笔厂已达 117 家，仅东京，便有 80 家，至于在铅笔厂服务的劳工，则超过 2000 人。从 1910 年开始的 10 年间，日本生产的铅笔，将近有 15 亿支，而光是在 1918 年，该国出口的铅笔，差不多就有 2 亿支。

除了来自美国与日本的竞争外，德国铅笔价格上涨，相对也意味着在输入美国时必须被课以更高的进口税，有时，像 A. W. 辉柏之类的德国大型铅笔制造商，会循法律途径抗议关税提高，但通常却徒劳无功。不幸的是，当贸易障碍消失时，取而代之的却是更明显的政治障碍。由于第一次世界大战的影响，英国人开始抵制德国铅笔，使德国业者面临更大困境。

1917 年，A. W. 辉柏在美国的工厂，连同在美国的一切注册商标权，都转售给新泽西的同行。紧接着，新买主便成立了 A. W. 辉柏公司，并在第一次世界大战结束后，与斯坦恩的原公司保持密切的关系。后来，随着第二次世界大战的爆发，公司的名称，不但改为 A. W. 辉伯嘉铅笔公司，同时也由德国的辉伯嘉公司收购了部分股票。

高级铅笔之争

　　早在第一次世界大战爆发前，德国最擅长制造的，便是供艺术家、设计师、建筑师，以及工程师使用的高价位铅笔。这些铅笔售销的数量，远不如廉价的铅笔多，但对制造厂商或零售商而言，利润却要比销售一般铅笔高得多。基本上，艺术家与工程师买铅笔，注重的是产品的品质和信誉，一旦找到合意的品牌，就会维持极高的忠诚度，除非别的产品在制造技术或是销售手法上，有突破性的改善或表现，否则这些人通常会"从一而终"。

　　1837 年，A. W. 辉柏推出一系列由 BB 到 HHH 等，笔芯软硬程度不同的铅笔。而消费者可以确信的是，这些铅笔的软硬等级，绝对不会随着时间而改变。正因为如此，即使在多年后，无论是艺术家或工程师，都可以用同型铅笔修改自己的作品，而不必担心笔色不同。辉柏家族是利用西伯利亚石墨，制造出傲视群伦的多等级铅笔的，当亚里伯特矿源开始枯竭时，他们也面临着严峻的挑战。1878 年，约翰·辉柏在自立门户后，也开始利用西伯利亚的石墨矿源，生产笔芯软硬不同的多等级铅笔。

　　而另一方面，A. W. 辉柏在面临石墨料日益匮乏的危机之际，开始要求工程师利用其他地区新发现的石墨矿，致力研发高品质铅笔。结果，他们研发出的新流程与新机器下，真的制造出品质比西伯利亚石墨还纯的笔芯。1906 年，A. W. 辉柏利用这种新笔芯，推出一系列名为"卡思泰尔"的绘图用铅笔。而在外观上，他们为了要让新产品有别于黄色的"酷喜乐"铅笔，因此漆成绿色。尽管辉柏宣称，"卡思泰尔"对工程师、技术人员，以及绘图员来说，是最佳的选择；但却得经常面临新挑战。

至于"酷喜乐"铅笔，则被宣传成"完美的铅笔"、"世界一流的铅笔"，以及"轻盈滑顺如蝶般的铅笔"。1906 年，伦敦《泰晤士报》报道，说他们收到"最高级、最著名"的铅笔样品；同年，《纽约时报》上的一则广告也告诉消费者，"在奥地利制造的酷喜乐铅笔上，你将会发现最令人满意的特质"。虽然消费者未必记得铅笔名称，但却记得颜色；也因此，消费者到了店里，经常会要求购买"黄铅笔"。由于"酷喜乐"在销售上的成功，自然吸引来许多仿冒者，即使再熟悉"酷喜乐"的行家，有时也不免为假货蒙骗。对于这一点，公司也承认，"酷喜乐"的"颜色与外观等"，的确有可能被仿冒。

"酷喜乐"在 1893 年的哥伦比亚博览会中亮相后不久，便开始输入美国，后来由于第一次世界大战爆发，供应中断了四年。酷喜乐铅笔公司为了避免再发生同样的情况。于是在 1919 年，选择新泽西成立美国分公司，继续恢复供货。酷喜乐铅笔公司所用的杉木原料，全都产自美国，但因为铅笔是在捷克制成的，所以还是得付关税。公司为了逃避关税，便于 1938 年，在新泽西的布鲁姆斯伯里建立了一座工厂。这样一来，他们只需要进口铅笔芯，然后在新泽西加装上美国杉木制成的笔杆就行了。

酷喜乐公司费尽心思，但求确保铅笔能顺利制成——为防止老鼠啃食铅笔芯，他们甚至任由一只曼岛猫跟它生的小猫，在仓库内四处游荡。等铅笔芯装入木制笔杆后，便在笔面涂上十四层的金黄色磁漆，铅笔的两端则喷上金漆，接着用 16K 的金箔打上商标，并在六角形铅笔的每隔一面上，印出分类的等级，以利顾客辨识。制作完成的铅笔，必须经过仔细的检查，平均每十支铅笔，就有一支遭到淘汰，而淘汰下来的铅笔，通常会被锯短，制成高尔夫球铅笔之类的产品。至于通过品管检验的"酷喜乐"铅笔，则被小心翼翼地装在金属盒里，以避免杉木笔杆因受潮而变形。

提高石墨纯度

19 世纪时，美国的高关税政策，并未影响高品质铅笔的销路，因为当时的上等铅笔之间，根本没有什么竞争。不过，随着美国新兴的铅笔公司站稳脚跟，对制造低价铅笔越来越有心得，野心也越变越大，企图更上一层楼，向高级铅笔市场进军。事实上，只要工程师能获得最好的原料，并想出最佳的运用之道，那么，美国机器在制造高级铅笔上，效率绝对没话说。由于美国本身生产上等杉木，占了先天的优势，因此要想制造高级铅笔，只需要在黏土与石墨粉上花心思。

以约瑟夫·狄克逊坩埚公司为例，到 19 世纪 70 年代，他们已将石墨的纯度提高到 99.96%。而要做到这一点，必须把采自提康德罗加的石墨矿在水中磨成粉，再利用比重的原理达到分离杂质的目的。要用来制造铅笔芯的石墨粉，则会运到泽西市，进一步被磨成细粉。等到石墨磨得"比面粉还要细滑"时，才算合乎标准。不过，根据当时的一位记者指出，狄克逊的石墨粉，"并不像面粉般具有黏着力，而是如同水一样，让你无法掌握；当你试着以食指和大拇指想要捏起一点石墨粉时，它们仿佛水银般，一下就从指间溜走，唯一令人振奋的，就是这些石墨粉比以往任何石墨粉都要细滑"。

总之，要做笔芯的石墨粉，必须依其细度，进一步地加以分类。要做到这一点，首先得把石墨粉与水，加入漏斗中混合，然后让石墨水逐一流过一连串盆子：

颗粒最粗、最重的石墨粉，会留在第一个盆子底部，而次粗、次重的石墨粉，则会留在第二个盆子底部，依此类推，直到最细的石墨粉被分离出来为止。在这分离的过程中，水流的速度十分缓慢，到最后一个盆子时，由于石墨粉的比重，较水重了两倍，如果不大力搅动，便会沉在水底，待慢慢倒掉上面的清水后，留下来的便是最细的石墨粉。

同样的，制造铅笔芯用的黏土，也是利用比重分离法去除杂质。工人将之与石墨粉混合后，便把混合物放在两块石板间，研磨长达 24 小时使其"产生最高的韧性、均匀度，以及零颗粒的细度"，从而成为制造一流铅笔的原料。接着将石墨黏土团填入铸模中，趁稍微凝固成形、尚未完全变硬前，切成如铅笔一般的长度，再放入窑中烧烤，等"出炉"后，便可以放入木制笔杆的凹槽中。至于在笔杆的材料方面："最廉价的铅笔，是用松木制成；一般等级的铅笔，以普通的红杉木制成；而最高级的铅笔，则一律以佛罗里达杉树岛上的杉木制成。这种上等杉木，既柔软又质地细密，是最适合制成铅笔杆的原料，就连欧洲铅笔制造商，也慕名远道而来。"

米洛斯的维纳斯

另一方面，美国铅笔公司在酷爱卢浮宫艺术以及美术的总裁路易斯·瑞克福德（Louis Reckford）的策划下，以米洛斯的维纳斯（Venus de Milo）为名，推出一系列绘图铅笔。1905 年，17 种等级的维纳斯铅笔上市，该公司宣称，这些笔拥有"美国制造绘图铅笔以来，分级最精确的黑铅芯"。"维纳斯"的笔面，是极为独特的墨绿色，却由于油漆有瑕疵，干了以后，便会发生龟裂的现象。没想到，"公司主管十分喜爱这种效果”，干脆把龟裂的墨绿色笔面当成“维纳斯”的注册商标之一。由于“维纳斯”制作精良，因此打破了一般人对美制绘图铅笔的偏见。到 1919 年时，“维纳斯”在广告中，已成为“全世界销路最广的高级铅笔”。而“维纳斯”能够普及的原因之一在于：如“卡思泰尔”、“酷喜乐”之类的欧制铅笔，由于关税影响，在美国的销售量日益降低；相对的，“维纳斯”的占有率便随着提高了。大战爆发后，其他的美国公司，也相继推出各种系列的绘图铅笔。

狄克逊的“美国石墨艺术家”铅笔，是以公司特殊的标志“V”来分级，产品从极软到极硬，依序以 VVVS 到 VVVH 来表示，以有别于欧洲铅笔。在欧洲狄克逊眼见，上等木材日益匮乏，又受到“酷喜乐”以及其他欧洲优良品牌的刺激，在 1917 年左右，推出笔面为蓝色、上有烫金商标的“宝山”（Eldorado）铅笔。而“宝山”与一般美制铅笔不同的，在于以欧洲制来为铅笔分级。1919 年，有一则广告便宣称：“在战争时期，最需要铅笔来圆满达成任务的时刻——狄克逊的‘宝山’，这‘一流的绘图铅笔’，曾鞠躬尽瘁地为国服役。”同年，另一则刊在《机械工程学》（Mechanical Engineering）上的广告则指出，“宝山”铅笔主要是为艺术家与工程师而制造的，只要他们愿意，大可以索取免费的实物样品试用。随着战争结束，铅笔业者间的竞争也日趋激烈，狄克逊为了拓展“宝山”铅笔的市场，在 1922 年的《系统：商业杂志》（System, the Magazine of Business）上，刊登了一则广告，宣布消费者只要付 10 分钱，便可以获得一套特别的试用型“宝山”铅笔，以及其他狄克逊产品的样本。

无论如何，关于欧美之间铅笔业的消长，艾伯哈德·辉柏的说法，应该是最贴切的——“欧洲发明了铅笔，但改良它的，却是美国。”

第十四章　基础构造：笔杆奥妙

　　笔尖是铅笔的灵魂，至于其他部分都属于基本构造。不过，若是没有基本构造，使用者就无法握住笔尖，或轻易将它削尖，更别说要轻松、舒服，或是随心所欲地拿铅笔来写字或绘图了。如果没有基本构造，笔尖不仅难以掌握，而且放在桌上很容易就会碰断。任何工业技术性的产品，都需要某种形式的基本设施。就以现代汽车来说，若是没有高速公路、加油站、停车场组成的网状组织，再加上维修人员、技工和加油站站员的配合与支援，再好的汽车也是英雄无用武之地。飞机若没有机场、飞行员，以及飞航管制人员，就绝对不可能降落。同样的，电话需要电线杆、电话线、接线员、转接系统，时至今日，甚至需要长途载波，才能让相隔两地的人传情达意，互通信息。至于电视，则需要制作人、摄影棚、演员以及剧本，才能产生丰富的内容供人观赏。

　　不过，这并不是说，我们该"本末倒置"，把基本构造放在所支援的主角之前。关于这一点，亨利·福特（Henry Ford）曾经说过："汽车第一，道路次之。"

　　尽管基本构造或设施，以各式各样的面貌呈现；它们却始终是一切产品发挥功能、对外传播，以及实现创见的先决条件。而针对工业性技术产物，或是工程构造所提供的适当基本设施，其在工程学上的重要性，并不亚于设计或制造主要的产品本身。无论基本设施是昙花一现或是暂时存在，制造与建筑的行动过程本身，都非需要它们不可。事实上，在制造与建筑的过程中，最重要的，就是提供必需的工具、机器、铸模、鹰架或是拱架。

建桥与造笔

19 世纪 40 年代末，大不列颠桥动工兴建期间，曾将大批人潮吸引到梅奈海峡。同样的，当美国的旧金山大桥于 1927 年完工时，也曾吸引 2 万人。不久之后，重达 750 吨的桁式桥梁，也被架设在卡奎奈兹海峡上，当时的围观者，对不久前架设魁北克大桥时发生的悲剧，几乎都记忆犹新。事实上，薇拉·凯瑟（Willa Cather）在 1912 年出版的小说《亚历山大桥》（*Alexander's Bridge*）中，所描述的英雄人物，便是魁北克大桥的总工程师，而书中的主角也跟真实生活一样，在架设悬桥时发生意外，不幸去世。不过，由于美国工程师记取了魁北克大桥的教训，1927 年架设旧金山大桥时并未重蹈覆辙。

至于在卡奎奈兹海峡大桥这方面，根据工程师大卫·斯坦曼（David Steinman）指出，架设大桥期间，最令人困扰的问题之一，便是一种蛀食木头的虫"脱离多撕"（Toredos）。只要短短几周，它们便能摧毁桥梁的木桩，而"在消灭这种具有强大破坏力的小船蛆前"，势必得采取十分耗时费力的措施。另外，据斯坦曼说，20 世纪 20 年代建筑桥梁的速度，的确要比以往快。而斯坦曼在回答笔者的问题时，做了一个最能凸显基本设施重要的动作，那就是：从口袋里拿出小刀来，开始削铅笔。事实上，也正是在这消耗铅笔的过程中，工程师才能绘制出蓝图，为桥梁的兴建，起一个最基本的开端。

英国有个关于铅笔的谜语，是这么说的："我来自矿场，被关在木盒里，一辈子无法解脱；不过，几乎每个人都用得上我。"然而，长久

以来，无论在美国或其他任何地方，大家心中百思不得其解的谜题依然
是：铅笔是如何制成的？铅芯是怎么嵌进木条的？先在木条上钻个洞，
然后像灌香肠一样，把铅芯塞进去呢？还是把融化的铅液倒进去；抑或
是把一长条的铅，小心翼翼地插入洞内？

　　无论铅笔究竟是怎么制的，好几个世纪以来，木制笔杆包住铅笔
芯，便有如谜样的鹰架，围绕着谜团。你必须要懂得诀窍，才能了解个
中奥妙。自从发明铅笔以来，第一个制造步骤，便是形成木造结构，也
就是切割出适当大小的杉木条，在上面挖出凹槽，以粘入易碎的石墨，
或是石墨与黏土笔芯。而铅笔之所以能够发挥功能，全赖木制笔杆的支
撑，就如同吊桥必须靠钢索支撑，才能发挥功能一样。当然，无论是木
制笔杆，或是吊桥的钢索，都不是主角；但是，不管在心理上，或视觉
上，它们都能使产品与建物本身，"更稳固，也更悦目"。不过，话说回
来，无论产品或建物的外观有多悦目，最重要的，依旧是它们必须适当
地发挥功能。一座桥梁势必要能抵挡得住强风吹袭，不因雨打而锈蚀，
也绝不能因老旧而松垮下垂。同样的，一支铅笔既不能缺乏韧性，也绝
不能在小刀或削铅笔机的刀口下轻易断裂。就以铅笔来说，不管里头的
笔芯品质多高，只要其木制的"基本构造"品质低劣，其功能势必会受
到限制。同样的，如果一座钢桥架建在被船蛆蛀蚀过的木桩上，便很可
能会因为倒塌而无法发挥功能。

　　试想，如果笔杆的材质毫无韧性，会发生什么样的情况？很可能，
只要我们稍微用力，铅笔就会从中断裂。而在制作笔杆时，若要加强软
质木材的韧性，可以加大笔杆的直径以达到预期的效果。例如，小孩写
字时往往很用力，专为他们设计的铅笔通常特别粗。如果大人用起这种
铅笔来，就很不舒服了。再试想，如果笔杆扭曲，又会发生什么状况？
当然，这影响到的不仅是铅笔的外观，还很可能会导致笔芯的断裂，在
我们削铅笔时，一不注意，断裂的笔芯就会掉出来。再试想，如果每当

我们削铅笔时，笔杆都会断裂，又将如何？显然，这不仅会破坏铅笔的外观，也会威胁到笔杆保护笔芯的功能，令笔芯十分容易断裂。

适当的木材

由此可知，要成功地研发出好铅笔，必须仰赖的不光是寻找适当的石墨矿、黏土，或最好的混合与处理技巧，势必得同时找出适当的木材，以装入适合的笔芯。如果木材很脆弱、很容易弯曲，或是会在刨削时轻易断裂，那么就不适合做笔杆。同样的，太直、太坚韧，以致难以刨削的木材，也不可能拿来做笔杆。而现代铅笔之所以制作精良，一大部分得归功于适当的木材。因此，最初成功制造出木壳铅笔的功臣是木匠与家具匠，也就不足为奇了。

在第一支现代铅笔尚未问世前，英国所有的红杉木，几乎都由衣柜制造匠从弗吉尼亚与佛罗里达进口的。其实，在他们想到要把博罗代尔石墨装进木条前，便早已掌握了红杉木的特性，所以才会知道，红杉木是制造笔杆最理想的材料。一般认为，早自 17 世纪起，红杉木就成了制造笔杆的原料。尽管其他的家具用木，如松木与枞木，偶尔也被用来制造笔杆，但事实证明，选用红杉木的效果远比其他木材理想。

可是，天然树林的资源，并非取之不尽、用之不竭。木材的用途广泛，不仅能制成鹰架、兴建永久性的建筑物，更可以在打铁时加热，或是在天寒地冻时让人生火取暖。在许多工业化国家，木材的消耗十分迅速。18 世纪时，由于英国对土地与木材的需求大增，林地迅速减少；相对的，也使木材产量十分稀少。由于木材的来源匮乏，英国人只好寻求如铁之类的代替品，来兴建桥梁，也因此促进了铁桥制作技术的发展。

事实上，并非只有十八九世纪的工业技术人员才关心木材的供给量是否足以支应工业革命，或是铅笔制造业所需。1924 年，发明图书十进分类系统，并倡导简字的麦尔威·杜威（Melvil Dewey）便曾痛心疾首地说："所有的英文字中，七分之一都是由多余的字母组成；因此，在制成的纸浆里，足足七分之一都被浪费掉了。"

随着铅笔制造业蓬勃发展，厂商对木材的需求日殷。然而，一整棵树里仅有五分之一适合用来做铅笔杆，其余的部分不是被丢弃，就是成了锯屑。19 世纪时，由于铅笔业以及其他木材消耗业的大幅增长，红杉木的供应，就如同 19 世纪初的博罗代尔石墨矿般，日益匮乏。然而，这并没什么好大惊小怪的，因为早在 1750 年时，瑞典博物学家彼得·康姆（Peter Kalm）就曾经预言，美国迟早会面临木材短缺的窘境。而未雨绸缪的德国铅笔业巨子罗塞尔·辉柏为了确保木材供应不虞匮乏，于是在 1860 年时，选择巴伐利亚地区，用红杉木种子种植了四英亩的杉木林。不过，由于红杉的成长速度十分缓慢，直到 19 世纪末，实验结果才证明，巴伐利亚所产红杉，并不适合制造铅笔。

"杉"穷水尽

无论如何，直到 1890 年，美国铅笔业者还能拍着胸脯说，他们只需要把佛罗里达杉木林中的枯枝拿来"废物利用"，便绰绰有余了。的确，制造铅笔最上乘的木料，就是陈年槁木。由于佛罗里达州、乔治亚州、阿拉巴马州，以及田纳西州，都盛产杉木，当地的农民往往就地取材，用来建造谷仓与围筑栅栏。但是，由于铅笔业大幅增长，不断以惊人的速度消耗杉木，枯萎、凋落的杉木，自然也不敷所需了。而环顾全球，再也没有任何一类企业，像美国铅笔制造业般倚赖红杉木。根据当时的一篇报道指出：

随着杉木供应日益减少，每年砍伐的范围也逐渐深入原始林。杉木追逐人对全国红杉的分布了如指掌，他们十分清楚哪里可以取得这种制造铅笔的原料。在一次又一次的砍伐下，原始杉木林逐渐消失，砍伐后的老树残株也被挖出来，甚至连用杉木搭建的房舍，为了供应制造铅笔所需，都逃避不了被拆除的命运。从谷仓、栅栏上拆下来的老旧杉木板也被收购一空。铅笔制造商为了取得栅栏上的杉木板，不惜为农民换上最好的铁丝网。

1890 年时，曾经有铅笔制造商夸称，"日常用的普通铅笔，制造成本约为 0.25 美分"，而他则"十分满意将产品卖给经销商后，利润达到百分之百"。待经销商再转手卖出时，一支铅笔的售价便成了 5 美分。将近二十年的时间里，制造一支普通铅笔所用的杉木约值四分之三分。而在最高级的绘画铅笔中，木材的花费就占了制造成本的四成。1911 年，《纽约时报》面对"哀鸿遍野"的铅笔业，不但毫不同情，甚至还在社论里批评，由于业者缺乏远见，致令社会大众"付出了高昂的代价"。除了搜购老旧的谷仓与栅栏，社论中还建议："每当（铅笔制造商）砍下一棵大杉树，或是想砍大杉树却找不到树来砍时，就相对地种下两棵到一百棵小杉树。"

尽管《纽约时报》的编辑期望铅笔制造业者能自行解决问题，但政府却已经开始插手。到 1910 年，铅笔制造业未来的木材供应问题，已然十分严重，因而促使美国林业局（U. S. Forest Service）积极着手研究，看是否能以其他种类的木材取代红杉和红杜松。对铅笔制造业者来说，红杜松跟红杉之间，并没有什么差别，甚至有人就干脆称其为红杉。1912 年，林业局林木运用科（the Office of Wood Utilzation）科长在《美国木材业者》（*American Lumberman*）上，曾经发表一篇文章指出，他们之所以会作这项研究，并不仅是因为红杉日益稀少，同时也是由于

"国有林地上的大片树林，至今几乎尚未被动用过，从其特性看来，似乎很适合用来制造铅笔"。根据这位林务官指出，上好的制笔用木应该要具备下列特性：

> 质地应该要平滑，换句话说，其夏季生长的木质硬度大致要跟春天的一样，纹理应该要均匀、柔软而略脆、颜色暗红、重量极轻、树脂稀少，并略带香气。而最具备以上特性的木材，就是红杉木。长久以来，红杉木一直是唯一用来制造铅笔的木材……
>
> 基本上，用来制造铅笔的杉木板，长宽高为 71/4×21/2×1/4 英寸。这些杉木板全都是在南方的产地制成，再成捆成箱地装船运送给制造商。最初，厂商要求所有的木板规格都必须是 21/2 英寸宽，以便一次制造出六支铅笔的半边笔杆。不过，由于杉木日益匮乏，虽然后来制造的木板宽度窄了很多，有的甚至只有两支铅笔宽，但厂商在现实考量下，也都来者不拒。至于杉木板的等级，则分为三种：第一级的纹理清晰，色泽暗红，用来制造高级铅笔；第二级略有瑕疵，第三级则绝大部分都是白色的边材，这两级品质较差的木板，通常用来制造廉价铅笔，或是笔架之类的东西。

上等红杉绝迹

为了要制造上好的铅笔，杉木板在分为三级之后，还要进一步按照硬度再加以分类；这样一来，当两半笔杆黏合后，彼此质地才会一致，使用者削起笔来才会轻松愉快。这位林务官还在文章里指出，由于红杉木成本高昂，除了用来制造铅笔与衣柜外，运用在其他产品上根本不划算。他又指出，1912 年的铅笔制造流程，跟 19 世纪后半期时研发出来的流程几乎大同小异——木工技术依旧主宰着整个流程。虽然现今的杉木板宽度，已经扩大为三英寸，但依旧跟以往一样，得先精确挖出八九个等距的平行凹槽，等黏入笔芯后，再像夹三明治般，黏上另一块杉木板。等这些木制"三明治"切割完成后，便成了铅笔的半成品。剩下的，便是按照质量与等级再加工、美容了。

根据估计，1912 年间，有超过 10 亿支铅笔，也就是当时世界铅笔总产量的一半，都是用美国杉木制成的，而光在美国，铅笔产量便达7.5 亿支。在大量消耗下，红杉的数量逐年减少，到 1920 年，田纳西州的红杉林便完全绝迹了，而当地的红杉曾经是最上等的笔杆制造原料之一。尽管铅笔制造商不遗余力，四处搜购红杉木制的栅栏、铁路枕木以及房舍，但这类资源毕竟有限，到头来还是得寻找代用品。为了寻找代替木材，业者曾经试用过成打不同种类的木材。结果有 3 种木材还算是不错的代用品：洛基山红杉、鳄杜松（alligator juniper）以及西洋杜松（western juniper）。报告指出，由于这些树林分布得很散，开采成本很高。至于像美洲花柏、巨杉、红桧以及香杉之类的树木，就算不是最好的代替品，但由于产量丰富，质量到达一定水平，也称得上是不错的代用品。而主要生长在南俄勒冈州和北加州的香杉，虽然最后终于代替了红杉，成为制造铅笔的主要原料，当初却是经过了很长的一段时间，才逐渐为业者所采用。

尽管香杉在韧性与质地上，都与红杉不相上下，不过就制造高级铅笔来说，却有两个缺点：第一，没有适当的颜色；第二，没有适当的气味。虽然木材的颜色与气味，对铅笔本身的功能并没有实质影响，但这些非理性因素，却足以对非红杉铅笔的销售构成相当障碍。对铅笔业者来说，所谓的"香杉"，不但色白，而且味轻，压根名不副实；因此，用香杉制造铅笔时，都会加以染色并薰香，尽量跟红杉一样。直到今天，制造商为了统一香杉色泽，还是会加以染色，并放在蜡液中浸渍，以增加铅笔制造过程中的润滑性，也正由于这木材浸过蜡液，削起来特别容易。

到 20 世纪 20 年代中期，法国人已开始用椴树与赤杨制造铅笔。尽管利用这些木材制成的铅笔，品质无法与红杉制成的铅笔相提并论，但经济效益，却十分惊人。当时经过处理的"代用木材"，每吨大约只要16 美元，相对的美洲杉每吨却至少要 115 美元。另一方面，英国铅笔制造业者因为经济因素，也开始在非洲的乞力马扎罗山山坡，大量开垦杉木林，而这种在肯尼亚被称为木塔拉卡（mutarawka）的杉木，在法国的售价，大约只有美洲杉的一半。20 世纪初，有消息传出在乔治亚州外海，有个叫作小圣西门斯岛（Little St. Simons Island）的岛屿，长满红杉处女林，和鹰牌铅笔公司有合作关系的哈德森木材公司（Hudson Lumber Company）便捷足先登，买下这个岛屿。小圣西门斯岛原本是古印第安避难地，四处都散落着蚝壳贝冢，蚝壳风化后，丰富的石灰质便深入沙地，形成最适合种植杉木的沃土。不过，由于当地的杉树暴露在凛冽的海风中，长出来的树干不但多节瘤，而且弯弯曲曲。此外，若要把岛上的杉木运到美国大陆去，成本也将十分高昂。最后，在事实证明岛上的杉木并不实用后，经营哈德森木材公司的加州贝罗兹海默家族（Berolzheimer family），便将小圣西门斯岛，当成了私人度假胜地。

省材切割机

在 20 世纪初期，包括俄国的赤杨、西伯利亚的红杉，以及英格兰的椴树，都曾被部分欧洲厂商用来作为制造铅笔杆的原料。然而，这些树木不仅材质坚硬，纹理也不均匀，需要经过再处理后，才能制造出不尽完美，但品质尚佳的铅笔。

由于铅笔业者在寻找红杉代替品的过程中，遭遇太多困难，部分业者便开始动脑筋，想要以其他方式包装铅笔芯。经过大力研发，费城的布莱斯德尔铅笔公司（Blaisdell Pencil Company），率先在19世纪末推出纸装铅笔。这种用纸条环绕笔芯，半"复古"式的铅笔，无论在制作技术或是使用效果上都相当理想，从长远看来，"钱"途似乎十分光明。于是，厂商便信心十足投入大笔资金，去研发并安装生产这种非木制铅笔的机器。没想到，这项产品却因为消费者的心理因素，在销售上一败涂地。由于消费大众喜欢的是"一种能削的玩意儿"；因此，除了有色粗铅笔芯因为易断不耐刀削，大量采用纸条缠绕包装外，一般的纸铅笔始终无法普及。

　　到1942年，美国铅笔的年产量几达15亿支；换句话说，无论男女老少，每一位国民，平均都可以分配到10支以上的铅笔。而这些铅笔的外壳全都是木制的。无论如何，当时制造铅笔过程已十分进步，在机器的处理下，不仅可以充分运用原料，还能减少浪费。也正基于同样的理由，既好看又好拿的三角形铅笔，并未能大量生产。无可否认，按照传统做法，在制造三角形铅笔的切割过程中，必然会浪费许多木材（见图14.1）。

　　20世纪初，狄克逊公司一心一意，企图改善铅笔制造流程以提高木材的充分利用率。当时的机器，通常由德国制造；不过，在波士顿专门制造木工机器的伍兹机器公司（S. A. Woods）却异军突起，发明了一种提高切割机速率的方法。另一方面，德制机器是将六角形笔杆大致切

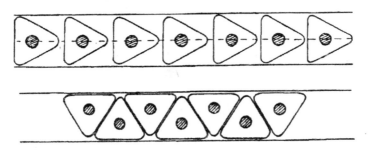

图 14.1　自木板切割三角形铅笔的两种方式。可见一般的切割法，是多么"暴殄天物"

割出来后，接着装入笔芯，最后再加以修整。相对的，伍兹的机器是在整片木板上先挖出等距离的半圆形凹槽，等放入铅芯，粘上另一半木板后，再准确切割出六角形（见图14.2）；这样一来，不仅能减少锯屑，还能物尽其用，从最少的木材中切割出最多的笔杆。总之，借着这种新机器，产量大约提高了5倍。这时，厂商大多喜欢制造六角形铅笔，而不愿制造圆形铅笔，其中的原因在于：可以从中制造出9支六角形铅笔的木板，而仅能制造出8支圆形铅笔。至于消费者，似乎也同样偏好六角形铅笔，因为厂商每卖出1支圆形铅笔，便能销售11支六角形铅笔。

尽管利用机器制造铅笔或许提高了效率，但在第二次世界大战期间，英国政府却规定，以刨笔机来削铅笔是违法的，因为在物质缺乏的当时，这么做实在太浪费宝贵的资源；大英政府下令，一定要用刀来削铅笔，以减少石墨与木材的消耗量。事实上，节约用木的重要性，并不是由于战争，或是因为铅笔业兴起，才开始受到重视。负责兴建第一条泰晤士河河下隧道的工程师，也就是伊森巴德·金德

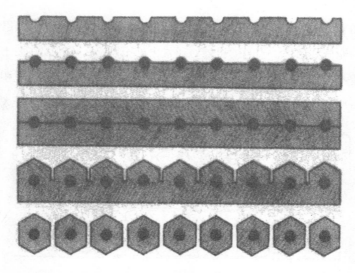

图 14.2 从笔端可看出，如何以最节约木材的方式制造六角形铅笔

姆·布鲁内尔（Isambard Kingdom Brunel）的父亲——马克·伊森巴德·布鲁内尔（Marc Isambard Brunel），就曾经明白指出这点。1769年出生于法国的老布鲁内尔，到了 18 世纪 90 年代时移居纽约市，在当地担任建筑师兼工程师。1799 年时他又移居英国。老布鲁内尔最早、最富创意的贡献之一，便是为铅笔业设计新型锯木机，并引进具有高效率的锯木技术。他所研发出来的机械系统，每年可为英国海军总部生产 10 万个木制绞辘。拜老布鲁内尔所设计，并由亨利·莫兹利（Herny Maudslay）负责制造的机器之赐，英国政府每年可省下 17000 英镑，相形之下，他当时所得到的权利金，实在是少得令人失望。

另一方面，老布鲁内尔还研制出圆锯，让厂商能干净利落，最节省木材地生产铅笔。

另类铅笔

早在人工造林前，红杉的供应便已匮乏，也由于西洋杜松的供应并非毫无限制，对铅笔制造业者来说，寻找其他的代用木材始终是个挥之不去的问题。第二次世界大战结束后，开始有人提出制造"另类铅笔"的主张。当时有位不愿具名的鹰牌铅笔公司主管，曾半开玩笑地对记者说："等你听到'明日铅笔'，还有它的制造方式时再说吧！它可能是用塑胶挤压成管状后制成的！"

20 世纪 50 年代，每桶原油只值 3 美元时，"塑胶"这字眼儿顶多随口说说。不过，至少有一家铅笔制造商，却开始把制造塑胶铅笔的梦想，真正付诸行动。据说，帝国铅笔公司便耗时 25 年，并挹注了天文数般的资金，才发展出利用融化的塑胶、粉状的石墨，以及锯木屑制成铅笔，制造流程多达 125 个。直到 70 年代初。帝国铅笔公司才推出他们努力研究的成果———一种名为爱普康流程（Epcon process）的新式铅笔制造技术。由于杉木的树龄，平均要在 200 年到 400 年之间，木质才能坚硬得足以制笔，而一棵杉树大约只能制出 20 万支铅笔。因此，据研发出爱普康流程的工程师估计，经过这次铅笔制造革命后，"每年将有数以万计的杉树，逃过樵夫的斧下一劫"。至于利用爱普康流程制造出来的产品，则被称为"两百年来的第一支新铅笔"。以制造色笔起家，后来又推出标准写字铅笔的帝国铅笔公司，到了 1976 年年中时，已经在田纳西州谢尔比维尔铅笔街底，一家戒备森严的工厂里，制造出 5 亿支"爱普康铅笔"。

另一方面，在康涅狄格州，由鹰牌铅笔公司转变而成的贝罗股份有限公司，也开始制造塑胶铅笔。由于贝罗的新产品是利用"三重挤压法"，将颜料直接与塑胶混合制成，与遵循传统方法，在笔面上色的爱普康铅笔不同，因此称之为"第一支百分之百纯塑胶铅笔"。而生产这种新铅笔，只需要木制铅笔厂的十分之一厂地便绰绰有余了。每支铅笔花费在塑胶原料上的成本，也只需要 0.4 美分，仅及香杉成本的一半。到 20 世纪 70 年代中期，贝罗铅笔在一家日本制造商的授权下，每分钟可生产 85 支铅笔。

无论塑胶铅笔是否能拯救树木，也不管能否影响其他"非正统"铅笔的命运，最后的发展都要由市场决定。而唯一能确定的，就是"爱普康铅笔"的命运，最后并不如制造商所预期。尽管"爱普康铅笔"有许多令人赞赏的特质，比如它那书写流利的笔芯，不偏不倚地恰好嵌在正中央；但不可否认的是，它也具有一些缺点，例如"爱普康"的笔尖就跟老式德国铅笔般，一遇高温便会软化，以塑胶制成的笔杆，也不如木制的坚韧，一不小心往往就会扭曲变形。虽然制造商宣称，这种种特质其实能改善铅笔品质，使消费者写起来更舒适，但消费者究竟舒不舒服，其实与他们手中的感觉无关，而跟他们内心的期望绝对相关。一个人生气时，若是借着折铅笔泄愤，那铅笔究竟是该如"爱普康"般一折两断好，还是要像木制铅笔般"藕断丝连"好；同样也取决于心态，而非技术。

在工业技术产品的顾客接受度上，类似这种心理因素，即使未被完全忽略，也大多被低估了。事实上，就跟兴建桥梁时，绝对不能缺乏经济及政治上的支援一样，任何一种消费品，若是与目标顾客的审美观或感受性背道而驰，就绝不可能成功打开销路。某些从纯技术性的角度来看，或许是完美的产品，若转由政治或商业性观点来看，很可能是一败涂地的产品。福特推出的"艾德赛尔"（The Ford Edsel）便是人人耳熟能详的例子，至于"新可口可乐"（New Coke）则是近期的实例，无论铅笔、汽车或软性饮料，这一切所显示的，都是工程师"自以为是"，完全从技术层面考量的结果。不过，在一般的环境下，工程师既不能，也不是真有意如此；无论是要寻找制造铅笔的新木材也好，或是尝试调制软性饮料的新配方也罢，他们都不希望忽略或低估任何如物理、化学或是心理性的因素，以免自己的设计功亏一篑。其实，工程师就跟其他任何人一样，都不希望失败，可是他们和营销伙伴，却可能因为错估新产品的表现，或是顾此失彼，为研发出的新笔芯雀跃不已，却忽略了木制"基本构造"的重要性。

第十五章 透视：以图像沟通

　　1565 年，格斯纳向大众形容当时的新产品，也就是现代铅笔的前身时，仅用了一幅插图（见图 15.1），以及寥寥数语的图说。"一张图片，胜过千言万语"这句话早已成为陈腔滥调，无论是格斯纳的插图，或是插图再加上简短的图说，都不足以清楚地传达信息，让大家真正明了这新奇的玩意儿，究竟如何做成的。试想，在 1565 年，光凭格斯纳说："那'铅'笔……是用一种铅（我曾听说有人称它为英格兰锑）……制成的；等将铅芯削尖后，再插入木制笔杆就成了。"你就能知道怎么制笔吗？

图 15.1　现代所描绘的格斯纳铅笔原型

　　要用哪一种铅呢？所谓的"英格兰锑"，究竟是什么？要用多大一块？笔尖要削到多尖？笔杆要怎么做？要用哪一种木材？木材要多厚？铅芯要插入笔杆多深？铅芯要如何固定在笔杆里？

　　若是不知道这问题的答案，便很难制造出如格斯纳所推崇的一流铅笔。只要铅芯的种类、大小不对，都可能使它无法留下清晰的笔迹、容易断裂，或经常刮破纸面。而用错木材，则可能使铅笔在书写或绘图时，稍微受压，便应声断裂或扭曲变形，令诸如格斯纳这样的博物学家，在荒郊野外时面临有笔不能用的窘境。无论如何，格斯纳简短的描述，再配合图说，还是能让人对"铅"笔产生一个基本的概念，并且由此得知，他起码找到了有效结合"英格兰锑"与木材的方式，从而获得信心，了解这种结合绝不是天方夜谭。也因此，有心人至少可以借着尝试错误，达到格斯纳制笔的标准。

尽管"铅"笔（stylus）这个词本身，即使不需要插图，也能传达出它整体的外形与比例；但光靠词汇的描述，并不能让人对铅和木材的尺寸、厚度，产生任何概念。在不知道比例下，制造者究竟会做出什么东西，那就不得而知了。对格斯纳那一代的人来说，提起"铅"笔这个词，大家的脑海里，应该会浮现出当时惯用的金属针笔形象——虽然这针笔，比起"新"推出的"铅"笔来，要细了许多。试想。若在当时，既没有图片，又没有配上说明的插图，甚至根本就没有"铅"笔这个词；那么，格斯纳该如何形容这项新产品，才能使人产生正确的联想呢？

图像，万物之本

单纯就格斯纳所用的词汇来说，并不足以使人产生明确的联想。因为我们还是无从得知，究竟该像制造斧头一样，从垂直的方向，将铅芯插入木杆？还是该像制箭或制矛一样，把铅芯缚在木杆上？此外，铅芯究竟该做成什么形状？该做成斧头状、箭头状？针状，还是杆状？还有，是不是该把铅芯削尖的那头插入木杆中呢？谁能运用言辞形容，便可以让从未见过针笔的人，立刻联想到"铅"笔呢？请试想，用短短的25个字，向一个化外之民描述吊桥，他脑海中所浮现的，会是什么影像？

当然，今天铅笔已成了人人耳熟能详的物品，你很难想象，会有任何人真正需要借着语言，或是图片来加以定义。无论如何，在标准大学词典上，依然会为"铅笔"下定义，就如同它必须为冠词"a"、"an"，以及"the"下定义一样。由于铅笔实在是太普遍，因此韦氏字典只要用短短几个象征性字眼，便足以引发读者的联想。或许，读者脑海中的铅笔，可能是圆形，也可能是六角形；可能有橡皮擦，也可能没有橡皮擦；可能是黄色，也可能是木材的原色；同样都传达了铅笔的本质。

世上几乎没有任何一件工程或工业技术产品，能够脱离实体的外观而存在，因此工程师和技术人员会透过图像来思考或创造。正因为如此，把工程学单纯化，视为简单的"应用科学"，根本就说不通。事实上，科学的应用与执行，完全是实践理论的结果。也因此，我们可以说，科学就是一种理论工程学。若是从最实际的观点来阐述人工制品的起源，便应该说是："图像，为万物之本。"在创造出任何人工制品前，工程师的脑海里，势必会先构思出图像，然后应用科学理论加以分析，等一切都能"自圆其说"后，才运用各种材料具体化。

科技史学家尤金·弗格森（Eugene Ferguson）曾经对此发表过长篇论文。基本上，他认为一切人工制品，势必源自文字、方程式或科学理论；不过，他同时也强调了所谓的"右脑活动"：

> 许多日常用品，显然都受到科学的影响；不过相关的形态和机能、大小与外观，都是由工业技术人员，诸如工匠、设计师、发明家和工程师等，运用非科学性的思考所决定的。而雕刻刀、安乐椅、照明设备，还有机车，之所以会成为今天的模样，是由于多年来，它们的设计师与制造者已经塑造出固定的形状、风格与质地。
>
> 然而，技术人员针对制品构思的许多特色、特质，并无法浓缩在简单明了的叙述中。这一切，都在他们的脑海里，透过具象而非言语性的过程，逐渐酝酿出来。

　　总之，弗格森强调，在工业技术产品发展的过程中，图像具有不可言喻的重要性。不过，关于这类论点，即使技术人员本身也很少提及。就算技术人员的确是透过图像思考与创造，而不是借着文字思考，那也没什么好大惊小怪的。擅长探讨设计本质的大卫·派伊（David Pye），便十分支持这种"图像，为万物之本"的观点。而另一方面，他也主张，"发明，为机械理论之母"，派伊曾写道："如果没有发现，就不可能产生任何机械理论。因此，发明，为理论之本。"

　　无论如何，"图像，为万物之本"显然是不争的事实，不管是制造铅笔也好，兴建桥梁也罢，都是如此。不可否认的，任何新产品的创造都是从图像开始，而非源自文字或方程式——说穿了，所有的方程式，都不过是科学性的文句罢了。至于最明显的例子，就是在制造复杂的新产品时，势必先有工程图说，而所有的工程图正仿佛显微镜般，把工程师心中的蓝图放大，让工人得以看清细节。

方圆之间

　　显然，有心人在尝试制造第一支铅笔时，是不可能用铅笔来绘制草图的。不过，在制造第一支铅笔时，可能并不需要绘制具体的蓝图以表达创造者的构思，因为把一块黑铅插入木杆中，纯粹是直接或间接模仿芦苇杆笔、鹅毛笔或毛笔的制作方式而已。

　　我们今天所知道的铅笔，是从早期的原型逐步改善、"进化"而来的。当初根本没有，也没必要有任何精心绘制的蓝图，让工匠去推敲该如何修改制造出来的成品。或许，当师傅要指导助手如何刨削木材，或是在木材上做记号时，会粗略地画个草图；但这些"涂鸦"，并不具有任何价值，一旦制作过程结束即被弃若敝屣。

　　最早的黑铅笔就跟格斯纳书中所画的一样，必然是圆形的，因为长久以来，毛笔就是圆形的，圆形笔不但看起来自然，握起来也舒服；所以，工匠在制造铅笔时，脑海中立刻浮现既而模仿的就是这种圆形毛笔。或许，制作格斯纳铅笔的工匠，压根就没想过要把笔做成其他的形状。不过，当木匠熟能生巧，制造过愈来愈多的铅笔后，便会发现生产方形铅笔，比起制作圆形铅笔更简单且更省时。至于铅笔芯之所以会是方形，则由于方形是切割石墨块最符合逻辑、最具效率的方式。后来铅笔杆之所以会变成方形，也基于同理。相对的，制造圆形铅笔，最后反而需要多余的步骤，才能把方形的"半成品"削圆。

可是，话说回来，方形的铅笔实在不好握；正因如此，早期工匠才会想到制造八角形铅笔。基本上，这种具有八个面的笔杆，只需要把方形木条的四个尖角削掉，就算大功告成，而最令人满意的是既比方形铅笔好用，制作又比圆形铅笔省时。随着机器的进步，以及量产成为必然趋势，在设计铅笔的形状时，考量如何"物尽其用"，节省原料，并发挥机器最大效能，反而变得比如何节省工匠的时间更重要。而对于能制造各型铅笔的机器来说，生产圆形铅笔就跟生产多角形铅笔一样容易。于是，决定铅笔的形状，便成了超越工艺层面的事。六角形铅笔，则是介于不好用的方形，以及比较好用的圆形铅笔间，一种最具效益的折中体。其实，不仅铅笔，还有许多日常用品的形状与特质，都是从折中制造的经济效益以及使用的方便性发展而来。

现今有些比较高级的铅笔，之所以制成六角圆形，其中至少有一部分原因，是为了要避免每天用笔长达六小时如美国小说家约翰·斯坦贝克（John Steinbeck）之类的消费者抱怨。他坚持"铅笔一定要是圆的。否则像六角形铅笔，在你握了一天后，整只手真的痛如刀割"。不仅作家，艺术家通常也比较偏好圆形铅笔，其中的原因，不单是用起来很舒服，也是因为艺术家可以随心所欲，将其"玩弄于股掌之上"，从自己认为最好的角度，画出最理想的线条。不过，对像托马斯·沃尔夫

（Thomas Wolfe）那样勤于写作的人来说，无论如何改变铅笔的粗细或形状，都无法在一整天的笔耕后，手指与手掌不会酸疼。

除了艺术家外，工程师和绘图员画长线时，通常也会旋转铅笔，使笔尖均匀磨损，尽量保持线条粗细一致。不过，不像艺术家会在不用铅笔与画笔时，把笔插在笔筒里；工程师往往随手就扔在制图桌上，一不留神，铅笔就会滚下桌面。针对这一点，六角形铅笔便具备了不易滚落斜面的优点。可是，若说六角形好，那三角形就应该更理想了。长久以来，制造商便主张，按照一般人用拇指、食指，以及中指握笔的方式来看，三角形铅笔应该是最符合人体工程学的设计；也因此，他们秉持这个信念，一直延续制造三角形铅笔的传统。1897 年，西尔斯百货的产品目录同时列出狄克逊与辉柏所生产的三角形铅笔，目录上的广告宣称，三角形铅笔具有以下优点：“这种形状的产品，不但可以让你书写时避免手指纠结，而且还能克服一般铅笔握不稳的缺点。”

此外，西尔斯百货的广告中还引以为傲地宣称，该公司是“提供全球最廉价商品的仓库”。不过，价格低廉却不是三角形铅笔得以营销多年的原因。前面曾经提过，制造三角形铅笔十分浪费木材，在价格上也无法与成本低廉的其他形铅笔竞争。三角形铅笔在西尔斯百货产品目录上的售价，每打从 38 美分到 40 美分不等。然而，狄克逊以普通杉木制成的圆形“美国石墨”铅笔，每打却只卖 3 美分；平均起来，每买 1 支三角形铅笔，至少可以买 12 支圆形铅笔。

暂且撇开铅笔的价格与形状不谈，请试想，石墨若是最初在 19 世纪末，于新罕布什尔州被发现，而不是在 16 世纪于坎伯兰被发现，结果有何不同？请试想，这项新产品若是由一个生活在蒸汽机时代，熟知化学、陶瓷、木料、金属，以及橡胶的人发明，又会有什么结果？换言之，请试想，现代铅笔若不是从毛笔“进化”而来，而是因为某些发明家、工程师灵光乍现而研发出来的，又会如何？再试想，假使当初设计师研发铅笔后，类似的产品并不存在；那么，他要如何去与专利局、投资者，以及制造商沟通，才能传达个人的创见，将所有的构思付诸实现？

或许，这一切都必须靠工程师按个人的构想，具体地绘图打样来解决。在古罗马时代，所谓的构想与绘图，通常仅意味着为建筑物及城墙之类的工程草拟配置与比例。至于墙壁厚度，还有柱子大小之类的细节，则全凭工匠依经验来决定。以今天的眼光来看，古代绘制的机器与武器蓝图，宛如 3 岁孩童涂鸦；因为这些图样基本上不但是平面的，而且相当"抽象"。除非是具备实际制作经验的人，否则很难了解这些图代表的意义，更别说按图索骥制造出设备、物品或是兴建建筑物了。

正射投影制图

一直到 15 世纪，透视图才真正出现。透视图十分写实，无论工匠或学者都能一目了然。也因此，类似达·芬奇笔记簿上所绘制的机械蓝图，才使相关制造技术的转移更加切实可行。而随着印刷技术的进步，图像得以量产，各种创造发明更是百家争鸣。

19 世纪，当工程科学赶上工程实务的脚步，两者开始齐头并进时，技术人才不仅对机械与建筑构造图，同时也对其个别细部图，产生了大量需求。而在运用新概念，兴建类似水晶宫这类大型的建筑时，精确的透视图，就变得格外重要。另一方面，随着结构工程学的发展，技术人员得以利用计算以代替尝试错误的实验。基本上，结构计算所决定的，不仅是机械零件与建筑细部的形状与大小，同时也决定了大梁尺寸，以便能准确地架设在两根柱子之间。

工程师在二维空间的纸面上，绘制出三维空间物体的方式，就叫作正射投影制图法。当你注视削尖的六角形铅笔时，便能够了解，为什么正射投影制图法，要比透视绘图法高明。毋庸置疑的，消费者眼中的铅笔都是以透视的形态出现。随着个人握笔角度的不同，铅笔所呈现的面也不同。例如，当我拿铅笔写字时，不时会转动笔杆，以保持笔尖的尖度；可是，等我停止转动铅笔，仔细观察自己究竟如何握笔时，往往会发现，我只能看到六角形笔面中的两面。那么，有多少面是我所看不到的？这铅笔可能是方形，而不是六角形吗？无论如何，当我稍微再转动一下铅笔的角度，一次便看到其中三面；不过，这可能意味着它是八角形，而不是六角形的吗？当然，无论我拿笔的姿势究竟如何，都不可能一次看到三个以上的面。因此，单从一个角度来看，我也许根本无法断定，这铅笔确实是正六角形。由于单一透视图所显示的，必然是六角形铅笔当中的某个角度；因此，这类制图根本就不足以表达铅笔确实的形状。我究竟要怎么做，才能确切表达物体真实的形状呢？

正射投影制图法似乎是最好的解答。同样的，再以六角形铅笔为例，当我们沿着笔杆直视末端的橡皮擦时，所能看见的，仅有箍着黄铜环的圆柱形橡皮擦。然而，当我们正面直视笔尖时，所能看到的，只是六角形的木杆，中央嵌着圆形的石墨。当我们正视印有商标，以及"铅"芯硬度的笔面时，就只能看到六角形笔杆的其中三面；不过，我们同时也能清楚地看到——削成圆锥形的笔尖、长为四分之一英寸的橡皮擦，还有长为二分之一英寸的黄铜环。当我们将铅笔转动九十度左右，大约能看得到笔芯时，便只能瞧见六角形笔杆上的其中两面。可是，当我们把以上这些视觉平面图全部组合起来，无论是实体或是按比例放大、缩小，都能够绘制出铅笔的立体实物图。即使我们从未见过、用过真正的铅笔，只要有适当的原料，并得知制作与组合的程序，便能够按照正射投影图，做出货真价实的铅笔。

反之，就算是一位画家曾经见过，并用过某种产品，但我们依旧无法确信，他所描绘出来的图像，足以让人能"依样画葫芦"，制造出完全相同的产品。而最令人困窘的，就是在 1981 年出版的《工程新闻记录》（ *Engineering News-Record* ）这本建筑周刊上，以一幅彩色的铅笔尖特写作为杂志封面——当时他们的美术总监与编辑一定认为，那是凸显年度主题"前五百家设计公司"最理想的方式；只可惜，这幅普通的黄色六角形铅笔特写图，却错得离谱。当期杂志出刊后，错误百出的封面使读者投书立即如雪片般地飞来。基本上，那位封面画家所犯的错误，正是一般粗心大意的漫画家最容易犯的错误：第一，铅笔杆前端，介于削过与未削部分之间的扇形边，根本弯错了方向；第二，六角形笔杆上的每一个纵面，都被画成一样宽；第三，笔芯与笔杆之间的接边，被画成波浪形（见图 15.2）。或许，最后一个错误，其实是由于笔芯偏离中央，再加上使用者削笔时双手颤抖所致；不过，前两项错误，就无法推说是因为技工喝醉酒，在使用车床生产作业时，太过粗心大意所致。

实物绘图训练

老实说，若是想要"看图制造"，做出一支像《工程新闻记录》所

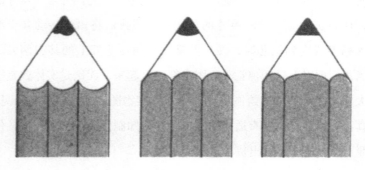

图 15.2　一幅错得离谱的铅笔图，经由《工程新闻记录》一位读者、
一位编辑修正后，终于"现出原形"。

描绘的笔来，还真是令人感到万分挫折，为了避免让木匠与技工遭受这种不切实际的想象画折磨，诸如正射投影之类的绘图法，才逐渐普遍被应用到工程制图上。

早在 1525 年，阿尔布雷特·丢勒（Albrecht Dürer）在一本探讨几何作图学的书中，便已利用到正射投影制图法。加斯帕·蒙热也曾在 1795 年出版过一本专门探讨图形几何学的书，为正射投影制图法奠下理论基础。但直到 19 世纪，这些先驱精心研究出来的制图技巧与规则，才真正被广泛运用到简单的机械图或工程图上。到 19 世纪中期左右，工程制图法已被普遍地运用来绘制建筑图，以及许多早期机器设计图上。

而当时绝大多数的绘图员，都是透过描摹来学画建筑图的。也因此，他们虽然能掌握绘图技巧，但对理论却一窍不通。另一方面，要精通特定的正射投影制图法，不仅需要熟知如何使用铅笔，同时还必须彻底了解直角投影间的排列与关联。关于 19 世纪中期的工程制图学，在威廉·宾斯（William Binns）所著的《正射投影基础概论》（*An Elementary Treatise on Orthographic Projection*）中，有十分简洁的描述。宾斯指出，他那成功的工程结构学入门课程，是在 1846 年针对普特尼土木工程学院的学生设计的。接着，他在书中拿自己充满创意的课程与一般老旧的课程，作了一番对比：

  ……一般教学的模式……都是"平面"的——换句话说，也就是从描摹中学习。在课堂中，老师会要求班上学生去"复制"一栋建筑物的局部结构图。等他们做完这门功课后，很可能会拿到更精细的蓝图，以展开进一步的描摹。同样的课程，必须一直上到熟能生巧，得以彻底掌握所有工具和画笔，最后具备绘制各式精密工程结构图的能力为止。然而，这些"复制员"在经过一两年的实习后，假使有人要求他们，从末端、侧面以及纵剖面等各种角度画出黑铅笔的正视图，他们很可能还是"无能为力"。

时至今日，宾斯所用的术语，已成了工程界的标准用语。而他在文中所提到的立视角度，也正是从橡皮擦、笔尖，以及笔杆正视的角度。基本上，铅笔的纵面正视图所显示的，是垂直从笔尖到橡皮擦，把整支笔破半的立体断面图。而铅的横面正视图，则是从与橡皮擦平面平行的方向，在笔上的任何一点切入，所看到的内部剖面——若从最接近笔尖的地方切入，所看到的只是圆形的笔芯；如果从削成圆锥形的笔头切入，所看到的则是圆形的木材，中央嵌着圆形的笔芯；至于在笔杆上的任何一点切入，所看到的将是六角形的木杆，中央嵌着圆形的铅芯；而从金属环的部分切入，所看到的不是薄薄的金属环里，围绕着嵌着笔芯的木材，就是金属环中，包着圆形的橡皮擦，这得视切入部分究竟是靠近笔杆，还是接近橡皮擦而定；要是从橡皮擦的末端切入，所看到的自然是圆形实心的橡皮擦横剖面了。

无论如何，宾斯在课堂上的确会要求学生，把他桌上的铅笔当成"写生"的静物，尝试绘制各种角度的正视图。要画物体的外观，并不是件难事，但要透过画笔，同时把物体的内部与外观翔实呈现出来，可就是个难题了。针对这方面的问题，宾斯在书中也提出了独到的见解：

　　物体的断面图所显示的，是其内部的结构，或是内部零件排列组合的方式。就以最普通的铅笔断面图为例，首先，让我们假设，有位黑铅笔制造商，必须订购一些制造铅笔的原料。但是，由于铅笔有各式各样的种类与长度，有些产品的笔芯很长，从头到尾贯穿整支笔杆，另外也有些产品的笔芯很短，几乎只及笔杆的一半多；因此，厂商在订购原料时，有必要把这类细节，以及笔杆的形状等

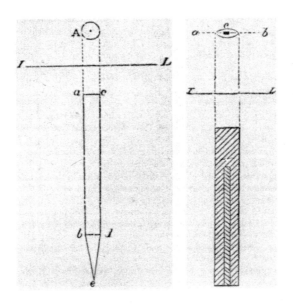

图 15.3 左图：宾斯在《正射投影基础概论》上，以黑铅笔为例，绘制出正视图与平面图。右图：为了改善容易滑落绘图桌的缺点，宾斯特别设计了一种新制图笔，这是端视图与纵向断面图。

都交代清楚。而要传达这类信息最简便的方式，就是绘图；透过铅笔的端视图，以及纵向断面图，让原料供应商了解，自己要的是什么（见图 15.3）。

绘图工具规格化

随着工业革命成熟，不仅正射投影的运用，成了绘制工程图的标准方式，在大量使用工程图下，绘图工具也日益制式化。事实上，绘图工具拥有悠久的历史。古埃及人早就懂得利用环线来画正圆形；古罗马人也早就开始用铜制的圆规，以及木材或象牙制的尺。到了 2 世纪时，人类便已知道利用芦苇杆笔沾上墨水，在动物毛皮或纸草纸上，留下永久的图形。

　　7 世纪时，鹅毛笔取代了芦苇杆笔，接着在中世纪时，造纸技术由东方传入西方。到了文艺复兴时期，纸类的使用已经十分普及，也因此促成银制笔尖书写法的发展。在这种书写法中，所有的纸都必须事先涂上黏胶与面粉的混合稀释液，然后撒上一层薄薄的轻石细粉。当银笔尖划过这种经过特殊处理的纸面时，所绘线条的浓淡，恰跟施力的大小成正比。达·芬奇有许多机械图就是利用此法完成的。

　　到 16 世纪时，生产制图工具在欧洲俨然成为一门生意；到 18 世纪，伦敦制造的"数学"工具，已经远近驰名。可是，没有绘图媒介，制图工具便形同废物。在 1716 年发表第一篇桥梁论文的贺伯特·戈提尔·尼姆（Hubert Gautier de Nimes）就指出，"石墨笔跟锉刀是工程师必备的工具"。在一套标有"1749 年制造"的字样，并曾为乔治·华盛顿（George Washington）所拥有的制图工具里，便包含了一个两脚规、两个圆规，以及一支格线笔，而两个圆规的其中一脚，则分别插着铅芯与钢笔。事实上，这些工具跟两世纪后工程系学生制图所必备的工具，可说大同小异。无论如何，当初华盛顿的工具盒里，想必装着备用的石墨或铅笔芯。在华盛顿那个时代，所有的蓝图都必须先用铅笔打好底，等所有的线条都定案完成后，再用钢笔与墨水描过。

　　由于当时的制图工具有限，在工程图，也就是机械图，甚至是以往的仪器图里，线条的磅数或粗细都有相当重要性。基本上，粗重的实线是用来描绘物体轮廓的，时断时续的虚线则用来标示物体内隐藏的部分，至于颜色较轻的淡线，则用来表现立体面。就以铅笔的机械图为例，要描绘一支横置在桌上的铅笔，必然是以粗重的实线来凸显轮廓，而靠内延伸出的两条平行虚线，则是在标示笔芯的位置。如果我们想要在图上表现出铅笔的立体面，就必须以淡线在实线标示的范围内，逐一按比例绘制。而放置在华盛顿机械制图工具盒里的墨水笔，便是用来调整线条粗细的。除了线条的粗细之外，绘图员还必须注意的，就是适度掌握铅笔，以避免刮破纸面。

无论如何，在华盛顿那个时代，石墨的运用要比今天困难。为了要绘制不同磅数、不同粗细的线条，绘图员不但得利用笔尖尖度不同的铅笔，而且在用笔时，还必须按照不同的需要，控制力道的大小。所以，柯特铅笔的出现，可说一大突破。由于利用柯特制造法生产出来的铅笔，拥有许多等级绘图员可以视线条的浓淡粗细，选用不同等级的铅笔，而不必再像从前一样，必须靠控制用笔的力道。当然，到 19 世纪中叶，任何"配备良好"的绘图员，都已能按照制图的需要，随心所欲地选用不同等级的铅笔。

H 和 B

随着探讨技术制图的教科书不断推陈出新，绘图员、建筑师与工程师，纷纷将如何正确使用铅笔的心得，大量诉诸文字，以便学生在校时透过课本，学习正确使用铅笔的诀窍，而不必像从前一样，非得当学徒不可。这些汗牛充栋的教科书最初探讨的，几乎全是正射投影的原理，不久之后，又增加了探讨工程师所用的制图工具的篇幅。其中讨论得最多的，便是铅笔的选择、准备以及使用方法。

许多教科书上，对绘图铅笔的等级与名称，都有十分详细的描述。国家标准局一度尝试要把铅笔的等级标准化，但各制造商使用的石墨与黏土比例不同，他们为产品所定的等级与名称，自然也不尽相同。例如，有位分析家发现，虽属于同一等级，但由不同厂商所制造的铅笔，其中所含的石墨成分，大约为 30% 到 65% 不等。无论如何，大家还是得按照铅笔的等级，来销售、购买、使用。通常，最硬的铅笔，大都被分级为 10H 或 9H，而最软的铅笔，则被分级为 7B，有时甚至被分级为 8B 或 9B，这都得视各厂商的标准而定。因此，一系列有 21 个等级的铅笔，依序由最硬到最软排列，可能是 10H, 9H, 8H, 7H, 6H, 5H, 4H, 3H, 2H, H, F, HB, B, 2B, 3B, 4B, 5B, 6B, 7B, 8B, 9B（写字铅笔若依相当的等级来换算，大约是这样的：No.1=B, No.2=HB, No.21/2=F, No.3=H, No.4=2H）。

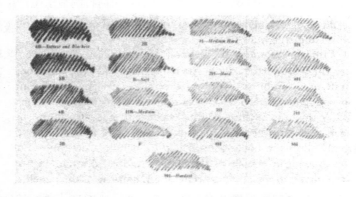

图 15.4　以十七种等级的酷喜乐铅笔所画的图影

　　一般来说，工程师在绘制机械图时，不会用比 H 软的铅笔；而在描边或画草图时，却会选择较软的笔。建筑师与艺术家大都偏好较软的铅笔，尤其选用的纸面较粗糙时更是如此。当然，铅笔制造商也知道这一点。得韵铅笔（Derwent pencil）便按照消费者不同的需求，包装成设计师铅笔组（4H 到 6H）、制图者铅笔组（9H 到 B），以及素描铅笔组（H 到 9B）等。

　　最硬的铅笔即使在金属面或是石面上都能留下痕迹；当我们面对的是纸张时，选择用什么铅笔通常得视要画什么线条而定。如果要画的是计量图上的线形，准确性自然是最重要的，而由于硬铅笔尖锐不易磨钝，最适合画精细的线条，这时便成了制图者的最爱。至于描绘工程图上的淡线，最可能用的就是 4H 级的铅笔。一般来说，绘制技术图大多是用接近 H 级的铅笔，而绘制机械图则是用 3H 与 2H 铅笔；描绘用以印制蓝图的草图，大都是用 2H 与 H 铅笔。总之，2B 跟比 2B 更软的铅笔，因为既需要经常削尖，又容易弄脏纸面，所以并不适合用来画工程图。

磨尖利笔

另一方面，笔尖的形状，部分固然是由工作的性质来决定，但也有部分是依制图者本身的喜好来决定。所有的工作都能以最普遍的圆锥形笔尖来完成，但运用其他形状的笔尖也有其特殊的优点。例如，一侧以砂纸垫磨平的斜角或椭圆形笔尖最适合画圆圈，它们的"尖"特性，也比圆锥形来得久。两侧以砂纸垫磨平的楔形笔尖最适合画长线。此外，由于楔形笔尖两侧极平，很容易紧贴在丁字尺，以及其他有直边的制图工具上，画出来的线条也特别平直。有部分教科书甚至建议，把不装橡皮擦的传统铅笔两头削尖，磨成不同的形状。无论如何，真正决定线条粗细的，并不是制图者用力的大小，而是笔尖的硬度、尖度和形状。

虽然工程师可以利用砂纸垫，把笔尖磨成自己心目中理想的形状，但这种方法既不干净利落，又很可能造成十分不理想的后果（见图15.5）。不可否认的是，每次磨铅笔都会产生大量的石墨屑，稍不留神细小的黑末就很可能会掉到图上毁了整张作品。基于此，制图教科书，往往会一再提醒学生：务必要把砂纸垫装在信封里，同时千万别在自己的作品上磨铅笔。因此，工程师在学习的过程中了解到，"意外"随时可能会发生，所以必须采取行动避免意外发生。其实，一开始只要养成准确、清洁的绘图习惯，整个设计图，也就先成功了一半。

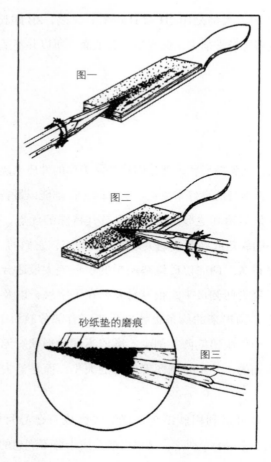

图 15.5　利用砂纸垫磨笔，会造成笔尖上凹凸不平的刮痕，致使笔尖异常脆弱

　　暂且撇开脏兮兮的砂纸垫磨笔法不谈，削磨适当的铅笔，可以说是 18 世纪精美工程图的基础。随着制图技术进步，大家逐渐在工程图上刷色，借着不同颜色表示建筑结构或机械零件上不同的材料与功能。19 世纪时，这种为工程图刷色的风潮，已然到达巅峰。无论如何，在工程图刷色前，整个图像架构还是得以铅笔来完成。而所谓的适度用笔，不仅是说必须把适当的线条画在适当的地方，而且还意味着不能让笔尖把

图画出凹痕。另一方面，由于草图需要修改的部分很多，因此笔迹容易擦拭的铅笔，便成了最适当的绘图工具。不过在绘图时，笔力若下得太重，那么留在纸面上的，将不只是线条，同时还会有凹痕。如此，必须修改时，橡皮擦即使擦得掉笔迹，也擦不去凹痕，最糟糕的，就是将来用铅笔，尤其是用墨水画线时，很难在纸面上绘出平直的线条。因此，绘图员在画粗黑的线条时，笔力若是下得太重，很可能会使几小时，甚至几天的心血，付诸东流。

永恒的手工绘图

在工程图上刷色的方法，一直延续到 20 世纪初。不过，随着蓝图于 19 世纪 70 年代出现，利用不同的颜色在工程图上刷色的方法，便逐渐没落，到 1914 年，再也没有人使用这种方法了。时至 1925 年，有些工程图仅以铅笔完成，在接下来的十年间，这种"素描"法非常普遍。不过，若以铅笔来绘制定案图，为了便于复制并直接制作蓝图，所有的线条都必须画得更重，尤其在绘制精确的线条时，更必须用硬笔，以避免石墨弄脏图面。至于一张工程图究竟好不好，就端看复制出的图像品质高不高了。利用墨水画图，优点是黑而清晰，利用铅笔绘图，却具有速度上的优势。然而，无论是利用墨水或是石墨绘成的工程图，都很容易弄脏，尤其碰到水与汗时，图形很容易就晕开。此外，经过重复的修改与使用后，不但线条越变越模糊，图像也越变越脏。后来，随着防水强化塑胶膜的问世，取代了纸与布，同时也随着适合的塑胶膜上绘图的画笔研发成功，要制作可刷洗的工程图便易如反掌了。由于新式绘图笔含有塑胶成分，笔迹可以轻易附着在塑胶膜上。尽管借着新工具与新流程，可以制作出更耐用、更干净的工程图，但对绘图员而言，吸引力却不够。因为这种新画笔，不仅分级系统自成一格，而且绘制的线条，色度也不够浓。此外，这种笔所留下的笔迹很难擦掉，用起来很像蜡笔，同时笔尖也很容易断裂。于是，生产防水强化制图塑胶膜的吉甫与艾瑟公司（Keuffel & Esser Company），便跟施德楼合作，开发出了一种叫作"度罗乐"（Duralar）的画笔，并在 1960 年左右大打广告，提供建议，告诉消费者正确的使用方式，以期打开销路。

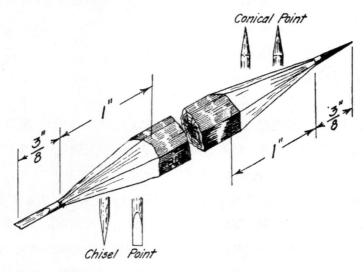

图 15.6　楔形或雕刻刀形笔尖；圆锥形笔尖。绘图笔上两种形状的笔尖

　　虽然大力主张"除旧布新"的计算机拥护者预言，拿铅笔或美工笔在纸上、布上，或是胶膜上制图，将成为历史陈迹，但纵使修习正规制课的工程系学生日益减少，手工绘画依旧不可能完全消失。直到现在，制图课仍是所有工程系学生的必修课，他们所用的教科书与 19 世纪末 20 世纪初的同类书籍相较，大同小异。20 世纪 50 年代中期到末期，修习机械制图课的学生，就跟之后数十年的学生一样，在上课前必须准备一套绘图工具，其中包括 2H、3H、4H 铅笔、砂纸垫、橡皮擦、三角板、丁字尺以及绘图板，而这套供初学者所使用的制图工具，也正是

他们未来一辈子将使用的工具。在课堂里，学生将学会如何削铅笔、拿笔、如何不把纸面划破、如何利用墨水，描绘以铅笔画成的草图。最重要的是，学生将学会利用正射投影法和各式机械制图法，挑战以图形沟通的极限。

第十六章 顶尖要事

对正在工作中的人来说，削铅笔既麻烦又令人分心，因此，使用者心目中最重要，也最乐见的事，莫过于刚削好的铅笔尖不要太容易断裂，同时最好能长久维持"尖"度。厂商在制造铅笔时，除了要生产硬度等级不同的笔芯外，还必须使笔芯"尖"固耐用，承受得住压力，甚至是很重的手劲，也不至于轻易断裂。

当然，从寻找适当的石墨与黏土，运用适当的方法去除其中杂质，并混合均匀后，再调整出适当的温度与压力，把混合物烧制成平滑、坚韧的铅芯，接着以适当的方式，将笔芯粘进木制笔杆中适当的位置，到最后完成好写耐用的铅笔，环环相扣都绝非易事。其实，生产铅笔也好，造桥也罢，如何以最具竞争力的价格制造出最具竞争力的产品，一直是工程师长久以来必须面对的问题。可是，不管是铅笔芯或混凝土，随着添加成分以及处理方式的不同，制造出来的产品必然具有不同的特性。利用新配方，或许能制造出较坚硬的物品，相对的，也很可能十分易碎，只要有一点小裂痕，便可能完全崩解。所谓"有一得，必有一失"，制造人工合成物质，就是不折不扣的妥协。

研发的妥协

由于任何妥协必然涉及判断，所有的判断又都十分主观，因此所谓的"最好"，在不同设计师的心目中，定义各自不同。按照各种"最佳"方式制造出来的产品，无论是铅笔或是桥梁，必然五花八门，令人目不暇接。梭罗决心要制造出一种高级铅笔，便先在哈佛大学图书馆中埋首研究，接着在家里开设的铅笔厂中不断进行实验。然而，梭罗与他父亲究竟是如何决定停止研究，并着手发展的？此外，他们又是如何决定停止发展，开始针对市场需要致力生产铅笔的？这一切考量，受心理与经济因素成分的影响，或许跟受科学和技术层面的影响不相上下。

基本上，梭罗不是个很有耐性的人；当他知道自己制造的铅笔在美国业界已成为最有口碑的产品后，便无心再进一步改善品质。他把铅笔研发到某一个程度，便断定往后微不足道的进步，必然不足以引起他的兴趣。毕竟，他研发高品质铅笔的目的是为了赚钱，而不是要制造完美无缺的产品。因此，当梭罗家族发现销售石墨能够获得更多利润，便毫不犹豫地把制造铅笔视为次要的事业。或许，对富有创意的人来说，制造品质一流，又兼具竞争力的新产品，很有成就感；不过，光从事"微不足道"的改善，可就不是如此了。梭罗的表现，正是创意精英最典型的表现。

从另一个角度来看，研发产品的动机，通常在于一种强烈的欲望，这类欲望有时是个人的，有时是属于大企业的；无论如何，他们希望能在竞争中脱颖而出，提供的产品远比一般更好，而不是为了追求更大、更丰厚的利润。

有时候，研发工作之所以被迫停止，单纯是由于经费不足。受制于有限的经费或时间，研发工程师或许除了把心血结晶交给制造工程师外，也别无选择。因为新产品若不能迅速上市，并为公司赚取利润，就不可能有研发经费继续研究改进，以推出更好的产品。而研发工作一旦停止，公司的产品品质便每下愈况；连带的，在竞争激烈的市场里，获利自然也越来越微薄。

　　在积极研发下，好铅笔可能是价廉物美的昂贵铅笔，也可能是睥睨群伦、质量第一的。19 世纪时，约翰·梭罗公司为强调其新铅笔卓越的品质，不断打出的宣传标语后来也经常出现在其他铅笔制造商的广告中。从这些文宣我们可以看出，他们对识货的顾客的确相当在意。例如，有位铅笔制造商不仅强调其独特的笔芯制法，同时还向顾客保证，"即使把笔尖削成像针尖一样，再施以重力，也不会断裂"。另外有一名厂商则强调，其"笔尖与笔杆的坚韧度，足以承受最大的压力"。甚至有的厂商在其 1940 年的产品目录中强调，他们所提供的，是"书写最流利，笔尖最坚韧的铅笔"。

　　长久以来，铅笔业者感到最困扰的，莫过于笔芯太容易断裂。通常顾客在削铅笔时，笔芯已经断在里头了；只要他们在使用时稍微出点力，笔尖便会应声断裂。了解笔芯断裂的原因，不仅能使厂商修正错误，改善制造过程，同时也提供大打广告的材料。不过，有时候铅笔公司的广告实在太离谱，根本缺乏事实依据，在有关单位强制下，不得不撤回。

抛砖不引玉

　　事实上，除了广告的目的外，任何有关开发新材料、新配方、新流程之类的工程研发话题，根本很少在实验室以外的地方被提及。至于制造过程中的技术细节就更少诉诸文字了。因此，1946 年，当约瑟夫·狄克逊坩埚公司的工程主任查尔斯·尼克尔斯（Charles Nichols）在美国机械工程师学会的年会上发表了一篇论文，探讨部分有关铅笔制造过程中处理木材的细节时，几乎完全未提及研发内容，当然更未泄露半点商业机密。无论如何，这篇论文最后还是被登在《机械工程学》期刊上，接着还有狄克逊研究与技术部主任薛伍德·席理（Sherwood

Seeley）发表评论，为同僚美言一番：

> 对那些始终找不到铅笔制造论文的人来说，（尼克尔斯的）那篇大作无疑是披荆斩棘的先锋。由于有关这项主题的文章，极少公开刊载，大家起先以为这篇论文的内容，必然既空泛又冗长。可是，它跟一般的论文却迥然不同，作者以专业的态度，翔实探讨了有关制造铅笔的一切步骤……
>
> 除非作者的"抛砖引玉"徒劳无功，否则未来业界应该会出现更多有关探讨木制铅笔的论文。

席理在文章中也提出了几个极合时宜的主题，诸如木材的选择与处理、铅笔的黏合问题、笔形的包削方式、原料的处理方式，以及铅笔的美化与最后修饰等。然而，席理认为，在铅笔业界拒绝合作下，"有关木制铅笔的技术性论文，仍将无可避免地处于'冬眠'状态"。结果，事实也的确如此。尼克尔斯的论文并未引起铅笔业者的回响，大家对撰写论文依旧兴趣缺缺。或许，这也没什么好大惊小怪的，因为在这之前三十年，便有一位叫作安斯沃思·米切尔（Ainsworth Mitchell）的英国化学研究员接受铅笔制造商的要求，调查各种石墨在制作铅笔芯上的适用性；可是，经过一番研究后，他却发现，"有关这方面的论文，实在少得可怜；也因此，我必须亲身去了解铅笔制造过程演进的潜在原因"。但米切尔的论文也没透漏出多少秘密。

尽管铅笔工程师对尼克尔斯与米切尔的论文，无疑抱着浓厚的兴趣，事实却证明这些文章的内容根本了无新意。例如，在米切尔于1919年发表的论文后头，便附有讨论记录，其中有位名叫辛弃理（Hinchley）的教授认为，"如今制造商生产的铅笔，没有任何一个品牌能比得上老式的博罗代尔石墨笔"。他不但尝试纠正米切尔文中所犯的几点历史错误，并且还以充满权威的口吻探讨铅笔的制造过程：

> 要制造一流的笔芯，光是风干的手续，便得费时一个月左右，若是想在两周之内速成，十之八九都会失败。因此在"快干"的话，笔芯会变得十分多孔，很容易断裂。这正是目前部分产品最常见的缺点。

尽管弃辛理言谈之间充满权威，但他对自己引用的历史与技术资料究竟取材何方，却只字未提，他本身似乎也从来没有发表过任何论文。

研发与理论

描述制作过程的技术性文章之所以如此稀少，部分原因在于工程师不像科学家会有兴趣把自己的研究成果诉诸文字。此外，研究与发展的本质很容易助长"口风不紧坏大事"的心态。或许为了保持竞争优势，铅笔公司从不记录研发活动的细节。不过，铅笔及其他看似简单，但制造过程复杂的产品，之所以缺乏"科学性"或"技术性"的生产资料，可能还有一个原因：这些原本利用手工制成的产品，经过很长的一段孕育时间，整个制作过程逐渐演变成现在的样子。然而，了解每种原料或每一步骤的"科学"，并不等于就能了解该种原料或流程对制造产品究竟产生什么影响。同理，对石墨和黏土的化学配方以及窑炉的温度控制了如指掌，也并不能保证绝对可以制造出上好的铅笔芯。

席理在 1964 年版的《化学科技百科全书》（*Encyclopedia of Chemical Technology*）中，曾顺带提到天然石墨的用途。他还指出，尽管铅笔芯的品质不仅取决于石墨的品质，同时也取决于黏土的品质；但是，却没有提到任何足供大家辨识出最佳黏土的准则。席理还指出，最适合制造铅笔芯的黏土，商场上通称为"铅笔黏土"，其品质最高的，产自巴伐利亚附近。

无论如何，从铅笔制造商所打的广告，我们可以了解笔芯的坚韧度是一项特别重要的特质。虽然制陶业者或是材料科学家，对于黏土的化学、物理等特质可能了如指掌，但要从技术性的角度来解释诸如书写角度、压力、笔尖的形状、长度与尖度等因素，会对笔芯的坚韧度产生什么影响，还是要靠学有专精的科学家。所有的规则与定律，都是好几个世纪以来经过长久实验与观察归纳出来的，就如同数千年来，人类观察天体的移动逐渐发展出天文学般。若非人类对科学怀有强烈的好奇心，这一切都不可能有开始。

基本上，理论与实际操作往往相辅相成。就以建筑桥梁为例，长久以来，石匠与木匠凭着经验不但建造出桥梁，也直接或间接促成相关理论的发展。相对的，随着理论的发展越来越完备，工程师可以透过推算，设计出更大胆、更富创意的桥来。不过，像木制铅笔这类产品，由于制造过程中通常重量不重质，即使制作失败，可能造成的后遗症不过是家族企业的财务损失，而不至于威胁到整个社区的生命安全，因此不需要靠任何方程式或是理论的发展，便能直接进入成熟期。

不过，事实虽证明，人工制品的发展未必要靠理论基础，但却不代表人工制品的分析与构成理论既不能也没必要发展。对于现代研究与发展而言，工程科学是不可或缺的。工程科学的力量正在于能够归纳并解释制品运作的原理，无论是蒸汽锅炉或是铅笔尖，都能根据原理推测改良过的新产品将如何运作，从而成为新设计的泉源。可是，除非有心人能提出有趣的问题，否则任何理论性的答案与推测，都不可能产生。关键的问题通常是由于既存的制品显现出瑕疵或是重大缺点，才会被提出来。

例如，1638 年时，由于船舶经常不明不白地解体，并发生许多不幸的灾难，才促使伽利略开始研究，多重的船体要用多大的横梁支撑。后来，伽利略发明出一种我们今天称之为"悬臂"的横梁，将梁的一端牢靠地固定在船壁，另一端则自由悬挂。以现代的标准来说，这实在是个再基本不过的问题；当时对伽利略而言，却是个令人头痛的难题，他在《关于两门新科学的对话》（*Dialogues Concerning Two New Sciences*）中，便花了两天时间探讨这个问题。

事实上，铅笔尖坚韧的问题，跟伽利略的"悬臂梁"问题可以说大同小异，其间不同点是：笔尖是在纸面上出力，而"悬臂梁"则是以梁的一端受力。不过，就像伽利略的"悬臂梁"必须将一端固定在船壁内，以支撑船身的力量一样，铅笔芯也得牢牢地固定在木杆中，以承受手掌的力量。不管横梁多么坚固，若是泥水工做得不扎实，梁上只要再受点额外的力量，就会从船壁上连根拔起。同理，铅笔芯若是随随便便粘在脆弱的木制笔杆里，只要受力到达某个"压力点"，整支铅笔便会应声断裂。

天衣无缝

另一方面，由于制造商要让铅笔更好写，通常会把笔芯放在热蜡中熬煮，直到每个石墨与黏土分子都覆上蜡膜为止。不过，这样一来，笔芯虽然更润滑了，相对的，却也更难粘上木杆。面对这个问题，不同的公司自然有不同的解决方法，但目标却是一致的：增加笔芯与木杆的密合度，以提高笔尖受压的韧度。

1933 年时，鹰牌铅笔公司研发部终于达到目标，不但增加了笔杆与笔芯的密合度，同时也提高了笔杆的韧性。首先，他们将笔芯放在硫酸中浸泡，以烧掉外层的蜡膜；再把笔芯浸在氯化钙溶液里，好在表面上形成一层石墨膜。此外，他们还将制笔杆用的木材用树脂浸泡，使纤维聚合成坚硬的叶鞘；这么一来，笔杆即使受到重力也不会轻易断裂。利用这种方法制造的铅笔，笔芯与笔杆密合的程度奇佳，可以说前所未见。而鹰牌铅笔公司便将这套新流程，称之为"化学密合"法。拜这套新流程所赐，该公司的"天皇"牌铅笔，据说不仅笔尖韧度提高了三成四，同时销售率也增加了四成。至于其他制造商也挖空心思想出各式各样增强笔尖韧性的办法，这些五花八门的流程，包括了"黏合法"、"超级黏合法"、"防压加工法"，以及"木材钳紧法"等。利用这些流程，同样可以降低铅笔掉落地面时笔芯断裂的几率。

只要用过铅笔的人，都知道，将铅芯天衣无缝地粘在木制笔杆上，并不意味着笔尖绝对不会断。而加强笔尖与笔杆间的密合度，相对也代表着最脆弱的一点，势必已转移到其他部位。然而，有关强化铅笔尖会如何断裂，以及会在何处断裂的问题，始终不曾被公开讨论，直到 1979 年一位名叫唐纳德·克朗奎斯特（Donald Cronquist）的工程师在《美国物理学期刊》（*American Journal of Physics*）首次提出。克朗奎斯特的文章一开始，就跟其他的工程科学性论文般，先叙述自己观察的心得：

> 前一阵子，我在完成一幅相当费时的草图后，开始清理桌面。我发现，一大堆断落的铅笔尖（broken-off pencil points，简称 BOPP's）都掉在桌上的书本，以及其他参考资料间。显然，这些 BOPP's 都是从刚刚削好不久的铅笔中掉出来的。而令人百思不得其解的是：这么多 BOPP's，无论大小或形状几乎一模一样。

由于克朗奎斯特无法在削铅笔的过程，以及笔芯本身的特性上，找出任何形成 BOPP's 大小与形状的原因，他便从笔尖的形状，以及笔尖

与纸面的接触力上去寻找答案（见图 16.1）。于是，克朗奎斯特以工程
科学家专业的角度，将削好的笔尖，看作从木杆中突出的圆锥体。这时
他所面对的问题，其实就跟伽利略当初思考悬臂梁的问题一样。

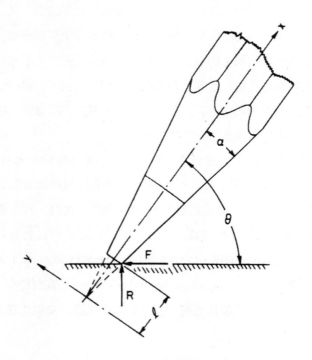

图 16.1 工程科学家理想中的铅笔使用过程中的接触力

预测断落点

尽管伽利略并未彻底解决船舶横梁的问题，但却奠定了日后有关材
料力学的数学理论基础。无论克朗奎斯特或任何现代工程科学家，面对
相关问题的解答方式，其实都跟伽利略的方法大同小异。克朗奎斯特所
做的，是先假设纸张与笔尖受力间互相作用的方式。接着把施在圆锥形
笔尖横截面上的力量，视为向上弯曲的悬臂梁。如此，圆锥形的铅笔尖

便悬垂在纸面上，而克朗奎斯特则开始计算，从笔尖顶点到笔尖悬臂间代表距离的张力。然后，克朗奎斯特运用基本的微积分计算方式，找出笔尖上断裂力大于断裂抗力的一点。由于克朗奎斯特假设，整条铅芯既坚韧又毫无缺陷，因此该点正是笔尖上最容易断裂的一点；他利用方程式，便能预测断落笔芯的大小及形状，并将其预测的结果拿来跟散落在桌面上的铅笔尖相比较。

根据克朗奎斯特的方程式预测，笔芯直径较笔尖顶点直径长五成的地方，正是笔芯拉力最大的部位。由于我们在削铅笔时，通常不会将笔尖削成完美的针状，而是削成略微扁平的楔形，就理论上来说，当我们用笔过重，笔尖与纸面的作用力过强时，断落的笔尖便会呈截角锥形，而这截角锥形的底面与顶点的比例，大约是三比二。根据克朗奎斯特推算的结果显示，无论哪一种铅笔，其笔尖削得越尖，便越容易断裂，而其 BOPP's 也愈小。基本上，克朗奎斯特所推算出来的结论，跟孩子们从经验中获得的心理相同：用较钝的笔小写字，比较没有挫折感。不过，无论铅笔尖有多尖、多钝，只要用力太重，一样都会断，而且所有的 BOPP's 都会呈现同样的几何形状。透过理论性的计算，你所得到的就是这种通则。尽管这些通则在设计铅笔这类老产品时，似乎是可有可无，因为即使其中有缺陷，最多也不过是造成不便，而不至于导致灾难，但在设计诸如星际探测器或太空站等前所未有的设备或构造时，便非得用相关的程序计算不可。在设计这类复杂又昂贵的制品时，工程师宁可利用程序，从各方面进行最精确的预测，以期能彻底了解在什么时候，以及在什么样的情形下会出状况，避免一切失败。

追根究底

虽然克朗奎斯特对个人归纳出笔尖断裂的机制与通则相当满意，但他同时也承认，自己尚未发现完整的解答。为什么？第一，不同的人在使用铅笔时，不但握笔方式不同，用笔的轻重也有别，克朗奎斯特当初没有考虑这一点。第二，不同的人削铅笔时，可能会把笔尖削成不同角度的圆锥形；同样的，他也没有把这一点考虑进去。此外，克朗奎斯特的理论并没有解释，为什么散落在桌上的 BOPP's 断面，会有些微的倾斜，而非齐平的。在《科学美国人》上撰写《业余科学家》（The Amateur Scientist）专栏的吉尔·沃克（Jearl Walker）指出，根据他亲自试验的结果证明，只要使用者以某个特定的角度拿笔，克朗奎斯特对 BOPP's 的预测便具有绝对的正确性。不过，即使是沃克也无法解释，为什么笔尖断裂时，横断面并不齐平。

基本上，工程科学的本质，就跟所有科学本质一样，每当有难题提出，却找不到完美的答案时，便会引起其他工程科学家的注意。当读者看到克朗奎斯特的论文时，就会自问：他遗漏了什么？他是否在假设中"妄下断语"？他的计算程序是否有误？他是否问对了问题？无论如何，从笔尖断裂的形状，便足以证明尚有谜题有待解开。所有的工程科学家都明白，理论推算的结果，必须要能彻底反映出实况，而这一切，唯有在理论基础绝对正确、周密，并完整的情形下才可能实现。

因此，克朗奎斯特的作品，吸引了另一位工程科学家史蒂芬·考温（Stephen Cowin）的注意。他修正了克朗奎斯特论文中的缺点，而将笔尖与纸张更广泛的作用力，以及不同的使用者削铅笔时，会把笔尖削成不同角度的圆锥体等因素，全都考虑进去，另外作了一份更详尽的分析。后来，考温把这篇论文，发表在 1983 年的《应用力学期刊》（Journal of Applied Mechanics）上，他在文章里证实了克朗奎斯特研究结果的正确性，但却还是没有解释，为什么 BOPP's 的横断面是倾斜而非齐平的。

　　而克朗奎斯特与考温之所以无法解释 BOPP's 的横断面为何倾斜，是由于他们为了计算距离与面积，把笔尖的圆锥形几何学纳入自己的分析中。事实上，笔尖内部的拉力，就跟其他任何物体内部的拉力一样，并不单单取决于所计算的施力点究竟在什么部位，同时也取决于所交会的是什么样的假想面。经过各方面的分析显示，类似铅笔笔尖这种锥形物，其最大的拉力并不是出现在与铅笔长度垂直的横断面，而是出现在与笔尖上最接近纸面的斜边垂直的横断面上。

　　一旦工程科学家开始解释，并了解像锥形铅笔尖这样的物体为什么会断裂，又会如何断裂后，便逐渐对自己的理论方法产生信心，既而感到，他们不仅可以利用它来分析宇宙万物和科技产品，同时也可以用来改善人工制品，甚至设计一些前所未见的产品或构造。就拿铅笔尖来说，对那些已经解开 BOPP's 大小与形状之谜的工程科学家而言，去追根究底，进一步提出相关的问题，其实再自然不过。例如，他们或许会问：哪一种形状的铅笔尖最具抗断性？哪一种形状的笔尖最坚韧？

　　自从柯特制笔法出现后，制造商便可以随心所欲生产出各种形状的铅笔芯——只需把石墨与黏土的混合物填入铸模中，便可以做出理想形状的笔芯。还记得，在 19 世纪末 20 世纪初时，市面上曾经出现嵌有六角形笔芯的六角形铅笔。时至今日，为了情人节应景，即使出现嵌有心形笔芯的心形铅笔，也根本不足为奇。据说，当时柯特所制造的，全都是圆形笔芯；不过，或许随着硬度不同，这些圆形笔芯粗细有别（见图16.2）。无论如何，可能是由于木工技术的限制，连带使方形笔芯大行其道，直到 19 世纪后期，圆形笔芯才日益普及。

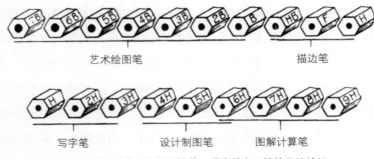

图 16.2　各种绘图与制图铅笔，硬度越大，铅笔芯就越细

承先启后

　　如果所有的工程科学家，都能像克朗奎斯特与考温一样，把他们分析的结论公之于世，那么，不管结论当时是否"有用"，至少都能让其他工程科学家就这些论文加以改进，针对原有的问题寻求更好的解答，或是从中寻求解决问题的灵感。例如，有人也许会问："铅笔尖最理想的形状是什么？"要解答这个问题最好的方式，便是透过逻辑思考，以及数学上无穷的运算，而不是借着既有限又令人感到挫折万分的尝试错误来找答案。如果经过逻辑思考、数学演算，以及相关理论的推测，都在在证明笔尖最适合削成某种形状后，我们便可以放手去尝试。如果事实证明，新型笔尖的确较坚韧，并较不易断裂，那么，最初的理论探索，便很可能会延伸出绘图的新方法，或甚至其他新发明。

　　此外，工程分析可以促使制品更上一层楼，或甚至由原本简单、实际的问题，发展成高深的理论。因此，有关铅笔尖的分析，在理论的层面上，不仅可以探讨无限长或无限尖的笔尖，同时还能进一步延伸，发展出倒钩状或香蕉状的笔尖。不过，当我们透过理论的推测，把各种奇形怪状的笔尖，修改得尽善尽美时，不免会想，谁会想要把笔尖削成这些形状？尤其在老板"迫不及待"，等着要用铅笔的时候？

但是，这也并不意味着，这类理想化理论与分析，对工程设计和作业毫无用处，因为事实证明并非如此。即使看来不实际的 BOPP's 大小与形状分析。对学生或工程界新手而言，都充满了启发性。

第十七章 "尖"持

自有铅笔以来，人类对完美的笔尖，便怀有一份憧憬。不过，在理想实现之前，有两种虽然独立却相辅相成的技术，势必得先发展完成。第一，笔芯必须足够坚韧，这样即使削得较细，也能承受得住一般书写与绘画的力道。尽管在19世纪的铅笔目录上，制造商总把产品的笔尖描绘得既尖锐又完美；却极少利用文字来强调。相反的，目录上所强调的，通常是铅笔分级的一致性，以及笔迹的易擦性，在厂商心目中，这些特性似乎成了铅笔品质的象征。厂商之所以对尖锐的笔尖，抱持着"沉默是金"的态度，似乎是因为他们明白，无论笔芯多坚韧，要达到尖而不断的目标，可说难如登天。因此，第二项必须发展的技术，便是增加笔尖的尖度。

几百年来，所谓削铅笔，便是拿刀片削去笔端的木材，并削尖露出来的笔芯。一直被用来削尖鹅毛笔的小刀，自然也能用来削铅笔，但要让笔尖到达尖锐的程度，绝对不是轻而易举的小事。17世纪时，最令教师分心的事，莫过于削鹅毛笔。尽管20岁的学生应该学会削笔了，但许多学生却偏偏削不好，只好一个个拿着笔向老师求援，做老师的也只得坐在书桌前，为学生解决削笔难题。至于较幸运的老师，则配有专门削笔的助手。许多学生在经过多年练习后，不仅抓到窍门，还越削越乐在其中。

削笔诀窍

可是，在一般人的记忆里，削铅笔似乎从来不是赏心乐事。从前的铅笔芯是用石墨粉加上黏胶，还有其他的接合剂制成的，十分脆弱，在削铅笔时往往需要特别小心。当时曾有人说："如果笔尖断了，要再把它削尖。可真是件苦差事。首先，你得削掉表面的木材，接着把笔芯放在烛火上烤。待稍微软化后，才能削尖。"不过，等黏土被用作石墨粉的黏合剂后，制成的笔芯便无法再借着加热的方式软化，因此削铅笔的方式势必要有所改变。

事实上，要掌握削黏土石墨笔的诀窍，并不比削鹅毛笔简单。红杉木是很好削，但还是得经过一番练习，才能把笔尖削成接近完美的圆锥形。但削铅笔若是为了好看，而不纯粹是为了实用，动刀时就需要很大的技巧了，因为笔芯往往未臻完美的境界前，便已断裂。这样一来，不仅浪费笔芯，还必须再花费时间与精神去削笔杆。有人干脆建议，"与其每次拿刀削铅笔，倒不如拿张纸把笔尖磨圆、磨尖，还比较保险"。总之，既存的削笔方式不但持续引起争论，同时也不全然符合 1904 年的男童军削笔守则：

> 一般主张，削铅笔的正确方式，是以右手拇指抵住笔尖，然后由外向里削。不过，也有人反对，因为这样很容易弄脏大拇指与其他手指。另一方面，由里向外的削笔方式，固然比较干净；却很容易在笔尖上留下较深的刀痕，很容易断裂。

19 世纪末到 20 世纪初，各式各样的削铅笔设备应运而生，并纷纷取得专利，随着设备的推陈出新，缺点也越变越少。例如，在使用刀片导引器时，还需要别的工具来辅助。可是，在 1910 年左右取得专利的转笔刀，便改善了这个缺点。至于其他的发明，也不过是防止太深的割痕，或是避免手指弄脏而已。

若是说削黑色铅笔困难，那削彩色铅笔就更难了。为什么？因为彩色铅笔芯中含有大量的蜡，无法烧制成坚硬的陶土棒，削彩色铅笔自然令人困扰。当布雷斯代尔铅笔公司研发出不需要刀片，或其他任何装置来削尖的铅笔时，事实证明，这种"免削"制笔法，只需要用刀或指甲把纸挑开，就可以随心所欲，控制所撕纸条的长短以及露出笔尖的多寡。使用这种铅笔，根本不必削尖笔芯，自然不会造成浪费。

在削去笔面的木材或是撕去缠绕在笔芯上的纸条后，再用砂纸或是细面锉刀磨尖笔尖的确很好，但留下的石墨屑，却很容易弄脏制图桌或是书桌。大约 1890 年，发明家开始展现潜力，制造出各式各样足以取代削铅笔刀的装置，其中最小巧也最方便的，就是今天许多小孩还在用的转笔刀；不过，这种转笔刀最大缺点就是在前尖笔尖时，很容易弄脏笔尖。1891 年，狄克逊在产品目录上，推荐了另一种十分小巧，外形有如灯罩上尖顶饰，但中央有一个圆锥形小洞，内测装刀片的转笔刀。使用者要削铅笔时，只需要把笔尖插入，并加以旋转就行了。这种转笔刀最大的优点，便是附有已取得专利的防断装置，可以避免笔尖断裂。

削笔机推陈出新

1893 年，约翰·辉柏在产品目录上，用了一整页篇幅介绍他已取得的专利，名为"顶尖"（Acme）的削铅笔机。这种削铅笔机的铜壳内，装有可更换的不锈钢刀片，最重要的是，它并不笨重，可以放在背心口袋内随身携带。辉柏宣称，"顶尖"制作之精良，可以分毫不差削出"细如针头"的笔尖。

约莫 1897 年，体积较大，适合桌上用的削笔机纷纷问世。早在

1889 年时，一家位于波士顿的公司便生产了一种叫作"宝石"（Gem）的削铅笔机。这种铅笔机是由一个砂纸圆盘、一个中央可插铅笔的齿轮，以及另一个装有曲柄把手的齿轮组合成的（见图 17.1）。"宝石"最大的优点在能将最难削的彩色铅笔也削得完美无缺。从 1913 年的《科学美国人》杂志看来，直到近四分之一世纪后，"宝石"仍被广泛使用。不过制作最简单的削铅笔刀也并未过时。

随着时代进步，越迅速、越有效率的削铅笔方式，也越来越有必要，尤其是在学校、办公室以及电话局等地点，更需要随时有削好的铅笔"待命"。在追求效率蔚为风潮的情况下，据估计，利用削笔机削铅笔，可以将传统的削笔时间戏剧性地减少十分钟。从前这十分钟里，"有两分钟是在跟别人借刀，三分钟在削铅笔，另外的五分钟则是利用公司的时间洗手"。20 世纪初，旋转轴上装有多重刀片的削笔机纷纷出现，削笔的效率也越变越高。不过，由于这些刀片很容易变钝，相对便大大抵销优点。根据估计，一台削笔机在换刀片前，大约可以削一千支铅笔，成本则在十六美分左右。

至于其他早期的削铅笔机，大都是利用铣床原理，借着旋转的刀盘，从某个角度削掉笔杆与笔芯多余的部分，让笔尖形成周正的圆锥形。不过，若是太用力，把笔尖朝刀盘抵得太紧，笔尖不仅无法削尖，还很可能会断裂。1908，芝加哥自动削铅笔机公司（The Automatic Pencil Sharpener Company of Chicago）为他们率先发明的双刀斜角削笔机取得专利。不久之后，双刀盘削铅笔机便成了芝加哥自动削铅笔机公司的标准产品，到 20 年代左右，该公司又推出十四刀的新产品。

随着削铅笔机的推陈出新，产品的缺点也逐渐消失。不过，这并不表示所有铅笔都能靠削笔机轻而易举削尖。像笔芯偏离中央的铅笔，在旋转包削过程中动不动就断裂，根本无法靠机器削尖。而彩色铅笔的笔芯，通常在笔杆中便已断裂，只要用削笔机一削，断裂的笔芯就会掉出来，甚至卡在刀片间，弄得整台机器动弹不得。发生这种状况，我们可以拆开机器拿出断落的笔尖，但若使用的是 20 世纪 40 年代推出的电动削铅笔机，可就没这么容易清除"阻塞物"了。

20 世纪 70 年代中期，面对能源危机的冲击，有位名叫荷西·维拉（José Vila）的纽约客，深感使用电动削铅笔机不但浪费电，也很浪费铅笔，便发明了一种既省时又省电的削铅笔机，并于 1980 年取得专利。这种削铅笔机的外围，是几个塑胶的同心圆柱。内部则是尖端装有刀片的金属杆，所有组件都是由齿轮，以及一根弹簧连接而成。使用这种削铅笔机时，只要插入笔尖，靠手推进的力量，便能牵动齿轮，把笔削尖。

或许在所有削铅笔机中，最大也最精确的一种，便是在 20 世纪 50 年代，由鹰牌铅笔公司所研发出来的。这台重达两吨的机器，可以同时将大量的铅笔削尖，而成品的笔尖直径，可达万分之一英寸，削出来的铅笔，无论在平滑度、耐用度和坚韧度上，都有顶尖表现。然而，一般工厂在削铅笔时，却未必会用如此精确的设备。它们通常用沙纸盘磨笔，所以笔尖上难免会有粗糙的刮痕。

图 17.1　名为"宝石"的早期削笔机，上面装有能转动的砂纸盘

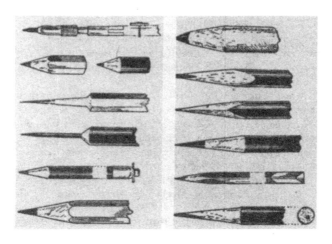

图 17.2　利用伊度纳二号（ldnuna 2）削笔机，可削出各式各样的笔尖

自动铅笔问世

对工程师与建筑师来说，削铅笔的重要性不可言喻。对某铅笔收藏家而言，一支削过的铅却无疑是件已遭毁损的收藏品。每出现一位希望保持铅笔完整的收藏家，相对的便有无数想要推陈出新，并"物尽其用"的发明家。无论如何，17 世纪时，大家为了书写与绘图上的方便，而将石墨块装进制作精良、有巴洛克设计的铜制或银制笔管中。早在 1636 年，便有人利用压缩的弹簧，制造出可自动推出石墨的笔管。或许有人会说这是第一支自动铅笔，不过一般却认为，第一支机械自动笔是在 19 世纪初发明的。1822 年，一位名叫桑普森·摩登（Sampson Mordan）的英国工程师，为他发明的"免削"（ever-pointed）铅笔取得专利。后来在 1833 年，美国钟表匠詹姆斯·波格杜斯（James Bogardus）也为他的"永尖"（forever pointed）铅笔取得专利。这些自动铅笔最大的优点，就是在前面的笔尖用秃后，可以推出后面备用的笔

尖替换，完全省掉削笔的麻烦。

由于自动铅笔干净利落，笔杆的制作自然成了变花样的好题材。早期的自动铅笔笔身通常用金、银制成，看来十分花哨，比较像是珍品或装饰品，而不像实际的书写工具。另一方面，自动铅笔的笔芯很粗，跟削好的木制铅笔笔尖，完全无法相提并论。

"永尖"铅笔就不同了；它的长度、粗细，以及书写起来的感觉，全都跟一般铅笔大同小异。但刚开始时，"永尖"铅笔是由各家零件拼凑而成，制作成本不但昂贵，而且产品的品质不一。因此，到 1915 年，永尖公司（Eversharp Company）为了改善产品品质，便跟华尔公司（Wahl Company）合作，共同生产"永尖"铅笔。位于芝加哥的华尔公司，原本最擅长的便是以精确的技巧为打字机加装零件，公司内绝大部分的员工，都曾经接受过制作钟表的训练。事实上，早在华尔公司与永尖公司合作前，更已具备适合制造"永尖"铅笔的机械组件，却不对外销售。华尔公司最后与永尖公司达成协议，并自 1916 年开始生产"永尖"铅笔。紧接着在 1917 年，永尖公司因为财务出现困境，而由华尔公司并购。

华尔公司在广告里，不断强调"永尖"铅笔的机械特质：广告中以分割的笔杆横截图，让大家了解笔芯如何装进去，文中并详细描述笔端的柱塞如何产生作用，以及橡皮擦究竟隐藏在什么地方（见图 17.3）。到 1917 年的假期，订单如雪片般飞来，工厂为了应付出货不但得加班，还必须重组制造流程，使部分机器的产量提高到两三倍之多。不久，"永尖"铅笔的日产量便高达 3.5 万支，其生产速度之快，差堪比拟福特 T 型车。尽管这一切都发生在一个材料与劳工成本节节上扬的时代。但经过华尔公司工程师的精心设计，却依然能够保持"永尖"铅笔价格的稳定。

BY HIS MAJESTY'S ROYAL

𝕷𝖊𝖙𝖙𝖊𝖗𝖘   𝕻𝖆𝖙𝖊𝖓𝖙.

S. MORDAN & Co's
PATENT EVER-POINTED
PENCILS,

ARE upon a principle entirely new, and which combines utility with simplicity of construction. The Black Lead is not inclosed in wood, as usual, but in a SMALL Silver Tube, to which there is attached a mechanical contrivance for propelling the Lead as it is worn. The diameter of the Black Lead is so nicely proportioned as NOT TO REQUIRE EVER TO BE CUT OR POINTED, either for fine Writing, Outline, or Shading. The Cases for the Drawing Table or Writing Desk are of Ebony, Ivory, &c.; and for the Pocket, there are Silver or Gold Sliding Cases, varying in taste and elegance. The Black Lead is of the finest quality, and prepared (by an entirely new chemical process) of five distinct degrees of hardness, and contained in boxes properly lettered for Artists, &c. and at the same time is perfectly suitable for all the purposes of business.

.. .. The Case .. ..

The Patentees desire to remark, that "*S. MORDAN & CO.'S PATENT*," is stamped on each of their Patent Pencils; an attention to which, on the part of purchasers, will tend to check any attempt at imposition.

DIRECTIONS FOR USE.

Hold the two milled edges between the finger and thumb of the left hand. Turn the case with the other hand to the right, and the lead will be propelled as it is required for use; but if, in exhibiting the case, or accidentally, the lead should be propelled too far out, turn the case the reverse way, and press in the point; which of course in practical use, will seldom or ever be required.

The Black Lead Points are of five distinct sizes, as well as of five degrees of hardness, and contained in boxes marked as follow :—

The V H	(very hard)	is very small in size..	Seldom required
The H	(hard)	is small............	Hard and black, for fine Drawing
The M	(medium)	is of a medium size..	For general purposes
The S	(soft)	is larger...........	Black for Shading
The V S	(very soft)	is largest..........	Very black, for deep Shading

The Cases are respectively marked with a corresponding Letter.

Attempts have lately been made to impose upon the Public an imitation of their Patent, in which the Lead being attached to the propelling wire, for the useless purpose of drawing back the Lead it is therefore in constant danger of breaking, while in those recommended to the Public by the Patentees, the Lead may be propelled as required for use, without incurring the slightest risk of breaking.—"*MORDAN & CO.'S PATENT*" is stamped on each case, and no other Patent has been granted for Pencils. They may be had of most of the respectable JEWELLERS, SILVERSMITHS, CUTLERS, AND STATIONERS IN THE UNITED KINGDOM.

MANUFACTORY,
No. 22,
Castle Street, near Finsbury Square,
LONDON.

图 17.3　1827 年的广告，推销的是一种早期的自动笔

感性的"永尖"

由于笔芯供应的限制，却意外地为"永尖"铅笔的成长，增添了复杂的变数。长久以来，华尔公司使用的笔芯都是向一家传统的制造厂购买的，当该厂商意识到自动铅笔开始对木制铅笔的销售产生威胁时，显然便限制了对外的笔芯供应量。因此，华尔公司决定要着手自制笔芯。该公司的总经理在 1921 年写道："据我们了解，制造笔芯是一个充满神秘的过程。"尽管如此，华尔公司依旧打定主意，非自行生产笔芯不可，公司的专属化学家便"有如世上尚未出现笔芯一般，废寝忘食地研究。结果发现制造笔芯一般有两种方法，不过却依然无从得知其间的细节"。这位名叫罗伯特·贝克（Robert Back）的化学家，曾于 1925 年针对笔芯的制造发表了一篇文章，却并未透露出任何秘密。基本上，他文章中的内容大都可以在百科全书里找到。

无论如何，在科技气氛浓厚的 20 世纪，对于某种制造流程拥有整体概念，在拟定研发计划以探究细节上，仍有无可否认的益处。或许，贝克始终未能发现其他公司制造笔芯的确切秘方，但他却能创造并保有自己特有的秘方。毋庸置疑的，为自动铅笔制造笔芯，有其特别的问题存在，因为不像木制铅笔的笔芯一样，可以借着加粗来增加韧性。大约在 1920 年时，一般自动铅笔的笔芯直径，大约只有 0.046 英寸，也就是 1.17 毫米。因此，在制作笔芯时，为避免降低黏土的黏性，不能用石墨片。

华尔公司最初制造的笔芯，品质相当低劣，因为适当加强拉张力的问题一直困扰着研发者；不过，到 1921 年时，所有的问题终告解决，他们不但制造出 1200 百万支"永尖"铅笔，还生产出自给自足的笔芯。当时的"永尖"铅笔（见图 17.4），无疑是最普通的赠品，据说有个男孩在生日当天便收到 9 支"永尖"铅笔。另一方面，笔面刻有精美图案的"永尖"铅笔用起来跟售价仅 1 美元的同厂牌铅笔相同，标价却高达 65 美元。

华尔公司预料，"永尖"铅笔迟早会成为其他厂商仿造的对象；因此不断把握机会，致力开发新产品。后来事实证明，短短五年内，华尔便多了将近一百个竞争者，其中许多厂商仿造得惟妙惟肖。正因为如此，华尔公司的广告越来越不强调产品的机械特质，相对却以感性为诉求，希望在消费者心中，把"永尖"与自动铅笔画上等号。随着国内市场的竞争日益激烈，华尔公司开始把眼光放到国外市场，并决定要以产品的美观、经济、效率，还有其他的国际性诉求，作为进军外国市场的卖点。它同时还决定要保持英文原名，而不加以翻译。

20 世纪 20 年代初，美国国内的自动铅笔广告，大都打着提高效率、减少浪费的旗帜。当时刊登在杂志上的"永尖"铅笔广告便指出，根据一项调查结果显示："一般人越来越关心使用铅笔的成本……每位员工每年在木制和纸制铅笔上的浪费，平均是 1.49 美元——可是，每支铅笔真正用到的部分，却只有 2 英寸！你无论如何也不该忍受办公用品这么浪费。"此外，华尔公司还在广告中告诉所有的老板："发给每位员工一支自动铅笔，提供足够的笔芯，便可以节省三分之二的传统铅笔开销，并大幅提高工作效率……因为'永尖'铅笔的使用者，不需要浪费任何时间削铅笔。"

图 17.4　20 世纪 20 年代的"永尖"自动铅笔

恶性竞争来临

在激烈的竞争下，许多大型木制铅笔公司也开始生产自动铅笔，并制造适合其他品牌使用的笔芯。就以美国铅笔公司为例，在推出维纳斯免削自动铅笔的同时，也利用大家对维纳斯绘图铅笔的好评，推出自动笔专用笔芯。其他一些新公司则以平价自动铅笔为营销主力。1919年，有位名叫查尔斯·韦恩（Charles When）的铅笔推销员，在一次展示会上看到一种坚韧的仿玳瑁梳，灵机一动，想到用这种材料制造钢笔和自动铅笔。这种新材料，就是由杜邦（Du Pont）公司所生产的皮若琳（Pyralin）。就成本来说，使用皮若琳制笔比用硬橡胶或金属便宜得多。结果，韦恩"为明天"而设计出来的自动铅笔，不但质轻、均衡、色彩丰富，而且价格低廉。1921年，韦恩以代表"迅速"的西班牙文"Listo"为名，在加州的亚乐美达，设立了李斯托铅笔公司（Listo Pencil Company），开始生产售价仅 5 美分的李斯托自动铅笔。

随着自动铅笔的售价日低、质量日升，对木制铅笔的威胁也就越大。当然，规模较大的铅笔公司可以靠拓展海外市场继续销售传统产品，但规模较小的公司与经销商便完全没有选择余地。曾经有一段时期，美而廉铅笔公司（Lo-Well Pencil Company）为了促销传统铅笔，甚至不惜提供赠品，只要顾客每订购一箩或一箩以上铅笔，就附赠一个宝石削铅笔刀。到经济大萧条时期，大家越来越关心削减成本，据说当时至少有一家银行，在新进员工上班的第一天，便发给他们每人一支自动铅笔以及一管笔芯，告诉他们，等笔芯用完后，得自掏腰包买新的。

第二次世界大战爆发后，美国自动铅笔公司所面临的，不仅是国内，同时还有国外激烈的竞争。在 20 世纪 30 年代末期，德国、日本和法国，都是阿根廷自动铅笔的主要供应国。美国为了要跟日本竞争，只得把每支自动铅笔的售价，压低成七八分钱。而在业界不断压低成本下，自动铅笔的品质当然也是每况愈下。

根据 1944 年的《消费者研究公报》(*Consumer's Research Bulletin*)指出，"除了少数价格奇昂的自动铅笔外，所有的自动铅笔，品质都十分低劣"。文章中还指出，"战前用 20 分钱左右便能买到的高品质铅笔，如今已不复可得，现在想要买支具有'战前质量'的铅笔，至少得花 1 美金。"公报里唯一推荐的自动铅笔，便是"顶尖自动"(Autopoint)笔，由于部分笔形可以装入直径仅有 0.036 英寸，换算起来大约是 0.9 毫米粗的极细或超细型笔芯，被专家评鉴为同类型铅笔中的"极品"。

无论如何，不同品牌的自动铅笔间，还有自动铅笔与木制铅笔之间的恶性竞争，一直持续到 20 世纪 50 年代，也就是在美国联邦贸易委员会订下规则，以"促进业界公平、良性的竞争"后，情形才稍见改善。不过，有些公司还是明知故犯，重谈以往广告的老调。例如，顶尖自动笔的广告中便指出，从相同的书写量来计算，自动铅笔的价格并不比木制铅笔贵；此外，"每支木制铅笔平均要削 30 次，而每削 1 次笔，至少要花 1 分钟，全部加起来就是半小时。若再把每个钟头 1 美元的薪资费率算进去，每支铅笔还要再加上 15 分的额外成本。"尽管木制铅笔业者普遍宣称，1 支铅笔只需要削 17 次，但顶尖自动笔数十年如一日的广告却依旧"自说自话"。令人纳闷的是，顶尖自动笔的广告中并没有提到，每次为该品牌的自动笔换笔芯，或是清除卡住的断裂笔芯时，又得花多少时间。

超细笔芯争霸

到 20 世纪 70 年代，全美已有超过两百家工厂，每年耗费大约 2000 万磅的塑胶，来制造 20 多亿支的书写工具。塑胶供应商之间的竞争彼此十分激烈。至于每年在市面上销售的自动笔超过 6000 万支。在五花八门的新产品中，最热门的便是笔芯细度仅及 0.02 英寸，也就是 0.5 毫米的超级细字自动笔。

超级细字自动笔市场的大半江山，不久便为日本产品所占据。部分日制自笔的笔芯细度，甚至只达 0.01 英寸，也就是 0.3 毫米。不过，传统的德国铅笔制造商，很快地掌握了制造自动铅笔的诀窍。由于以黏土和石墨制成的笔芯，在细度上有相当的限制；因此，唯有借着聚合流程（polymerization process），在笔芯配方中加入塑胶成分，才能制造出超级细字笔芯（见图 17.5）。尽管这种聚合笔芯有相当的韧性，足以承受自动铅笔内，以及轻轻书写的拉力，但据 1973 年的《消费者研究公报》指出，超细字笔芯仍然有些令使用者无法满意的限制与缺点：磨损率高、易断裂，尚未用完前，就必须另外换装新笔芯。基于以上种种原因，当时没有任何一种自动铅笔，有像高仕（Cross）那般高的评价，因为高仕的笔芯直径是 0.036 英寸即 0.9 毫米，同时兼具了可写细字、又不容易断裂的优点。

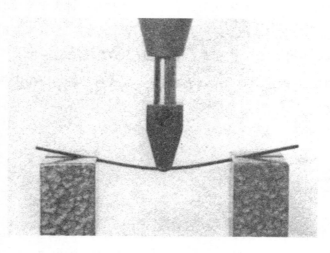

图 17.5　聚合笔芯的弹性测试过程

　　到 20 世纪 80 年代中期，史克利普多（Scripto）公司率先推出抛弃式，装有 0.5 毫米笔芯的塑胶制"黄铅笔"（Yellow Pencil）。该公司当时预期，这种新产品的年销售量，将可超过 1000 万支。无论如何，根据统计数字显示，1985 年的机械铅笔与自动铅笔的销售量，已然超过 1 亿支。

第十八章　工程业

经常有人说，所谓工程师就是别人用两块钱才能办好的事，他只需要一块钱就能搞定。就像所有睿智的谚语般，这句话也具有某种程度的真实性——只要你能了解其中的隐喻。铅笔制造业正是工程上的节约对制造成败具有关键影响的最佳范例。19 世纪初期，在新英格兰很难买到高品质的英、法、德制铅笔，能够有任何国产制品或品质粗糙的铅笔，都远比没有好。其实一开始，铅笔制造业便了解，无论成本高低，任何人只要能设计出好铅笔，便能占有竞争的绝大优势，因为铅笔使用者，尤其是艺术家、建筑师，以及工程师这类靠铅笔工作的人，只要有好铅笔，再高的价钱也愿意出。约翰·梭罗跟他的儿子亨利·大卫·梭罗都明白这一点，他们也知道，只要能制造出跟舶来品一样好的铅笔，自然成功在握。事实证明，父子制造的铅笔虽然比其他任何美制铅笔都贵，但依旧销路奇佳，直到德国铅笔制造业在 19 世纪中期左右"入侵"，情况才发生变化。当时爱默生便如此写道：

1849 年，有位在波士顿某所时装学院就读的朋友告诉我，从前绘图老师都会指导学生，要他们到艺术用品店去买梭罗铅笔，"因为它们是最好的"，当时他们买这么一支铅笔，就得花 25 美分。不过，就制造成本来说，梭罗铅笔却远比不上质量同样好的德制辉柏铅笔。我听说，那些好铅笔一箩只要 6 美元；换句话说，一支大概只要 4 美分。

梭罗父子不是傻子，他们也希望能在降低成本时，制造出最好的铅笔，事实却证明，"人外有人"，德国业者的设计功力显然技高一筹。19 世纪 40 年代末期，德国厂商已完全掌握了柯特制笔法的诀窍，并开始拓展海外市场，大量外销。由于辉柏家族采取量产，所有设备发挥最大的经济效益，他们以 4 美分成本生产的铅笔，梭罗家族却可能至少需要花上 8 美分才能制造得出来。不过，因为梭罗在制造高品质铅笔上已有相当基础，所以他们只需要把原来的家族企业，扩张成大规模的制造厂，便能使所有的设备与材料发挥经济效益，从而降低成本，增强市场竞争力。然而，像这样大规模的扩张，却需要筹集资金、投资新机器，并大幅增加产量。

商业与工程学

显然亨利·大卫·梭罗对这等大规模的投资兴趣不大，他的父亲也没有扩张家族企业的野心；一流的梭罗铅笔，依旧保持着"高贵"的身价。亨利·大卫·梭罗似乎是"滚石不生苔"，从来没有长久地干过某一行，更别说是担任专业工程师，他却似乎拥有尊重个人权利的社会良心。这项特质也正主宰着他的思维方式。在人们的成见里，工程师最大的特性就是"死脑筋"，满脑子装的都是硬邦邦的计算程序。可是梭罗却刚好相反。至于世上绝大部分工程师，无论是专业的也好，或是"半吊子"也罢，则都介于理想与感性之间。

基本上，工程学与商业通常是相辅相成的，工程学与商业的结合就是我们所谓的工业。工程设计若缺乏商业利益，工程设计师就只有坐冷板凳的份；相对的，商人若不投资工程研发，不断推陈出新，很容易就被市场淘汰。置身激烈竞争的环境，只要有工程师想出成本 1 美元的生产流程，随即会有其他工程师构思出成本只要 99 美分的制造诀窍。所谓"聚沙成塔"，巨大的财富是由这些小钱聚积起来的。

1921 年夏天，有位名叫阿曼德·哈默（Armand Hammer）的年轻内科医师，为了安排把自家家族企业生产的药品与化学品运到战后物资匮乏的苏俄，并救助伏尔加地区饱受饥荒与干旱之苦的难民，从纽约远赴莫斯科。在行经乌拉尔山区时，他不仅亲眼看见当地人的饥馑惨状，同时也看到苏俄工业不振以及经济萧条的情形。他发现，在欧洲实施经济封锁时，苏俄虽有堆积如山的矿物、宝石，还有皮草之类的珍贵物品，当地人却似乎并没有想到，要把它们拿去交换谷物或其他民生必需品。于是，哈默立即安排美国运粮船到苏俄，等船上粮食在圣彼得堡卸完后，便换装苏俄货品"满载而归"。从此，哈默便展开了一桩长期而利润丰厚的事业。

列宁不久就注意到哈默这种果决的行动，紧接着召他进克里姆林宫。据哈默自己说：

> 列宁认为，美国与苏俄这两个国家，是相辅相成的。苏俄是个拥有丰富原始资源的国家。美国可以在这儿为机器，甚至为制成品找到原料与市场。最重要的是，苏俄需要美国的技术与方法，还有美国的工程师和教师。

> 列宁拿起一本《科学美国人》一边飞快地翻阅着，一边说："看，这就是贵国人民的成就。这就是进步的意义：建筑、发明、机器，以及研发取代手工的机械设备。现今的苏俄，就如同当初处于筚路蓝缕时期的美国。我们需要的，是成就今日美国的知识与精神……"

> 接着他以昂扬的声调说："我们真正需要的，是美国的资金与技术协助，使我们的齿轮再度转动，不是吗？"

苏制铅笔起步

当然，哈默同意这个看法，列宁则继续滔滔不绝地说，苏俄愿意对外商提供工业与商业优惠，加速国内经济复苏的过程。接着，他问哈默有没有兴趣。哈默则想起在火车上，有位冶矿工程师曾谈起有关石棉的种种。于是，列宁问他："你为什么不申请开采石棉优惠呢？"当哈默表示，他担心在谈成这笔交易前，可能需要花很长的时间，列宁却向他保证将会排除任何障碍。结果，哈默在最短的时间内，成为第一位在苏俄获得优惠待遇的美国人。

由于苏俄严重缺粮，哈默十分明白若要提高粮食产量、加速农业机械化，就必须购买大批的牵引机。他便跟一位战前就在俄国南部担任福特代理商的叔叔讨论了这个问题。尽管哈默的叔叔认为，亨利·福特对布尔什维克政权下的市场，兴趣缺缺。他还是安排哈默与福特在底特律会面。经过一番讨论，福特也看好苏俄的牵引机市场，但他却宁愿等到苏俄改朝换代，再"进军"铁幕。可是，哈默指出，在可预见的未来，苏俄根本不可能出现新政权，亨利·福特才回心转意，将全苏俄的福特产品代理权，都交给年轻的哈默掌管。在他从事两年的进出口贸易后，苏联外贸独占部（Foreign Trade Monopoly Department）部长刘昂尼德·克拉辛（Leonid Krassin）却通知他，苏联将收回外贸控制权，但他仍可以在境内从事其他制造业。哈默想了半天，不知道该生产些什么；结果，在很"意外"的状况下，找到了自己的选择。据哈默说：

有一天，我到文具店去买铅笔。售货员随即拿出一支很普通的铅笔，这种货色在美国顶多只值两三美分，令我吃惊的是，他竟开口说要 50 柯派克（50 kapeks，相当于 26 美分）。

我则回答："噢！但我要的是不可擦铅笔。"

最初他摇摇头，后来却有些于心不忍地说："既然你是外国人，我就卖你 1 支；不过，我得告诉你，我们的存货十分有限，这种铅笔通常只卖给那些既买纸又买笔记本的常客。"

他走进贮藏室，拿了 1 支最低级的不可擦铅笔出来，售价竟然高达 1 卢布（52 美分）。

于是，我继续打听一些问题，结果发现，苏联的铅笔奇缺，几乎所有的产品都是从德国进口的。战前，有些德国人曾在莫斯科经营一家小型的铅笔厂，如今已停止生产。据说，苏联原有计划将之改建，发展成一家国营铅笔厂，但直到 1925 年夏天，计划迟迟未能付诸实现。我打定主意，确信这就是我的机会。

哈默提议兴建铅笔厂，固然受到苏联政府的欢迎；但由于当地的铅笔制造市场，传统上由德国企业把持，大家心里不免有些怀疑。无论如何，哈默除了提供 5 万美元的现金，同时还保证将在 12 个月内开始生产铅笔。他还信誓旦旦地说，要在第一年内生产价值"百万美元"的铅笔。由于苏联政府已定下目标，要让全国上下每一位国民都学会读书、写字，哈默这项别具吸引力的提议，自然令人无从拒绝。结果，苏联政府以"破纪录的时间"，三个半月内便核准哈默的申请，整笔交易也在 1925 年 10 月谈成。可是这时哈默对如何制造铅笔仍一无所知，他远赴纽伦堡，打算从头学起。

德国技术输苏

不过，就像在苏联，哈默总把做生意摆在娱乐之前一样，他在德国也是生意第一、工程设计第二，他这种态度几乎已到危及整个事业运作的程度。即使在苏联共产体制下，纸上谈兵依旧比实际制造铅笔容易。嘴上说要制造一流的铅笔，自然也比真正动手做简单得多。尽管在 20 世纪 20 年代，纽伦堡的铅笔制造业者使用的是当时最先进的机器，但他们严守制造秘方的态度，却不亚于一百年前。

因此，哈默在纽伦堡待了一个星期后，对铅笔制造业的了解，就跟刚抵达时一样。如果他当时能跟苏联取消合约，也许他会毫不犹豫地这么做。无论如何，正当一切看来濒临绝望时，哈默通过当地的一位银行家，跟一名在某家大铅笔厂担任要职的工程师取得了联系。巧合的是，这位名叫乔治·贝尔（George Baier）的辉柏铅笔制造师，曾经受邀赴俄在当地设立铅笔厂，由于战争爆发阻碍了整个建厂计划，贝尔也被迫留在俄国，战后才得以返乡。但是，贝尔偕同俄籍妻子回到德国时，受到的却是冷淡的对待。经过许多年，他才得以重新加入当地的铅笔制造业。由于这番际遇，自然使贝尔对德国的铅笔大王缺乏忠诚度，于是，他在哈默以年薪一万美元，再加上每生产一箩铅笔，可按比例抽取红利的重金礼聘下，放弃了辉柏公司月薪仅两百美元的工作。同时，贝尔并告诉哈默，其他遭受苛刻待遇的员工也可以加入行列。例如，有位领班在德国的工厂服务二十五年后，接受了一份在南美洲新厂的工作，纽伦堡警方却不放他走，弄得他既无法工作，又无法走人，只得在当地白白待了十年。经过十年"真空期"后，即使他真正获准到南美洲发展，也无法带去什么商业机密，因为他所知的一切都已是十年前的陈年信息。这类人事悲剧，并不是技术本身的产物，而是技术管理不当的结果。无论是在商言商的哈默，或是担任工程师的贝尔，都十分了然。因此，他们在提供高薪与红利，并且保证将在莫斯科建立德国城，让员工享有德式生活、德国啤酒，同时让他们的子女接受德国教育，从而招募到许多遭遇类似，而对本国铅笔制造业已不存在任何幻想的德国员工。两个月后，哈默与贝尔终于选定了将协助他们建设新厂的员工，并从铅笔制造业影响力日益衰微的柏林为新员工申请护照，以避免出境时受到刁难。

　　另一方面，由于苏联政府坚持，哈默的铅笔厂必须同时生产钢笔；他只好马不停蹄，奔赴英国的伯明翰，在这个 19 世纪中期曾拥有"世界玩具橱窗"美名的城市，另外招募员工。他在伯明翰也遭遇到和在纽伦堡时相同的窘况——当地的工业十分封闭，所有的员工几乎都是从童年开始，便在"半封建"的工厂内接受训练。哈默这次却当机立断，随即在当地报纸上刊登征求工程师的广告，以期来应征的工程师能穿针引线，为他介绍有丰富经验的工人。

　　回到莫斯科后，哈默便为工厂，还有计划中的德国城积极寻找合适的兴建地点。后来，他在莫斯科河附近的郊区，找到了一座废弃的肥皂厂，以及超过一平方英里的土地。不久之后，工厂的整修与德国城的兴建迅速展开，所有的机器与设备，随后也都按照工程师的计划逐一安置。在工厂开始生产前，每年平均要进口价值两百万美元左右铅笔的俄国，就在哈默首度造访纽伦堡后不到半年，仓促设立的莫斯科铅笔厂，便已开始生产——比预定的时程表大约提前了半年。最初他们用来制造笔杆的，是美国杉木，但等到西伯利亚红杉获准开采后，哈默便转而"就地取材"。

由盛而衰

　　由于在苏联，铅笔的生产始终供不应求，哈默要达到约定目标根本就不成问题。第一年，工厂生产了价值 250 万美元的铅笔，远超过哈默当初承诺的 100 万美元；到第二年，每支铅笔的售价更由原先的 25 美分降到只有 5 美分。当苏联政府下令，不准铅笔进口后，哈默的事业顿时便成了名副其实的垄断事业。工厂的铅笔年产量从原有的 5100 万支，大幅增加为 7200 万支后，其中两成的产品开始外销到英国、土耳其、波斯，以及远东地区。随着生产成功而来的，自然是丰厚的利润。哈默的工厂在第一年内，便赚到超过原资本额 100 万美元的利润。不过，资本虽是哈默出的，他却必须与苏联政府对半分享。

随着铅笔工厂的成长，获利率的提高，以及利益分享观念的推展。哈默所奉行的资本主义显然是"树大招风"。不久便成了苏联媒体大力抨击的目标，而其他种种迹象都显示，当地的商业环境正在产生变化。在苏联媒体围剿哈默，说他的铅笔厂赚取太多"不义之财"的情况下，他只好进一步降低铅笔的售价。到 1930 年，哈默与苏联政府的合作关系终告结束，莫斯科铅笔厂为当局接管后。随即被更名为萨可与方齐迪铅笔工厂（Sacco and Vanzetti Pencil Factory）。而萨可与方齐迪，正是意大利裔移民工人尼古拉·萨可（Nicola Sacco）以及巴托罗密欧·方齐迪（Bartolomeo Vanzetti）的姓氏。1920 年，他们俩因为在美国马萨诸塞州制鞋厂涉嫌抢劫杀人，于 1927 年被处死刑。当时曾引起全球社会主义者的抗议。

无论如何，尽管哈默苦口婆心一再向苏联当局强调，千万要好好维修那些得来不易的制笔机器；负责接管的苏联人却置若罔闻，根本不把维修机器当一回事。几年之后，厂内便发生了一件致命的意外。接着，在 1938 年，有六位工厂主管因谎报产量被起诉受审。后来有关当局发现，这些主管之所以夸大产量，全是受到"高级长官"指示，只好撤销控诉。

正当萨可与方齐迪铅笔工厂的产量报告上出现虚幻的数字时，看得见、摸得着的铅笔，也神不知鬼不觉地在苏联劳工的口袋里逐渐消失。有一则故事是这么说的：几年前，当美国与苏联召开条约会谈时，美方都会在每回合会议开始前，在桌上放一大把印有"美国政府"的铅笔；每当会议结束，铅笔总会神秘地"失踪"。最后大家才发现，原来这些美制铅笔都进了苏联谈判者的口袋，他们之所以浑水摸鱼，是因为"在苏联很难得到这么棒的书写工具"。

当然，在所有的会议里，铅笔都可能会不见，由于意识形态的关系，这则故事或许是捏造的，也或许具有浓厚的宣传意味。但即使如此，这故事仍能引起我们对现实的注意。或许，谈判者在草拟条约时，的确是用铅笔；政府领袖在正式签约时，却绝不可能看到铅笔的踪影。政治人物与钢笔之间，似乎有着深厚的渊源——你绝对不可能看到一国元首在签完条约后，拿手中的铅笔给人当纪念品。同样的，工程业中也是如此，虽然工程师在为工厂设计机器与流程时，用的大多是铅笔，但在签约时，还是无可避免地要用钢笔。

第十九章　竞争，萧条与战争

　　随着铅笔的重要性日增，美国铅笔的产量，自然也成为国家工业体制好坏的指标。然而，第一次世界大战的爆发，为这项指标投下了复杂的变量。战前的美国，高达九成的铅笔市场，全为本土的艾伯哈德·辉柏、狄克逊、美国，以及鹰牌等四家铅笔公司把持。到 1921 年，各公司在面对生产成本低廉的德制与日制铅笔的竞争下，纷纷要求政府提高关税，限制外国铅笔进口。不过，A. W. 辉柏铅笔的进口代理商却抗议提高关税，并反指四大铅笔公司即使在低关税时期，也同样控制市场。

　　由于世界铅笔市场竞争日益激烈，制造商为了维持占有率，不但得寻求立法，还必须求助于工程研发。标准铅笔公司在圣路易斯设立新厂时，同时装置了业界的第一台电热炉，借着这种新设备，一次可以烧制出 1.350 磅的笔芯，每磅笔芯的成本则低于原先预计的 6 美分。整体算起来，利用电热炉烧制笔芯的成本要比用瓦斯炉低三分之一。

　　其他铅笔公司，无不挖空心思试图利用各种方法降低生产成本。泽西市的通用铅笔公司（General Pencil Company）便装设了柴油引擎，自行供应全厂所需的电力，比靠当地发电厂供电降低了一半以上的成本。艾伯哈德·辉柏则发现，每当布鲁克林的湿度变高，刚上过漆的笔面不久便会凝聚出一粒粒的水珠时，只好暂时停止上漆作业。他们后来针对这个缺点，特别设计并安装了除湿机，不但提高铅笔产量，也可以在有湿度控制的环境下，使用成本较低的磁漆。

运用适当的科技不仅可以提高产量，也能降低成本，但制造商却也了解，大幅提升制造产品的效率，并不意味着销路必然畅旺。铅笔制造商与经销商面临的问题之一，就是为了增加竞争力，握有太多种类的铅笔；却没有任何经销商能全部展示出来，也没有任何制造商能同时为所有的产品做广告。因此，艾伯哈德·辉柏决定将铅笔的分类标准化，视不同顾客的需要，通过各类广告来促销不同种类的铅笔。

辉柏的构想固然好，时机却很差。随着经济大萧条时代的来临，消费者的购物习惯也产生巨大的转变，连带的，厂商的生产与广告方式也势必要有所变更。从 1929 年到 1931 年，在钢笔与制造业里，铅笔的价值大约仅占产品总值的四分之一，铅笔制造工人的人数也减少将近三成。于是，艾伯哈德·辉柏公司的销售经理便在 1932 年时，致函代理公司广告的智威汤逊（J. Walter Thompson）公司，向他们解释"必须结束彼此的业务关系"。当然，这既不是广告代理商，也不是广告业务代表的错，而是预算紧缩造成的。不过，虽然百业萧条，置身于光明云端的蒙古牌铅笔画像，依旧出现在艾伯哈德·辉柏公司所有的信头上（见图 19.1）。

1931 年，约翰·辉柏、辉柏嘉，以及 L. & C. 哈特莫斯这三大欧洲铅笔公司为了消除彼此的竞争，同时降低成本，在瑞士共同成立了一家控股公司。这家新托拉斯旗下所有的企业，包括位于波兰克拉科夫的酷喜乐分公司、巴西的约翰·辉柏铅笔分厂，以及约翰·辉柏在德拉瓦州威明顿的美国分公司。尽管威明顿的公司当时并未开始生产，却最为美国制造商关注，因为约翰·辉柏一旦找到立足点，便会"蚕食鲸吞"当地市场，以巴西为例，他们根本完全控制了该国的铅笔市场。

那时的进口铅笔还不及美国铅笔总产量的百分之五。单是美国四大公司的铅笔产量，便超过全欧三大公司的铅笔总产量。美国铅笔公司一方面致力于保护国内市场，另一方面则积极寻找机会，企图拓展海外市场。在各公司大举出击下，美国铅笔销往全球六十多个国家，出口量远超过进口量。虽然美国铅笔的出口量在 20 世纪 20 年代曾一度达到巅峰，但自 1932 年，四大公司中的其中三家到加拿大设厂后，便大幅减少。

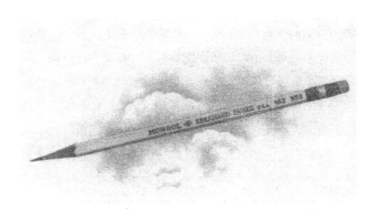

图 19.1　1932 年出现在艾伯哈德·辉柏公司信头上的蒙古牌铅笔画像

日制铅笔进攻

尽管经济持续不景气，美国的进口铅笔中，仍以德国与捷克制的高价位铅笔为主，唯一不同的只是进口数量上明显减少。由于大众的"节流"意识高涨，消费重心也逐渐从高价铅笔转移到低价铅笔。像"蒙古"这类高品质的 5 美分铅笔，便不敌 3 支 10 美分，或甚至 3 支只卖 5 美分的仿冒品。不过，最令美国铅笔业者紧张的，还是 1933 年国内进口这类低价日制铅笔的数量。铅笔制造业在日本并非新兴行业，早在 1913 年，他们便至少有 40 家铅笔制造商。最初，日本人生产铅笔大多靠手工以及一些小型机器的协助，大约在 1918 年后，他们仿造了整套现代化的德国机器。到大萧条时期，他们已拥有"组织良好的贸易与输出机构"，足以帮厂商把每箩仅售 23 美分的铅笔，大量销到美国。

外形看似美国铅笔的日本制品上通常印着他国的商标或品牌名，以便能以较低的关税进入美国。尽管美国厂商不断威胁要对这些产品提起专利权的诉讼，每箩批发价便高达一两美元的美制铅笔，究竟难敌日制铅笔的攻势。而美国厂商真正想要的其实是关税保护，因为他们受限于当时美国的《总统再就业协议》，不得不提高工人每小时的薪资。由于日制铅笔的品质很差。抱怨之声时有所闻，甚至有进口商干脆采取行动，阿根廷便有位进口商因为发现日制铅笔的笔芯不到半英寸，其他部分全是实心木杆，愤而拒绝付费，与日本厂商闹上法庭，双双对簿公堂。那位进口商声称，后来进口的铅笔跟他当初看到的样品不同，日本制造商为了证明自己的清白，当场在庭上切开产品，结果证实原本的产品里，就大半都是实心木头，法官于是判决进口商必须付费。

到 1934 年，鹰牌铅笔公司、艾伯哈德·辉柏铅笔公司、美国铅笔公司，以及约瑟夫·狄克逊坩埚公司等美国铅笔业的四大龙头，在国内产量的占有率已不到七成五，整个工业都强烈感受到外国产品竞争的压力。

重重难关

减少压力，降低成本的方式之一，便是"少变花样"——铅笔的种类越多，样式越繁复；相对的，机器就必须作较多的调整，原料的使用必然会增加，存货的数量自然也会提高。于是，美国商业部便公布了一种建议简化（Simplified Practice Recommendations）流程，以促使制造商、经销商，以及消费者共同拟定某种程度的质量标准，让业者能在这范围内进行公平的竞争。1934 年，美国标准局针对木杆铅笔，公布了 R151-34 建议简化草案。草案中指出，要提高质量，凸显橡皮擦铅笔的特色，在制造过程中就必须注意以下几点：第一，保持木材原色，将橡皮擦嵌入笔杆；第二，镍质套环配白橡皮擦；第三，金色短套环配红色橡皮擦；第四，富装饰性的金色长套环配红橡皮擦。此外，草案对各类铅笔的长度、粗细，笔芯的种类、等级，笔杆的形状、颜色，以及笔面上印刷的商标等都有明文规定。

当然，四大铅笔公司对这些保护性的分类条文，满意得没话说，部分小型制造商却可能觉得限制未免过严。在这些法规定案前，便曾经有人提议。要删掉铅笔应为 6 英寸长的限制，而把 7 英寸定为铅笔的标准长度。无论如何，这些规定带来的是成本进一步上扬，同时也导致 1933 年日制铅笔的大倾销。也因此，简化铅笔建议草案始终停留在试行阶段，并未成为正式条文。

随着经济大萧条来临，原本已困扰铅笔业者的问题更加复杂。因为业者缩减工资与工时，罢工不断。鹰牌铅笔公司先后在 1930 年、1934 年，以及 1938 年发生罢工潮，使整个企业受到严重损失。而最后也最严重的一次罢工，正是因为公司订单减少，业界竞争激烈，主管先是决定缩短工时，接着又提议削减每小时的工资所引起的。在罢工期间，工厂每星期只作业 24 小时。随着罢工潮越演越烈，位于第十三街与第十四街，以及 C 大道和 D 大道交界，正处于劳工密集区的鹰牌铅笔工厂，挤满了成千上万抗议的工人，以及同情劳方的群众。示威达到高潮时，抗议者不但跟警察发生冲突，把拒绝罢工的工人从机器前拖走，还四处投掷砖块与鸡蛋。僵持 7 周后，资方同意罢工者复职，并答应解雇在罢工期间聘用的员工。整个抗争才在 1938 年 8 月落幕。到 1942 年，大约半数的钢笔与铅笔制造厂都成立了工会。

战争与铅笔

随着第二次世界大战爆发，来自马达加斯加岛与锡兰的上好石墨供应中断，美国铅笔制造业者只好退而求其次，采用来自墨西哥、加拿大以及纽约的次级石墨。原本来自德国与英国的黏土也因为供应渠道断绝，只好以产自南美洲的黏土取代。至于原本由日本供应的蜡，则以美国的国产品取代。不过，珍珠港事件爆发后，为美国铅笔业带来最迅即的影响，便是在 1941 年 12 月 8 日，"天皇"铅笔被更名为"美拉度"（Mirado）铅笔，去除了原本的含义。

在预期物资缺乏的心理影响下，部分铅笔公司开始大量囤积原料，L. & C. 哈特莫斯的美国分公司更趁海运线被封锁前，自德国与捷克进口大量的笔芯，后来并谎称他们的产品百分之百是美国制造的。在战争期间，铅笔的销售量有破纪录的增长。1942 年，美国铅笔的产量，更高达 10.25 亿支。然而，在原料严重短缺下，不久便促使政府规定，禁止使用橡胶或任何一种制造铅笔所用的金属。制造商普遍都预料到会有这个限制，美国铅笔公司便早在 1940 年就开始研发胶套环。到 1944 年，该公司开始将这些胶套环加装在"维纳斯"，以及"天鹅绒"（Velvet）铅笔上，同时并计划向战后的顾客推荐这些新产品。事实上，早在 1942 年，市面上便出现了塑胶套环，部分厂商也发现，以橡胶代用品制成的橡皮擦，也同样能利用纸制或纸板制的套环固定。

1943 年初，战争制造业委员会将木制铅笔的产量限制在 1941 年水平的八成八，同时并预估整个战争期间，只要用到 1939 年铅笔消耗量的三分之二，便足以应付民众所需，由于当时铅笔制造业大量使用国产木材与劣等石墨，一般相信，美国政府之所以做这样的限制，是为了要保留开采原料的运输系统与人力。至于在机械化的工厂里，大约只雇用

3000 名非技术性员工，其中有四分之三是女性，因此在战争时期，铅笔制造业对整个劳动力，并没有重大的影响。

图 19.2　狄克逊 20 世纪 40 年代推出的提康德拉加铅笔，

装着打字机用橡皮擦与圆形保护套，金色套环上还有二个黄色环圈

　　在战时的英国，无论是铅笔的制造、供应，以及价格，都受到严格限制。该国商务部曾在 1942 年 7 月 1 日下令，厂商只能制造几种特定等级的笔，而且不准磨光笔面，避免不必要的物资浪费。不过，当战争结束时，这一切限制也随之解除。而铅笔制造业，就像第二次世界大战后的其他产业一样，开始使用更多的塑胶，而科学、技术，以及工程学，也开始扮演日益吃重的角色。

第二十章　肯定科技

第二次世界大战所导致的物资短缺，并未因为战争结束而改善。珍珠港事件爆发后，英美制造商为了要供应政府、武装部队、战争工业日益增加的需求，不得不减少对平民的供货量，并致力缩减花哨铅笔的产量。

由于一般预期，战后的德国与日本，短时间内无法在铅笔制造上恢复战前水平，仰赖进口铅笔国家只好另觅供应来源。以荷兰为例，20世纪30年代，该国每年铅笔的消耗量高达3500万支，因为国内没有铅笔制造业，七成以上的铅笔都从轴心国进口。战后，荷兰一方面为了供应国内需求，另一方面为了要外销，这才组建铅笔厂。他们所用的原料绝大部分就地取材，只有锡兰石墨是靠掌握矿源的英国进口。至于削整笔杆的机器，则向美国购买。

在战后铅笔供应不足下，有人为了从中牟利，循求非法途径铤而走险。直到1949年，还有一名来自明尼苏达州锡夫里弗福尔斯的陆军下士，因为企图利用军车走私价值超过3万美元的德制铅笔到法国，被罚6个月的苦役。1951年，美国联邦贸易委员会下令，纽约原子产品（Atomic Products of New York）公司不得再在消费者不知情下，继续销售日制铅笔。另一方面，直到战后多年，英国人才能随心所欲地购买任何国家制造的铅笔。尽管《经济学人》杂志在1942年为花哨的铅笔消失额手称庆；《泰晤士报》却在1949年9月下旬，为铅笔制造恢复多样化而表示："各种颜色、形状，以及长短的铅笔，都将在本周回到店里，而我们也将重获生活中的一些小小乐趣。"

无论如何，制造商并不认为铅笔重返自由市场，理所当然——至少美国如此。虽然在战争期间，他们接获数不清的订单；但由于铅笔公司仍"着眼于充满竞争的未来"，不但在杂志上继续登广告，甚至还加强促销活动。1945 年，鹰牌铅笔公司为了要加强公司名称与产品间的关联性，推出一对叫作老实鹰（Ernest Eagle）的卡通代言人。传统上，在大家心目中，铅笔一直是死板板、硬邦邦的，很难让任何人雀跃万分，因此被认为是特别难推销的商品。

活泼的广告

1927 年，鹰牌铅笔公司调查过部分大城市的销售形态后，也证实了这个看法。调查结果显示：多数人到文具店购买铅笔时，虽然会指明要软、硬，或是不软不硬的铅笔，但只要价格合理，他们根本不在乎品牌。而鹰牌铅笔公司的目标，是要让顾客对其产品建立品牌忠诚度。传统上，德国铅笔制造商总是"强调工厂的特色、多年的经验，或是靠自我吹嘘"来打广告。不过，鹰牌铅笔公司可不信这一套，它认为大众感兴趣的是铅笔本身，而不是那延续了四代的铅笔帝国；因此，铅笔使用者与他们下意识的心态，便成了新广告的主题。

随着铅笔日益普及，一般人养成了顺手涂写的习惯。当时十分流行从一个人的笔迹分析性格。鹰牌铅笔公司请了一位笔相家为大众分析涂鸦。消费者只要花 10 分钱，再附上印在每打天皇牌铅笔盒上的天皇头，就可以把自己的涂鸦寄给鹰牌铅笔公司，并收到笔相家亲手分析的资料。

经济大萧条时期，促销铅笔可不能光靠花招来达到目的。鹰牌当时的新广告经理亚伯拉罕·贝沃德（Abraham Berwald）便承认，接下这份职务的同时，他便明白铅笔充其量不过是在公文上批示"如拟"的工具，对他而言，所有的铅笔以及铅笔广告，看起来全是一个样儿；他根本没有把握能成功促销铅笔。无论如何，鹰牌的总裁埃德温·伯罗茨海默（Edwin Berolzheimer）还是不顾一切地聘用了他，并请他放松心情"慢慢来"，想想看有什么新点子。

在信步闲逛中，贝沃德日渐熟悉鹰牌铅笔公司的工程师。当时工程师的头头是曾在爱迪生实验室工作过的艾萨多·切斯勒（Issdor Chesler），他负责实验材料与方法、发展新流程，以求精益求精。换句话说，切斯勒所做的，根本是工程师的事。由于贝沃德发现，铅笔广告中的诉求着重在"质"的分析，反映出来的则是靠经验累积而成的方法。于是，他要求切斯勒构思一些"量"的测试，以利用确切的数字作为凸显质的依据。

切斯勒为了要测试天皇牌铅笔的持久性，设计出一种类似爱迪生首台留声机的装置，只要把铅笔插在转轴上，便不断在下面的厚纸摞上画圆。结果实验证明，标价 5 美分的铅笔，可以画出长达 35 英里的线条。

在证明铅笔的书写量后，切斯勒接着问："我们该如何借着实际的测试，证明天皇牌铅笔的笔尖的确比其他铅笔坚韧——它们是否能承受更大的书写力呢？"身为工程师的他又发展出一种类似秤盘的工具，只要以固定的角度，把笔尖压在上面直到断裂为止，便能从秤上的刻度，得知笔尖能够受压的韧性。尽管天皇牌铅笔最初在量的测试上，显然领先其他铅笔，但并不足以使消费者相信，这个牌子的铅笔的确品质较高。而这令人失望的结果不免使人纳闷，并进而思考：是否能加强天皇牌铅笔笔尖的韧性？后来，切斯勒在确定笔尖韧性不佳，是由于笔芯与笔杆的密合度不足，以及易断裂笔杆缺乏良好的支撑力后，便着手增加密合度，并减少笔杆断裂的情形。后来，他发展出两种化学流程，一方面在加蜡的笔芯表面涂上防滑物，使黏胶能粘得牢些；另一方面，则将笔杆浸泡抗裂剂，增加木质纤维的韧度，使其降低断裂的几率。经过特殊处理后，"化学保固"天皇牌铅笔便诞生了。根据一家独立实验室测试的结果显示，这种新铅笔跟其他售价也是 5 美分的铅笔相较，的确坚韧得多。

铅笔的忠臣

20 世纪 30 年代中期，鹰牌铅笔公司在各杂志上刊登了一篇标题为《凭事实买铅笔》的全页广告。二十年后，贝沃德依然在鹰牌拿着铅笔，为信件署名。有位为《纽约客》（ The New Yorker ）撰稿的作家，便因为贝沃德的其中一封铅笔署名信，开始注意到这种"与众不同"的习惯，进而追根究底，企图了解他利用这种非正式的铅笔来署名，是否因公司政策使然。贝沃德指出，他和其他老一辈的人都对铅笔忠心耿耿，那些公司元老并不会像他一样，把忠诚付诸行动表现。他告诉那位作者，鹰牌最初在 1877 年推出不可擦铅笔时，通常被用来写商用书信或是签支票，直到打字机与钢笔出现取代其角色为止，贝沃德坚称，只要没有特殊的限制，指明不能用铅笔，那这些支票还是可以使用的。他还指出，鹰牌的副总裁亨利·贝罗（Henry Berol），也就是创始人的后代，是公司里唯一能用紫红色笔芯的人。任何出现紫红色笔迹的备忘录或注解，毫无疑问都出自贝罗之手。有些公司基于同样的理由，也主张指定每位主管用笔芯颜色不同的铅笔。

在该作者得以离开办公室前，贝沃德展出他尚未丧失测试鹰牌产品的兴趣或本领。首先，他开始描述，老式的彩色笔芯有多脆弱——使用者在削铅笔的过程中，常常免不了断裂的命运。接着，他拿出一把尚未装入笔杆的洋红色笔芯，宣称在从前，这些笔芯若是掉到地上，每支

"非得断裂成六七段不可"。随后，贝沃德便将一支新笔扔到地上，证明不会断裂。当贝沃德开始在办公室内四处扔笔芯、进行他的不断裂测试时，访客已悄悄溜到门口。

不过，贝沃德还想证明一件事。由于鹰牌铅笔公司不断在广告中强调，它的土耳其玉牌画笔（Turquoise drawing pencil）笔尖可以削得跟针尖一样细，这位资深的怀疑论者便想确切地传达广告里的信息——他把一位年轻的同事叫进来，把留声机上好发条，并在原本装唱针的地方，插上削好的土耳其玉牌画笔笔尖，不久，有点刺耳，但扣人心弦的旋律也流泻而出。当乐声停止，四周重新恢复沉寂时，贝沃德随即宣称，该同事是这项实验的第一位见证。

1953 年，美国的铅笔消耗量，每年已高达近 13 亿支。当时美国境内虽有 23 家铅笔公司，但整个市场却仍为四大家族所把持。同时，业界中也唯有四大公司才一手生产笔芯、笔杆、金属环，以及橡皮擦等一切制造铅笔的相关材料。不过，这些铅笔巨人的共同点，显然不仅于此。1954 年，美国政府指控四大公司违反了《舍曼反托拉斯法》（the Sherman Antitrust Law）。诉讼中指控，自 1949 年起，它们就联合哄抬笔价、囤积物资，并向地方机关以及大型工业用户倾销产品。诉讼期间，四大铅笔公司的销售额每年仍超过 1500 万美元，并占有五成的国内市场，以及七成五的外销市场。由于四大公司并未上诉抗辩，因此各被科以 5000 美元的罚金。另一方面，它们避免不法操作的协议，也为法院所认可。

无论如何，四大公司联合制定笔价的结果，使原本的 5 美分铅笔，在 1953 年时涨成 6 美分。据艾伯哈德·辉柏说，节节上扬的成本无法再靠降低品质来吸收；只好把有"世界第一知名黄铅笔"之称的蒙古牌铅笔售价提高为 7 美分。20 世纪 50 年代中期，辉柏公司在广告里宣称，蒙古牌铅笔是"美国品质的标杆——而今天的蒙古，是你所能买到最好写、笔迹最黑，也最耐用的铅笔"。由于传统上，质量一直都是艾伯哈德·辉柏铅笔广告中的主题；该公司声明，它不愿在成本不断上扬的情况下，为保持市场的占有率而展开削价促销的活动。

尽管辉柏的产品并不是直销给消费者，而是在 1932 年决定通过独家经销商贩售；它依旧认为，公司承担不起与个别消费者缺乏沟通的可能后果。于是，辉柏在 1956 年推出一项大型的广告活动，向消费者宣布，蒙古牌铅笔的售价未来将调涨为两支 15 美分，好在它们涨成每支 10 美分之前先让消费者适应一下这"折中"的售价。在那铅笔业空前所见，长达两页的四色广告里，辉柏公司宣称，消费者购买蒙古牌铅笔最划算不过，因为"只要花 1 分钱，便能写 2162 个字"。它更在脚注中说明，根据一家实验室进行书写测试，以及成本计算的结果显示，消费者若大批购买蒙古牌铅笔，将更能达到节流的目的。

当时在整个美国铅笔业中，艾伯哈德·辉柏的占有率约为百分之十五到二十，它的厂址也由原先的布鲁克林，迁移到宾夕法尼亚州的威尔克斯巴里。在新厂里，它拥有"全球最现代化的设备"，每天可以生产 75 万支铅笔。光是 1957 年，艾伯哈德·辉柏铅笔的总产值便已高达 700 百万美元。东部的销售经理十分乐观，计划要告诉顾客铅笔的制造过程，而公司的首位非辉柏家族总裁路易斯·M. 布朗（Louis M. Brown），也认为国内起飞中的经济对铅笔制造业确实是个利好。布朗说，辉柏最近成功的经验，令他深深体会到，"明天的成功并非偶然，而是靠今天的计划"。

印度铅笔业

无论如何，在日益竞争的环境下，其他铅笔公司并没有像狄克逊一样，一方面采取激烈的手段，另一方面则致力于重新设计包装，以

"凸显品牌，并强调品质"。1957 年，美国四大铅笔制造商中，又加入了一个新成员，那便是帝国铅笔公司。就在同一时期，美国铅笔工业再度面临进口铅笔的威胁。美国铅笔制造商协会（the Lead Pencil Manufacturers Association）为抵制提案，反对总统扩权降低高达五成的进口关税，不惜在众议院的筹款委员会（the House Ways and Means Committee）中作证。在听证会中，协会领袖指出，自 1945 年实施对日优惠关税后，日本的工业力已逐渐恢复到战前水平，并成为美国铅笔制造业最大的威胁。20 世纪初，日本的铅笔制造业者虽以家庭工业的形态起家，后来却成长为世界级的竞争者。

　　同样的，20 世纪初的印度也有小型的铅笔工厂。该国政府期望，铅笔工业能欣欣向荣。然而，当一位印度观察家说，要把制造铅笔的家庭工业转型成量产的大型工业，绝非易事：

　　　　对一位肤浅的观察家来说，印度似乎拥有丰富的木材、石墨，以及黏土等制笔原料。没错，从某方面来说，我们的确有，从另一方面而言，却非如此——我们是拥有丰富的劣等木材，至于上好木材则必须仰赖造林或从国外进口；我们在金奈、特拉凡歌，以及锡兰，是有取之不尽的石墨矿，但由于印度人完全不知道石墨的工业用途，去除杂质工序必须在国外进行；没错，我们拥有用之不竭的黏土，不过要找出适用的种类，却需要专业知识。据我所知，至少有两家工厂在"不分青红皂白"的情况下，随便乱用黏土，结果到后来还是得花上万卢比去做实验。如果印度的铅笔业想成功，就必须针对木材、石墨，以及黏土进行彻底的研究调查。

20 世纪 40 年代初，正当印度要展开这类研究计划时，却因为战争爆发而被迫中断，只好继续仰赖进口铅笔。1946 年，美国外销黑铅笔的总值已高达 400 万美元，而专家预测，1947 年的输出率更将成长五成或以上。当时的菲律宾、印度，以及中国香港，都是美国产品的主要出口地；直到现在，印度仍是各式各样美国书写工具的大用户。

事实上，早在 1920 年前，印度便开始针对制造铅笔所用的木材进行研究；到 1945 年，有关单位已辨识出 80 种适合做铅笔的木材，并由不同的铅笔工厂进行实验。然而，一流的印度铅笔，就跟英国和德国铅笔一样，必须靠外国木材，如美洲或东非杉木才能制成。到 40 年代中期，德拉敦的森林研究所（the Forest Research Institute）宣称，真正适合制造铅笔的印度木材，只有俾路支的一种杜松。不过，由于这种木材的产地遥远，再加上多节瘤、易腐朽，纹理又歪斜，并没有太高的经济价值。此外，这种树不但生长缓慢，枝干还十分弯曲。

另一方面，在 1945 年被认定为适合制造二流铅笔的 18 种木材中，喜马拉雅杉是最理想，也是开采成本最昂贵的一种。无论如何，到 50 年代初，印度的铅笔年消耗量高达近 7.5 亿支时，喜马拉雅杉不但又成为制造商考虑使用的材料，后来甚至成为外国木材之外，最受欢迎的另一种选择。经过进一步的研究后，印度森林研究所终于在 1953 年宣布，喜马拉雅杉不仅适用于制造一流铅笔，在品质上甚至远优于印度铅笔工业十分依赖的东非杉。事实证明，在印度潮湿的气候下，东非杉很容易扭曲变形，而用两半木条黏合起来的笔杆，因为彼此扭曲的程度不同，自然也很容易裂开。

印度森林研究所针对制笔的木材进行全盘探讨的同时，物理实验室（the Physical Laboratory）的研究员们也集中全力，专心研究笔杆中的"内容物"。而在众多研究项目中，首先需要测量的，就是铅笔芯的电阻力。由于石墨本身是良好的导体，因此要测量铅笔芯的电阻力，只需要把它插入装有电阻表的电路中，便可以得出结果。笔芯若是笔杆内断裂，我们也可以借电路中的电流侦测出来。

除了木制笔杆的质量，以及笔芯的韧性，对印度人来说，其他比较重要的铅笔特质，就是笔芯的黑度、磨损度，以及书写的流畅度。而要将笔芯的黑度量化，进行精确的测量，就必须利用改装过的移动性显微镜，以固定的压力在纸上画密集的平行线。接着，这画满固定数量黑线的纸张，便被放进一个检测盒中，利用检流计来测量笔芯的黑度及等级。若是纸张呈现出深浅不均的黑线条，便表示这支铅笔中石墨与黏土混合的情形很不理想。

至于笔芯的磨损度测试，也是靠移动性的显微仪器来画线，唯一不同的，就是原来的画纸被换成砂纸，以加速笔芯的磨损度。从在砂纸上画出某个固定距离所需的笔芯长度，可以推算出它的磨损度。

科技打败机密

不过，像印度这种后来才发展铅笔制造业的国家，会比英国、德国、美国等铅笔先进国有更明确的技术性标准，并不奇怪。因为像在欧美等先进国家，大公司为了商业目的，都会自行发展供测试和控制产品的科学与工程技术；因此，各公司间的标准都不尽相同。无论如何，印度官方实验室在 20 世纪 40 年代才着手进行的测试，美国大的铅笔公司却早已做过了。

我们知道，鹰牌铅笔公司为了要在广告中公开测试数据，所以才发展出确实估算笔芯磨损度与坚韧度的测试。从 1949 年一位记者对鹰牌铅笔公司的专访报道中，便可以看出测试所扮演的重要角色：

朝鹰牌铅笔公司为数 20 人的研究实验室瞧去，可以看到一种类似钻油井机的装备。旁边放着一个压力计、一个里程表、一个反射计量器，还有一个负载机。有些"老手"对这些"花哨的玩意儿"，或许避之唯恐不及；但是，运用这些设备却能使管理阶层投资的高成本得以回收。事实上，那台"钻井机"，就是高达 14 英尺、摆上装有重达 540 磅秤锤的设备。一位技术人员解释，当铅笔尖抵着放在摆轴压盘上的纸面使劲时，其间造成的摩擦力，会减缓秤锤的摆动速度，最后甚至让它停摆。借此，我们可以测知笔芯的平滑度：笔芯越是平滑，秤锤就摇摆得越久。这么一来，就不需要去猜测各类笔芯的平滑度了。另一方面，只要把笔尖用力抵在受压度可高达 5 磅的压力计上，便可测试出它的断裂点。至于负载机，则可以测试出笔尖的弯曲韧度。经过改良后，这曾经相当脆弱的合成物，如今已十分有弹性，不仅掉在地上不会碎裂，随心所欲、用任何削笔机去削，也不至于断裂。

　　早在二十年前，鹰牌铅笔公司便证明，它的美拉度牌铅笔可以画出长达 35 英里的线条。尽管它"30 英里 5 分钱"的标语至今未变，但根据实验室的测试证明，这种品牌的铅笔，已能画出长达 70 英里的线条。

　　科学工程最大的优点之一，在于它提供了一个短时间内以理性手段处理问题、解决问题的途径。印度人以开明的态度集思广益，在短短十年内达到的目标，却让早期处在封闭环境下的西方铅笔制造业者，花了很长的时间才逐渐领悟出个中奥妙，并发展出类似的法则。尽管直到 20 世纪 20 年代，哈默试图从德国引进铅笔制造技术时依然困难重重；但到了第二次世界大战爆发后，随着科技突飞猛进，所有的铅笔制造机密均逐渐曝光。

　　在科技日新月异的环境下，设立铅笔工厂不再需要靠家族传授独家配方，或从别处打听商业机密，因为制造铅笔的方法已然能通过分析取得。对既缺乏资源，又没有技术足以在铅笔制造业中竞争的人而言，机会依旧存在。20 世纪 60 年代末期，黑脚印第安人保留区的失业率高达四到七成。也就在那个时候，黑脚印第安人的酋长"老伯爵"（Chief Earl Old Person），偕同在蒙大拿州其他部落的领袖，一块儿到小型企业行政处（the Small Business Administration）要求协助，以成立自己的公司。1971 年，他们设立了黑脚印第安人书写公司（the Blackfeet Indian Writing Company），开始用手工制造铅笔。1976 年，公司账面终于出现盈余；到了 1980 年，已经有 100 名黑脚印第安人在生产线上从事组装铅笔与钢笔的工作。到 80 年代中期，公司的年销售额已超过 500 万美元，它那好写又美观的原木铅笔也赢来许多忠诚的顾客。可是激烈的竞争，以及日本与德国进口笔持续抢市场，却不断提醒黑脚印第安人，开放的技术不仅带来了机会，同时创造了挑战。

第二十一章　追求完美

在辉柏铅笔公司 1892 年的目录中，艾伯哈德·辉柏二世站在产品后，下面则印制着这样的声明：

> 我保证，任何由本公司出品的铅笔，所用的都是最好的原料，拥有最划一的品质，以最精细的手工完成，而且支数绝对不多不少。只生产完美的商品，是我一贯的目标。

或许制造完美的铅笔，是辉柏一生的目标；毫无疑问，他并没有达到这个目标。当然，这并不是说他的保证缺乏诚意，因为他很可能由衷地相信，该公司最高级的铅笔的确是用最好的石墨、最好的黏土，以及最好的木材制成。或许，他始终认为，在合理的范围内他们已经竭尽所能地，把笔面上漆的工作，做得完美无缺。他可能真心相信，一打装的铅笔里绝对有 12 支——或许也真是如此。不过，最后这"永远足数"的目标，可能才是人力所及的。

基本上，产量与计数是互动的，要如何计算铅笔取决于由谁来算。对赛萨洛姆·里兹克（Salom Rizk）这个年仅 13 岁的叙利亚孤儿来说，数铅笔是份十分宝贵的差事。而对一些比较幸运的消费者来说，铅笔应该以较大的单位，或甚至以打来计算。也许，销售员是以打来计算铅笔；不过，却希望能以制造商最喜爱的单位——箩来计算。至于铅笔收集家，则以成百成千，甚至上万的数字，来计算手中的珍品。战后，曾有人呼吁大众以"民生铅笔"为名，将数百万支没用过的铅笔，送到世界各地供贫困学童使用。如今，有些国家的铅笔外销量，已经以数十亿来计算。

当爱默生描述梭罗时，他提到这位测量员兼铅笔制造者，无论在心智或体能上，都拥有绝佳的协调力。他指出，梭罗只要用手一抓，便能比其他人用测量杆还要准确地拿出 16 支铅笔。接着，爱默生更进一步举例，具体地描述梭罗敏锐的感官："他只要靠目测，便能准确估算出树的大小；他还能像交易商一样，轻易地估计出一头牛，或是一头猪的重量。此外，他还能从放有一蒲式耳，或更多散装铅笔的盒子里，以一手一打的准确度，迅速地抓出铅笔来。"

包装与数量

当然，爱默生的描述，或许多少有点儿夸张；但是，我们仍可以清楚地看出，梭罗凭着测量树木、动物体重，以及计算铅笔数量累积的经验，能迅速地靠直觉去测量、秤重，甚至计数。对一位铅笔制造业者来说，能够迅速纯熟地计算铅笔，自然是项特别有用的才能。不过，贺瑞斯·霍士墨却认为，梭罗的这项"特长"并没什么太独特的地方："爱默生说，梭罗一次能用手不多不少地抓出 12 支铅笔，实在了不得。不过，对工厂里的女孩与妇女来说，把一打铅笔捆成一束，却是再平常不过的事。一天捆个 1200 打铅笔，根本是家常便饭。我敢说，在这些铅笔里，少说有 1000 束都是未经计算便捆在一起，数目却是完全正确的。"（见图 21.1）

图 21.1　一打以原型封带束成的梭罗铅笔

　　数铅笔与包装铅笔的过程，曾使许多观察家赞叹不已。有位在 19 世纪 70 年代末期拜访过狄克逊铅笔制造厂的观察家，便在看过"计数板"后写道：

　　　　这不过是块绑有两片木条的板子，这两片木条间的距离大约 4

英寸，每片木条上则有 144 道凹槽。工人只要抓起一把笔来，往板面上来回一抹，所有沟槽里便填满了铅笔；就这样在短短 5 秒钟内，他随即正确无误地算出一箩 12 打铅笔来。

另外有位观察家，在 20 世纪 30 年代末期参观过凯西克的坎伯兰铅笔公司（Cumberland Pencil Company）后，根据实际状况，描述了一种不需要借助任何辅助工具，便能一次算出 3 打铅笔的方式：

　　她两手一抓，指尖一转，片刻间，手上便不多不少，出现 3 打铅笔。我试过这种方法，发现实在很困难。这种计算法的重点在于，你在抓铅笔时，整把铅笔必须形成 5、3、5、3、5、3 比例的六边形。而只要手掌是中型大的人，都能轻松地运用这种计算方式。

这种速算法，就好比心算般，使用者的直觉会随着经验的累积越变越敏锐。不过，似乎也有人不需要经过磨炼，天生便具备估计数量与物体大小的才能，梭罗正是如此。或许，无论是梭罗，或是其他铅笔捆工，在完全不必思考的情况下，便能用手调整铅笔的数量，这种能力也使他们得以把心思放在其他更重要的事情上。

完美中的缺点

没错，整体归纳起来，铅笔的数量正确是艾伯哈德·辉柏可以实现的承诺；但，这究竟能不能成为卖点，就很难说了。事实上，像辉柏这种品牌的铅笔，之所以能吸引消费者的原因真正在于：他们相信，在当时以那个价格所能买到的铅笔里，辉柏算是数一数二的。当然，要用最好的铅笔，相对就必须出最高的价钱。而那些想买便宜货的人，只好选择较差的铅笔；不过，即使是较低等级的铅笔，辉柏依旧宣称，他们的产品与其他同级铅笔相较，依旧是最好的。

毋庸置疑，今天的蒙古牌、天鹅绒牌、美拉度牌，还有其他品牌的高级铅笔，无论是内在或是外形，都制作得十分精美。它们的笔芯既坚韧又好写，即使削得再尖，也不会轻易断裂。它们的木制笔杆纹理直而清晰，十分好削。它们的笔面上精细地涂着鲜明的油漆，并印有清晰的品牌名称。而笔头精巧的金属环，则牢牢地箍着挺直的橡皮擦。简言之，这些笔铅看起来完美极了，你可以像欣赏今年刚推出的新车，或是刚造好的大桥般，仔细地欣赏它们。不过，这些铅笔若真是如此完美，就像今年的新车，或是刚造好的大桥般，它们又何必要改变呢？厂商又何必要推出新产品，或是新设计呢？

事实上，真正的发明家与工程师在"完美"的物体上所看到的，往往是缺点。就以今天"最好"的二号铅笔为例，尽管它们看起来似乎拥有一个世纪前艾伯哈德·辉柏二世所保证的那种完美；但在细细检查、深深省思下，还是有可资改进之处。

目前我手里所拿的，是一支由某家大型美国铅笔制造商所生产的顶尖铅笔，在某些人心目中，它已是铅笔中的极品——它的笔尖可以被削得像针尖般细，它所绘出的线条黝黑而均匀，而它笔端的橡皮擦，可以除去所有的笔迹，不留一丝残痕。这铅笔黄而平滑的漆面，以及六边圆角的造型，给人既古典，又豪华的感觉。而笔面上的其中三面，印有烫金的商标名，至于另外三面，则以铭刻的方式，以无衬线的活字体写着"美国'化学保固'品管号码 0407"的字样——不过，你必须要在适当的光线下，才能看到这些字。

无论如何，当我把这支铅笔凑近眼前，用手指转动笔身时，这才开始了解，即使在最严密的品挖下，依旧必须保留一些变化的空间。这就好比高速公路一样，所有的道路都势必要比我们的车身宽，好让我们在时速达 65 英里的车速下，即使犯了错误也还能有些许转圜的余地。同样的，铅笔的品挖也势必要容许些微的差异，因为机器在高速运转的过程中，难免会产生诸如千万分一英寸的误差。因此，所谓的品挖，并不表示要让制造出来的铅笔，全部百分之百相同，这就好像棒球里的好球一样，每个所谓的好球，并非是必须从本垒板正中央穿过不可。而好球的概念便在于：一个球并不一定要完美无缺才算好球，因为在实际的状况下，不同的裁判，或甚至在不同球局里的同一位裁判，对每球的判定结果都不尽相同。

铅笔，就像汽车与桥梁一样，它们存在的目的，不仅是在崭新时供人欣赏。铅笔是设计来供人毁灭的：它的木杆是要让人削短，它的笔芯则是要供人尽情使用。也就是在使用，而不纯欣赏的过程中，铅笔真正的缺点才会清楚呈现。没错，铅笔是比鹅毛笔方便，你不需要随身携带墨水瓶以便书写时边写边沾；不过，你偶尔还是得去削它。随着铅笔越用越短，你必须不时调整握笔的角度。也就是这些缺点，才催化了无数发明与工程学的诞生。

所谓"失败为发明之母"，如果铅笔笔尖不会变秃，笔杆越变越短后也不会影响握笔的感觉；那么，更好的代替品如免削铅笔，就不可能出现了。在 1827 年的一则广告中，便说明了免削铅笔比传统铅笔进步的原因：

> 它的黑铅芯并不像一般铅笔那样，嵌在木制笔杆里，而是装在银制的小笔管中，当笔尖用秃后，只要利用笔杆上附加的装置，便能按出新笔芯来。
>
> 无论是要写细字、画草图，或是描绘阴影，那粗细适中的笔芯，都让你**再也无需劳神去削铅笔**。

这则广告中的大字所强调的，正是传统木制铅笔的缺点，而这正是描述新发明的特色。19世纪初，尽管每位铅笔使用者都注意到，他们经常得花工夫去削铅笔；在别无更佳选择下，这根本不至于成为不用铅笔的理由。可是，当发明家想要解释自己的发明为什么足以申请专利时，最科学的方法就是像上述的广告一样指出，现存产品里的那些缺点，已在新产品中被革除。

推陈出新

这种"推陈出新"症候群，从早餐的麦片到雄伟的吊桥等，一切创意结晶的发展与营销过程中都会出现。无论新铅笔是便宜（不贵）、流利好书写（容易伤纸面）、有较坚韧的笔芯（不易断裂），或是永尖如新的笔尖（免削），它最大的优势，便是以否定旧产品的缺点为前提。不过，大家在用惯了旧产品后，或许根本不会注意到使用上有任何不便，或是制造上有任何缺点；因此，推出新产品的厂商，就必须特别去强调旧产品的缺点。

这种现象不断出现在一些日常用品中，诸如牙膏与肥皂，我们经常可以在售货架上看到某个熟悉的厂牌似乎不费吹灰之力，又推出了新产品。由于制造商鲜少愿意去否定自己的旧产品，因此在推出新产品时，通常不会太明显地强调旧产品的缺点。相反的，他们会宣称，新产品会"让你的牙齿变更白"，或是"洗净力更强"。当然，言下之意便是，旧牙膏无法像新牙膏般让你的牙齿变得这么白，旧肥皂也不能像新肥皂一样，具有这么强的洗净力。唯有一项产品在企图取代竞争对象的时候，它的缺点才有可能被大肆宣扬。最近有家麦片制造商，便面临了一个"奇特"的窘境：原先公司把产品命名为"恰恰好"（Just Right），以显示它的配方恰到好处，完美无缺；不过，后来他们又推出了新配方的麦片，为了区别与旧产品的不同，于是把新产品命名为"恰恰好崭新改良新配方"（New, Improved Just Right）。他们的促销广告若要跳出这个窘境，就必须以幽默的手法来处理；公司还得向老天祈祷，消费者千万别把这个广告看得太认真。

尽管在发展"改良式新产品"的过程中，似乎所有的制造商、经销商，还有买方都皆大欢喜，人人都有好处；但不可否认的是，中间还是可能会有一段艰难的过渡期。就以"永尖铅笔"为例，20 世纪 20 年代中期，当改良式的"永尖"出现时，经销商的货架上还存放着超过 100 万支的旧产品。结果，制造商在促销时，只鼓励经销商大量采购新产品，却避而不提回收旧产品。在 1940 年的狄克逊铅笔目录背后，该公司甚至宣称，它"在不负责回收任何旧产品的情况下，保留改良产品的权利"。

而在发明、创新产品与设计当中，另一项最普遍的特色，就是厂商必须教育潜在顾客，让他们学着使用更复杂的代替品——至少在行销与促销上如此。今天有谁能想象，当初消费者在使用或是削木制铅笔时，竟然会需要看说明书。

对我们来说，学习这些事情就像小孩学话般容易。可是，当初木匠在把石墨条装入杉木杆中时，是不是也如此轻而易举呢？这些木制铅笔的用途，是否也像今天一样显而易见呢？显然，最初制造机械铅笔的厂商，并没有理所当然地认为所有消费者都应该知道新产品的用法，因为他们在说明书里，巨细靡遗地解说了产品的使用方式。

或许，对 20 世纪用惯机械铅笔的老鸟来说，这类使用说明实在是再清楚不过；但对 19 世纪初的消费者来说，它们却仿佛今天的电脑使用手册般令人头疼。当你仔细阅读说明书，并逐一分析它们的文法时，便会发现，其间处处是瑕疵。"用左手的手指和拇指，拿住两端"——哪只手指？"用另外一只手把盖子转向右侧"——怎么转？

挑战与进步

　　无论如何，机械铅笔真正使用起来，要比说明书上所写的容易，而使用这种铅笔，也真有不少好处。由于机械铅笔的问世，既珍贵又容易断裂的笔芯终于可以在不用时收回笔杆里，而且即使放在口袋里也不用担心会弄脏衣服。因此。19 世纪时，大量的机械铅笔，也就是自动铅笔，纷纷出现，维多利亚时代末期更达到巅峰，而外形精美的铅笔，简直是琳琅满目（见图 21.2）。当脚踏车这种"不吃东西，并能永远奔跑的铁马"出现时，也正是机械铅笔的全盛时期。

　　然而，向"完美的"木制铅笔挑战的，并不仅有机械铅笔。19 世纪时，钢笔的发展展现长足的进步。1846 年，阿隆索·高仕（Alonzo

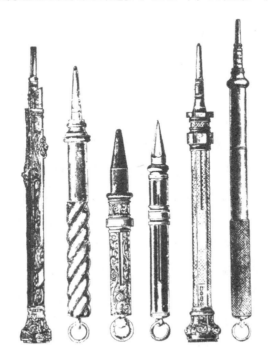

图 21.2　19 世纪末 20 世纪初所制作，有金、银笔杆的自动铅笔

Cross）成立制笔公司，并在 60 年代末期，研发出"尖头钢笔"。到 19 世纪末，这种拥有针状笔尖的书写工具，已广为厂商模仿并推销。另一方面，虽然圆珠笔早在 1888 年便经申请获得专利；但直到 20 世纪 30 年代，才成为一项实用的发明。1945 年，第一批在美国销售的圆珠笔，每枝售价是 12.5 美元。这些圆珠笔虽然不便宜，却很容易漏油并弄脏纸面；因此，直到 1950 年，一种新墨水研发成功后，圆珠笔才广泛地为消费者所使用。不过，尽管量产令圆珠笔的价格大幅滑落；但这种现代化的书写工具，却始终没有完全取代铅笔。有位铅笔的忠实拥护者，便在圆珠笔刚出现时写道：

> 木制铅笔似乎是种无法取代的工具。钢笔、机械铅笔、圆珠笔，甚至是打字机的发明，都从未严重威胁到它们的存在。今天的商业主管……依然会在伸手可及的地方，放一排、一堆，或是一筒铅笔。有位公司总裁便要求，每天早晨桌上一定要有三四打刚削好的铅笔插在笔筒里。

不过，有缺点的铅笔，就像美国早期笔芯低劣的产品，或是俄国早期因为铅笔工业不发达，而必须仰赖进口，以致铅笔"物不美、价不廉"一样，很容易就会被笔芯较平滑好写，或是比较方便购得的铅笔所取代。那些落伍、质差的铅笔，因为不再具有使用价值，要不了多久便会完全消失。无论消费者以往是否察觉到它们的缺点，随着更新、更好的铅笔不断出现，相形之下，旧缺点就变得越来越显著，也越来越不可原谅。然而，文学上就不同了，一件作品的使用者，也就是读者与评论家，即使在发现其组织有严重的缺陷后，已经发行的作品也不可能有修正或改进的机会。毕竟，天下没有任何作家会敢明目张胆地重写别人的小说，留下成功的部分，再把评论家认为失败的地方，全都加以改进。

另一方面，即使艺术品上确实出现了错误，原著也未必会被修正。因此，英国诗人济慈（John Keats）所写的十四行诗《初读贾浦曼译荷马有感》（On First Looking into Chapman's Homer）中，虽然把最先发现太平洋的功臣，误写为科尔特斯（Hernando Cortez）；但直到今天，这首诗依旧维持原貌，不曾有任何改变。

事实上，单是把"科尔特斯"改成"巴尔沃亚"（Vasco Nunez de Balbos，西班牙探险家，太平洋发现者），并不能像换换笔芯，就能提高铅笔品质一样，让这首诗变得更完美。由于"科尔特斯"与"巴尔沃亚"的音节不同，押韵迥异，因此若要加以更正，整首诗就非改变不可。

长久以来，诗人在创作上，便享有受人宽容的特权；相对的，工程师在设计上，并无法要求享有同等的权利。如果工程师发现，自己设计的铅笔或桥梁有严重的缺点；他们不是想办法修正，就是干脆放弃原有的设计，另起炉灶。假设缺点十分轻微，或许还能被通融，保留在原制品中；不过，当要制造新铅笔，或是在其他地方设计类似的新桥梁时，原缺点就会被修正。若非如此，那么竞争对手就会制造出更好的铅笔，或是设计出更棒的桥梁来；到最后，经过改良的新制品势必取代原先有瑕疵的旧产品。当然，这并不是说，一项工程产品的完整性比不上一首诗，因为改变工程设计中的一个细节，也可能会破坏整部机器，或是整座建筑物的完整。就像我们最近在报纸杂志上所看到的，有看来似乎微不足道的细部修改，都可能导致旅馆大厅的走廊坍塌，或是造成航天飞机在寒冷的天气中爆炸。

肯定改良后的新产品取代旧产品，也是在肯定工程制品的完整性。而这制品的完美与否，不仅取决于其在美学与智能上的表现，同时也取决于它在实用性与经济效益上的表现。这绝不是说济慈在追求完美上，有任何一点不如艾伯哈德·辉柏。无论如何，他们都可以理直气壮地说："制造完美的产物，是我唯一的目标。"

第二十二章　过去与未来

1938 年，《纽约时报》在格斯纳增订百科全书时，写了一篇探讨铅笔发展的社论。在这篇社论中，《纽约时报》编辑为打字机的出现，可能使人放弃用笔写字的习惯，深感忧心；最后，他并指出，一两个世纪后，大家可能要在书上才找得到铅笔了。在将近五十年后，计算机俨然又成了铅笔的终结者；不过，这个"噩梦"似乎依旧不至于成真。直到今天，全球铅笔的年产量，仍高达 140 亿支，而铅笔历久不衰的魅力，往往成了消遣的对象。

例如，有位工程系的客座教授，为了召开一场研讨会，探讨在这个计算机时代中，简单的计算仍有其存在的必要，而展示了一幅取材自澳大利亚杂志的漫画。这个漫画的背景，是一群坐在教室计算机荧幕前，满面愁容的学生，整个画面唯一显得自得其乐的，是个桌上没有计算机，并拿着铅笔在涂鸦的学生。至于在最显著的位置，则画着一位老师，正对一位闷闷不乐地望着他的学生说："你要想玩铅笔，恐怕就只有等了……"

菲利普·施罗特（Philip Schrodt）认为，铅笔就是最普通的文字处理机，而笔尖就是插入键，至于橡皮擦，则是删除键。1982 年，他那充满睿智的游戏文章，最先发表在《位元》（*Byte*）杂志上。其实，杂志最初是希望他能以文献记录体的方式，去描写一种结合文字处理机特质，以及超简单结构的新产品。没想到，施罗特打文章一开始，先恭喜消费者，接着由虚构的制造商老王卖瓜，为自己的产品大吹大擂："由于它结合了高可靠度、低运作成本，以及便于维修等特性，因此我们敢说，你们将会发现，这种文字处理机是市场上最具弹性，也最方便的产品之一。"此外，他还写道：

> 要启动这文字处理机，必须先小心地把文字插入器放在启动机的左侧，然后把这文字处理机朝右旋转约两千度，同时顺着启动机的方向适量力压。接着试行插入文字，检查预置是否成功。如果插入失败，那么便重复预置流程。每当有必要时，这文字处理机都必须间或加以预置。
>
> 事实上，施罗特所描述的，便是用铅笔与削铅笔的过程。

尽管卡通与游戏文章看起来很好笑，其间所隐藏的真理，可不止一点点。现代以个人计算机为代表的工程学，已使我们达成的梦想远远超乎老一辈的想象。不过，对那些不是工程师的人来说，工程学似乎充满了术语，乏味极了。许多工程新产品看来复杂透顶，光是要学会怎么使用，就令人头疼不已。如果这些是外行人对个人计算机的印象，那么他们对比较"不切身"的科技，诸如发电的方法、处理废水的过程，或是制造钢铁的方式，又会有什么样的感想？

宇宙缩影

工程学就像所有的专业般，势必蕴含有某些奥秘的知识。从某方面来说，也就是这份奥秘，界定了专业的领域。可是，这并不是说，某个专业的目标、理想，以及根本特色，都非得要让外行人难以理解不可。毕竟，医科学生的誓约并不是医师的暗号，法庭剧也不是个秘密仪式。当专业与人发生关联时，即使是一般大众，也能了解它们的特质。不过，工程师面对、处理的都是硬邦邦的东西。专业工程师与外行人之间的媒介，几乎都是人工制品。当工程师直接与大众来往时，其所扮演的角色，通常比较像商人。因此，大众若要了解，工程师不仅是社会的一分子，同时也与社会文化密不可分，就势必要了解，工程师做的是什么；从广泛的角度来说，也就是他们的工作是如何完成的。

即使如铅笔这般看似简单的产品，在探讨其制造与使用方法的过程中，便能增进民众对这方面的了解。其实，铅笔制造业仿佛是宇宙的缩影。就像在游戏文章里，铅笔可以被比拟为最现代的高科技一样，从铅笔与铅笔的历史中，我们也能推论出工程师和工程学的本质。铅笔的普通，以及看似一文不值、缺乏特色的特色，事实上也正是成功工程学的第一项特质。好的工程学，应该要跟环境融合，自然地成为社会与文化的一部分，除非你特别留意，否则便感受不到它的存在。像铅笔这样的东西，极其普通，几乎无所不在；但是，在仔细探究过其起源与发展后，我们却更能由衷地体会伟大桥梁，或是高效能汽车的成就。

当然，了解几世纪以来铅笔的发展，同时也可以帮助我们去了解诸如计算机这类高科技发展的现代产物。在了解从发掘、取得，以及处理适当制笔原料的过程中所必须克服的困难后，也能让我们以更虔诚的心，感谢硅芯片的研发成功。

自从有铅笔以来，并非所有的铅笔制造者都是专业工程师；但是，他们为提升铅笔的制造技术所解决的问题，却一直是工程学上经常会面对的问题。当工匠依照传统制造铅笔，他们是不折不扣的工匠；但是，当他们像年轻的威廉·门罗一样背离传统，并发展出更新、更好的产品时，他们就成了"货真价实"的工程师。在过去四个世纪里，铅笔业中最重要的发展，就是柯特研究出来的石墨—黏土合成笔芯法。而所有的工程师都跟柯特一样，是潜在的革命家，唯一不同的是他们拥有现代化的计算与科学工具，能以更快的速度，去使产品适应原料、供应、经济，以及政治等各方面瞬息万变的状况。

铅笔制造业刚开始发展时，不过是个家庭工业，许多方面都并不成熟。同样的，如今某些最富创意的计算机硬件，也是在车库里研发出来的。而今天电脑软件的研发，绝大部分仍有赖计算机黑客发挥智慧。事实上，这些计算机黑客的习性，跟梭罗也并没有太大的不同。梭罗对传统的铅笔工业缺乏忠诚度，并不意味着他对自己工厂制造出来的产品缺乏忠诚度。无论如何，我们不该以衣装，或是个性来判断一位工程师，就像我们不该以笔杆的颜色，去判断一支铅笔一样。一件产品最重要的，就是它对社会的实用性，以及其在市场的表现，而在这两方面精益求精，正是工程师责无旁贷的重任。要知道，如果铅笔无法书写，就卖不出去；相反的，如果它的书写功能优于其他产品，那么不仅能打开销路，还能卖得好价钱。

梭罗不但了解铅笔，也深深了解市场，到19世纪40年代末期，他心里明白，铅笔市场上不仅充满了本国业者的厮杀，还有外国业者的竞争。同时，他与父亲都了解，随着技术的进步，以及传统媒体的发达，铅笔业者很难再靠"家传秘方"在市场上独领风骚；他们知道，要领先其他业者，就必须不断改良产品。

当然，工程业所要应付的，不仅是秘方。还有那些来自私人的挑战。公司若要保有优势，就必须要聘请工程顾问，并保有自己的工程班底进行研发，不断推出新产品，或是在传统原料供应匮乏的情况下，继续制造旧产品。一旦研制成的新产品上市，它便具备了某种程度的竞争力。

研究部门的另一项任务，就是创造新产品，或是改良旧产品，以提高某个品牌在市场上的占有率。而制造新产品的点子，可能来自工程师的速描簿或笔记簿、公司总裁的梦想，或是来自公司餐厅的意见信箱。无论这些创意来自何处，唯有在仔细拣选材料，并精心研发量产流程下，它们才有可能实现。如果公司不愿意，或是没办法投资添置新机器，那可能会严重地限制产品的改良，或是新产品的制造。而一项产品若无法在同类制品中出类拔萃，很容易便会遭到淘汰的命运。从铅笔的发展史中，我们可以很清楚地看到这个教训。

附录 从"制造铅笔"谈起

酷喜乐公司 著

　　无论石墨有多纯，都不免有杂质在内；因此，拿到石墨后的第一件事，便是仔细地去除杂质。比重分离法，是最常用的方法之一。首先，你必须将石墨与热水混合，直到它融为液态。然后让这液体流过由高到低排列的几个盆子，通常是六个。而这液体必须靠搅拌器保持流动状态，然后由上到下，经过层层细网过滤。越下方的滤网，网孔越细，而最下方的滤网，一英寸内大约有两百个网孔。由于杂质比石墨重，因此这液体每流过一个盆子，都会在盆底留下杂质。等流到最后一个盆子时，所沉淀出来的，便是全无杂质的纯石墨粉。

　　至于最适合制造铅笔的细黏土，则产于捷克。同样的，我们也是用过滤石墨的方法，去除其间杂质。要知道，无论当中沙砾多么细小，都无法制造出上好的笔芯。

　　接着，利用压滤机去掉纯石墨水中的水质，让剩下来的石墨变成一个大方块，然后用同样的方式处理黏土。

　　等石墨块与黏土块稍微风干后，便按照笔芯软硬程度，将两者按比例混合，并加水充分碾磨。笔芯的品质，则取决于碾磨的时间。基本上，碾磨的时间越长，笔芯的品质也越高。有趣的是，制造酷喜乐铅笔芯所需要的碾磨时间，平均大约是两个星期。

　　将这混合物准备好后，接下来便是把它压制成型。首先，把这混合物放入一个底部有青玉铸模的厚重铁筒中，然后用液压机加压，让混合物挤过铸模，成为像圆鞋带般的长条。紧接着，就是把它截断成适当的长度，并放在平铁上，然后将它拉直、烘干，同时切成铅笔的长度。最后，把切好的笔芯包起来，放在坩埚中，接着送入火炉里，将炉口密封，以超过华氏两千度的高温煅烧。等笔芯逐渐变凉后，再放入热油与热蜡中浸泡。这流程对笔芯的平滑度，以及整体的书写度，具有极重要的影响。等完成最后的风干与清洁工作后，就可以准备把笔芯装入笔杆了。

把彻底干燥的杉木先切割成块状，然后再切割成长条状。这些木杆必须比铅笔长些，其厚度为铅笔的一半，宽度通常相当于六支铅笔宽。

接着，利用机器在木杆中央挖凹槽。而这些凹槽的深度，正是笔芯的半径，足以容下半面笔芯。

等木杆凹槽上刷好胶水后，便放入笔芯，同时再覆上另一条形状相同的木杆。把一定数量的"夹心"木杆放入框架中，小心地以液压机加压，然后放在一旁干燥。

等半成品完全干燥后，就把它们放入成型机内，以高速旋转的刀片，削好半边铅笔块，接着将它们翻个面，重复使用机器，再削另外半边，铅笔便成型了。这时的铅笔，叫作素面杉木笔；然而，在真正拿到市面上销售前，还有许多个步骤需要完成。

在铅笔刨削成型后，紧接着是用砂纸来磨笔面。这细砂纸将磨去任何一丁点儿不平，而留下光滑如丝绒般的表面。

接下来，便是用油漆机上色了。铅笔从自动漏斗口投入油漆中，然后用一片圆盘状的毛毡刷匀笔面，并除去多余的油漆。处理过的铅笔，便由针状输送带送到加热间去烘干，然后投入机器另一端的篮子里。这个作业流程将一再重复，直到笔面上的颜色均匀理想为止。在为笔面上完最后一层颜色后，接着便是把它们送进校准机。

因为经过多次上色后，铅笔的两端不免会堆积多余的油漆，所以要利用两个高速旋转，上面覆有砂纸的鼓轮，分别由两端磨去多余的油漆，同时把所有的铅笔磨成完全相同的长度。

在美国，大多数人都希望铅笔上附有橡皮擦；修整好的铅笔，还需要经过几个作业过程，在笔端套上金属环，并塞入橡皮擦。首先，利用自动化机器在铅笔的一端切割，或压出肩接，然后套上金属环，并加以打压固定，接着少数是以全自动机器，但通常是以部分手工插入橡皮擦。

至于下一个步骤，就是打印了。基本上，这必须视铅笔的品质，来决定不同的方式。在最高级的酷喜乐铅笔上，通常是利用纯金金箔，以手工印制戳记。

而在较便宜的产品上，则是以铜粉为材料，利用自动化作业，加印戳记。无论是手工也好，或是自动化的机器也罢，那戳记一律是钢制，而且通常是通电加热的。在打印时，印制的材料必须放在铅笔与戳记间，稍微加压后，便大功告成。等将笔面多余的印记材料清除干净，再把整支铅笔仔细检验一番后，就可以准备装盒了。

参考文献

Acheson, E. G. "Graphite: Its Formation and Manufacture," *Journal of the Franklin Institute*, June 1899: 475–86.

———. *A Pathfinder: Discovery, Invention, and Industry*. New York, 1910.

Adams, Henry. *The Education of Henry Adams: An Autobiography*. Boston, 1918.

Agricola, Georgius. *De Re Metallica*. Translated by Herbert Clark Hoover and Lou Henry Hoover. New York, 1950.

Alibert, J. P. *The Pencil-Lead Mines of Asiatic Siberia. A. W. Faber. A Historical Sketch. 1761–1861*. Cambridge, 1865.

Allen, Andrew J. *Catalogue of Patent Account Books, Fine Cutlery, Stationery, [etc.]*. Boston, [1827].

American Society for Testing and Materials. "Standard Practice [D4236-85] for Labeling Art Materials for Chronic Health Hazards," *Annual Book of ASTM Standards*, Vol. 06.01. Philadelphia, 1986.

Andrew, James H. "The Copying of Engineering Drawings and Documents," *Transactions of the Newcomen Society*, 53 (1981–82): 1–15.

Anthony, Gardner C. *Elements of Mechanical Drawing*. Revised and enlarged edition. Boston, 1906.

Aristotle. *Minor Works*. With an English translation by W. S. Hett. Cambridge, Mass., 1936.

Army and Navy Co-operative Society Store. *The Very Best English Goods: A Facsimile of the Original Catalogue of Edwardian Fashions, Furnishings, and Notions Sold at the Army and Navy*

Co-operative Society Store in 1907. New York, 1969.

Armytage, W. H. G. *A Social History of Engineering.* London, 1961.

The Art-Journal. "The Crystal Palace Exhibition Illustrated Catalogue, London 1851." New York, 1970.

Asimow, Morris. *Introduction to Design.* Englewood Cliffs, N.J., 1962.

Astle, Thomas. *The Origin and Progress of Writing, [etc.].* 2nd edition, with additions (1803). New York, 1973.

Atkin, William K., Raniero Corbelletti, and Vincent R. Fiore. *Pencil Techniques in Modern Design.* New York, 1953.

Austen, Jane. *Emma.* Edited with an introduction by David Lodge. London, 1971.

Automatic Pencil Sharpener Company. "From Kindergarten Thru College." [Folder.] Chicago, [1941].

Babbage, Charles. *On the Economy of Machinery and Manufactures.* 4th edition enlarged (1835). New York, 1963.

Back, Robert. "The Manufacture of Leads for the Mechanical Pencil," *American Ceramic Society Bulletin,* 4 (November 1925): 571–79.

Baker, Joseph B. "The Inventor in the Office," *Scientific American,* October 29, 1910: 344–45.

Banister, Judith. "Sampson Mordan and Company," *Antique Dealer and Collectors' Guide,* June 1977: [5 pp.] unpaged.

Basalla, George. *The Evolution of Technology.* Cambridge, 1988.

Bay, J. Christian. "Conrad Gesner (1516–1565), the Father of Bibliography: An Appreciation," *Papers of the Bibliographical Society of America,* 10 (1916): 52–88.

Baynes, Ken, and Francis Pugh. *The Art of the Engineer.* Woodstock, N.Y., 1981.

Bealer, Alex W. *The Tools That Built America.* Barre, Mass., 1976.

Beamish, Richard. *Memoir of the Life of Sir Marc Isambard Brunel.* London, 1862.

Beaver, Patrick. *The Crystal Palace, 1851–1936: A Portrait of Victorian Enterprise.* London, 1970.

Beckett, Derrick. *Stephensons' Britain.* Newton Abbot, Devon., 1984.

Beckmann, Johann. *Beiräge zur Geschichte der Erfindungen*. Five volumes. Leipzig, 1780–1805.

Beckmann, John. *A History of Inventions and Discoveries*. Translated by William Johnston. 3rd edition [four volumes]. London, 1817.

———. *A History of Inventions, Discoveries, and Origins*. Translated by William Johnston. 4th edition [two volumes], revised and enlarged by William Francis and J. W. Griffith. London, 1846.

Bell, E. T. *Men of Mathematics*. New York, 1937.

Belyakov, Vladimir. "The Pencil Is Mightier than the Sword," *Soviet Life*, Issue 348 (September 1985): 48–49.

Berol Limited. "Berol: The Pencil. Its History and Manufacture." Norfolk, n.d.

Berol USA. "The Birth of a Pencil." [Folder.] Danbury, Conn., n.d.

Bigelow, Jacob. *Elements of Technology*, [etc.]. 2nd edition, with additions. Boston, 1831.

Binns, William. *An Elementary Treatise on Orthographic Projection*, [etc.]. 11th edition. London, 1886.

Birdsall, John. "Writing Instruments: The Market Heats Up," *Western Office Dealer*, February 1983.

Bolton, Theodore. *Early American Portrait Draughtsmen in Crayons*. New York, 1923.

Booker, Peter Jeffrey. *A History of Engineering Drawing*. London, 1963.

Boyer, Jacques. "La Fabrication des Crayons," *La Nature*, 66, part 1 (March 1, 1938): 149–52.

Braudel, Fernand. *The Structures of Everyday Life: The Limits of the Possible*. Translation from the French revised by Siân Reynolds. New York, 1981.

Briggs, Asa. *Iron Bridge to Crystal Palace: Impact and Images of the Industrial Revolution*. London, 1979.

Brondfield, Jerome. "The Marvelous Marking Stick," *Kiwanis Magazine*, February 1979: 28, 29, 48. [Condensed as "*Everything Begins with a Pencil*," *Reader's Digest*, March 1979:

25–26, 31–33.]

Brown, Martha C. "Henry David Thoreau and the Best Pencils in America," *American History Illustrated,* 15 (May 1980): 30–34.

Brown, Nelson C. *Forest Products: The Harvesting, Processing, and Marketing of Material Other than Lumber, [etc.].* New York, [1950].

Brown, Sam. "Easy Pencil Tricks," *Popular Mechanics,* 49 (June 1928): 993–98.

Bryson, John. *The World of Armand Hammer.* New York, 1985.

Buchanan, R. A. "The Rise of Scientific Engineering in Britain," *British Journal for the History of Science,* 18 (1985): 218–33.

———. "Gentlemen Engineers: The Making of a Profession," *Victorian Studies,* 26 (1983): 407–29.

Buchwald, August. *Bleistifte, Farbstifte, Farbige Kreiden und Pastellstifte, Aquarellfarben, Tusche und Ihre Herstellung nach Bewährten Verfahren.* Vienna, 1904.

The Builder's Dictionary: Or, Gentleman and Architect's Companion. 1734 edition. Washington, D.C., 1981.

Bump, Orlando F. *The Law of Patents, Trade-Marks, Labels and Copy-Rights, [etc.].* 2nd edition. Baltimore, 1884.

California Cedar Products Company. "California Incense Cedar." [Illustrated brochure.] Stockton, Calif., n.d.

Callahan, John F. "Along the Highways and Byways of Finance," *The New York Times,* October 9, 1949: III, 5.

Calle, Paul. *The Pencil.* Westport, Conn., 1974.

Canby, Henry Seidel. *Thoreau.* Boston, 1939.

Caran d'Ache. *50 Ans Caran d'Ache, 1924–1974.* Geneva, [1974].

Carpener, Norman. "Leonardo's Left Hand," *The Lancet,* April 19, 1952: 813–14.

Carter, E. F. *Dictionary of Inventions and Discoveries.* New York, 1966.

Cassell's Household Guide: Being a Complete Encyclopaedia of Domestic and Social Economy, and Forming a Guide to Every Department of Practical Life. London, [ca. 1870].

Cather, Willa. *Alexander's Bridge.* Boston, 1922.

Chambers' Edinburgh Journal. "Visit to the Pencil Country of Cumberland," Vol. VI, No. 145, New Series (October 10, 1864): 225–27.

Chambers's Encyclopaedia. Various editions.

Channing, William Ellery. *Thoreau the Poet-Naturalist.* New edition, enlarged, edited by F. B. Sanborn. Boston, 1902.

Charlton, James, editor. *The Writer's Quotation Book: A Literary Companion.* New York, 1985.

Chaucer, Geoffrey. *The Canterbury Tales.* Verse translation with an introduction and notes by David Wright. Oxford, 1985.

Cicero. *Letters to Atticus.* English translation by E. O. Winstedt. London, 1956.

———. *Letters of Cicero: A Selection in Translation,* by L. P. Wilkinson. New York, 1966.

Clark, Edwin. *The Britannia and Conway Tubular Bridges. With General Inquiries on Beams and on the Properties of Materials Used in Construction.* London, 1850.

Cleveland, Orestes. *Plumbago (Black Lead—Graphite): Its Uses, and How to Use It.* Jersey City, N.J., 1873.

Cliff, Herbert E. "Mechanical Pencils for Business Use," *American Gas Association Monthly,* 17 (July 1935): 270–71.

Cochrane, Charles H. *Modern Industrial Processes.* Philadelphia, 1904.

Coffey, Raymond. "The Pencil: 'Hueing' to Tradition," *Chicago Tribune,* June 30, 1985: V, 3.

Collingwood, W. G., translator. *Elizabethan Keswick: Extracts from the Original Account Books, 1564–1577, of the German Miners, in the Archives of Augsburg.* Kendal, 1912.

Compton's Encyclopedia. 1986 edition.

Considine, Bob. *The Remarkable Life of Dr. Armand Hammer.* New York, 1975.

Constant-Viguier, F. *Manuel de Miniature et de Gouache.* [Bound with Langlois-Longueville.] Paris, 1830.

Cooper, Michael. "William Brockedon, F.R.S.," *Journal of the Writing Equipment Society,* No. 17 (1986): 18–20.

Cornfeld, Betty, and Owen Edwards. *Quintessence: The Quality of*

Having It. New York, 1983.

Cowin, S. C. "A Note on Broken Pencil Points," *Journal of Applied Mechanics,* 50 (June 1983): 453–54.

Cronquist, D. "Broken-off Pencil Points," *American Journal of Physics,* 47 (July 1979): 653–55.

Cumberland Pencil Company Limited. "The Pencil Story: A Brief Account of Pencil Making in Cumbria Over the Last 400 Years." [Keswick], n.d.

Daumas, Maurice, editor. *A History of Technology & Invention: Progress Through the Ages.* Translated by Eileen B. Hennessy. New York, 1969.

Day, Walton. *The History of a Lead Pencil.* Jersey City, N.J., 1894.

de Camp, L. Sprague. *The Ancient Engineers.* Garden City, N.Y., 1963.

———. *The Heroic Age of American Invention.* Garden City, N.Y., 1961.

Decker, John. "Pencil Building," *Fine Woodworking,* May–June 1988: 108–9.

Desbecker, John W. "Finding 338 New Uses [for Pencils] Via a Prize Contest," *Printers' Ink,* 156 (July 2, 1931): 86–87.

Deschutes Pioneers' Gazette. "Short Lived Bend Factory Made Juniper Pencil Slats for Export." Vol. 1 (January 1976): 2, 5–6.

Dibner, Bern. *Moving the Obelisks: A Chapter in Engineering History in Which the Vatican Obelisk in Rome in 1586 Was Moved by Muscle Power, and a Study of More Recent Similar Moves.* Cambridge, Mass., 1950.

Dickinson, H. W. "Besoms, Brooms, Brushes and Pencils: The Handicraft Period," *Transactions of the Newcomen Society,* 24 (1943–44, 1944–45): 99–108.

———. "A Brief History of Draughtsmen's Instruments," *Transactions of the Newcomen Society,* 27 (1949–50): 73–84.

Dictionary of American Biography.

Dictionary of National Biography.

Dictionnaire de Biographie Française. Fascicule 103. Paris, 1989.

Diderot, Denis. *A Diderot Pictorial Encyclopedia of Trades and Industry.* Edited by Charles Coulston Gillispie. New York, 1959.

————. *The Encyclopedia: Selections.* Edited and translated by Stephen J. Gendzier, New York, 1967.

Dixon, Joseph, Crucible Company. *Catalog and Price List of Dixon's American Graphite Pencils and Dixon's Felt Erasive Rubbers.* Jersey City, N.J., [1891].

————. *Dixon 1940–1941 Catalog.* Jersey City, N.J., 1940.

————. *Dixon's School Pencils.* Jersey City, N.J., 1903.

————. *Dixon's Standard Graphite Productions.* Jersey City, N.J., [ca. 1916].

————. *Hints of What We Manufacture in Graphite.* Jersey City, N.J., 1893.

————. *Pencillings.* Jersey City, N.J., 1898.

[Dixon Ticonderoga, Inc.] "Manufacture of Pencils and Leads." [Photocopied outline. Versailles, Mo.], n.d.

d'Ocagne, Maurice. "Un Inventeur Oublié, N.-J. Conté," *Revue des Deux Mondes,* Eighth Series, 22 (1934): 912–24.

Doyle, A. Conan. *The Complete Sherlock Holmes.* Garden City, N.Y., 1938.

Drachmann, A. G. *The Mechanical Technology of Greek and Roman Antiquity: A Study of the Literary Sources.* Copenhagen, 1963.

Drake, Stillman. *Cause, Experiment and Science: A Galilean Dialogue Incorporating a New English Translation of Galileo's "Bodies That Stay atop Water, or Move in It."* Chicago, 1981.

Eagle Pencil Company. *Catalog.* London, 1906.

————. *1940 Eagle Catalog.* New York, 1940.

Ecenbarger, William. "What's Portable, Chewable, Doesn't Leak and Is Recommended by Ann Landers?," *Inquirer: The Philadelphia Inquirer Magazine,* June 16, 1985: 14–19. [See also Ecenbarger's "Pencil Technology Gets the Lead Out, But It Can't Erase a Classic," Chicago *Tribune,* November 1, 1985: V, 1, 3.]

The Edinburgh Encyclopaedia. 4th edition, 1830.

The Edinburgh Encyclopaedia. 1st American edition. Philadelphia, 1832.

Eldred, Edward. *Sampson Mordan & Co.* [London], 1986.

Emerson, Edward Waldo. *Henry Thoreau: As Remembered by a*

Young Friend. Concord, Mass., 1968.

Emerson, Ralph Waldo. "Thoreau," *The Atlantic Monthly,* August 1862: 239–49.

————. *Journals, 1841–1844.* Edited by Edward Waldo Emerson and Waldo Emerson Forbes. Boston, 1911.

Emmerson, George S. *Engineering Education: A Social History.* Newton Abbot, Devon., 1973.

Empire Pencil Company, "500,000,000 Epcons." [Brochure.] Shelbyville, Tenn., [ca. 1976].

————. "How a Pencil Is Made." [Folder.] Shelbyville, Tenn., [ca. 1986].

Encyclopaedia Americana. Various editions.

Encyclopaedia Britannica. Various editions.

Encyclopaedia Edinensis. 1827 edition.

Encyclopaedia Perthensis. Various editions.

The English Correspondent. "Graphite Mining in Ceylon," *Scientific American,* January 8, 1910: 29, 36–37, 39.

Erskine, Helen Worden. "Joe Dixon and His Writing Stick," *Reader's Digest,* 73 (November 1958): 186–88, 190.

Evans, Oliver. *To His Counsel, Who Are Engaged in Defence of His Patent Rights for the Improvements He Has Invented.* [Ca. 1817.]

Faber, A. W., [Company]. "A. W. Faber, Established 1761." [Typescript, ca. 1969.]

————. *The Manufactories and Business Houses of the Firm of A. W. Faber: An Historical Sketch.* Nuremberg, 1896.

————. *Price-List of Superior Lead and Colored Pencils, Writing and Copying Inks, Slate Manufactures, Rulers, Penholders and Erasive Rubber.* New York, [ca. 1897].

Faber, A. W., Inc. [*Catalog of*] *Drawing Pencils, Drawing Materials,* [*etc.*]. Newark, N.J., [ca. 1962–63].

Faber, E. L. "History of Writing and the Evolution of the Lead Pencil Industry." [Typescript.] August 1921.

Faber, Eberhard. "Words to Grow On," *Guideposts,* August 1988: 40–41.

Faber, Eberhard, Pencil Company. "A Personally Conducted Tour of the World's Most Modern Pencil Plant with Marty the Mongol." [Broadside.] Wilkes-Barre, Pa., [1973].

———. "Since 1849: Quality Products for Graphic Communications." [Folder.] Wilkes-Barre, Pa., [1986].

———. *The Story of the Oldest Pencil Factory in America.* [New York], 1924.

Faber-Castell, A. W., GmbH & Company. *Das Bleistiftschloss: Familie und Unternehmen Faber-Castell in Stein.* Stein, 1986.

———. "Faber Castell." [Illustrated brochure. Stein], n.d.

———. "Faber-Castell: 225 Years of Company History in Short." *Presseinformation,* November 1987.

———. "Origin and History of the Family and Company Name." [Folder.] N.d.

Faber-Castell Corporation. "Date Log: Venus Company History." [Photocopied sheets.] Lewisburg, Tenn., n.d.

———. "Faber-Castell Corporation." [Photocopied stapled sheets.] Lewisburg, Tenn., n.d.

———. "The Story of the Lead Pencil." [Photocopied report. Lewisburg, Tenn.], n.d.

———. "Writing History for Over 225 Years." [Illustrated folder.] [Parsippany, N.J., 1987.]

[Faber, Johann]. *The Pencil Factory of Johann Faber (Late of the Firm of A. W. Faber) at Nuremberg, Bavaria.* Nuremberg, 1893.

Fairbank, Alfred. *The Story of Handwriting: Origins and Development.* New York, 1970.

Faraday, Michael. *The Chemical History of a Candle: A Course of Lectures Delivered Before a Juvenile Audience at the Royal Institution.* New edition, with illustrations. Edited by William Crookes. London, 1886.

Farmer, Lawrence R. "Press Aids Penmanship," *Tooling & Production,* 44 (April 1978): 94–95.

Feldhaus, Franz Maria. "Geschichtliches vom deutschen Graphit," *Zeitschrift für Angewandte Chemie,* 31 (1918): 76.

———. *Geschichte des Technischen Zeichnens.* Wilhelmshaven, 1959.

Ferguson, Eugene S. "Elegant Inventions: The Artistic Component of Technology," *Technology and Culture*, 19 (1978): 450–60.

———. "The Mind's Eye: Nonverbal Thought in Technology," *Science*, 197 (August 26, 1977): 827–36.

———. "La Fondation des Machines Modernes: Des Dessins," *Culture Technique*, No. 14 (June 1985): 182–207.

Feynman, Richard P., as told to Ralph Leighton. *"Surely You're Joking, Mr. Feynman!": Adventures of a Curious Character.* Edited by Edward Hutchin. New York, 1985.

Finch, James Kip. *Engineering Classics.* Edited by Neal Fitz-Simons. Kensington, Md., 1978.

Finder, Joseph. *Red Carpet.* New York, 1983.

Fleming, Clarence C., and Arthur L. Guptill. *The Pencil: Its History, Manufacture and Use.* New York, 1936. [A shorter version of this booklet, with back matter on different Koh-I-Noor products, was published in Bloomsbury, N.J., also in 1936.]

Foley, John. *History of the Invention and Illustrated Process of Making Foley's Diamond Pointed Gold Pens, With Complete Illustrated Catalogue of Fine Gold Pens, Gold,- Silver,- Rubber,- Pearl and Ivory Pen & Pencil Cases, Pen Holders, &c.* New York, 1875.

Fowler, Dayle. "A History of Writing Instruments," *Southern Office Dealer,* May 1985: 12, 14, 17.

Frary, C. A. "What We Have Learned in Marketing Eversharp," *Printers' Ink,* 116 (August 11, 1921): 3–4, 6, 8, 142, 145–46, 149.

Fraser, Chelsea. *The Story of Engineering in America.* New York, 1928.

French, Thomas E., and Charles J. Vierck. *A Manual of Engineering Drawing for Students and Draftsmen.* 9th edition. New York, 1960.

Friedel, Robert. *A Material World: An Exhibition at the National Museum of American History, Smithsonian Institution.* Washington, D.C., 1988.

Friedel, Robert, and Paul Israel, with Bernard S. Finn. *Edison's Electric Light: Biography of an Invention.* New Brunswick,

N.J., 1986.

Frost, A. G. "How We Made a Specialty into a Staple," *System, the Magazine of Business,* November 1922: 541–43, 648.

———. "Marketing a New Model in Face of Strong Dealer Opposition," *Printers' Ink,* 128 (July 17, 1924): 3–4, 6, 119–20, 123.

Galilei, Galileo. *Dialogues Concerning Two New Sciences.* Translated by Henry Crew and Alfonso de Salvio. 1914 edition. New York, [1954].

German Imperial Commissioner, editor. *International Exposition, St. Louis 1904: Official Catalogue of the Exhibition of the German Empire.* Berlin, 1904.

Gesner, Konrad. *De Rerum Fossilium Lapidum et Gemmarum Maxime, Figuris et Similitudinibus Liber,* [etc.]. Zurich, 1565.

Getchell, Charles. "Cause for Alarm in Peking," *The New York Times,* February 4, 1977: op-ed page.

Geyer's Stationer. "The Joseph Dixon Crucible Co.—Personnel, Progress and Plant." Vol. 25 (March 19, 1903): 1–11.

Gibb, Alexander. *The Story of Telford: The Rise of Civil Engineering.* London, 1935.

Gibbs-Smith, C. H. *The Great Exhibition of 1851.* London, 1964.

Giedion, Siegfried. *Mechanization Takes Command: A Contribution to Anonymous History.* New York, 1969.

Giesecke, F. E., and A. Mitchell. *Mechanical Drawing.* 4th edition. Austin, Tex., 1928.

Giesecke, F. E., Alva Mitchell, and Henry Cecil Spencer. *Technical Drawing.* 3rd edition. New York, 1949.

Gilfillan, S. C. *The Sociology of Invention.* Cambridge, Mass., 1970.

Gille, Bertrand. *The History of Techniques.* Translated from the French and revised. New York, 1986.

———. *The Renaissance Engineers.* London, 1966.

Gillispie, Charles C. "The Natural History of Industry," *Isis,* 48 (1948): 398–407.

Gimpel, Jean. *The Medieval Machine: The Industrial Revolution of the Middle Ages.* New York, 1976.

Godbole, N. N. *Manufacture of Lead and Slate Pencils, Slates,*

Plaster of Paris, Chalks, Crayons and Taylors' Chalks (with Special Reference to India). Jaipur, Rajasthan, 1953.

Goldman, Marshall I. *Détente and Dollars: Doing Business with the Soviets.* New York, 1975.

Gopalaswamy, T. R., and G. D. Joglekar. "Smearing Property of Graphite Powders," *ISI Bulletin,* 11 (1959): 243–46.

Gopalaswamy Iyenger, T. R., B. R. Marathe, and G. D. Joglekar. "Graphite for Pencil Manufacture," *ISI Bulletin,* 10 (1958): 159–62.

Gorringe, Henry H. *Egyptian Obelisks.* New York, 1882.

Great Britain Board of Trade. "Report of the Standing Committee on Pencils and Pencil Strips." Cmd. 2182. London, 1963.

————. "Report of the Standing Committee Respecting Fountain Pens, Stylographic Pens, Propelling Pencils and Gold Pen Nibs." Cmd. 3587. London, 1930.

————. "Report of the Standing Committee Respecting Pencils and Pencil Strips." Cmd. 4278. London, 1933.

Great Britain Forest Products Research Laboratory. *African Pencil Cedar: Studies of the Properties of* Juniperus procera *(Hochst.) with Particular Reference to the Adaptation of the Timber to the Requirements of the Pencil Trade.* London, 1938.

Great Soviet Encyclopedia. Translation of the 3rd edition. New York, 1976.

Greenland, Maureen. "Visit to the Berol Pencil Factory, Tottenham, Wednesday, May 19th, 1982," *Journal of the Writing Equipment Society,* No. 4 (1982): 7.

Guptill, Arthur L. *Sketching and Rendering in Pencil.* New York, 1922.

Haldane, J. W. C. *Life as an Engineer: Its Lights, Shades and Prospects.* London, 1905.

Hall, Donald, editor. *The Oxford Book of American Literary Anecdotes.* New York, 1981.

Hall, William L., and Hu Maxwell. *Uses of Commercial Woods of the United States: I. Cedars, Cypresses, and Sequoias.* U.S. Department of Agriculture, Forest Service Bulletin 95 (1911).

Halse, Albert O. *Architectural Rendering: The Techniques of Con-*

temporary Presentation. New York, 1960.

Hambly, Maya. *Drawing Instruments: Their History, Purpose and Use for Architectural Drawings*. [Exhibition catalogue.] London, 1982.

————. *Drawing Instruments: 1580–1980*. London, 1988.

Hammer, Armand. *The Quest of the Romanoff Treasure*. New York, 1936.

Hammer, Armand, with Neil Lyndon. *Hammer*. New York, 1987.

Hammond, John Winthrop. *Charles Proteus Steinmetz: A Biography*. New York, 1924.

Harding, Walter. *The Days of Henry Thoreau: A Biography*. New York, 1982.

————. *Thoreau's Library*. Charlottesville, Va., 1957.

————, editor. *A Catalog of the Thoreau Society Archives in the Concord Free Public Library*. Thoreau Society Booklet 29. Geneseo, N.Y., 1978.

Hardtmuth, L. & C. *Retail Price List: L. & C. Hardtmuth's "Koh-I-Noor" Pencils*. New York, [ca. 1919].

Hart, Ivor B. *The World of Leonardo da Vinci: Man of Science, Engineer and Dreamer of Flight*. London, 1961.

Hartmann, Henry. "Blushing on Lacquered Paint Parts Overcome by Gas Fired Dehumidifier," *Heating, Piping and Air Conditioning*, June 1939: 356.

Hauton, Paul S. "Splitting Pennies," *Factory and Industrial Management*, 76 (July 1928): 43–47.

Hayward, Phillips A. *Wood: Lumber and Timbers*. New York, 1930.

Helmhacker, R. "Graphite in Siberia," *Engineering and Mining Journal*, December 25, 1897: 756.

Helphenstine, R. K., Jr. "What Will We Do for Pencils?," *American Forests*, 32 (November 1926): 654.

Hemingway, Ernest. *A Moveable Feast*. New York, 1964.

Hendrick, George, editor. *Remembrances of Concord and the Thoreaus: Letters of Horace Hosmer to Dr. S. A. Jones*. Urbana, Ill., 1977.

Hero of Alexandria. *The Pneumatics*. Translated for and edited by Bennet Woodcroft. London, 1851.

Hill, Donald. *A History of Engineering in Classical and Medieval Times*. La Salle, Ill., 1984.

Hill, Henry. "The Quill Pen." *The Year Book of the London School of Printing & Kindred Trades*, 1924–1925: 73–78.

Hindle, Brooke. *Emulation and Invention*. New York, 1981.

Historische Bürowelt. "L'Histoire d'un Crayon." No. 11 (October 1985): 11–13.

Hofstadter, Douglas R. *Gödel, Escher, Bach: An Eternal Golden Braid*. New York, 1980.

Howard, Seymour. "The Steel Pen and the Modern Line of Beauty," *Technology and Culture*, 26 (October 1985): 785–98.

Hubbard, Elbert. *Joseph Dixon: One of the World-Makers*. East Aurora, N.Y., 1912.

Hubbard, Oliver P. "Two Centuries of the Black Lead Pencil," *New Englander and Yale Review*, 54 (February 1891): 151–59.

Hunt, Robert, editor. *Hunt's Hand-Book to the Official Catalogues: An Explanatory Guide to the Natural Productions and Manufactures of the Great Exhibition of the Industry of All Nations, 1851*. London, [1851].

Huxley, Thomas Henry. *On a Piece of Chalk*. Edited and with an introduction and notes by Loren Eiseley. New York, 1967.

Illustrated London News. "The Manufacture of Steel Pens in Birmingham." February 22, 1851: 148–49.

The Illustrated Magazine of Art. "Pencil-Making at Keswick." Vol. 3 (1854): 252–54.

Indian Standards Institution. *Specification for Black Lead Pencils*. New Delhi, 1959.

International Cyclopaedia. Revised with large additions. New York, 1900.

Israel, Fred L., editor. *1897 Sears, Roebuck Catalogue*. New York, 1968.

Ives, Sidney, general editor. *The Parkman Dexter Howe Library*. Part II. Gainesville, Fla., 1984.

Jacobi, Albert W. "How Lead Pencils Are Made," *American Machinist*, January 26, 1911: 145–46.

[James, George S.] "A History of Writing Instruments," *The Coun-*

selor, July 1978.

Japanese Standards Association. "Pencils and Coloured Pencils," JIS S 6006–1984. Tokyo, 1987.

Jenkins, Rhys. "The Society for the Mines Royal and the German Colony in the Lake District," *Transactions of the Newcomen Society*, 18 (1937–38): 225–34.

Jennings, Humphrey. *Pandaemonium, 1660–1886: The Coming of the Machine as Seen by Contemporary Observers*. Edited by Mary-Lou Jennings and Charles Madge. New York, 1985.

Jewkes, John, David Sawers, and Richard Stillerman. *The Sources of Invention*. London, 1958.

Joglekar, G. D. "A 100 g.-cm. Impact Testing Machine for Testing the Strength of Pencil Leads," *Journal of Scientific and Industrial Research*, 21D (1962): 56.

Joglekar, G. D., T. R. Gopalaswami, and Shakti Kumar. "Abrasion Characteristics of Clays Used in Pencil Manufacture," *Journal of Scientific and Industrial Research*, 21D (1962): 16–19.

Joglekar, G. D., P. R. Nayak, and L. C. Verman. "Electrical Resistance of Black Lead Pencils," *Journal of Scientific and Industrial Research*, 6B (1947): 75–80.

Joglekar, G. D., A. N. Bulsara, and S. S. Chari. "Impact Testing of Pencil Leads," *Indian Journal of Technology*, 1 (1963): 94–97.

Joglekar, G. D., and B. R. Marathe. "Writing Quality of Pencils," *Journal of Scientific and Industrial Research*, 13B (1954): 78–79.

Johnson, E. Borough. "How to Use a Lead Pencil," *The Studio*, 22 (1901): 185–95.

Johnson, E. S. *Illustrated Catalog of Unequaled Gold Pens, Pen Holders, Pencils, Pen and Pencil Cases, Tooth Picks, Tooth & Ear Picks, &c. in Gold, Silver, Pearl, Ivory, Rubber & Celluloid*. New York, [ca. 1895].

Journal of the Writing Equipment Society. Various numbers.

Kane, Joseph Nathan. *Famous First Facts: A Record of First Happenings, Discoveries, and Inventions in American History*. 4th edition, expanded and revised. New York, 1981.

Kautzky, Theodore. *Pencil Broadsides: A Manual of Broad Stroke Technique*. New York, 1940.

Keats, John, and Percy Bysshe Shelley. *Complete Poetical Works*. New York, n.d.

Kemp, E. L. "Thomas Paine and His 'Pontifical Matters,' " *Transactions of the Newcomen Society*, 49 (1977–78): 21–40.

Keuffel & Esser Co. *Catalogue of . . . Drawing Materials, Surveying Instruments, Measuring Tapes*. 38th edition. New York, 1936.

King, Carl H. "Pencil Points," *Industrial Arts and Vocational Education*, 25 (November 1936): 352–53.

Kirby, Richard Shelton. *The Fundamentals of Mechanical Drawing*. New York, 1925.

Kirby, Richard Shelton, and Philip Gustave Laurson. *The Early Years of Modern Civil Engineering*. New Haven, Conn., 1932.

Kirby, Richard Shelton, Sidney Withington, Arthur Burr Darling, and Frederick Gridley Kilgour. *Engineering in History*. New York, 1956.

Kisner, Howard W., and Ken W. Blake. " 'Indelible Lead' Puncture Wounds," *Industrial Medicine*, 10 (1941): 15–17.

Klingender, Francis D. *Art and the Industrial Revolution*. Edited and revised by Arthur Elton. New York, 1968.

Knight's Cyclopaedia of the Industry of All Nations. London, 1851.

Kogan, Herman. *The Great EB: The Story of the Encyclopaedia Britannica*. Chicago, 1958.

Kozlik, Charles J. "Kiln-drying Incense-cedar Squares for Pencil Stock," *Forest Products Journal*, 37 (May 1987): 21–25.

Kranzberg, Melvin, and Carroll W. Pursell, Jr. *Technology in Western Civilization*. New York, 1967.

Laboulaye, C. P. *Dictionnaire des Arts et Manufactures*, [etc.]. Paris, 1867.

Lacy, Bill N. "The Pencil Revolution," *Newsweek*, March 19, 1984: 17.

Laliberté, Norman, and Alex Morgan. *Drawing with Pencils: History and Modern Techniques*. New York, 1969.

Landels, J. G. *Engineering in the Ancient World*. Berkeley, Calif., 1978.

Langlois-Longueville, F. P. *Manuel du Lavis à la Sépia, et de l'Aquarelle*. [Bound with Constant-Viguier.] Paris, 1836.

Larousse, Pierre. *Grand Dictionnaire Universel du XIXe Siècle [etc.]*. Paris, 1865.

Latham, Jean. *Victoriana*. New York, 1971.

Latour, Bruno. "Visualization and Cognition: Thinking with Eyes and Hands." In Henrika Kuklick and Elizabeth Long, editors, *Knowledge and Society: Studies in the Sociology of Culture Past and Present*, 6 (1986): 1–40.

Lawrence, Cliff. *Fountain Pens: History, Repair and Current Values*. Paducah, Ky., 1977.

Lawrence, D. H. *The Complete Poems*. Collected and edited by Vivian de Sola Pinto and Warren Roberts. New York, 1971.

Layton, Edwin T., Jr. *The Revolt of the Engineers: Social Responsiblity and the American Engineering Profession*. Baltimore, 1986.

Lefebure, Molly. *Cumberland Heritage*. London, 1974.

Die Leistung, 12, No. 95 (1962). [Issue devoted to the J. S. Staedtler Company.]

Leonardo da Vinci. *Il Codice Atlantico*. Edizione in Facsimile Dopo il Restauro dell'originale Conservato nella Biblioteca Ambrosiana di Milano. Florence, 1973–75.

————. *The Drawings of Leonardo da Vinci*. Introduction and notes by A. E. Popham. New York, 1945.

————. *The Literary Works of Leonardo da Vinci*. Compiled and edited by Jean Paul Richter. 2nd edition, enlarged and revised by Jean Paul Richter and Irma A. Richter. London, 1939.

————. *The Notebooks of Leonardo da Vinci*. Arranged, rendered into English, and introduced by Edward MacCurdy. New York, 1939.

Leonhardt, Fritz. *Brücken: Ästhetik und Gestaltung / Bridges: Aesthetics and Design*. Cambridge, Mass., 1984.

Lévi-Strauss, Claude. *The Savage Mind*. Chicago, 1966.

Lewis, Gene D. *Charles Ellet, Jr.: The Engineer as Individualist, 1810–1862*. Urbana, Ill., 1968.

Ley, Willy. *Dawn of Zoology*. Englewood Cliffs, N.J., 1968.

Lindbergh, Anne Morrow. *Gift from the Sea.* New York, 1955.

Lindgren, Waldemar. *Mineral Deposits.* New York, 1928.

Lomazzo, Giovanni Paolo. *A Tracte Containing the Artes of Curious Paintinge Carvinge and Buildinge.* Translated in 1858 by Richard Haydocke. England, 1970.

Lo-Well Pencil Company. ["Lo-Well Pencils." Advertising folder.] New York, [ca. 1925].

Lubar, Steven. "Culture and Technological Design in the 19th-Century Pin Industry: John Howe and the Howe Manufacturing Company," *Technology and Culture,* 28 (April 1987): 253–82.

Lucas, A. *Ancient Egyptian Materials and Industries.* 4th edition, revised and enlarged by J. R. Harris. London, 1962.

Lyra Bleistift-Fabrik GmbH and Company. [*Catalog.*] Nuremberg, 1914.

———. "The Early Days." [Mimeographed notes.] Nuremberg, n.d.

Machinery Market. "Manufacture of Pencils. The Works of the Cumberland Pencil Co., Ltd., of Keswick, Revisited." December 22, 1950: 25–27.

———. "The Manufacture of Pencils and Crayons. Being a Description of a Visit to the Works of the Cumberland Pencil Co., Ltd., Keswick." December 16, 1938: 31–32.

MacLeod, Christine. "Accident or Design? George Ravenscroft's Patent and the Invention of Lead-Crystal Glass," *Technology and Culture,* 28 (October 1987): 776–803.

Maigne, W. *Dictionnaire Classique des Origines Inventions et Découvertes,* [etc.]. 3rd edition. Paris, [ca. 1890].

The Manufacturer and Builder. "Lead Pencils." March 1872: 80–81.

Marathe, B. R., Gopalaswamy Iyenger, K. C. Agarwal, and G. D. Joglekar. "Evaluation of Clays Suitable for Pencil Manufacture," *ISI Bulletin,* 10 (1958): 199–203.

Marathe, B. R., Gopalaswamy Iyenger, and G. D. Joglekar. "Tests for Quality Evaluation of Black Lead Pencils," *ISI Bulletin,* 7 (1955): 16–22.

Marathe, B. R., Kanwar Chand, and G. D. Joglekar. "Tests for Quality Evaluation of Black Lead Pencils—Measurement of Friction," *ISI Bulletin,* 8 (1956): 132–34.

Marble, Annie Russell. *Thoreau: His Home, Friends and Books.* New York, 1902.

Marshall, J. D., and M. Davies-Shiel. *The Industrial Archaeology of the Lake Counties.* Newton Abbot, Devon., 1969.

Martin, Thomas. *The Circle of the Mechanical Arts; Containing Practical Treatises on the Various Manual Arts, Trades, and Manufactures.* London, 1813.

Masi, Frank T., editor. *The Typewriter Legend.* Secaucus, N.J., 1985.

Masterson, R. L. "Dip Finishing Pencils and Penholders," *Industrial Finishing,* 4 (September 1928): 59–60, 65.

McCloy, Shelby T. *French Inventions of the Eighteenth Century.* Lexington, Ky., 1952.

McClurg, A. C., & Co. *General Catalogue.* 1908–9.

McDuffie, Bruce. "Rapid Screening of Pencil Paint for Lead by a Combustion-Atomic Absorption Technique," *Analytical Chemistry,* 44 (July 1972): 1551.

McGrath, Dave. "To Fill You In," *Engineering News-Record,* May 13, 1982: 9.

McNaughton, Malcolm. "Graphite," *Stevens Institute Indicator,* 18 (January 1901): 1–15.

McWilliams, Peter A. *The McWilliams II Word Processor Instruction Manual.* West Hollywood, Calif., 1983.

Meder, Joseph. *Mastery of Drawing.* Vol. 1. Translated and revised by Winslow Ames. New York, 1978.

Meltzer, Milton, and Walter Harding. *A Thoreau Profile.* Concord, Mass., 1962.

Metz, Tim. "Is Wooden Writing Soon to Be Replaced by a Plastic Variety?," *Wall Street Journal,* January 5, 1981: 1, 6.

Mitchell, C. Ainsworth. "Black-Lead Pencils and Their Pigments in Writing," *Journal of the Society of Chemical Industry,* 38 (1919): 383T–391T.

———. "Characteristics of Pigments in Early Pencil Writing," *Na-*

ture, 105 (March 4, 1920): 12–14.

―――. "Copying-Ink Pencils and the Examination of Their Pigments in Writing," *The Analyst,* 42 (1917): 3–11.

―――. "Graphites and Other Pencil Pigments," *The Analyst,* 47 (September 1922): 379–87.

―――. "Pencil Markings in the Bodleian Library," *Nature,* 109 (April 22, 1922): 516–17.

Montgomery, Charles F., editor. *Joseph Moxon's Mechanick Exercises: Or, the Doctrine of Handy Works,* [etc.]. New York, 1970.

Morgan, Hal. *Symbols of America.* New York, 1986.

Moss, Marcia, editor. *A Catalog of Thoreau's Surveys in the Concord Free Public Library.* Geneseo, N.Y., 1976.

Mumford, Lewis. *The Myth of the Machine: Technics and Human Development.* New York, 1967.

―――. *Technics and Civilization.* New York, 1963.

Munroe, William. "Francis Munroe." In Social Circle in Concord. *Memoirs of Members.* Third Series. Cambridge, Mass., 1907.

Munroe, William, Jr. "Memoirs of William Munroe." In Social Circle in Concord. *Memoirs of Members.* Second Series. Cambridge, Mass., 1888.

Murry, J. Middleton. *Pencillings.* New York, 1925.

Nasmyth, James. *James Nasmyth, Engineer: An Autobiography.* Edited by Samuel Smiles. New York, 1883.

Nelms, Henning. *Thinking with a Pencil.* New York, 1985.

New Edinburgh Encyclopaedia. 2nd American edition. New York, 1821.

Newlands, James. *The Carpenter and Joiner's Assistant,* [etc.]. London, [ca. 1880].

The New York Times. "Dixon Stands by Jersey City." December 14, 1975: 14.

―――. "How Dixon Made Its Mark." January 27, 1974: 74.

―――. "Mr. Eberhard Faber's Death. The Man Who Built the First Lead Pencil Factory in America—A Sketch of His Career." March 4, 1879: obituary page.

Nichols, Charles R., Jr. "The Manufacture of Wood-Cased Pencils," *Mechanical Engineering,* November 1946: 956–60.

Noble, David F. *America by Design: Science, Technology, and the Rise of Corporate Capitalism.* New York, 1977.

Norman, Donald A. *The Psychology of Everyday Things.* New York, 1988.

Norton, Thomas H. "The Chemistry of the Lead Pencil," *Chemicals,* 24 (August 31, 1925): 13.

Official Catalogue of the Great Exhibition of the Works of Industry of All Nations, 1851. Corrected edition. London, [1851].

Oliver, John W. *History of American Technology.* New York, 1956.

Oppenheimer, Frank. "The German Drawing Instrument Industry: History and Sociological Background," *Journal of Engineering Drawing,* 20 (November 1956): 29–31.

Ormond, Leonee. *Writing.* London, 1981.

Pacey, Arnold. *The Maze of Ingenuity: Ideas and Idealism in the Development of Technology.* Cambridge, Mass., 1976.

Palatino, Giovambattista. *The Tools of Handwriting: From . . . Un Nuovo Modo d'Imparare* [1540]. Introduced, translated, and printed by A. S. Osley. Wormley, 1972.

The Pencil Collector. Various numbers.

Pentel of America, Limited. "Pentel Brings an End to the Broken Lead Era with New 'Super' Hi-Polymer Lead." [Sales catalogue insert.] Torrance, Ca., 1981.

Peterson, Eldridge. "Mr. Berwald Absorbs Pencils," *Printers' Ink,* 171 (May 2, 1935): 21, 24–26.

Petroski, H. "On the Fracture of Pencil Points," *Journal of Applied Mechanics,* 54 (September 1987): 730–33.

———. "Inventions Spurned: On Bridges and the Impact of Society on Technology," *Impact of Science on Society,* 37 (No. 147, 1987): 251–59.

———. *To Engineer Is Human: The Role of Failure in Successful Design.* New York, 1985.

Pevsner, N. "The Term 'Architect' in the Middle Ages," *Speculum,* 17 (1942) 549–62.

Phillips, E. W. J. "The Occurrence of Compression Wood in African Pencil Cedar," *Empire Forestry Journal,* 16 (1937): 54–57.

Pichirallo, Joe. "Lead Poisoning: Risks for Pencil Chewers?," *Sci-*

ence, 173 (August 6, 1971): 509–10.

Pigot and Company. *London and Provincial New Commercial Directory, for 1827–28; Comprising a Classification of, and Alphabetical Reference to the Merchants, Manufacturers and Traders of the Metropolis, [etc.].* 3rd edition. London, [1827].

———. *Metropolitan New Alphabetical Directory, for 1827; [etc.].* London, [1827].

Pinck, Dan. "Paging Mr. Ross," *Encounter*, 69 (June 1987): 5–11.

Pliny. *Natural History.* With an English translation by H. Rackham. Cambridge, Mass., 1979.

Plot, Rob. "Some Observations Concerning the Substance Commonly Called, Black Lead, " *Philosophical Transactions* (London), 20 (1698): 183.

Porter, Terry. "The Pencil Revolution," *Texas Instruments Engineering Journal*, 2 (January–February 1985): 66.

Pratt, Joseph Hyde. "The Graphite Industry," *Mining World*, July 22, 1905: 64–66.

Pratt, Sir Roger. *The Architecture of Sir Roger Pratt, [etc.].* Edited by R. T. Gunther. Oxford, 1928.

Pye, David. *The Nature and Aesthetics of Design.* London, 1978.

Rance, H. F., editor. *Structure and Physical Properties of Paper.* New York, 1982.

Reed, George H. "The History and Making of the Lead Pencil," *Popular Educator*, 41 (June 1924): 580–82.

Rees, Abraham. *The Cyclopaedia; or, Universal Dictionary of Arts, Sciences, and Literature.* Philadelphia, n.d.

Rehman, M. A., and S. M. Ishaq. "Indian Woods for Pencil Making," *Indian Forest Research Leaflet*, No. 66 (1945).

Rehman, M. A., and Jai Kishen. "Chemical Staining of Deodar Pencil Slats," *Indian Forester*, 79 (September 1953): 512–13.

———. "Deodar as Pencil Wood," *Indian Forest Bulletin*, No. 149, [ca. 1953].

———. "Treatment of Indian Timbers for Pencils and Hand Tools for Pencil Making," *Indian Forest Leaflet*, No. 126 (1952).

Remington, Frank L. "The Formidable Lead Pencil," *Think*, November 1957: 24–26. [Condensed as "The Versatile Lead Pencil," *Science Digest,* 43 (April 1958): 38–41.]

Rennie, John. *The Autobiography of Sir John Rennie, F.R.S., [etc.].* London, 1875.

Rexel Limited. "Making Pens and Pencils: A Story of Tradition." [Illustrated folder.] Aylesbury, Bucks., n.d.

Richards, Gregory B. "Bright Outlook for Writing Instruments," *Office Products Dealer,* June 1983: 40, 42, 44, 48.

Riddle, W. "Lead Pencils," *The Builder,* August 3, 1861: 537–38. [See also, *The Builder,* July 27, 1861: 517.]

Rix, Bill. "Pencil Technology." A paper prepared for a course taught by Professor Walter G. Vincenti, Stanford University, ca. 1978.

Robinson, Tho. *An Essay Towards a Natural History of Westmorland and Cumberland, [etc.].* London, 1709.

Rocheleau, W. F. *Great American Industries. Third Book: Manufactures.* Chicago, 1908.

Roe, G. E. "The Pencil," *Journal of the Writing Equipment Society,* No. 5 (1982): 12.

Rolt, L. T. C. "The History of the History of Engineering," *Transactions of the Newcomen Society,* 42 (1969–70): 149–58.

Root, Marcus Aurelius. *The Camera and the Pencil; or the Heliographic Art.* [1864 ed.] Pawlet, Vt., 1971.

Rosenberg, Harold. *Saul Steinberg.* New York, 1978.

Rosenberg, N., and W. G. Vincenti. *The Britannia Bridge: The Generation and Diffusion of Knowledge.* Cambridge, Mass., 1978.

Ross, Stanley. "Drafting Pencil—A Teaching Aid," *Industrial Arts and Vocational Education,* February 1957: 52–53.

Russell and Erwin Manufacturing Company. *Illustrated Catalogue of American Hardware.* 1865 edition. [Washington, D.C., 1980.]

Russo, Edward, and Seymour Dobuler. "The Manufacture of Pencils," *New York University Quadrangle,* 13 (May 1943): 14–15.

Sackett, H. S. "Substitute Woods for Pencil Manufacture," *American Lumberman,* January 27, 1912: 46.

Sandburg, Carl. *The Complete Poems.* Revised and expanded edition. New York, 1970.

Scherer, J. S. "More than 55% Replies," *Printers' Ink,* 188 (August 11, 1939): 15–16.

Schodek, Daniel L. *Landmarks in American Civil Engineering.* Cambridge, Mass., 1987.

Schrodt, Philip. "The Generic Word Processor," *Byte,* April 1982: 32, 34, 36.

Schwanhausser, Eduard. *Die Nürnberger Bleistiftindustrie von Ihren Ersten Anfängen bis zur Gegenwart.* Greifswald, 1893.

Scribner's Monthly. "How Lead Pencils Are Made." April 1878: 801–10.

Sears, Roebuck and Company. *Catalogue.* Various original and reprinted editions.

Seeley, Sherwood B. "Carbon (Natural Graphite)." In *Encyclopedia of Chemical Technology,* 4 (2nd edition, 1964): 304–55.

———. "Manufacturing pencils," *Mechanical Engineering,* November 1947: 686.

Silliman, Professor. "Abstract of Experiments on the Fusion of Plumbago, Anthracite, and the Diamond," *Edinburgh Philosophical Journal,* 9 (1823): 179–83.

Singer, Charles, et al., editors. *A History of Technology.* Oxford, 1954–78.

Slocum, Jerry, and Jack Botermans. *Puzzles Old and New: How to Make and Solve Them.* Seattle, 1986.

Smiles, Samuel. *Lives of the Engineers.* Popular edition. London, 1904.

———. *Selections from Lives of the Engineers: With an Account of Their Principal Works.* Edited with an introduction by Thomas Parke Hughes. Cambridge, Mass., 1966.

Smith, Adam. *An Inquiry into the Nature and Causes of the Wealth of Nations.* Chicago, 1952.

Smith, Cyril Stanley. "Metallurgical Footnotes to the History of Art," *Proceedings of the American Philosophical Society,* 116 (1972): 97–135.

Smithwick, R. Fitzgerald. "How Our Pencils Are Made in Cumberland," *Art-Journal,* 18, n.s. (1866): 349–51.

Social Circle in Concord, [Mass.]. *Memoirs of Members*. Second
　　series: From 1795 to 1840. Cambridge, Mass., 1888.
————. Third series: From 1840 to 1895. Cambridge, Mass., 1907.
————. Fourth series: From 1895 to 1909. Cambridge, Mass., 1909.
Speter, Max. "Wer Hat Zuerst Kautschuk als Radiergummi Verwen-
　　det?," *Gummi-Zeitung*, 43 (1929): 2270-71.
Staedtler, J. S., [Company]. *275 Jahre Staedtler-stifte*. Nuremberg,
　　1937.
Staedtler Mars. *Design Group Catalog*. Montville, N.J., [1982].
Staedtler Mars GmbH & Co. *The History of Staedtler*. Nuremberg,
　　[1986].
————. Various catalogues and reports.
Stafford, Janice. "An Avalanche of Pens, Pencils and Markers!,"
　　Western Office Dealer, March 1984: 18-22.
Steel, Kurt. "Prophet of the Independent Man," *The Progressive*,
　　September 24, 1945: 9.
Steinbeck, John. *Journal of a Novel: The* East of Eden *Letters*. New
　　York, 1969.
Stephan, Theodore M. "Lead-Pencil Manufacture in Germany,"
　　*U.S. Department of State Consular Reports. Commerce, Manu-
　　factures, Etc.*, 51 (1896): 191-92.
Stern, Philip van Doren, editor. *The Annotated* Walden. New York,
　　[1970].
Stowell, Robert F. *A Thoreau Gazetteer*, edited by William L.
　　Howarth. Princeton, N.J., 1970.
Stuart, D. G. "Listo Works Back from the User to Build Premium
　　Market," *Sales Management*, November 20, 1951: 74-78.
Sutton, F. Colin. "Your Pencil Unmasked," *Chemistry and Indus-
　　try*, 42 (July 20, 1923): 710-11.
Svensen, Carl Lars, and William Ezra Street. *Engineering Graphics*.
　　Princeton, N.J., 1962.
Sykes, M'Cready. "The Obverse Side," *Commerce and Finance*, 14
　　(April 8, 1925): 652-53.
Talbot, William Henry Fox. *The Pencil of Nature*. New York,
　　1969.
Tallis's History and Description of the Crystal Palace, and the Ex-

hibition of the World's Industry in 1851. [Three volumes.] London, [ca. 1852].

Taylor, Archer. *English Riddles from Oral Tradition.* Berkeley, Calif., 1951.

Thayer, V. T. *The Passing of the Recitation.* Boston, 1928.

Thomson, Ruth. *Making Pencils.* London, 1987.

Thoreau, Henry David. *The Correspondence.* Edited by Walter Harding and Carl Bode. New York, 1958.

———. *Journal.* Vols. 1 and 2. John C. Broderick, general editor. Princeton, N.J., 1981, 1984.

———. *A Week on the Concord and Merrimack Rivers. Walden; or, Life in the Woods. The Maine Woods. Cape Cod.* [In one volume.] New York, 1985.

Thoreau Society Bulletin. "A Lead Pencil Diploma . . ." No. 74 (Winter 1961): 7–8.

Thoreau's Pencils: An Unpublished Letter from Ralph Waldo Emerson to Caroline Sturgis, 19 May 1844. Cambridge, Mass., 1944.

Tichi, Cecelia. *Shifting Gears: Technology, Literature, Culture in Modernist America.* Chapel Hill, N.C., 1987.

Timmins, Samuel, editor. *Birmingham and the Midland Hardware District.* 1866 edition. New York, 1968.

Timoshenko, Stephen P. *History of Strength of Materials: With a Brief Account of the History of Theory of Elasticity and Theory of Structures.* 1953 edition. New York, 1983.

Todhunter, I., and K. Pearson. *A History of the Theory of Elasticity and of the Strength of Materials from Galilei to Lord Kelvin.* 1886 edition. New York, 1960.

Townes, Jane. "Please, Some Respect for the Pencil," *Specialty Advertising Business,* March 1983: 61–63.

Turnbull, H. W., editor. *The Correspondence of Isaac Newton. Vol. 1: 1661–1675.* Cambridge, 1959.

Turner, Gerard L'E. "Scientific Toys," *The British Journal for the History of Science,* 20 (1987): 377–98.

Turner, Roland, and Steven L. Goulden, editors. *Great Engineers and Pioneers in Technology. Vol 1: From Antiquity through the Industrial Revolution.* New York, 1981.

Ullman, David G., Larry A. Stauffer, and Thomas G. Dietterich. "Toward Expert CAD," *Computers in Mechanical Engineering,* November–December 1987: 56–70.

U.S. Bureau of Naval Personnel. *Draftsman 3.* Washington, D.C., 1955.

U.S. Centennial Commission. *International Exhibition, 1876: Official Catalogue.* Philadelphia, 1876.

U.S. Court of Customs. "United States v. A. W. Faber, Inc. (No. 3105)," *Appeals Reports,* 16 [ca. 1929]: 467–71.

U.S. Department of Agriculture. "Seeking New Pencil Woods." Forest Service report, [ca. 1909].

U.S. Department of Commerce. "Simplified Practice Recommendation R151-34 for Wood Cased Lead Pencils." Typescript attached to memorandum, from Bureau of Standards Division of Simplified Practice to Manufacturers et al., dated September 28, 1934.

————. Bureau of the Census. "Current Industrial Reports: Pens, Pencils, and Marking Devices (1986)." [1987.]

U.S. Department of Labor. "Economic Factors Bearing on the Establishment of Minimum Wages in the Pens and Pencils Manufacturing Industry." Report . . . prepared for Industry Committee No. 52. November 1942.

U.S. Federal Trade Commission. "Amended Trade Practice Rules for the Fountain Pen and Mechanical Pencil Industry." Promulgated January 28, 1955.

U.S. General Services Administration. *Federal Specification SS-P-166d: Pencils, Lead.* 1961.

U.S. International Trade Commission. *Summary of Trade and Tariff Information: Pens, Pencils, Leads, Crayons, and Chalk.* 1983.

————. *Supplement to Summary of Trade and Tariff Information: Writing Instruments.* 1981.

U.S. Tariff Commission. "Wood-Cased Lead Pencils." Report to the President under the Provisions of Section 3(e) of the National Industrial Recovery Act. With Appendix: Limitations of Imports. No. 91 (Second Series). 1935.

U.S. Tobacco Review. "From Forests to Pencils." [1977.]

Urbanski, Al. "Eberhard Faber," *Sales and Marketing Management,* November 1986: 44–47.

Ure, Andrew. *A Dictionary of Arts, Manufactures, and Mines; Containing a Clear Exposition of Their Principles and Practice.* New York, 1853.

Usher, Abbott Payson. *A History of Mechanical Inventions.* New York, 1929.

V. & E. Manufacturing Company. *Note on Drawing Instruments.* Pasadena, Calif., 1950.

van der Zee, John. *The Gate: The True Story of the Design and Construction of the Golden Gate Bridge.* New York, 1986.

Vanuxem, Lardner. "Experiments on Anthracite, Plumbago, &c.," *Annals of Philosophy,* 11 (1826): 104–11.

Veblen, Thorstein. *The Engineers and the Price System.* 1921 edition. New York, 1963.

———. *The Instinct of Workmanship: And the State of the Industrial Arts.* New York, 1918.

Venus Pen & Pencil Corporation. "How Venus—the World's Finest Drawing Pencil—Is Made." [Illustrated folder.] N.d.

———. "List of Questions Most Frequently Asked, With Answers." [Undated typescript.]

———. "The Story of the Lead Pencil." [Undated typescript.]

———. "Venus 100 Years." [Report. New York, 1961.]

Vincenti, Walter G. *What Engineers Know and How They Know It: Historical Studies in the Nature and Sources of Engineering Knowledge.* Baltimore, 1990.

Viollet-le-Duc, Eugène Emmanuel. *Discourses on Architecture.* Translated, with an introductory essay, by Henry van Brunt. Boston, 1875.

———. *The Story of a House.* Translated by George M. Towle. Boston, 1874.

Vitruvius. *De Architectura (The Ten Books on Architecture).* Translated by Morris Hicky Morgan. 1914 edition. New York, 1960.

Vivian, C. H. "How Lead Pencils Are Made," *Compressed Air Magazine,* 48 (January 1943): 6925–31.

Vogel, Robert M. "Draughting the Steam Engine," *Railroad His-*

tory, 152 (Spring 1985): 16–28.

Voice, Eric H. "The History of the Manufacture of Pencils," *Transactions of the Newcomen Society,* 27 (1949–50 and 1950–51): 131–41.

Vossberg, Carl A. "Photoelectric Gage Sorts Pencil Crayons," *Electronics,* July 1954: 150–52.

Wahl Company. "Making Pens and Pencils," *Factory and Industrial Management,* October 1929: 834–35.

Walker, C. Lester. "Your Pencil Could Tell a Sharp Story," *Nation's Business,* March 1948: 54, 56, 58, 90–91.

Walker, Derek, [editor]. *The Great Engineers: The Art of British Engineers 1837–1987.* New York, 1987.

Walker, Dick. "Elastomer = Eraser," *Rubber World,* 152 (April 1965): 83–84.

Walker, Jearl. "The Amateur Scientist," *Scientific American,* February 1979: 158, 160, 162–66. (See also November 1979: 202–4.)

Walls, Nina de Angeli. *Trade Catalogs in the Hagley Museum and Library.* Wilmington, Del., 1987.

Watrous, James. *The Craft of Old-Master Drawings.* Madison, Wisc., 1957.

Watson, J. G. *The Civils: The Story of the Institution of Civil Engineers.* London, 1988.

Waugh, Evelyn. *Brideshead Revisited: The Sacred and Profane Memories of Captain Charles Ryder.* Boston, 1946.

Weaver, Gordon. "Electric Oven Reduces Cost of Baking Pencil Leads," *Electrical World,* 78 (September 10, 1921): 514.

Whalley, Joyce Irene. *English Handwriting, 1540–1853: An Illustrated Survey Based on Material in the National Art Gallery, Victoria and Albert Museum.* London, 1969.

———. *Writing Implements and Accessories: From the Roman Stylus to the Typewriter.* Detroit, 1975.

Wharton, Don. "Things You Never Knew About Pencils," *Saturday Evening Post,* December 5, 1953: 40–41, 156, 158–59.

White, Francis Sellon. *A History of Inventions and Discoveries: Alphabetically Arranged.* London, 1827.

White, Lynn, Jr. *Medieval Religion and Technology: Collected Essays*. Berkeley, Calif., 1978.

————. *Medieval Technology and Social Change*. New York, 1966.

Whittock, N., et al. *The Complete Book of Trades, or the Parents' Guide and Youths' Instructor, [etc.]*. London, 1837.

Wicks, Hamilton S. "The Utilization of Graphite," *Scientific American*, 40 (January 18, 1879): 1, 34.

Wilson, Richard Guy, Dianne H. Pilgrim, and Dickran Tashjian. *The Machine Age in America, 1918–1941*. New York, 1986.

Winokur, Jon. *Writers on Writing*. 2nd edition. Philadelphia, 1987.

Wolfe, John A. *Mineral Resources: A World View*. New York, 1984.

Wright, Paul Kenneth, and David Alan Bourne. *Manufacturing Intelligence*. Reading, Mass., 1988.

The Year-Book of Facts in Science and Art, [etc.]. London, various years, but especially the 1840s.

Zilsel, Edgar. "The Sociological Roots of Science," *American Journal of Sociology*, 47 (January 1942): 544–62.

致　谢

　　对我来说，参考书目一直都是最显而易见的感谢；不过，我还是想更"露骨"地，向一些特殊的资料提供者致谢。尽管在没有任何确切铅笔史料的情况下，拜数位学者筚路蓝缕，苦心研究之赐，才使我得以理出头绪。而其中特别值得一提，至高无价的珍贵资料包括：约翰·贝克曼（John Beckmann）探讨黑铅的章节；柯莱伦斯·佛莱明（Clarence Fleming）所写，有关铅笔的故事；莫莉·拉法伯丽（Molly Lefebure）探讨填塞的章节；约瑟夫·麦德（Joseph Meder）探讨石墨的章节，以及艾瑞克·傅伊思（Eric Volce）探讨有关铅笔史的文章。

　　最初，我原本想要把有关铅笔，以及那些有关工程学的参考书目分开来写；但是，基于几个理由，后来还是决定不要采取这种二分法。其实，很多事物之间的分际，都是模糊不清的。而这也正是本书的中心理念：在写铅笔的同时，也就是在写工程学，反之亦然。此外，对我而言，把诸如乔治·韩德瑞克（George Hendrick）的《回忆康科德与梭罗家族》（*Remembrances of Concord and the Thoreaus*）等书区隔开来，也是很容易误导读者的。因为我在这本书中，发现了大量有关 19 世纪铅笔制造业的信息。另外，西塞罗（Cicero）的书信也是如此，我在其中找到了许多有关工程学的应用范例。

　　我在参考书目中列出的部分书籍，是在无意中提到，自己想写本关于铅笔的书后，直接或间接由他人提供的建议。例如，阿曼德·哈默

（Armand Hammer）便影印给我他自己已绝版的《探索罗门诺夫宝藏》（*The Quest of the Romanoff Treasure*）一书，并慨然允诺我可以引用其中的资料。此外，在服务于国家人道基金会（the National Endowment for the Humanities）的丹尼尔·琼斯（Daniel Jones）建议下，我才注意到迈克尔·法罗迪（Michael Faraday）的《蜡烛化学史》（*Chemical History of a Candle*）。正由于这本书，才加强了动手写铅笔的信念。

　　然而，一本书的诞生，并不是由写作开始，也不是由手稿的完成而结束。在我全心投入本书的写作时，我的家人也没闲着；因此，在这脑力激荡的结晶里，他们也该得到应有的肯定。身兼我手足与工程师同事的威廉·波卓斯基（William Petroski），提供了我各式各样有关铅笔的一手资料，以及他对铅笔的深入观察与看法。我的姐姐玛莉亚娜（Marianne），则送给我拥有最长笔尖的建筑师专用笔，至于我的母亲，以及其他家人，更是不遗余力地，四处"搜刮"铅笔来给我。另一方面，我的女儿凯伦（Karen），为我列出《纽约时报》，以及其他书报杂志上一切有关铅笔与铅笔制造业的文章清单，而正提供了我在他处遍寻不着的资料。至于我的儿子史蒂芬（Stephen），则提供了有关铅笔的笑话与把戏，让我的写书计划能保持均衡。最后，我妻凯瑟琳，提供了有关铅笔的文学参考资料，并一如以往地，成为我初稿的第一位读者。她和凯伦，都是最细心的校对者。